半導体などの固体素子では固体内の電子を利用するために，表面準位や界面準位などの表面，界面の研究が進展した．半導体素子の利用である超LSI(大規模集積回路)に代表されるシリコン半導体プロセスは大きな産業になっているが，そこで用いられるシリコン基板はシリコン単結晶の(001)表面が用いられている．そして(001)表面より表面エネルギーが低い(111)表面は使われていない．これはゲート酸化膜として重要な非晶質SiO_2絶縁体膜とシリコン基板の界面に生じる界面準位密度が(001)面の方が(111)面より1桁低いからである．しかしなぜ(001)面の方が(111)面より界面準位密度が低くなるかの原因はわかっていない．

　一方，半導体エレクトロニクス産業の発展に伴い，超高真空が大いに利用されるようになった．そのため超高真空技術の工業が発展していろいろな超高真空部品が容易に入手できるようになり，さらにさまざまな表面分析や超高真空をベースとする表面関連の作製装置も市販されるようになった．これらのことは表面科学の研究の進展にとって好都合であった．しかし皮肉な見方をすると超高真空技術が2分化している．一方は半導体産業に必要な超高真空装置として，大型で掃き捨て型の真空ポンプを使って，どんどん排気をして超高真空が保てればよいという方式である．もう一方の表面物理の研究に必要な超高真空は，スパッターイオンポンプに代表されるようなごみため方式のポンプを使っても超高真空が長時間保たれるような，さらに真空の質，すなわち残留気体の種類が問題になる真空システムである．そして表面物理の研究にとって不幸なことは超高真空技術の開発期に経験し，蓄積された後者に関する知識や技術が受け渡されずに衰退してきていることである．

　このようなことは真空技術に限ったことではなく，表面物性研究全般にもいえることではないだろうか．約30年の間に多くの表面に特有な興味ある現象が見出されてきた．そして表面の構造，エネルギー準位などの静的な現象は解明され，多くの知見が蓄積されてきた．しかしそれらはうっかりすると表面科学の研究を閉じたものにしてしまうものである．これはたいへん不幸なことで，今後は表面物理学が発信源となって，固体物理には限らない広い分野での発展に大きく寄与できるような成果を上げることに意を注ぐべきである．

　くどいようだが本書はこのことを強く意識して書いたつもりである．すなわ

ち表面物性に特有な現象を単に紹介するのではなく，その背景にある物理を絵解きして説明することに意を注いだ．その結果，筆者の勘違いもあるかと思う．読者諸氏のご批判を聞かせていただけると幸いである．なお引用文献は列挙しなかったが，図や表の説明に出所を挙げてある．図を選ぶときに文献を孫引きすると関連のことが詳しく調べられるように配慮した．

現役時代に本書のようなものを書きたいと思いながら，書く時間をつくることができなかった．現役を退きそれに専念できる時間がつくれたが，自宅に籠っていたのでは本書は書けなかったであろう．本書を書くに当たっては東京大学生産技術研究所の岡野達雄教授，福谷克之助教授がよい環境を用意して下さり，討論に，図書の利用に有益な時間を過ごすことができた．とくに福谷助教授と本シリーズ編集委員の中村孔一教授には草稿をていねいに読んでいただき，多くの有益なご意見と誤りのご指摘をいただいた．深く感謝の意を表したい．また本書の出版に当たりたいへんお世話になった朝倉書店に感謝する．書店編集部の催促がなければ本書は途中で挫折していたかもしれない．

なおラングミュアーの研究は The Collected Works of Irving Langmuir, ed. by G. Suits (Pergamon Press, 1961) 全12巻が刊行されている．触媒に関しては第1巻に，仕事関数に関しては第3巻にある．またデヴィッソン-ガーマーの実験の余話は C. J. Davisson and L. H. Germer: *Phys. Rev.* **30**, 705 (1927) の Introduction に書かれている．

2003年2月

筆 者

目　　次

1　は じ め に ……………………………………………………………… 1
　1.1　表面と真空 ……………………………………………………………… 1
　1.2　結晶の外形 ……………………………………………………………… 3
　1.3　固 液 界 面 ……………………………………………………………… 7

2　表 面 の 構 造 ……………………………………………………… 11
　2.1　制御された表面 ……………………………………………………… 11
　2.2　結晶表面がつくる2次元格子の命名法 ………………………… 13
　　2.2.1　実空間での表示と命名法 …………………………………… 13
　　2.2.2　逆空間での表示 ……………………………………………… 16
　2.3　低速電子回折と表面構造解析 …………………………………… 18
　　2.3.1　運動学的取り扱い …………………………………………… 20
　　2.3.2　動力学的取り扱い …………………………………………… 22
　2.4　表面再構成 …………………………………………………………… 28
　　2.4.1　半導体表面 …………………………………………………… 28
　　2.4.2　金 属 表 面 …………………………………………………… 34
　2.5　表面格子緩和 ………………………………………………………… 38
　2.6　ランプリングまたはバックリング ……………………………… 44
　2.7　表 面 欠 陥 …………………………………………………………… 46
　2.8　吸 着 構 造 …………………………………………………………… 50

3 表面の電子構造 ··· 67
3.1 自由電子模型で考察した表面の電子状態 ··············· 67
3.2 強束縛近似での1次元鎖模型——表面準位—— ········ 69
3.3 半導体表面の表面準位 ······························· 72
3.4 表面準位の測定法 ································· 80
 3.4.1 光電子分光法——占有準位—— ················ 80
 3.4.2 逆光電子分光法——非占有準位—— ············ 82
 3.4.3 走査トンネル分光法——局所状態密度—— ······ 84
3.5 イオン結晶の表面準位 ······························· 86
3.6 金属の表面準位 ····································· 91
3.7 表面原子の内殻準位シフト ··························· 95
3.8 仕事関数 ··· 101
 3.8.1 金属の仕事関数の結晶面依存性 ················ 101
 3.8.2 アルカリ金属原子の吸着による仕事関数の変化 ··· 104
 3.8.3 水素原子が吸着した金属表面 ·················· 109
3.9 表面プラズモンと低次元プラズモン ··················· 112
 3.9.1 金属の初期酸化 ······························ 113
 3.9.2 表面1次元性金属 ···························· 114
3.10 化学吸着 ··· 118
 3.10.1 遷移金属表面での CO，NO 分子の吸着位置 ····· 118
 3.10.2 吸着 CO の分子間相互作用 ···················· 130
3.11 遅いイオンを用いて金属表面の電子構造を探る ········· 131
 3.11.1 イオン中性化 ································ 132
 3.11.2 トラッピング ································ 134

4 表面の振動現象 ··· 139
4.1 格子振動の表面モード——表面フォノン—— ·········· 139
 4.1.1 1次元鎖模型 ································ 139
 4.1.2 表面単原子層 ································ 142
4.2 吸着分子の振動 ····································· 146

  4.2.1　吸着平衡での振動励起に伴うエントロピー ················ 146
  4.2.2　吸着分子間の相互作用 ·································· 150
  4.2.3　位 相 緩 和 ·· 153
  4.2.4　He 原子の非弾性散乱による振動励起 ···················· 155
 4.3　金属表面での電子とフォノンの相互作用——異常なフォノンの
   ソフト化—— ·· 159
 4.4　吸着分子の振動励起状態の寿命 ································ 165
 4.5　空間的にみた振動現象 ·· 167
  4.5.1　回折現象——デバイ-ワーラー因子—— ···················· 167
  4.5.2　ドップラー幅 ·· 169

5　表面の相転移 ·· 173
 5.1　半導体の清浄表面 ·· 173
  5.1.1　Si(001) ·· 173
  5.1.2　Ge(001) ·· 188
 5.2　金属の清浄表面 ·· 192
  5.2.1　W(001), Mo(001) ···································· 192
  5.2.2　Au(110), Pt(110) ···································· 207
  5.2.3　非可逆過程の相転移—— Pt(001), Au(001) —— ·········· 210
 5.3　吸　着　層 ·· 215
  5.3.1　Cu(001) 上の K の単原子層——回転エピタキシー—— ······ 215
  5.3.2　Ge(111)-Pb にみられる CDW 転移 ······················ 218
 5.4　吸着誘起の相転移 ·· 223
  5.4.1　Ag(110)-K ·· 224
  5.4.2　Ag(001)-K ·· 226

6　表面の動的現象 ·· 231
 6.1　吸 着 過 程 ·· 231
  6.1.1　付 着 確 率 ·· 231
  6.1.2　非解離吸着と解離吸着 ································ 235

6.1.3 活性化吸着 …………………………………………………… 240
6.2 脱離過程 …………………………………………………………… 247
　6.2.1 熱脱離 ……………………………………………………… 247
　6.2.2 電子励起に伴う脱離 ……………………………………… 254
6.3 拡散 ………………………………………………………………… 268
　6.3.1 表面拡散 …………………………………………………… 269
　6.3.2 バルクからの拡散と界面の水素原子 …………………… 276
6.4 吸着分子の反応 …………………………………………………… 280
　6.4.1 Pt 表面上での CO の酸化と振動現象 ………………… 281
　6.4.2 時間的に変動する2次元パターンと自己組織化 ……… 285

7 おわりに ……………………………………………………………… 293

索引 …………………………………………………………………… 301

1
はじめに

1.1 表面と真空

　単結晶の清浄表面 (clean surface) を出発点とする，よく制御 (規定) された表面 (well-defined surface) を対象とする表面物理学の研究は，超高真空技術の確立とともに発展してきた．ここでいう超高真空とは 1×10^{-5} Pa より低い圧力の領域である．まず表面の研究になぜ超高真空が必要かを考察し，次になぜ 1×10^{-5} Pa 以下を超高真空というかを述べる．これは真空技術の歴史と深いかかわりがある．

　気体分子の平均速度のもっとも簡便な見積もりは $M\bar{v}_x^2/2 = k_\mathrm{B}T/2$ のエネルギー等分配則の利用である．ただし，M は気体分子の質量，$\bar{v}_x$ は x 成分の平均速度である．したがって温度 T のとき $\bar{v}_x \equiv \sqrt{\langle v_x^2 \rangle} = \sqrt{k_\mathrm{B}T/M}$ で与えられ，$T = 300$ K での O_2 および N_2 分子の平均速度は $\bar{v}_x \sim 300$ m/s である．x に垂直な面積 S の表面に単位時間当たりに衝突する分子数は，$V = \bar{v}_x S$ の容積中に含まれる気体分子の数である．1 気圧，すなわち 10^5 Pa のとき，2.24×10^{-2} m^3 中にアボガドロ数 N_A 個の分子が存在するので，圧力を 1×10^{-4} Pa とすると，$N_\mathrm{A}\times10^{-5}\times\bar{v}_x/2.24\times10^{-2} \simeq 10/\mathrm{nm}^2\cdot\mathrm{s}$ になる．ここで通常の金属の (001) 表面を考えると，表面原子の数は $\sim 10/\mathrm{nm}^2$ である．したがって圧力が 1×10^{-4} Pa であると，1 s で表面の原子数に相当する気体分子が表面に衝突する．この衝突した気体分子が表面にすべて捉えられるとすると，1 s で表面は雰囲気の気体分子が吸着してすっかり覆われてしまうことになる．実際に貴金属を除く金属や半導体の清浄表面は化学的に非常に活性であり，衝突する気体分子が表面に

捉えられる割合，すなわち付着確率 (sticking probability) s は活性な気体分子の場合は $s = 0.1 \sim 1$ であるから，これらの結晶の清浄表面の研究をしようとすると，$p \leq 1 \times 10^{-8}$ Pa の圧力が要求される．

このように超高真空技術は表面物理の研究に欠かせないものであるが，上記で触れた $p = 1 \times 10^{-5}$ Pa 以下の低い圧力を超高真空領域と定義し，高真空と区別するのは次のような理由による．高真空領域では信頼度の高い圧力の測定に熱陰極の3極型電離真空計を用いる．しかし従来の電離真空計で測定すると，$p = 1 \times 10^{-5}$ Pa より高真空，すなわち低い圧力になったはずであっても，真空計は 1×10^{-5} Pa を表示し，それより小さな値にならない．そのため 1×10^{-5} Pa より高真空領域の圧力は測定できなかった．たとえば1928年に発表されたデヴィッソン-ガーマーのドブロイ波の存在を証明した低速電子回折の実験では，単結晶化した Ni の清浄表面の電子回折を長時間測定しているが，測定中に O 原子が吸着した回折パターンが現れてくる．この結果から彼らが行った実験の圧力を推定すると $p = 1 \times 10^{-7}$ Pa のオーダーの超高真空領域である．しかし当時はこのような圧力は測定できなかった．

ノッティンガム (Nottingham) がその原因を指摘した (1947 年)．熱陰極の3極型電離真空計の模式図を図 1.1(a) に示す．フィラメントから放出される熱電子をグリッドの間で ~ 300 eV に加速する．グリッドを通過した電子が気体分子に衝突して陽イオンを生じる．電子電流 j_e を一定にしてこのイオン電流 j_i を測定すると，$p \propto j_i/j_e$ で圧力が求まる．これが電離真空計の測定原理である．図 1.1(a) の構造は中心に電子放出源のフィラメント (F)，それを囲んで電子を加速，捕捉するグリッド (G) があり，微弱なイオン電流を効率よく捕捉するた

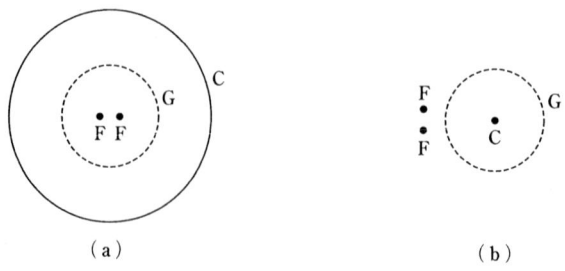

図 1.1
(a) 熱陰極の3極型電離真空計，(b) 超高真空用電離真空計の模式図．

めにイオン捕集電極 (C) がそのまわりを囲んでいる．この当時は計測器は真空管を用いていたから電流増幅回路のノイズ対策は困難であったので，このような電極配置にしていた．しかしこの構造だと加速された電子がグリッド (G) に当たりそこから軟 X 線が放出される．この軟 X 線が図 1.1(a) の構造からわかるように効率よくイオン捕集電極 (C) に当たり，光電効果により電子が放出される．この電極 (C) からの電子放出は検出回路へは電流の流入として現れる．圧力が下がりイオン電流 j_i が減少すると，この光電子放出によるみかけのイオン電流が無視できなくなり，上述の圧力表示の下限になる．そこでこの圧力 p_X を X 線限界 (X-ray limit) といっている．

ベイヤード (Bayard) とアルパート (Alpert) はこの対策として，図 1.1(b) のように電極配置をした熱陰極の 3 極型電離真空計を開発し，p_X を 2～3 桁低下させることに成功した (1950 年)．中心にイオン捕集電極 (C) を設けることはイオンの流れを中心に集中させるので，図 1.1(a) のようにまわりを囲むのとイオンの捕集効率にそれほどの違いがなく，グリッドからの軟 X 線が電極 (C) に入射する量を大幅に減らすことができる．このようにして $p_X \sim 1 \times 10^{-9}$ Pa までの圧力の測定が可能になり，超高真空技術は長足の進歩を遂げた．ここに述べたことは超高真空技術の発展にとって重要なだけではなく，表面物理の測定技術と深いかかわりがあることが理解できるであろう．

1.2　結晶の外形

自然の状態では結晶は表面エネルギーをなるべく小さくしようとする形状をとるので，結晶の外形は表面の安定性と密接に関係する．ダイヤモンドを例にして簡単な考察をする．ダイヤモンドはモース硬さが 10 で地球上で知られているもっとも硬い物質である．ダイヤモンドは炭素の結晶であり，結晶を構成するすべての C 原子は sp^3 混成軌道による 4 本の等価な結合をもち，各原子間は共有結合である強いシグマ結合で結ばれていて，結合角が正四面体角 109°28′ の立方晶である．そのためにダイヤモンドは硬い結晶であるが割れやすい．割れやすいことと硬いこととは別の現象である．結晶が割れやすいのは劈開 (へきかい) 面が存在するためで，ダイヤモンド結晶の劈開面は (111) である．

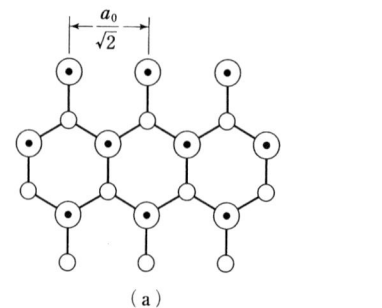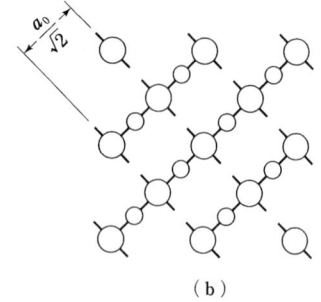

図 1.2 ダイヤモンド型結晶の理想表面
大きい白丸：表面原子，小さい白丸：第2層原子．
(a) (111) 表面．黒丸が切断された結合 (ダングリングボンド).
(b) (001) 表面．表面原子から出ている棒がダングリングボンド．

　ダイヤモンドを劈開し，その際に原子変位を伴わないとすると図 1.2(a) の表面になる．すなわち劈開面の表面原子は4本の結合のうちの1本が切断されている．逆の見方をすると結晶の破断に (111) では4本の結合のうちの1本を切断すればよいので，切断に要するエネルギーが最小になり，(111) が劈開面になった．一方表面の各原子は C-C のシグマ結合が切断されたので，結合エネルギーの半分に相当する数 eV のエネルギーを過剰にもつことになる．そのため図 1.2(a) の表面は結晶内部に比べて非常に高いエネルギー状態になる．そこで原子変位を伴う結合の組み換えをして図 1.2(a) とは異なる表面の原子配列になり，表面エネルギーを小さくする．このことは 2.4 節で詳しく述べることにして，ここでは図 1.2(a) の表面を考えて議論を進める．なおこのようにバルク結晶の原子配列が保存されたままの表面を理想表面 (ideal surface) と呼ぶ．

　ダイヤモンド型結晶の (111) 表面の理想表面の原子配列を図 1.2(a) に示したが，比較のために (001) 表面の理想表面の原子配列を図 1.2(b) に示す．各表面原子は切断されたシグマ結合の片割れである不対電子軌道をもつが，この不対電子軌道をダングリングボンド (dangling bond) と呼ぶ．(111) 表面では各表面原子は1個のダングリングボンドをもち，この軌道は表面から垂直に突き出ている．それに対して (001) 表面では各表面原子は2個のダングリングボンドをもち，斜め上方に突き出て蝶々が飛んでいるような配列をしている．このことから共有結合性結晶の場合，表面エネルギーに面依存性があることが容易に理

1
は じ め に

1.1 表 面 と 真 空

　単結晶の清浄表面 (clean surface) を出発点とする，よく制御 (規定) された表面 (well-defined surface) を対象とする表面物理学の研究は，超高真空技術の確立とともに発展してきた．ここでいう超高真空とは 1×10^{-5} Pa より低い圧力の領域である．まず表面の研究になぜ超高真空が必要かを考察し，次になぜ 1×10^{-5} Pa 以下を超高真空というかを述べる．これは真空技術の歴史と深いかかわりがある．

　気体分子の平均速度のもっとも簡便な見積もりは $M\bar{v}_x^2/2 = k_\mathrm{B}T/2$ のエネルギー等分配則の利用である．ただし，M は気体分子の質量，$\bar{v}_x$ は x 成分の平均速度である．したがって温度 T のとき $\bar{v}_x \equiv \sqrt{\langle v_x^2 \rangle} = \sqrt{k_\mathrm{B}T/M}$ で与えられ，$T = 300$ K での O_2 および N_2 分子の平均速度は $\bar{v}_x \sim 300$ m/s である．x に垂直な面積 S の表面に単位時間当たりに衝突する分子数は，$V = \bar{v}_x S$ の容積中に含まれる気体分子の数である．1 気圧，すなわち 10^5 Pa のとき，2.24×10^{-2} m^3 中にアボガドロ数 N_A 個の分子が存在するので，圧力を 1×10^{-4} Pa とすると，$N_\mathrm{A}\times10^{-5}\times\bar{v}_x/2.24\times10^{-2} \simeq 10/\mathrm{nm}^2\cdot\mathrm{s}$ になる．ここで通常の金属の (001) 表面を考えると，表面原子の数は $\sim 10/\mathrm{nm}^2$ である．したがって圧力が 1×10^{-4} Pa であると，1 s で表面の原子数に相当する気体分子が表面に衝突する．この衝突した気体分子が表面にすべて捉えられるとすると，1 s で表面は雰囲気の気体分子が吸着してすっかり覆われてしまうことになる．実際に貴金属を除く金属や半導体の清浄表面は化学的に非常に活性であり，衝突する気体分子が表面に

捉えられる割合，すなわち付着確率 (sticking probability) s は活性な気体分子の場合は $s = 0.1 \sim 1$ であるから，これらの結晶の清浄表面の研究をしようとすると，$p \leq 1 \times 10^{-8}$ Pa の圧力が要求される．

このように超高真空技術は表面物理の研究に欠かせないものであるが，上記で触れた $p = 1 \times 10^{-5}$ Pa 以下の低い圧力を超高真空領域と定義し，高真空と区別するのは次のような理由による．高真空領域では信頼度の高い圧力の測定に熱陰極の 3 極型電離真空計を用いる．しかし従来の電離真空計で測定すると，$p = 1 \times 10^{-5}$ Pa より高真空，すなわち低い圧力になったはずであっても，真空計は 1×10^{-5} Pa を表示し，それより小さな値にならない．そのため 1×10^{-5} Pa より高真空領域の圧力は測定できなかった．たとえば 1928 年に発表されたデヴィッソン-ガーマーのドブロイ波の存在を証明した低速電子回折の実験では，単結晶化した Ni の清浄表面の電子回折を長時間測定しているが，測定中に O 原子が吸着した回折パターンが現れてくる．この結果から彼らが行った実験の圧力を推定すると $p = 1 \times 10^{-7}$ Pa のオーダーの超高真空領域である．しかし当時はこのような圧力は測定できなかった．

ノッティンガム (Nottingham) がその原因を指摘した (1947 年)．熱陰極の 3 極型電離真空計の模式図を図 1.1(a) に示す．フィラメントから放出される熱電子をグリッドの間で ~ 300 eV に加速する．グリッドを通過した電子が気体分子に衝突して陽イオンを生じる．電子電流 j_e を一定にしてこのイオン電流 j_i を測定すると，$p \propto j_i/j_e$ で圧力が求まる．これが電離真空計の測定原理である．図 1.1(a) の構造は中心に電子放出源のフィラメント (F)，それを囲んで電子を加速，捕捉するグリッド (G) があり，微弱なイオン電流を効率よく捕捉するた

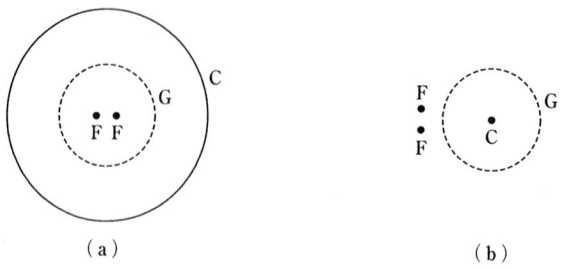

図 1.1
(a) 熱陰極の 3 極型電離真空計，(b) 超高真空用電離真空計の模式図．

朝倉物理学大系
荒船次郎|江沢 洋|中村孔一|米沢富美子──編集

17

表面物理学

村田好正
［著］

朝倉書店

編集

荒船次郎
東京大学名誉教授

江沢　洋
学習院大学名誉教授

中村孔一
明治大学名誉教授

米沢富美子
慶應義塾大学名誉教授

まえがき

　表面科学の第1回の国際会議がボストンで開催されたのが1971年，国際ジャーナルの *Surface Science* が発刊されたのが1970年である．物性物理としての表面物理に的が絞られた表面科学の研究はこのころ盛んになり始めたといえよう．それから30年を経て，当時はほとんどわかっていなかった表面に特有な原子レベルでの構造，電子構造，振動状態がずいぶんとわかってきて，これらのデータを得る実験手段も多く整い，ルーティン化もしてきた．また第1原理計算による計算物理の進展も著しく，理論と実験の二人三脚も軌道に乗った感がある．このようにして不純物がなく，原子が規則的に配列した表面，すなわち清浄表面や，それに原子，分子が吸着した表面の構造，表面に局在した電子構造，原子，分子が吸着することにより現れる電子状態，表面に局在した振動準位や吸着原子，分子の振動状態など，表面が存在するために現れる特徴的な構造，エネルギー準位については多くの知見が蓄積されてきた．

　表面研究が今のように盛んになる以前には，表面は泥臭いわけのわからないものといわれた時代があった．その泥臭いものの典型の1つに金属の触媒作用があるが，今も泥臭さから抜け出せないでいる．たとえば自動車の排気ガスの浄化に現在多く使われている白金触媒の触媒作用は，ラングミュアー(Langmuir)が1920年代に熱力学的なアプローチである反応速度論による解析を精力的に行っている．それにもかかわらずこの金属の触媒機能の解明は未だに達成されていない．しかし着実な研究の進展を遂げてきているのも事実である．

　21世紀の科学は金属の触媒作用の解明のような「機能の解明」が研究の中心課題になるであろう．機能の探求にとって欠かせないものとして，表面の動的過程の量子論的な研究，電子相関を取り入れた電子過程の解明，それらにとっ

て出発点になる研究に適した物質系の開発が今後の重要な課題である．そしてこの新しい物質系の作製はこれまでに蓄積された表面科学の知識を活用することで可能になるであろう．このように表面物理学は現在転換期にあるので，本書はこのことを考慮した内容にしたつもりである．

表面の物理は電子のふるまいを扱う立場での量子力学の黎明期の実験および電子のふるまいを利用したエレクトロニクス技術の発展史と密接に関連している．量子力学の成立に重要な役割を果たしたアインシュタイン (Einstein) の光量子仮説 (1905年) の基になったレーナルト (Lenard) の実験 (1902年)，光量子仮説の証明をしたミリカン (Millikan) の実験 (1916年) はともに光電効果の実験であるが，これは光電子分光法として表面物性の測定手段に発展した．またドブロイ波の証明になったデヴィッソン-ガーマー (Davisson-Germer) の実験 (1927年) は表面構造解析の重要な手段である低速電子回折そのものである．

そして現在ある表面物理の研究が始まるまでの時期の主要な研究テーマとして，仕事関数をなるべく小さくする表面処理技術があった．真空管などの電子管では自由電子を利用したが，そこでは熱励起された電子の大部分はフェルミ準位から真空準位までの領域にあり，その励起電子は利用されずに励起に費やしたエネルギーは無駄になっている．したがってこの無駄を減らすために熱電子放出の高効率化が望まれ，金属の仕事関数を小さくする必要性から，電子放出の測定や放出効率を向上させるための表面処理技術が発展した．デヴィッソン-ガーマーの実験も実はドブロイ波の証明を意識した実験ではなかった．2次電子放出の実験をしていてガラスの真空容器が割れ，試料の多結晶ニッケルの表面が酸化されてしまい，その酸化膜を取り除く処理をしているうちにニッケルが単結晶化し，予期しないピークが現れたのがたまたまドブロイ波の実証になったのである．

トランジスターの発明以来，エレクトロニクスでの電子の利用が電子管の自由電子の利用から固体内の電子の利用へと移った．その結果，熱電子放出による自由電子の発生に使っていた無駄なエネルギーが大幅に削減できた．その反面，半導体素子によるエレクトロニクスの発展とともに，電子放出や仕事関数に関する関心が薄まってきている．しかしこれらは電子が関与する表面現象にとって重要である．

ち表面物性に特有な現象を単に紹介するのではなく，その背景にある物理を絵解きして説明することに意を注いだ．その結果，筆者の勘違いもあるかと思う．読者諸氏のご批判を聞かせていただけると幸いである．なお引用文献は列挙しなかったが，図や表の説明に出所を挙げてある．図を選ぶときに文献を孫引きすると関連のことが詳しく調べられるように配慮した．

現役時代に本書のようなものを書きたいと思いながら，書く時間をつくることができなかった．現役を退きそれに専念できる時間がつくれたが，自宅に籠っていたのでは本書は書けなかったであろう．本書を書くに当たっては東京大学生産技術研究所の岡野達雄教授，福谷克之助教授がよい環境を用意して下さり，討論に，図書の利用に有益な時間を過ごすことができた．とくに福谷助教授と本シリーズ編集委員の中村孔一教授には草稿をていねいに読んでいただき，多くの有益なご意見と誤りのご指摘をいただいた．深く感謝の意を表したい．また本書の出版に当たりたいへんお世話になった朝倉書店に感謝する．書店編集部の催促がなければ本書は途中で挫折していたかもしれない．

なおラングミュアーの研究は The Collected Works of Irving Langmuir, ed. by G. Suits (Pergamon Press, 1961) 全12巻が刊行されている．触媒に関しては第1巻に，仕事関数に関しては第3巻にある．またデヴィッソン-ガーマーの実験の余話は C. J. Davisson and L. H. Germer: *Phys. Rev.* **30**, 705 (1927) の Introduction に書かれている．

2003年2月

筆　者

まえがき

　半導体などの固体素子では固体内の電子を利用するために，表面準位や界面準位などの表面，界面の研究が進展した．半導体素子の利用である超 LSI (大規模集積回路) に代表されるシリコン半導体プロセスは大きな産業になっているが，そこで用いられるシリコン基板はシリコン単結晶の (001) 表面が用いられている．そして (001) 表面より表面エネルギーが低い (111) 表面は使われていない．これはゲート酸化膜として重要な非晶質 SiO_2 絶縁体膜とシリコン基板の界面に生じる界面準位密度が (001) 面の方が (111) 面より 1 桁低いからである．しかしなぜ (001) 面の方が (111) 面より界面準位密度が低くなるかの原因はわかっていない．

　一方，半導体エレクトロニクス産業の発展に伴い，超高真空が大いに利用されるようになった．そのため超高真空技術の工業が発展していろいろな超高真空部品が容易に入手できるようになり，さらにさまざまな表面分析や超高真空をベースとする表面関連の作製装置も市販されるようになった．これらのことは表面科学の研究の進展にとって好都合であった．しかし皮肉な見方をすると超高真空技術が 2 分化している．一方は半導体産業に必要な超高真空装置として，大型で掃き捨て型の真空ポンプを使って，どんどん排気をして超高真空が保てればよいという方式である．もう一方の表面物理の研究に必要な超高真空は，スパッターイオンポンプに代表されるようなごみため方式のポンプを使っても超高真空が長時間保たれるような，さらに真空の質，すなわち残留気体の種類が問題になる真空システムである．そして表面物理の研究にとって不幸なことは超高真空技術の開発期に経験し，蓄積された後者に関する知識や技術が受け渡されずに衰退してきていることである．

　このようなことは真空技術に限ったことではなく，表面物性研究全般にもいえることではないだろうか．約 30 年の間に多くの表面に特有な興味ある現象が見出されてきた．そして表面の構造，エネルギー準位などの静的な現象は解明され，多くの知見が蓄積されてきた．しかしそれらはうっかりすると表面科学の研究を閉じたものにしてしまうものである．これはたいへん不幸なことで，今後は表面物理学が発信源となって，固体物理には限らない広い分野での発展に大きく寄与できるような成果を上げることに意を注ぐべきである．

　くどいようだが本書はこのことを強く意識して書いたつもりである．すなわ

解できる．そしてダイヤモンド結晶の場合には(111)の理想表面は(001)の理想表面より表面エネルギーが低いと直感できる．

これまでの議論を踏まえて天然ダイヤモンド鉱石の形状をみながら結晶の安定な形状をダイヤモンド結晶で考察する．天然ダイヤモンドの写真を図1.3に示す．天然ダイヤモンドの表面は決してダングリングボンドが超高真空下で存在するような状態ではなく，他の原子で終端されている．しかし天然のダイヤモンドには，表面エネルギーが小さいと思える{111}面が表面をつくる正八面体の鉱石が多くみうけられる[*1)]．このことから理想表面のままダングリングボンドが現れている表面を仮定したモデルで，表面エネルギーを最小にするダイヤモンドの形状を考えてみることは荒唐無稽でもあるまい．

図1.3 天然ダイヤモンド鉱石の写真

天然ダイヤモンドには正八面体の他に上下が切断されて正方形の面が上下に現れた十面体結晶も存在する．この形状に着目すると，正方形の部分は{111}とのなす角度から{100}表面が現れていると判断できる．そこでまずダイヤモンド結晶の(111)表面と(001)表面の表面エネルギーを比較する．表面原子が過剰にもつダングリングボンド1個当たりのエネルギーをϵとする．表面原子密度はダイヤモンドの格子定数をa_0とすると，(111)表面では$4/\sqrt{3}a_0^2$, (001)表面では$2/a_0^2$である．したがってダングリングボンドに基づく(111), (001)表面の単位面積当たりの表面エネルギーをそれぞれ$\varepsilon_1, \varepsilon_0$とすると，(001)表面の原子はおのおの2個のダングリングボンドをもつので，$\varepsilon_1 = 4\epsilon/\sqrt{3}a_0^2, \varepsilon_0 = 4\epsilon/a_0^2$である．すなわち，

$$\varepsilon_1 = \varepsilon_0/\sqrt{3} \tag{1.1}$$

の関係になり，ε_1の方がε_0より小さく，(111)面が劈開面であることとよく対

[*1)] ここで次の記号の説明をしておく．結晶面は$(\cdots)$の括弧，結晶軸には$[\cdots]$の括弧を用いる．そして(001)と等価な(100), ($\bar{1}$00)などを総称して{100}, 同様に[001]と等価な軸を$\langle 100 \rangle$で総称する．なおx-y面を表面に，z軸を表面に垂直にとるのが普通なので，本書では表面は(001)と記述し(100)は用いない．

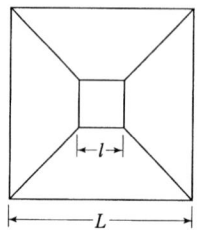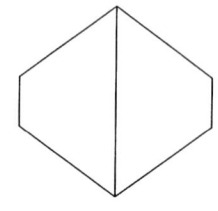

図1.4 正八面体の上下が切断されて{111}と{001}表面が存在する結晶

図1.5 超高真空中で作製した合成ダイヤモンド微結晶の走査型電子顕微鏡像(佐藤洋一郎博士のご好意による)

応している.

次に正八面体の上下が切断されて(001)表面が現れた結晶を取り上げる.図1.4に示すように,正八面体をつくっていた正三角形の1辺をL,切断された正方形の1辺をlとすると,この結晶のダングリングボンドに基づく表面エネルギーε_sはそれぞれの単位面積当たりのエネルギーε_1, ε_0に表面積を掛けて$\varepsilon_s = 2\sqrt{3}(L^2-l^2)\varepsilon_1 + 2l^2\varepsilon_0$になる.この結晶の体積$V=(L^3-l^3)/3\sqrt{2}$を一定に保ち,ラグランジュの未定係数法を適用して表面エネルギーを最小にすると,

$$l/L = (\sqrt{3}\varepsilon_1 - \varepsilon_0)/\varepsilon_1 \tag{1.2}$$

の関係が得られる.一方,式(1.1)からは$\sqrt{3}\varepsilon_1 = \varepsilon_0$となるから,式(1.2)は$l=0$になる.しかし図1.3にあるように$l \neq 0$の結晶が実在するので,この場合には$\sqrt{3}\varepsilon_1 > \varepsilon_0$となる.そのためには1個のダングリングボンドがもつエネルギーϵを,(111)表面と(001)表面とで等しくしなければよい.このように表面エネルギーをわずかに違えると,表面エネルギーが最小ではない面が現れた微結晶を生じさせることができる.

超高真空中でメタン(CH_4)を原料として気相成長により作製した合成ダイヤモンド微結晶は,図1.5に示すように,{111}と{100}の表面が混在する形状の微結晶をつくることができる.H原子が1価,O原子が2価であり,図1.2から容易に想像できるようにH原子で表面が終端されると{111}表面が,O原子で

終端した場合には {100} 表面が安定になる．しかしそれでは {111} と {100} が混在するこのような微結晶は考えにくい．したがって上で行ったような単純化した議論も正当化でき，作製環境の違いにより表面の安定性は異なってきて，吸着原子によるダングリングボンドの終端以外の要素で清浄表面としては不安定な，あるいは準安定な表面が現れる条件を推測できる．

1.3　固液界面

　超高真空下とは異なる環境下で実現する結晶表面の安定性は吸着原子，分子があるなどの理由から，超高真空下での表面の安定性とは大きな違いがあると思われる．しかし水溶液中での結晶表面は電気化学的な処埋をすると，超高真空下での表面構造とよく似ている場合が多い．このことを水溶液中の走査トンネル顕微鏡 (scanning tunneling microscope, STM) で観測した STM 像で，端的に示すことができる．水の電気分解では電気を通すために水に電離する塩，酸，アルカリを微量加えて電解液とする．そして電極に電位をかけると正極から O_2 が，負極から H_2 が発生することはよく知られている．このことを電極である金属表面の立場から原子レベルでみると，H_2O が H^+ と OH^- に解離して正極には OH^-，負極には H^+ (または H_3O^+) が吸着する．塩や酸を加えた電解液のときには，正極から発生する気体は OH^- から生じる O_2 であって，酸，塩の成分である陰イオンからの気体は発生しない．したがって，OH^- の方が他の陰イオンより電極の金属表面と強く相互作用していて，金属表面では金属原子は裸で露出していると思える．

　Ni(111)[*2)]を電極として，硫酸ナトリウム (Na_2SO_4) 水溶液中 (pH 3) で標準水素電極に対して -250 mV を印加して，CO 分子を飽和吸着させたときの STM 像を図 1.6(a) (b) に示す．STM 像を観察するときに，STM 電極に対して試料にかけるバイアス電圧を $V_b = +10$ mV，トンネル電流を $I_t = 10$ nA で測定した．(a) は立体図，(b) は平面図，(c) は構造モデルであり，斜線を施した丸が CO 分子，それより大きい白丸が表面第 1 層の Ni 原子である．実線あるいは破線で示

[*2)]　ニッケル単結晶の (111) 面が表面であることを意味し，他も同様である．したがって Ni(111) 表面と記すと表面が重複するのでそのような記述はしない．

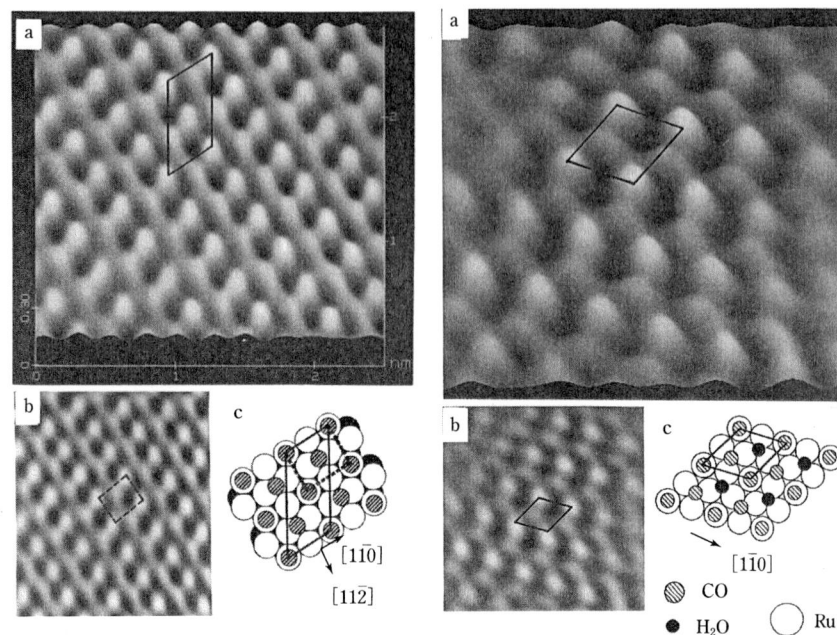

図 1.6 硫酸ナトリウム水溶液中 (pH 3) の Ni(111) に CO を飽和吸着した表面の STM 像 (伊藤正時教授のご好意による, N. Ikemiya et al.: Surf. Sci., **466**, 119 (2000))
(a) 立体図, 2.5×2.5 nm^2, (b) 平面図, 2.9×2.5 nm^2, (c) 構造モデル.

図 1.7 硫酸水溶液中の Ru(0001) に CO が飽和吸着した表面の STM 像, 3.0×3.0 nm^2 (伊藤正時教授のご好意による, N. Ikemiya et al.: Surf. Sci. Lett., **464**, L681 (2000))
(a) 立体図, (b) 平面図, (c) 構造モデル.

した四辺形は CO が吸着した表面の 2 次元単位胞であり, 実線は Ni(111) の 2 次元格子に対して 4 倍 ×2 倍 (この章では (4×2) と記述する, 以下同様) に, 破線だと (2×√3) である. (a) (b) では Ni 原子の直上に吸着した CO 分子は明るく, 2 個の Ni 原子の間に吸着した CO 分子は少し暗くみえる. この STM 像は I_t 一定で高さ分布を測定しているので, 明るいところは凹凸が高くなっている. そのため, 上記の明るさの違いは Ni の 2 原子の間に吸着した CO 分子が直上に吸着した CO より低くなっていることを意味する. このことは金属原子を剛体球で考え, Ni-C の原子間距離を一定にすると妥当な結果である. またこのような吸着構造は 2.8 節などで述べるように超高真空下の金属表面に吸着した CO 分子にみられる吸着構造である.

図 1.7(a) (b) に硫酸水溶液中の Ru(0001) に CO を飽和吸着した表面の STM

像を示す．(a) は立体図，(b) は平面図，$V_b = +14$ mV, $I_t = 20$ nA である．(c) の構造モデルにみられるように (2×2) の 2 次元単位胞になっていて，Ni(111) と同様に Ru 原子の直上に吸着した CO 分子が明るく，Ru の 3 原子の中央に吸着した CO は少し暗く，吸着 H_2O 分子は孔のように暗く観測されている．これらも Ni(111) と同様に超高真空下の金属表面での吸着構造とよく対応している．ただし超高真空下では Ru(0001) に吸着した CO が 3 原子の中央か Ni(111) と同様に 2 原子の間であるかについては問題が残されている．

写真の感光乳剤はまさにハイテク技術の成果である．大きさが数十 nm ～数 μm のハロゲン化銀 (AgCl，AgBr，AgI およびその混合物) 単結晶である微粒子がゼラチン水溶液中に分散している．いろいろな感光乳剤の電子顕微鏡写真を図 1.8 に示す．ハロゲン化銀は NaCl 型結晶であるから {100} 面が劈開面で，この表面は陽イオン，陰イオンが交互に並んで電荷の中性が保たれていて，表面エネルギーが最低の安定な表面である．一方，{111} から表面をみると，陽イオンだけの面，陰イオンだけの面が交互に積み重なっていて，原子レベルで平坦な表面は電荷の中性が成立していない．そのため表面エネルギーは非常に高く，不安定である．したがって超高真空下の清浄表面ならば {100} が表面になる立方体微粒子が安定で，{111} 表面の微粒子は生じないはずである．図 1.8 をみると (a) は AgCl 乳剤で {100} が表面の立方体粒子，(b) は {111} が主表面の $AgBr_xI_{1-x}$ の六角板状 (一部は三角板状) 粒子，(c) は AgBr で {111} が表面の二十面体粒子である．

NaCl 型イオン結晶である AgX の (001) と (111) 表面の違いとダイヤモンド型結晶の (111) と (001) 表面の違いを比較すると，AgX の (111) と (001) の表面エネルギーの違いは非常に大きい．このことはマーデルング・エネルギーを計算してみるとわかる．この静電力とダングリングボンドによる表面エネルギーの違いだけではなく，ダイヤモンド型では C-C の強いシグマ結合で結ばれているために表面近傍の結晶は強い格子をつくっていて，NaCl 型イオン結晶でみられるような表面エネルギーの違いは無視できる場合がある．というのは Si 結晶を (001) で切断して研磨すると容易に原子レベルで平坦な (001) 表面を作製できる．それに対して AgX は等方的なイオン結合であるから (111) を切断して研磨すると {100} の微細な結晶面 (ファセット) の表面になる．そのように

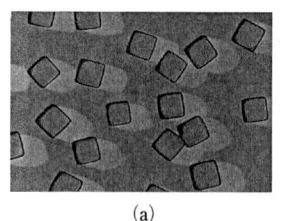 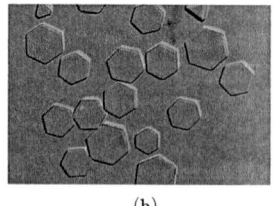 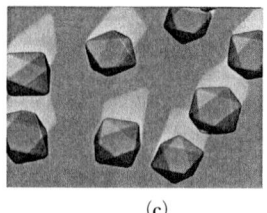

図 1.8　いろいろなハロゲン化銀の感光乳剤の電子顕微鏡像 (西川俊廣氏のご好意による)
(a) カラーペーパー用，AgCl{100} の立方晶，(b) カラーネガフィルム用，ヨウ臭化銀 {111} の板状晶，(c) カラーインスタント用，AgBr{111} 表面の二十面体粒子.

AgX(111) の理想表面は不安定であるにもかかわらず，図 1.8(b) (c) でみえるのは {111} が表面の微結晶で，しかも表面は原子レベルで平坦である．感光乳剤はハロゲン化銀微粒子がゼラチン水溶液中に分散されている．とはいえ，このように AgX(001) と AgX(111) で安定性に大きな差があるにもかかわらず，Cl^- と $Br^-(I^-)$ のハロゲンイオンの違いで表面に現れる結晶面および結晶の外形が異なるのは，水溶液中での Ni(111)，Ru(0001) が超高真空中と類似しているという上述の事実と対照的で，興味ある結果である．

話は少しそれるが，写真の感光現象およびそれに続く現像作用は，ハロゲン化銀結晶中の Ag^+ がフォトンにより励起されて Ag の中性原子となり，Ag 原子が結晶中を拡散して Ag_n のクラスターをつくる．この銀クラスターが臨界サイズを超えると潜像と呼ばれ，感光して潜像が生じた乳剤が現像処理を受けて Ag 金属の微粒子になり黒化する．この現像作用に対して {111} 表面の微結晶と {100} 表面の微結晶では大きな違いがあり，{100} 表面の微結晶は現像作用をほとんど受けないといわれたことがある．しかしこのような解釈は現在は正しくなく，{111} 表面と {100} 表面の感光乳剤での機能的な違いなどはまだわかっていないようである[*3]．

参 考 文 献

● 本書全般
　小間　篤，八木克道，塚田　捷，青野正和 編著：表面科学シリーズ 1，表面科学入門 (丸善，1994).
　村田好正：岩波講座 物理の世界，表面の科学 (岩波書店，2002).

[*3] 写真の感光乳剤に関しては富士フィルムの西川俊廣氏に多くのことをご教示いただいた．

2
表面の構造

2.1 制御された表面

　超高真空下での表面物理ではよく制御(規定)された表面を研究対象にする．よく制御された表面の1つの典型が清浄表面で，これは(1)単結晶基板上の原子レベルで平らな表面であり，(2)表面の化学組成がバルクの結晶と同じか，バルクとは異なっていてもバルクがもつ元素とは同じ元素が，ベルセーリウス(Berzelius)が確立した定比例および倍数比例の法則にみられるような，妥当な存在比にあり，(3)原子配列が2次元の周期性を保持している場合である．

　しかし走査トンネル顕微鏡(STM)が開発されて以降は，超高真空下の高分解能電子顕微鏡など，いろいろな表面顕微鏡技術の発展と相まって，表面欠陥など(3)の条件からはずれた表面が表面物理の研究対象になってきている．しかもこの分野の研究が急速に広まっていて，現在では不規則な表面欠陥がある表面も，広義のよく制御された表面というようになってきた．しかし表面は格子欠陥の集合体であり，表面に存在する格子欠陥は高次の欠陥になる．そのためSTMが開発される以前は，なるべく表面欠陥が少ない試料の作製に努めた．また表面が示す特異な機能の解明が進んでいない現状では，系をなるべく単純にするのがよく，高次の欠陥を扱っていると複雑なだけにいろいろと新しい結果は得られるが，表面物理の本質からは離れてしまうことになるのをおそれる．

　清浄表面の第1層の原子は，置かれている環境が結晶内部とは大きく異なる．たとえば，ダイヤモンドやシリコン結晶の場合，結晶内部ではC-C，Si-Si原子間がシグマ結合で強く結ばれている．それに対して表面第1層にある原子はそ

の強いシグマ結合が切断されて，結合の片割れであるダングリングボンドをもつことになる．このダングリングボンドはシグマ結合の結合エネルギーに相当する高いエネルギー状態にある．そのためダングリングボンド間で新しい結合をつくるなどしてその数を減らし，表面エネルギーを低下させて安定化しようとする．しかし，この新しい結合をつくるためには，原子変位が伴い，歪みエネルギーを必要とする．ただしダングリングボンドがもつエネルギーの方が歪みエネルギーに比べてずっと大きいので，格子歪みが入っても全エネルギーとしては低下する．その結果，表面の2次元格子の大きさ，形が理想表面とは異なる構造になる．これを表面再構成 (reconstruction) と呼んでいる．ただし，この理想表面とは，バルク結晶の原子配列を保って切断された表面である．

表面に特有で，2次元格子をつくっている原子配列として，表面再構成 (図 2.1(a)) のほかに，表面第1，第2原子層の間隔 d が結晶内部の層間距離 d_0 とは異なる表面格子緩和 (relaxation; 図 2.1(b))，表面格子緩和の変形である，ラン

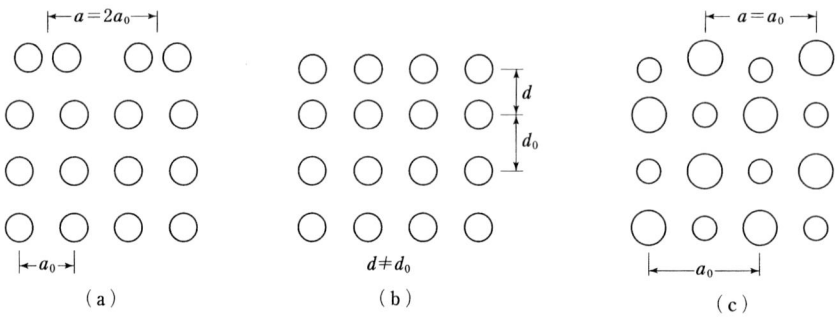

図 2.1
(a) 表面再構成, (b) 表面格子緩和, (c) ランブリングの模式図.

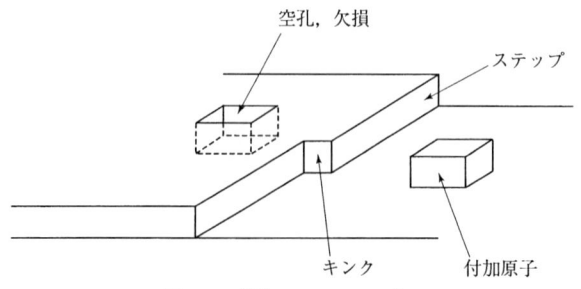

図 2.2 表面のモルフォロジー

プリング (rumpling; 図 2.1(c)) がある．このほかに表面欠陥が関係した，表面欠陥集合体であるステップ (step)，それに付随するキンク (kink)，孤立した表面欠陥の空孔または欠損 (vacancy)，付加原子 (adatom) がある (図 2.2)．

バルク結晶の対応する結晶面と同じ，2 次元単位格子の表面構造を 1×1 構造と呼ぶ．したがって理想表面は 1×1 構造であり，表面再構成している表面は 1×1 構造とは異なり，それより大きな 2 次元格子になっている．また吸着原子，分子は表面で規則的な配列をして，基板の 1×1 構造より長周期の超構造をとることが多い．すなわち清浄表面の表面再構成，吸着層は 1×1 構造とは異なる 2 次元超格子をつくる．これらは 1×1 構造を基本にとり，たとえば 1×1 構造の基本格子の $n \times m$ 倍が単位格子である表面再構成が現れる．これを $n \times m$ 構造と呼ぶ．一般にはそれだけでは片づかないので，2 次元格子がもつ超構造の表示法を取り決めておく必要がある．今後の便宜のためここで命名法を述べることにする．

2.2 結晶表面がつくる 2 次元格子の命名法

2 次元格子の超構造の表示法には原子配列を実空間でみる表示法と，回折図形や運動量空間で議論するバンド構造に用いる逆空間での表示法があるが，命名法は実空間の構造を基に決められている．

2.2.1 実空間での表示と命名法

2 次元格子の実空間と逆空間でのブラベ格子 (Brvais lattice) を図 2.3 に示す．3 次元結晶のブラベ格子は 14 個あるが，2 次元格子では 5 個にすぎない．これで 2 次元結晶はすべて記述できる．2 次元格子の単位胞あるいは単位網 (unit mesh) の基本格子ベクトルを a, b とする．多くの場合 a, b はバルク結晶の対応する結晶面の x, y 面の基本格子ベクトルと一致する．しかしバルクの単位胞の基本格子ベクトルとは異なる場合があり，fcc 結晶の (001) 表面である．(001) 表面のブラベ格子は単純な正方格子であるため，その [10], [01] 軸はバルクの [100], [010] 軸とは異なり [110], [1$\bar{1}$0] 軸の方向と一致する．すなわち a, b の長さはバルク結晶の格子定数の $1/\sqrt{2}$ になり，表面の x, y 軸はバルク結晶の x,

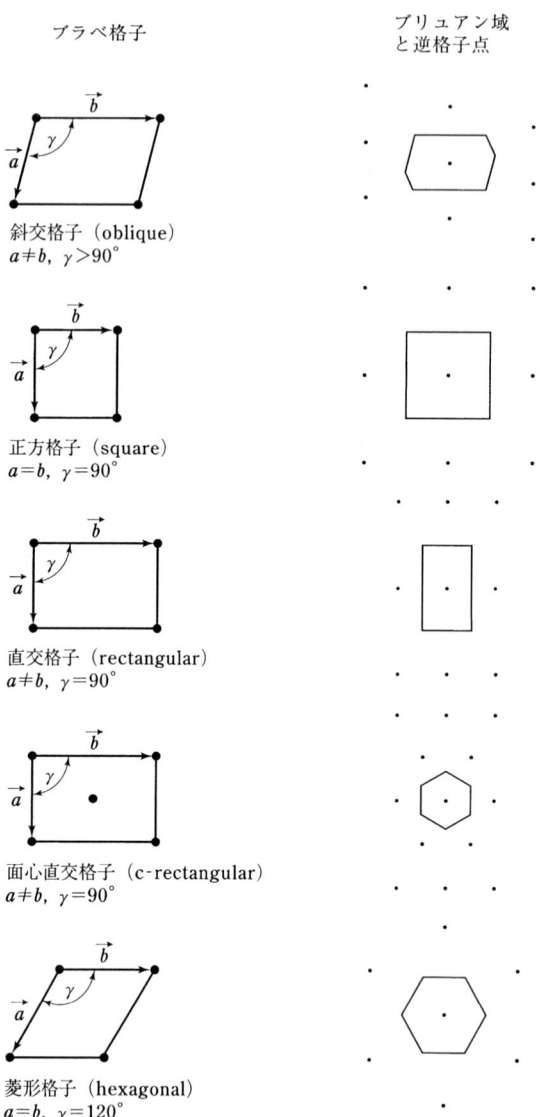

図 2.3 2次元格子のブラベ格子と表面ブリュアン域 (SBZ)

y 軸から 45° 回転している．

　表面再構成した表面原子の配列，吸着子が 2 次元格子をつくった配列が超構造になった場合，その単位網の基本格子ベクトルを a', b' とすると，一般に

2.2 結晶表面がつくる2次元格子の命名法

$$\begin{bmatrix} \boldsymbol{a}' \\ \boldsymbol{b}' \end{bmatrix} = \begin{bmatrix} m_{11} & m_{12} \\ m_{21} & m_{22} \end{bmatrix} \begin{bmatrix} \boldsymbol{a} \\ \boldsymbol{b} \end{bmatrix} = M \begin{bmatrix} \boldsymbol{a} \\ \boldsymbol{b} \end{bmatrix} \tag{2.1}$$

と記述できる．そして式 (2.1) で定義された係数行列 M で $\boldsymbol{a}'$, $\boldsymbol{b}'$ の 2 次元格子が表示できる．この行列 M を用いた表示法が一般性のある表示法であり，2 次元格子の行列表示と呼ばれている．図 2.4 に fcc, bcc の (001) 表面である正方格子を例として行列 M を示す．

行列 M で表示する行列表示は一般性はあるが煩雑である．通常は行列表示よりずっと簡便なウッド (Wood) の表示法を用いる．それは $\boldsymbol{a}$, $\boldsymbol{b}$ のなす角 γ と $\boldsymbol{a}'$, $\boldsymbol{b}'$ のなす角 γ' が等しい $\gamma = \gamma'$ の場合に適用できる表示法である．$\boldsymbol{a}' = m\boldsymbol{a}$, $\boldsymbol{b}' = n\boldsymbol{b}$ のとき $m \times n$ と表し，$|\boldsymbol{a}'| = m|\boldsymbol{a}|$, $|\boldsymbol{b}'| = n|\boldsymbol{b}|$ で $\boldsymbol{a} \to \boldsymbol{a}'$, $\boldsymbol{b} \to \boldsymbol{b}'$ への回転角が $\alpha°$ のとき $(m \times n)R\alpha°$ と表す．図 2.4 にウッドの表示法による表示も記す．

図 2.4(a) の構造は単位網を実線で示すブラベ格子を用いた表示をすると $(\sqrt{2} \times \sqrt{2})R45°$ である．さらに簡便にブラベ格子を用いず破線で示すように単

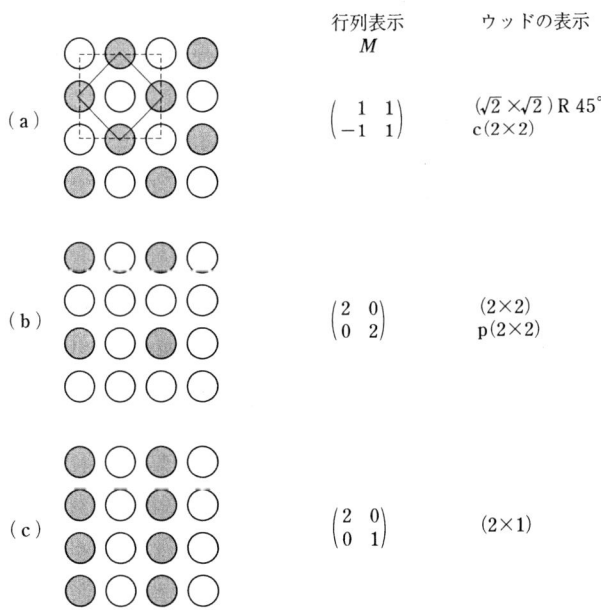

図 2.4 fcc, bcc の (001) 表面である正方格子を例にして，行列 M およびウッドの表示法による表示
(a)$(\sqrt{2} \times \sqrt{2})R45°$(実線)，c(2×2)(破線)，(b)2×2, p(2×2)，(c)2×1.

位網を 2×2 と大きくとり，面心の 2×2 構造を意味する c(2×2) と表示することが多い．ただし，c は centered の略である．またこれに対応して図 2.4(b) の本来の 2×2 は p(2×2)(p は primitive) とも表示する．このようにブラベ格子を用いずに c(m×n) の表示ををすると，ブラベ格子を用いると行列表示でなければ表示できない場合にも，ウッドの表示法で簡便に表示できるようになる．図 2.5 の吸着構造はブラベ格子を用いると行列表示となり，$\begin{pmatrix} 2 & 0 \\ 1 & 3/2 \end{pmatrix}$ であるが，簡便なウッドの表示法では鎖線で単位胞を示すように c(2×3) である．

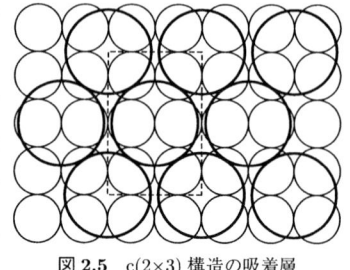

図 2.5　c(2×3) 構造の吸着層

2.2.2　逆空間での表示

回折現象は逆空間が観測される．逆空間での表現は逆空間の基本格子ベクトル A, B を 3 次元格子と同じに，

$$A = \frac{b \times n}{a \cdot (b \times n)}, \qquad B = \frac{n \times a}{a \cdot (b \times n)} \tag{2.2}$$

で定義する．ただし，n は格子面に垂直な単位ベクトルである．

表面再構成や吸着層により逆格子が修飾されると，

$$\begin{bmatrix} A' \\ B' \end{bmatrix} = \begin{bmatrix} h_{11} & h_{12} \\ h_{21} & h_{22} \end{bmatrix} \begin{bmatrix} A \\ B \end{bmatrix} = H \begin{bmatrix} A \\ B \end{bmatrix} \tag{2.3}$$

のように実空間の行列 M に対応して逆空間は行列 H で表示できる．そして a', b' と A', B' との間でも式 (2.2) の関係は満足するので，行列 H, M の間に

$$H^{-1} = \tilde{M} \tag{2.4}$$

の関係が成立する．ただし，H^{-1} は H の逆行列，$\tilde{M}$ は M の転置行列である．一方，行列 H は回折図形から直接求まるので，式 (2.4) を用いると行列表示に用いる行列 M は求まる．

結晶の格子振動 (フォノン) や電子状態は運動量空間，すなわち波数ベクトル k の空間で表現する．そして表面に局在した表面フォノン，表面電子準位，吸着子が 2 次元格子をつくるときの電子状態は表面に平行な 2 次元 k ベクトル，す

なわち k_x, k_y, これを総称して $\boldsymbol{k}_\parallel$ の関数として表現される. そこで2次元ブラベ格子に対応させて, $\boldsymbol{k}_\parallel$ と関連する2次元格子の第1ブリュアン域, または第1を省略して単にブリュアン域というが, 表面ブリュアン域 (surface Brillouin zone, SBZ) を図2.3に示す.

前にも述べたように, fcc 結晶の (001) 表面の2次元格子の [10], [01] 軸は3次元結晶の [100], [010] 軸から 45°回転する. このことは当然逆格子空間でもみられる. 結晶の基本格子ベクトルに平行な対称性が高い3次元立方格子の Γ-X 方向 (Δ 軸) は, 2次元正方格子の (001) 表面の $\overline{\Gamma}$-$\overline{X}$ 方向 ($\overline{\Delta}$ 軸) とは 45°回転している. このことを注意しておかないと, 光電子分光の結果の解釈などでとんだ勘違いをしてしまう場合が出てくる. そのため2次元逆格子には $\overline{\Gamma}$ のように上線をつけて, バルクとの混同を避けるようにしている.

表面フォノン, 表面準位などを論じる場合, 分散関係でバルクのフォノン, 電子状態との対応を考える必要がある. そのため3次元の波数ベクトル $\boldsymbol{k}$ の表面への投影を取り上げる. 図2.6に面心立方格子 (fcc) のバルクのブリュアン域と SBZ の関係を (001), (111) 表面について示す. バルクバンドの投影を説明するために, fcc の (001) 表面の $\overline{\Gamma}$-$\overline{M}$ 方向での投影を例として取り上げる. 図 2.6(a) をみると, $\overline{\Gamma}$ 点へはバルク結晶の [001] 軸である Δ 軸上の Γ-X の領域に存在するエネルギー準位の総和が投影される. さらに $\overline{\Gamma}$-$\overline{M}$ 軸上を $\overline{\Gamma}$ 点から $\overline{M}$

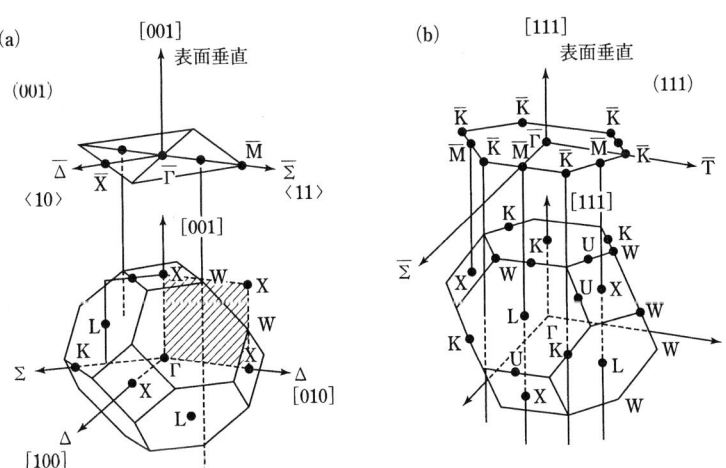

図 2.6 fcc 結晶の (a)(001), (b)(111) 表面でのバルクのブリュアン域と SBZ の関係

点方向にたどると，$\overline{\Gamma\text{-}M}$ 軸上の各点から下ろした垂線上のバルクのエネルギー準位の総和が，バルクバンドの投影になる．すなわち図中に斜線を施した部分の各点についてのバンド構造の総和が表面への投影になる．

2.3 低速電子回折と表面構造解析

表面構造解析は低速電子回折 (low-energy electron diffraction, LEED) が主流である．そこで多重散乱を考慮した LEED による構造解析法をここで述べ，同時に LEED の特徴を，また電子のエネルギー損失過程を簡単に述べる．入射エネルギーの範囲が 200〜300 eV 以下のときに LEED というが，表面に垂直な入射で後方散乱する電子を検出する条件で測定するときに，この入射エネルギーの範囲で回折パターンが観測できる．そして試料結晶のデバイ温度が高いとこの入射エネルギーの上限は高くなる．

バルク結晶の構造解析は X 線回折法が万能に近く，測定に適した形状の良質の単結晶ができさえすれば，4 軸型回折計を用いて自動的な測定が行われ，位相も自動的に決められる．その結果格子振動も含めて原子配列を正確に決めることができる．格子欠陥の集合体といえる表面では，表面で結晶が切れていることに加えて，表面再構成，表面格子緩和，吸着層などにより，3 次元の並進対称性を満足していない．そのため 3 次元の並進対称性を基本にするバルク結晶の X 線回折の手法はそのままでは適用できない．また位相の決定は不可能に近い．さらに回折法により表面構造解析をしようとすると，表面での原子配列を敏感に探知できる現象を利用するので，散乱断面積が大きい特徴を活かすことになる．そのためバルクの X 線構造解析で用いる 1 回散乱を前提とした運動学的回折理論 (kinematical theory) の適用はできない．しかし計算機の発展に伴い多重散乱を取り入れた LEED による構造解析がルーティン化してきた．しかも研究室レベルで所持できるワークステーションで可能な計算である．その解析のプログラムはファン・ホーヴ (Van Hove) により提供されていて，多くの表面構造が決定されてきている．ただし LEED による構造解析は構造モデルを仮定し，それに従って回折スポットの I-V 曲線をシミュレートするので，X 線回折の構造解析とは本質的に異なる．

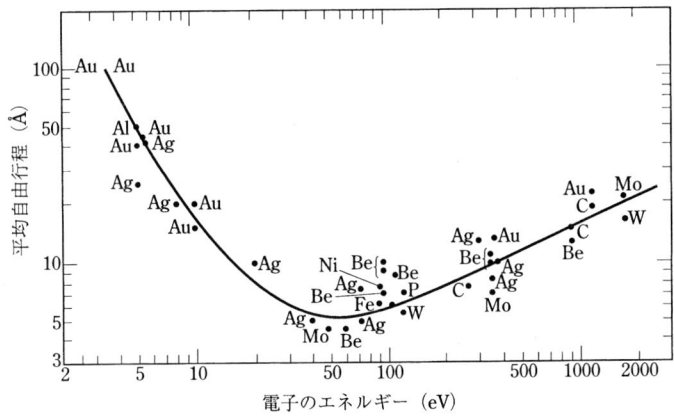

図 2.7 金属中での低速電子の非弾性散乱による平均自由行程の入射電子のエネルギー依存性

図 2.7 は金属中での低速電子の非弾性散乱による平均自由行程の入射電子のエネルギー E_i 依存性を示す.これは多くの金属で測定した平均自由行程の実測値をプロットして 1 つの曲線にしている.酸化物の場合は,曲線が最小になる近傍より低エネルギー側で平均自由行程がこれより長くなる.この $E_i \sim 60$ eV 近傍で平均自由行程が 5 Å と非常に小さな値になることと,電子のドブロイ波長が $\lambda = \sqrt{150.4/E_i(\mathrm{eV})}$ Å の関係より $E_i=100$ eV のとき $\lambda=1.2$ Å と,固体の原子間距離にほぼ等しくなることから LEED は表面構造解析に適した手段になっている.

平均自由行程が $E_i \sim 60$ eV で最小になるのはプラズモン励起が原因である.E_{th} に電子遷移がある気体の原子,分子による電子のエネルギー損失の断面積は入射エネルギーを増すにつれて E_{th} で立ち上がり,直線的に増加してなめらかに E_{th} の 2.5〜3 倍で最大になり,その後はゆるやかに減少する.固体内での電子の非弾性散乱の場合には,電子の集団運動の密度ゆらぎであるプラズモン励起の断面積がもっとも大きく,電子の個別励起に比べて 1 桁以上大きい.またプラズモンのエネルギーは Al, Zn, Sn がそれぞれ 15, 18, 14 eV である.したがって $E_{\mathrm{th}} \sim 15$ eV であり,固体内では多重励起も起きるので,〜60 eV で平均自由行程が最短になる.一方,E_i の小さい領域では電子間遷移の個別励起が主になる.したがって酸化物の場合には,フェルミ準位近傍で微小励起がある金属に比べて,平均自由行程は長くなる.

低速電子は図 2.7 に示す非弾性散乱の断面積が大きいだけではなく，クーロン場での散乱であるから弾性散乱の断面積も大きい．そのため通常の LEED の測定で行われているように，表面原子による後方散乱電子を観測することが可能になる．このことはとりもなおさず 1 回散乱の運動学的回折理論が成立しないことを意味している．しかし LEED パターンから 2 次元格子の形，すなわち対称性と大きさは運動学的回折理論の範囲で議論でき，また強度を問題にする場合でも多重散乱を考慮する必要がない物理現象も LEED で観測されることがしばしばある．そこで多重散乱を考慮した動力学的回折理論に先立って運動学的回折理論を取り上げる．

2.3.1 運動学的取り扱い

孤立原子による電子の散乱を考える．散乱場のポテンシャルを V として $2mE/\hbar^2 = k^2$, $2mV/\hbar^2 = U$ とおくと，波動関数 ψ に対するシュレディンガー方程式は，

$$\nabla^2\psi + (k^2 - U)\psi = 0 \tag{2.5}$$

になる．これの $r \to \infty$ での漸近解は弾性散乱に対しては，

$$\psi(r) \sim \exp(ikz) + \frac{f(\theta,\phi)}{r}\exp(ikr)$$

ただし，$f(\theta,\phi)$ は原子散乱因子で，原子核の電荷 $+Ze$ (Z は原子番号) にほぼ比例し，これに電子雲による散乱の補正項が加わる．非弾性散乱の場合には，

$$\psi_n(r) \sim \frac{f_n(\theta,\phi)}{r}\exp(ik_n r)$$

で与えられる．そして流れの密度の式から散乱断面積，すなわち散乱強度は，

$$I_{0n}(\theta,\phi) = \frac{k_n}{k}|f_n(\theta,\phi)|^2$$

で与えられる．ここで，弾性散乱の場合は $n=0$ とすればよい．ただし，$k_0 = k$, $f_0 = f$ である．そして

$$\frac{\hbar^2}{2m}(k^2 - k_n^2) = \Delta E_\mathrm{L}$$

が励起に伴うエネルギー損失である．

式 (2.5) をグリーン関数を用いて積分方程式に書き換えると，弾性散乱の波

動関数は,
$$\psi(\boldsymbol{r}) = \exp{(ikz)} - \int G_k(\boldsymbol{r},\boldsymbol{r}')U(\boldsymbol{r}')\psi(\boldsymbol{r}')\mathrm{d}\boldsymbol{r}'$$
グリーン関数 G_k は,
$$G_k(\boldsymbol{r},\boldsymbol{r}') = \frac{\exp{(ik|\boldsymbol{r}-\boldsymbol{r}'|)}}{|\boldsymbol{r}-\boldsymbol{r}'|}$$
となる.ここで,積分中の $\psi(\boldsymbol{r}')$ の代わりに入射波の $\exp{(ikz)}$ を代入するボルン近似を用い,$|\boldsymbol{r}| \gg |\boldsymbol{r}'|$ とし,また非弾性散乱についても同様な扱いをすると,散乱振幅として,
$$f_n(\theta,\phi) = -\frac{1}{4\pi}\int \langle n|U(\boldsymbol{r}')|0\rangle \exp{(i\boldsymbol{K}_n \cdot \boldsymbol{r}')}\mathrm{d}\boldsymbol{r}'$$
が得られる.ただし,$\boldsymbol{K}_n = \boldsymbol{k}_n - \boldsymbol{k}$ を散乱ベクトルと呼び,$\boldsymbol{k}$, $\boldsymbol{k}_n$ は入射波,散乱波の波数ベクトルである.ここで,
$$\langle n|U(\boldsymbol{r}')|0\rangle = \int \psi_n(\boldsymbol{r})^* U(\boldsymbol{r},\boldsymbol{r}')\psi_0(\boldsymbol{r})\mathrm{d}\boldsymbol{r}$$
であり,$\boldsymbol{r}$ は原子内の電子,$\boldsymbol{r}'$ は入射電子の座標である.したがって,
$$L_n(\boldsymbol{r}) = -\frac{m}{2\pi\hbar^2}\int V(\boldsymbol{r},\boldsymbol{r}')\exp{(i\boldsymbol{K}_n\cdot\boldsymbol{r}')}\mathrm{d}\boldsymbol{r}' \tag{2.6}$$
とおくと,
$$f_n(\theta,\phi) = \langle n|L_n|0\rangle \tag{2.7}$$
と書き換えることができる.式 (2.6), (2.7) は $\exp{(-i\boldsymbol{k}\cdot\boldsymbol{r}')}$ の電子が入射し,相互作用ポテンシャル $V(\boldsymbol{r},\boldsymbol{r}')$ により $0 \to n$ の励起が起きて散乱され,非弾性散乱波として $\exp{(i\boldsymbol{k}_n\cdot\boldsymbol{r}')}$ が生じたと考えればよい.

これまでは孤立原子による散乱を考えてきたが,ここで,$V(\boldsymbol{r})$ を結晶場での相互作用ポテンシャルとすれば,そのまま結晶場の議論が成立する.すなわち結晶中では3次元の並進対称性 $V(\boldsymbol{r})=V(\boldsymbol{r}')$ が成立する.ただし,$\boldsymbol{r}'=n_1\boldsymbol{a}_1+n_2\boldsymbol{a}_2+n_3\boldsymbol{a}_3+\boldsymbol{r}$, $n_i(i=1,2,3)$ は整数,$\boldsymbol{a}_i$ は結晶の基本格子ベクトルである.したがって弾性散乱の散乱強度は,
$$I_{\mathrm{co}} = \frac{1}{(4\pi)^2}\left|\int U(\boldsymbol{r}')\exp{(i\boldsymbol{K}\cdot\boldsymbol{r}')}\mathrm{d}\boldsymbol{r}'\right|^2 = |F|^2 \prod_{i=1}^{3}\frac{\sin^2(N_i\boldsymbol{K}\cdot\boldsymbol{a}_i/2)}{\sin^2(\boldsymbol{K}\cdot\boldsymbol{a}_i/2)}$$
になる.ただし,弾性散乱に対する散乱ベクトルを $\boldsymbol{K}_0 \equiv \boldsymbol{K}$ とする.また,F は

結晶構造因子であり，上式の積分を単位格子内 (u.c.) で行うと，

$$F = -\frac{1}{4\pi} \int_{\text{u.c.}} U(\boldsymbol{r}) \exp\left(i\boldsymbol{K} \cdot \boldsymbol{r}\right) \mathrm{d}\boldsymbol{r} \tag{2.8}$$

であり，N_i は結晶中の単位胞の数である．ここで，$\sin^2(N_i x)/N_i^2 \sin^2 x$ は $N_i \gg 1$ のとき，x が π の整数倍のところで 1，他は 0 のデルタ関数であるから，回折スポットが現れるラウエの回折条件

$$\boldsymbol{K} \cdot \boldsymbol{a}_i = 2\pi h_i \tag{2.9}$$

が導かれる．ただし，h_i は整数である．LEED の場合には表面に垂直な方向の単位胞の数 N_3 は 1 より大きいが 1 に近い値になり，2 次元格子では $N_3 = 1$ である．

ここで逆格子ベクトル $\boldsymbol{g} = h_1 \boldsymbol{A}_1 + h_2 \boldsymbol{A}_2 + h_3 \boldsymbol{A}_3$ を考える．ただし，$\boldsymbol{A}_i$ は逆格子の基本格子ベクトルである．$\boldsymbol{A}_i$ の定義より $\boldsymbol{a}_i \cdot \boldsymbol{A}_j = \delta_{ij}$ が成立するので，式 (2.9) から

$$\boldsymbol{K} = \boldsymbol{g}$$

となり，エワルト作図 (Ewald construction) の基本式が導ける．そして 2 次元格子の逆格子は $N_3 = 1$ であるから，逆格子点の代わりに表面に垂直な逆格子ロッド (reciprocal rod) で表せる．図 2.8 に垂直入射の場合の 2 次元格子による回折のエワルト作図を示す．また LEED の場合は，入射波が減衰することにより観測できる格子の数 N_3 は小さな値になるが $N_3 > 1$ なので，表面に垂直な方向の格子により強度が変調されたロッドになる．また表面再構成，吸着子により修飾された 2 次元格子は 2.2.2 項で述べた逆格子ベクトル $\boldsymbol{A}'$，$\boldsymbol{B}'$ を用いる．

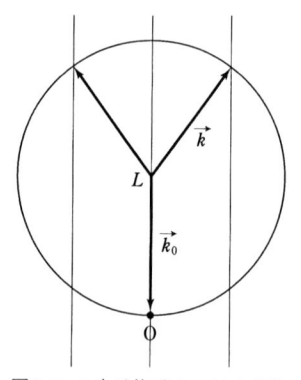

図 2.8 2 次元格子のエワルド作図，垂直入射

2.3.2 動力学的取り扱い

多重散乱を取り入れた扱いを動力学的回折理論 (dynamical theory) という．これには 2 つのアプローチがある．1 つは，1927 年にデヴィッソン-ガーマー (Davisson-Germer) およびトムソン (Thomson) による電子回折の実験があった

すぐ後の 1928 年に，ベーテ (Bethe) によって導かれた方法である．これは固体内の電子をブロッホ波 (Bloch wave) で記述し，真空中に入射波と散乱波 (回折波) を考え，表面で両者の波をなめらかにつなげる方法である．もう 1 つの方法は原子層ごとの散乱を考え，その散乱波が他の原子層で散乱を繰り返す，多重散乱の扱いである．吸着層，表面再構成などを考慮すると，後者の方が LEED の解析に適している．しかしベーテ流も有用な知見を与えるのでまずベーテ流を取り上げる．

相互作用ポテンシャルを電子との相互作用であることから $V = -ev$ と表すことにする．同様に $U = -eu$ として $u(\boldsymbol{r})$ をフーリエ級数展開する．

$$u(\boldsymbol{r}) = \sum_{\boldsymbol{g}} u_{\boldsymbol{g}} \exp(i\boldsymbol{g}\cdot\boldsymbol{r})$$

ただし，$\boldsymbol{g}$ は逆格子ベクトルである．これをシュレディンガー方程式に代入すると，

$$\nabla^2 \psi(\boldsymbol{r}) + (\kappa^2 + e\sum_{\boldsymbol{g}} u_{\boldsymbol{g}} \exp(i\boldsymbol{g}\cdot\boldsymbol{r}))\psi(\boldsymbol{r}) = 0$$

ここで，$\boldsymbol{\kappa}$ は真空中での波数ベクトルであり，式 (2.5) で $\boldsymbol{k} \to \boldsymbol{\kappa}$ とした．結晶内の電子の波動関数 $\psi(\boldsymbol{r})$ も平面波 (ブロッホ波) で展開する．

$$\psi(\boldsymbol{r}) = \sum_{h} \psi_h \exp(i\boldsymbol{k}_h\cdot\boldsymbol{r})$$

ここで，$\boldsymbol{k}_h = \boldsymbol{k} + \boldsymbol{h}$ は固体内での電子の波数ベクトルで，$\boldsymbol{h}$ は逆格子ベクトルである．これを上のシュレディンガー方程式に代入して，平面波の直交性を適用すると，

$$(\kappa^2 + eu_0 - k_h^2)\psi_h + e\sum_{g \neq h}{}' u_{h-g}\psi_g = 0 \qquad (2.10)$$

の動力学的回折理論の基本の関係式が得られる．ここで，g は考慮する散乱波の数だけとることになる．

一般にはここでいろいろな g，すなわち多波を扱う必要があるが，ここではただ 1 つの波 $\boldsymbol{k}$ が強いときのみを扱う．すなわち式 (2.10) で g についての和はないとすると，真空中の波 $\boldsymbol{\kappa}$ と結晶中の波 $\boldsymbol{k}$ との間に

$$\boldsymbol{k}^2 = \boldsymbol{\kappa}^2 + eu_0 = \frac{2me}{\hbar^2}(\varepsilon + v_0)$$

の関係が得られる．ここでは $V \to -ev$ に対応して，E を $e\varepsilon$ と表示した．この v_0 を平均内部電位 (mean inner potential) と呼び，電子に対する結晶の相互作用ポテンシャルの 0 次のフーリエ成分である．自由電子モデルが成立する金属では，これは仕事関数 ϕ とフェルミ・エネルギー E_F の和にほぼ等しい．すなわち $ev_0 \sim \phi + E_F$ であり，伝導帯の底から測った真空準位のエネルギーになる．したがって真空中で運動エネルギー $e\varepsilon = E_k$ であった電子が結晶に入ると，$ev_0 = V_0$ だけ加速されて波長が短くなる．これは真空中での電子の運動エネルギーの基準 $E_k=0$ は真空準位であり，自由電子近似が成り立つ金属内では伝導帯の底が基準になることを意味している．また接線成分の連続より，屈折率 μ は，

$$\mu = \frac{\sin\theta_i}{\sin\theta_r} = \frac{|k|}{|\kappa|} = \sqrt{\frac{\varepsilon+v_0}{\varepsilon}} > 1$$

となり，結晶内からの電子は表面で全反射しうることを示している．

次に LEED の構造解析に用いられている，多重散乱による動力学的回折理論を述べる．結晶を原子層ごとに分割し，各原子層内では電子をブロッホ波で記述し，そこに入射する電子の散乱過程を計算する．そこで生じた透過波と反射波，すなわち前方散乱と後方散乱の電子が隣接した原子層に入射し，散乱を繰り返す．その際相互作用ポテンシャルの虚数部が波の減衰になる．これをまともに解くと膨大な計算時間を費いやすので，ペンドリー (Pendry) はくりこみ前方散乱摂動法 (renormalized forward scattering perturbation method) を開発した．原子層に入射する散乱波を原子層内のブロッホ波に対する 1 次の摂動として扱い，後方散乱に比べて前方散乱の散乱強度がずっと大きいことを利用する．そこでまず入射ビームに対して後方散乱を無視する．そして次々と原子層で散乱するが，そこでも後方散乱を無視し，j_{max} 番目の原子層に到達する．そして $j_{max}+1$ 番目の原子層での散乱の際に，後方散乱のみが起きるとする．次の過程では，後方散乱した波が表面に向かい，その波にとっては前方散乱のみを，すなわち後方散乱のみを繰り返して表面に到達する．表面では真空中に放出される透過波と後方散乱する反射波の両者を考え，後方散乱した電子は再び前方に進行する波になる．この前方散乱波は前の過程より小さい j_{max} で後方散乱になり，表面に向かい，これを繰り返して収束させる．この過程を模式的に図 2.9 に示す．すなわち奇数番目の過程では前方に進む電子のみが，偶数番目の過程

では後方に進む電子のみが散乱過程に寄与している．この近似は前方散乱に比べて後方散乱が弱いことに基づいているが，10 eV 以下の非常に低エネルギーの領域では，後方散乱の方が前方散乱より強くなる．すなわちこの方法がこのエネルギー領域では破綻をきたす．

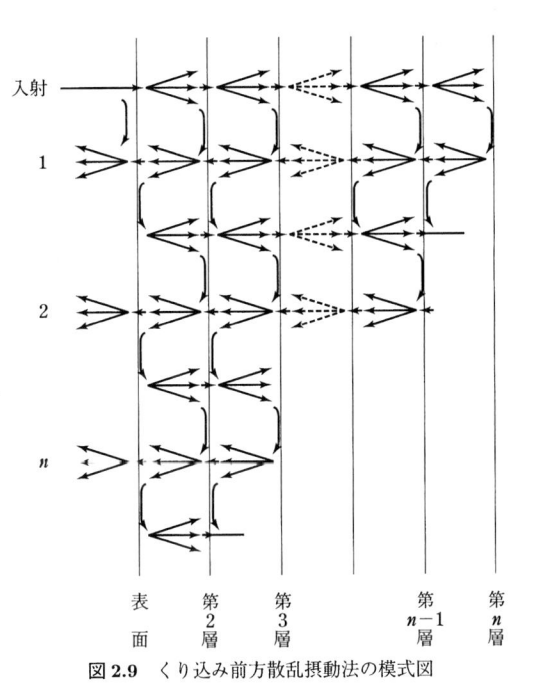

さらに計算時間を節約するためにペンドリーらはテンソル (tensor)LEED 法を開発したが，これが広く用いられている．出発の表面構造モデルにわずかな原子変位を加え，

図 2.9 くり込み前方散乱摂動法の模式図

これを 1 次の摂動として散乱波を求め，I-V 曲線を計算する．そして加える原子変位をさまざまに変えて最適の構造を探す．

単位格子の構成原子からの全散乱振幅，すなわち式 (2.8) の結晶構造因子の積分を原子の位置での和で置き換えると，

$$F(\boldsymbol{K}) = \sum_j f_{aj}(\boldsymbol{K}) \exp(i\boldsymbol{K}\cdot\boldsymbol{R}_j)$$

で与えられる．ただし，$f_{aj}(\boldsymbol{K})$ は原子散乱因子で，式 (2.8) の積分を原子の近傍で行ったもので，1 個の原子からの散乱振幅，$\boldsymbol{R}_j$ は出発点の構造の各原子の座標である．式 (2.8) にみられるように散乱振幅は相互作用ポテンシャルで記述され，j 番目の原子が $\boldsymbol{\delta R}_j$ だけ変位したときの表面でのポテンシャルの変化は，

$$\delta V_j = \boldsymbol{\delta R}_j \cdot \nabla V_j(\boldsymbol{r}-\boldsymbol{R}_j)$$

である．$|k_\parallel\rangle$ をエネルギー E_p，表面に平行な運動量 $k_\parallel$ の入射ビームに対する出発モデルの LEED の波動関数とすると，原子を $\boldsymbol{\delta R}_j$ だけ変位させたときの散乱波の振幅の増分は，

$$\delta F(\bm{k}'_\parallel) \approx \sum_j \langle \bm{k}'_\parallel | \delta V_j | \bm{k}_\parallel \rangle = \sum_{ij} T_{ij} \delta R$$

で与えられる．ここで，テンソル T は X 線散乱の構造因子に対応し，

$$T_{xj} = \langle \bm{k}'_\parallel | \nabla_x V_j(\bm{r}-\bm{R}_j | \bm{k}_\parallel \rangle$$

で定義される．また T_{yj}, T_{zj} は同様に表せる．

出発構造から原子をさまざまに微小な変位をさせて，その変位した構造に従って I-V 曲線を計算するが，T はいったん求めたらそれを変える必要がなく，そのために計算時間が大幅に節約できる．そして実測値との一致の程度を示す信頼度因子 (reliability factor) または R 因子と呼ばれる量を求めて，それが小さくなる方向に $\bm{\delta R}_j$ を変化させ，R 因子が最小になる座標を求める．これを正しい表面構造とみなす．

R 因子としてはいろいろあるが，ペンドリーの R 因子が広く用いられている．X 線回折で用いられている R 因子は回折パターンの強度の一致に主眼が置かれている．それに対して LEED の場合は，くりこみ前方散乱摂動法が 10 eV 以下の入射エネルギーで破綻をきたすように，また破綻はきたさないまでもそれより少し高いエネルギー領域では後方散乱を過少に扱っているため，強度が低く計算される傾向がある．そこでペンドリーの R 因子は I-V 曲線の対数微分を基本とし，I-V 曲線のピーク位置の一致を尊重する．さらに対数をとることで大きなピークの肩に乗ったピークなど，弱いピークが無視されないようにしている．具体的には実測の I-V 曲線のピーク g をローレンツ曲線で当てはめて，その和

$$I(V) \propto \sum_g \frac{a_g}{(V-V_g)^2 + V_{0i}^2}$$

で表せるとする．ここで，V_{0i} は平均内部電位の虚数部に相当し，これが式 (2.9) のラウエの回折条件での $i=3$ (すなわち z) に対するデルタ関数にピークの広がりを与える．実測値は多くの場合 $V_{0i} \sim -4$ eV になる．そして対数微分 $L = (1/I)dI/dV$ では $I=0$ での値が大きくなりすぎるので，これを避けるために L の代わりに L^{-1} とピーク幅 V_{0i} を用いたローレンツ関数 $Y(V) = L^{-1}/(L^{-2}+V_{0i}^2)$ を用いる．そして R 因子として，

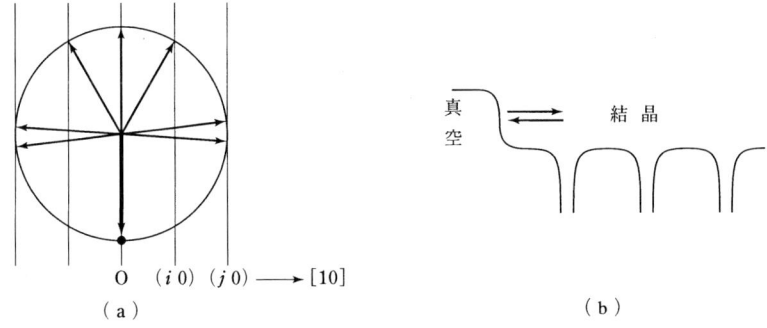

2.3 低速電子回折と表面構造解析

図 2.10 表面波共鳴条件を満足したときの (a) エワルド作図と (b) ポテンシャル図

$$R = \frac{\sum_g \int (Y_{ge} - Y_{gc})^2 \mathrm{d}V}{\sum_g \int (Y_{ge}^2 + Y_{gc}^2) \mathrm{d}V}$$

を定義する．ただし，Y_{ge}，Y_{gc} はピーク g での $Y(V)$ の実測値と構造モデルによる計算値で，ピーク g の範囲で積分している．そして $R < 0.3$ が妥当な構造の基準になる．

くりこみ前方散乱摂動法は図 2.9 が示すように，前方散乱を重視した扱いになっている．LEED は多重散乱過程が重要なことと符合する現象として同時反射がある．このもっとも顕著なものとして図 2.10 に示す表面波共鳴 (surface wave resonance, surface state resonance) がある．これは逆格子ロッドがエワルド球 (Ewald sphere) にほぼ接し，少し交わるときに起きる現象で，そのとき表面にほぼ平行な回折波が生じる．電子線の屈折率 $\mu > 1$ であるからこの回折波は表面で全反射をする．すなわちこの回折波が表面に向かうとき表面に垂直なエネルギー成分は小さく，表面のポテンシャル障壁を乗り越えることができないで，図 2.10(b) に示すように全反射する．その反射波が結晶面で回折する．表面障壁での反射は原子のポテンシャルによる散乱ではないので，散乱ポテンシャルの虚数部は原子による散乱に比べてはるかに小さい．また回折波もほぼ前方散乱である．そのためこの表面波はあまり減衰することなく散乱を繰り返す．これが表面波共鳴の現象で，表面に特徴的な現象を際立たせて観測できる．なお表面波共鳴を利用した菊池パターン (Kikuchi pattern) の観測は表面に特徴

的な現象を効果的に捉えることができる．

くりこみ前方散乱摂動法は図 2.9 が示すように，第 1 原子層での散乱は考えているが，表面のポテンシャル障壁での散乱は考慮されていない．すなわち I-V 曲線への表面波の影響は考慮されていない．表面波がつくるピークが他のロッドに現れることがある．また同時反射の影響で表面波や他の回折波に回折強度の一部がとられて，I-V 曲線のピークに凹みができて分裂することがある．LEED の解析がルーティン化しただけに計算したらこうなりましたというのにとどまらず，これらのことを I-V 曲線に戻って検討することが大切であろう．

2.4 表面再構成

2.4.1 半導体表面

表面再構成はダングリングボンドと密接に関係している．ここでダングリングボンドの性質をダイヤモンドの C-C 結合を例として化学結合論の立場から考察する．1 つの C 原子の $2s$ 軌道と 3 個の $2p$ 軌道の混成でできた 4 個の直交する等価な sp^3 軌道のうち，C-C 原子を結ぶ方向に伸びる 2 つの C 原子の規格化された原子軌道を $\phi_i (i=1,2)$ とする．C-C 結合を形成する波動関数 ψ が，両原子の原子軌道 ϕ_1 と ϕ_2 の線形結合 (linear combination of atomic orbital) $\psi = c_1\phi_1 + c_2\phi_2$ で近似できるとする (LCAO 近似)．この ψ をシュレディンガー方程式

$$\mathcal{H}\psi = E\psi$$

に代入し，左辺から $\phi_i^* (i=1, 2)$ を掛けて積分して得られる方程式の固有値を求めると，

$$E_\pm = \frac{\alpha \pm \beta}{1 \pm S} \tag{2.11}$$

が得られる．ただし，

$$H_{ij} = \int \phi_i^* \mathcal{H} \phi_j \, d\tau = \langle i|\mathcal{H}|j\rangle$$

$$S_{ij} = \int \phi_i^* \phi_j \, d\tau = \langle i|j\rangle$$

$H_{11} = H_{22} = \alpha$, $H_{12} = H_{21} = \beta$, $S_{12} = S_{21} = S$ である．そして，α は原子の軌道エネルギー，$\beta < 0$ は共鳴積分で化学結合を形成する項であり，$S > 0$ は両原子の

2.4 表面再構成

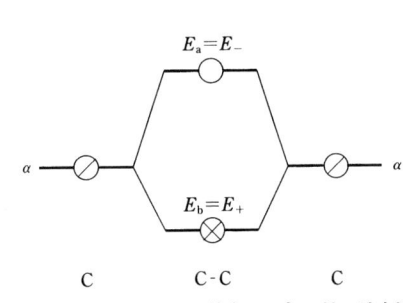

図 2.11 C-Cのシグマ結合のエネルギーダイヤグラム
⊗ は2個，⊘ は1個の電子が占有，○ は空の準位．

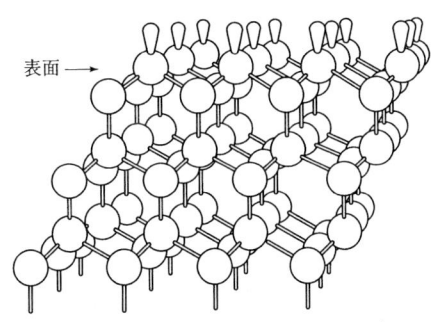

図 2.12 Si(111) の理想表面の原子配列

原子軌道の重なりを表す重なり積分である．式(2.11)に示されるように原子軌道の準位は結合をつくることにより，結合に寄与する結合性軌道 $\psi_b = \frac{1}{\sqrt{2}}(\phi_1+\phi_2)$ のエネルギー $E_b = E_+ = (\alpha+\beta)/(1+S)$ と，反結合性軌道 $\psi_a = \frac{1}{\sqrt{2}}(\phi_1-\phi_2)$ のエネルギー $E_a = E_- = (\alpha-\beta)/(1-S)$ の2つの準位に分裂する (図2.11)．

表面原子のダングリングボンド状態にある電子は結合形成に寄与しないので ϕ_i の状態にあり，そのエネルギーは α である．したがってダングリングボンド状態は結合状態に比べて $(\alpha-E_b)$ だけ高いエネルギー状態にあり，表面エネルギーを高くしている．その結果，ダングリングボンドの数を減らすと表面エネルギーが低くなるので，ダングリングボンド間で結合をつくって表面再構成をする．一方，表面再構成をすると格子歪みがもたらされるが，その場合，原子間の結合距離を変化させるエネルギーは結合角を変化させるエネルギーよりずっと大きく，一般に結合角のみを変化させて表面再構成をする．

大部分の半導体，半金属結晶は共有結合あるいは共有結合性が強い結合で結ばれている．上述の議論からわかるように，低指数の表面はこの結合を切断しているので表面再構成をする．しかも同じ結晶面の表面であってもいくつかの異なる構造の表面再構成をする場合がある．たとえば，Si(111)は真空劈開(へきかい)したときに現れる準安定相の2×1構造と熱処理して得た安定相の7×7構造がある．またGaAsなどの化合物半導体では表面の組成が異なってきて，GaAs(001)ではGa原子が過剰の4×6構造，As原子が過剰の2×4構造，Asが2原子層ある c(4×4) 構造がよく知られている．

Si(111) の理想表面の原子配列を図 2.12 に示す．表面の Si 原子はおのおの 1 個の表面に垂直なダングリングボンドをもっている．また Si のバルク結晶の各原子は，図 2.12 にみられるように，109°28′ の結合角をもつ正四面体構造をしている．そして表面に垂直な方向から Si-Si 結合を眺めると，各原子に結合している 3 個の Si 原子は図 2.13(a) に示すようにたがい違いな (staggered) 配列をしている．これとは別に 7×7 構造を扱うためには図 2.13(b) に示す，蝕になった (eclipsed) 配列を考える必要がある．この配列に関連して仮想的な分子 Si_3Si-$SiSi_3$ を考えて，Si-Si 軸のまわりで片方の Si_3 を回したときのポテンシャルエネルギーを回転角の関数として描く．それは図 2.14 に示すように図中の e でマークした蝕になった配列では Si 原子間の反発のため山の頂上にあり，s でマークしたたがい違いの配列は谷底にある．そのためシリコン結晶では Si-Si のまわりでの原子配列は常に安定なたがい違いの配列をしていて，一方蝕になった配列は不安定な構造であるが，表面には現れてくる．

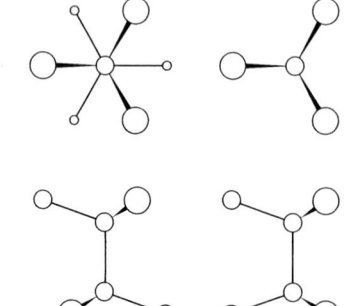

図 2.13 Si 結晶中の 1 つの Si-Si 軸を中心にみた局所配列
(a) たがい違い (staggered) の配列, (b) 蝕になった (eclipsed) 配列.

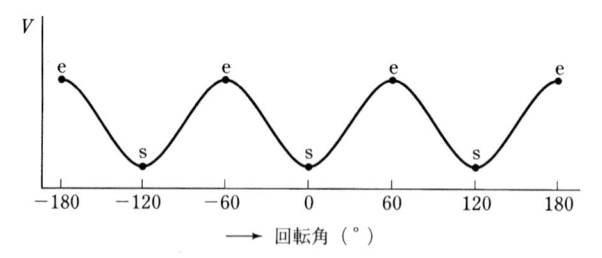

図 2.14 仮想的な Si_3Si-$SiSi_3$ 分子の内部回転のポテンシャルエネルギー
横軸は回転角で，0° をたがい違いの配置にとっている．

図 2.15 に示す 7×7 構造は，透過電子回折 (transmission electron diffraction, TED) パターンを基にして，STM 像からの知見を加えることによって解析し，高柳が得た DAS (dimer-adatom-stacking fault) 模型である．この DAS 模型は 7×7 単位胞の境界にある表面二量体 (dimer), 5 原子層目に生じる積層欠陥 (stacking

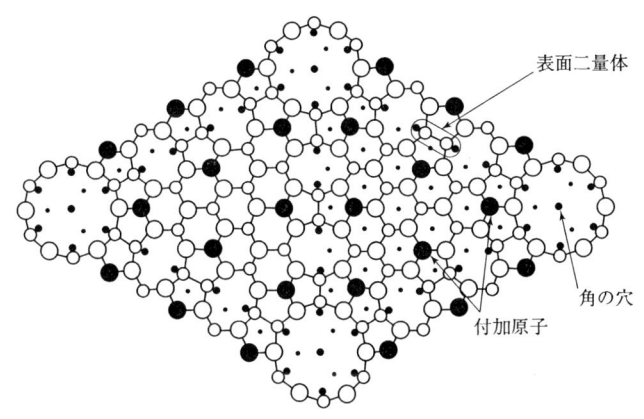

図 2.15 Si(111) の 7×7 表面の原子配列, すなわち DAS 模型 (K. Takayanagi: J. Microscopy, **131**, 283 (1984))
(a) 平面図, (b) 側面図.

fault), それに図 2.16 の STM 像にみられる 12 個の付加原子 (adatom), 7×7 単位胞の角の穴 (corner hole) に特徴がある.

　Si(111)7×7 のように 2 次元の単位格子が大きく, 半導体は金属とは異なりバルク構造からの原子の変位が数原子層に及ぶので, 表面構造解析の主流である LEED を用いての解析は不可能に近い. さらに LEED の構造解析は構造モデルに基づいて散乱強度 I の入射電子の加速電圧 V 依存性, I-V 曲線を計算し, 実測の I-V 曲線と比較する. したがって妥当な構造モデルがないと解析することは不可能といってよい. 高柳らは Si(111)7×7 の薄い試料を作成し, 八木, 本庄が開発した超高真空電子顕微鏡を用いて Si(111)7×7 の TED パターンの強度分布を測定した.

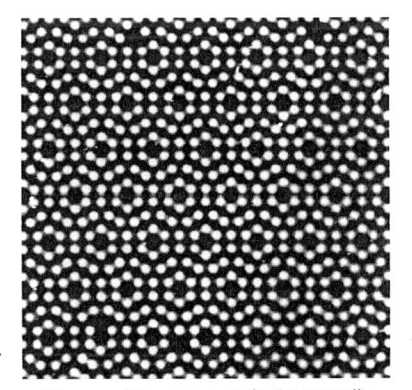

図 2.16 Si(111) の 7×7 表面の STM 像

その際, 1 回散乱の近似が成立する条件, すなわち試料を非常に薄くすることと, 入射ビームに対してわずかに試料を傾けることで, 同時反射の条件を避けている.

　このようにして得た 2 次元の回折パターンの指数 h, k の散乱強度 I_{hk} は, 運動学的回折理論によると,

$$I_{hk} = |F_{hk}|^2$$

で与えられる．ただし，F_{hk} は結晶構造因子である．通常のX線回折では，4軸型回折計を用いて I_{hkl} を測定し，カール-ハウプトマンの方法で位相を決定し，$\sqrt{I_{hkl}} = |F_{hkl}|$ と位相より F_{hkl} が求まる．そしてこれをフーリエ変換すると構造が自動的に決定できる．しかし表面構造を得ようとする2次元回折パターンでは位相が求まらない．さらに整数次の反射にはバルクからの散乱，すなわち指数 l についての和が散乱強度に加わる．

そこで高柳は位相が求まらない場合の解析法の1つである $|F_{hk}|^2$ をフーリエ変換したパターソン関数を求めた．そしてバルクからの影響を除くために整数次の反射を除いてフーリエ変換した．パターソン関数は表面構造を直接表すのではなく，原子対の自己相関，すなわち原子対の長さと方向を示す図形になる．この図形の注意深い考察から，3つの方向の付加原子と表面二量体，角の穴，積層欠陥の存在を突き止めた．しかし整数次の反射を除いたパターソン関数であるから，2次元単位胞中の付加原子の数は求まらない．そのために図 2.16 に示す STM 像から得た付加原子の数と配列を用いた．

DAS 模型は永い間懸案であった 7×7 構造を高柳がみごとに解決した構造である．しかしわかってみるとごく常識的な知見から，STM 像に基づいて次のようにして DAS 模型は構築できる．換言すると DAS 模型は妥当な構造であるといえる．単位胞が 7×7 であること，図 2.16 に示す STM 像で観察される表面原子の配列，すなわち 12 個の付加原子の配列，Si 原子が 4 価で正四面体構造であることを基本に，粘土と竹ひごを用いた細工をする．そして，この構築が Si(111)7×7 を基板とする結晶成長を考えるうえで役立つであろう．

図 2.17(a) は 7×7 表面の第 3～第 5 層になる出発の構造で，バルク Si 結晶と同じ原子配列にとり，7×7 単位胞を破線で示した．第 3 と第 4 原子層を結ぶ Si-Si の結合軸が表面に垂直であるために第 4 層の原子はみえない．第 3 層の原子は表面に向かって 3 個の結合の腕をもつが，この場合は第 3，第 4 層の Si-Si 軸のまわりでの回転の自由度がある．そこで第 1 層での原子配列を STM 像の付加原子の配列と一致させるために，回転の自由度を殺して単位胞の形に倣った三角形である図 2.17(b) の第 2 の原子配列をとる．

もう少し詳しくこの三角形の原子配列をみることにする．すなわち図 2.17(a)

2.4 表面再構成

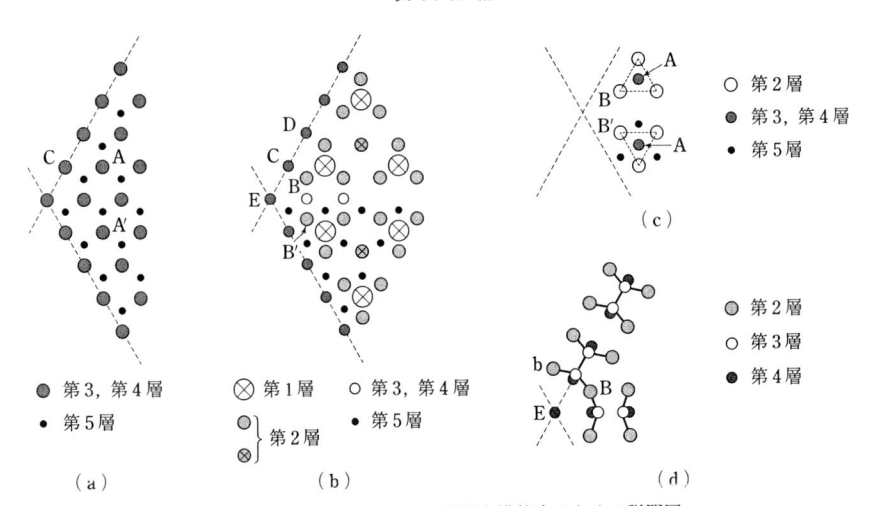

図 2.17 Si(111)7×7 の DAS 模型を構築するための説明図
7×7単位胞を破線で示し，下の原子層になるほど丸の径を小さくしている．(a) 第 3～第 5 層のモデルを構築するための出発構造 (バルク結晶と同じ構造)，(b) 第 1～第 5 層の原子配列 (表面二量体の原子変位を入れていない)，(c) 第 2～第 5 層の原子配列，ただし周辺の原子は除いている，(d) 第 2～第 4 層の原子配列と表面二量体近傍の結合．

の第 3 層の Si 原子 A, A′ に結合している図 2.17(b) の第 2 層の原子配列をみる．図に示した単位胞の上半分と下半分で，原子 B と B′ が属する三角形 (図 2.17(c) に点線で示す) が逆転した配列になっている．これは図 2.17(a) (c) の原子 A と A′ のそれぞれが表面に垂直な結合軸 (第 3，第 4 原子層の Si-Si) のまわりで回転の自由度があり，三角形が逆転した配列をするためには，第 2，第 5 原子層の Si_3 が単位胞の下半分ではたがい違いの配列 (図 2.13(a)) であり，上半分では蝕になった配列 (図 2.13(b)) になっている．したがって図 2.14 に示すように蝕になった配列のポテンシャルエネルギーは高いから，このような原子配列の場合を積層欠陥があるという．すなわち図 2.17(b) (c) にあるように黒点で示した第 5 層の原子がみえる下半分には積層欠陥がなく，上半分は蝕になった配列をしているために第 5 層の原子がみえない積層欠陥のある構造である．

図 2.17(b) の第 2 の原子は正四面体角のときは表面に垂直な方向に結合の腕をもつダングリングボンドになっているが，STM 像に従って図 2.17(b) に表面第 1 層の原子を付け加えると，ダングリングボンドは消失する．そして付加原子にダングリングボンドが残る．またここに生じた σ 結合には結合角を正四面体角から変形させたための無理が生じている．さらに図 2.17(a) (b) の第 3 層

の原子Cに着目して第2層の原子との結合を考える．原子CはA原子と同様に表面側に3個の結合の腕をもっているが，図2.17(d)に示すように，境界線上にある原子Cは原子Bと結合し，原子Bに対応する隣りの単位胞の原子bとも結合している．しかしまだダングリングボンドが1個残る．そこで結合角が109°28′とは大きく異なるが，隣の原子Dのダングリングボンドと結合して表面二量体をつくる．したがってここにはダングリングボンドは残らない．単位胞の角の原子Eにはダングリングボンドが残る．ここの第3層に原子があると3個のダングリングボンドが残ってしまうので，第3層の原子が消失して第4層の原子が表面原子となり，ここに1個のダングリングボンドが残る構造になる．これがSTM像で大きな穴(角の穴)として観測される．

このようにしてDAS模型は組み立った．そして第1，第2層にある⊗印のSi原子にはダングリングボンドが残っている．このことからわかるようにDAS模型のような複雑な表面構造でも，本節の初めに述べたようにダングリングボンドの数をできるだけ減らすようにして，常識からはずれていないしごく当たり前のことがらを積み重ねることで表面に特有な，しかも非常に複雑な原子配列が導き出せた．またここでの説明および図2.17(a)から理解できるように，Si(111)が7倍構造という奇数倍の長周期構造のために積層欠陥が生じた．Si(111)と類似のGe(111)ではSi(111)7×7に相当する安定相はc(2×8)構造であり，これは偶数倍の長周期構造のために積層欠陥は存在しない．

最後にDAS模型の7×7の単位胞内でのダングリングボンドの数を数えてみる．12個の付加原子がついたことにより，36個のダングリングボンドが1/3に減っている．その他に角の穴に1個，付加原子がつくる正三角形の重心にダングリングボンドを1個もつ原子が残り(rest atom)，図2.15，2.17(b)からわかるようにこれは単位胞内に6個存在する．したがってダングリングボンドは合計で19個になり，理想表面の49個に比べて，半分以下に減っている．

2.4.2 金属表面

半導体とは違ってダングリングボンドがない金属でも，表面再構成が観測されている．単体金属単結晶の低指数面の清浄表面は大部分が1×1構造である．確認されている金属の表面再構成を表2.1に示す．この成因はダングリン

表 2.1 金属の清浄表面の表面再構成

	(001)	(111)	(110)
Cr			$(\sqrt{3}\times\sqrt{3})$R30°
Mo	c($7\sqrt{2}\times\sqrt{2}$)R45°		
W	c(2×2)		
Pd			2×1
Ir	5×1		2×1
Pt	5×20, hex		2×1
Au	5×20, c(26×68)	$\sqrt{3}\times 22$	2×1

グボンドの数を減らそうとする半導体のような単純なものではない．これらはすべて遷移金属 (貴金属も広義の遷移金属である) に属するが，Cr, Mo, W のグループと，Pd, Ir, Pt, Au のグループに分けることができる．前者はバルクの結晶が体心立方 (body-centered cubic, bcc) 格子であり，後者は面心立方 (face-centered cubic, fcc) 格子である．また前者は周期律表の中央であり，後者は右端である．すなわち d バンドの電子の占有率が異なり，前者は d 軌道の約半分，後者は大部分が電子で占有されている．そのために表面再構成の成因は両者でまったく異なる．前者の再構成の成因は 5.2.1 項で詳細に述べるので，ここでは直感的に理解しやすい説明にとどめる．

W(001) が表面再構成した c(2×2) 構造の原子配列を図 2.18 に示す．表面第 1 層の原子は面内で交互に [110], [1$\bar{1}$0] 方向に変位して，隣どうしが近づいた構造をしている．bcc 金属は隙間のある構造をしているので，価電子は結合性のある異方的な分布をしていると考えられる．そしてこれらの bcc 金属の d 軌道は電子が半分しか占有していない．孤立原子でちょうど半分の d 軌道に電子が占有している場合には，フントの規則により $S=5/2$, $L=0$ になり，等方的な電子分布になるが，金属中の原子になるとこの状況は原子間の相互作用により大きく影響されれる．実際に W, Mo は強磁性体ではない．したがってこれらの bcc 金属では電子分布に異方性があり，Si の σ 結合にあるように結合は共有結合性を有し，表面ではダングリングボンド的な結合が生じることになる．この表面のダングリングボンド的な結合をなくすために，隣どうしの軌道間の相互作用が大きくなる接近をして，あたかも表面内で新しい結合をつくり，図 2.18 の構造をとると考えられる．

一方，表 2.1 に示す Ir, Pt, Au の (001) 表面の再構成は，2 原子層以下がバ

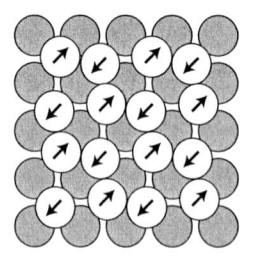

図 2.18 W(001)c(2×2) の表面原子配列 矢印は 1×1 構造に対する変位の方向を示す．第 2 層の原子に影をつけた．

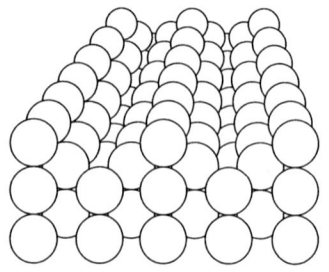

図 2.19 Ir, Pt, Au の (110) 表面にみられる 2×1 の欠損列構造

ルクと同じ原子配列で，表面第 1 層が fcc 格子の (111) と同じ最密面の原子配列をしている．また (110) 表面の 2×1 構造は図 2.19 に示すように，[001] 方向で 1 列おきに表面第 1 層の原子列が欠けた欠損列構造と呼んでいる原子配列をしている．この表面は図 2.19 からわかるように，最密面である {111} が幅の狭いテラスとして表面を構成している．このように Ir, Pt, Au の (001), (110) の表面第 1 層は (111) の最密面になっている．一方，(111) 表面は Pd, Ir, Pt では (111) のままであり，Au も表面原子層がわずかに波打っているが本質的には (111) である．このようにこれらの金属の安定相は表面第 1 層に最密面が現れている．このことは仕事関数の面依存性の原因を論じた，スモルコフスキー (Smoluchowski) の表面の電子分布をなめらかにする効果 (smoothing effect) で定性的に説明できる．

結晶をウィグナー-サイス・セルで分割し，各原子に属する価電子がウィグナー-サイス・セル内に一様に分布すると仮定する．単純立方格子を例にして，(001) 面，(011) 面が表面の場合を模式的に図 2.20 に示す．単純立方格子の場合の表面原子密度は格子定数を a_0 とすると，(001) は $1/a_0^2$, (011) は $1/\sqrt{2}a_0^2$, (111) は $2/\sqrt{3}a_0^2$ である．したがって (001) の表面原子密度が最大で，(011) が最小である．電子の運

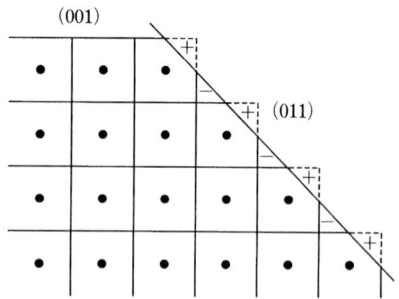

図 2.20 表面での電子分布の再配列と表面格子緩和の関係の模式図 (R. Smoluchowski: *Phys. Rev.*, **60**, 661 (1941); M. W. Finnis and V. Heine: *J. Phys. F: Metal Phys.*, **4**, L37 (1974))
すなわち表面の凹凸と電気 2 重層の形成．

動エネルギー $p^2/2m$ は，量子力学的な演算子で表すと $-\hbar^2\nabla^2/2m$ であり，表面の凹凸が激しいと $\nabla \equiv \mathrm{grad}$ が大きくなって表面電子の運動エネルギーが大きくなる．逆に表面での電子分布をなめらかにして表面電子の運動エネルギー減らすと，表面エネルギーは小さくなる．そして図 2.20 で表面原子密度が最大の (001) 表面では電子密度が平らであり，(011) 表面では図 2.20 に破線で描いているが凹凸が激しい．そのため表面の原子密度をできるだけ大きくする最密面の (001) が表面に現れると，表面エネルギーが最小になる．

ここで問題にしているのは d 軌道に電子がほぼ詰まっている fcc の Ir, Pt, Au の遷移金属である．すなわち d 軌道がほぼ占有されているので，ウィグナー-サイス・セル内に一様に電子が分布するという仮定が成立する．したがってこれまでと同様な議論ができ，fcc であるから面密度が最大は (111) で，これがもっともなめらかな電子雲の表面であり，表面エネルギーが最小になる．しかし $5d$ 電子系の Au, Pt, Ir の (001) 表面は安定相が表面再構成していて，周期律表でみたときに同族であるから電子構造が類似している $4d$ 電子系の Ag, Pd, Rh, $3d$ 電子系の Cu, Ni の (001) 清浄表面が表面再構成しない 1×1 であるのはなぜかを考える必要がある．結論をいうとこれは相対論の効果で説明できる．

原子番号 Z が大きくなると原子核による引力ポテンシャルは深く，その中心力場で軌道運動する電子の速度は速くなるので，相対論の効果が無視できなくなる．そして Z が大きい $5d$ 電子系には相対論の効果が現れ，$4d$，$3d$ 電子系では現れない．一方，s, p, d 軌道の価電子の軌道をみると，s 電子の平均軌道の位置が原子核にもっとも近く，d 軌道はもっとも遠い．したがってもっとも強く相対論の効果を受けるのが s 電子であり，s, p 電子の質量は相対論の効果により増し，結合エネルギーが増加する．すなわち $5d$ 電子系の遷移金属では $6s$, $6p$ 準位は深い方向にシフトし，$5d$ 準位はほとんど変化しないので，d 電子が s, p 準位に移行して d 正孔の密度が増す．その結果主に d 電子によっている原子間の結合が強くなる．これは sp-d 共役 (sp-d hybridization) が原子間の結合性を強めることになるといえるが，このことはバルク結晶の格子定数に現れている．Ni, Pd, Pt の格子定数はそれぞれ 3.524, 3.890, 3.923 Å であり，Ni から Pd へは格子定数が ~0.4 Å 大きくなる．しかし，$3d$, $4d$, $5d$ の順に軌道が大きくなるにもかかわらず，Pd から Pt への格子定数は ~0.03 Å の増加にすぎない．

このことを踏まえて 5d 電子系の金属の (001) 表面をみると，相対論の効果により価電子の d 電子密度が低下する 5d 電子系の表面では，d 軌道を通して面内での結合性が増し，原子間距離を縮めようとする応力が働く．その結果，2次元結晶として最近接の原子間距離が短い，しかも結合数が多い (111) の最密面が表面に現れる．しかし表面再構成をすると表面の原子にとっては第2原子層との結合数が減少するので安定化エネルギーは損をする．このエネルギーのバランスにより表面での原子密度を増大させる傾向がまさる 5d 電子系で表面再構成し，4d, 3d 電子系では表面再構成をしない．

2.5 表面格子緩和

表面では真空側に結合していた原子が欠けているので，層間距離に違いが生じる．表面格子緩和はそのような現象である．実用上重要な水素吸蔵合金が水素を吸収する初期過程や，水素化反応の金属触媒で H 原子が結晶内部に潜り込む現象，熱い原子 (hot atom) として基板温度より高い運動エネルギーで吸蔵された原子が結晶中から真空中に飛び出す現象，金属の酸化過程における O 原子の潜り込みなど，さまざまな現象は，表面格子緩和とは異なり局所的な格子緩和であるが，密接に関係する．表面格子緩和という呼び方から表面での層間距離が結晶内部に比べて伸びている印象を受けるが，金属結晶の低指数の清浄表面では一般に縮む傾向にある．

第1，第2原子層間の距離を d_{12}，結晶内部の層間距離を d_0 とし，相対的な層間距離の変化量，すなわち伸び率 $(d_{12}-d_0)/d_0 = \Delta d_{12}/d_0$ (正が伸び，負が縮み) の実測値を，結晶形および表面の面指数で分類して表 2.2 に示す．ここで，金属原子を剛体球と考え，表面の面積から表面に占める剛体球の断面積の和を差し引いた割合 (表面空隙率) $(S-A)/S$ を求め，結晶形と面指数は表面空隙率の小さい順に並べた．ただし，S は2次元単位胞 (単位網) の面積，A は剛体球の断面積の単位網内での和である．表面空隙率と伸び率とがほぼ直線関係にあるという経験則が得られている．すなわち 1×1 構造の金属表面は一般に $d_{12} < d_0$ の傾向にあり，縮みの大きさは表面原子の面密度が小さいと大きくなる傾向にある．

2.5 表面格子緩和

表 2.2 金属表面の表面格子緩和

結晶形と表面の面指数	金属種	伸び率 $(\Delta d_{12}/d_0)$%	表面空隙率 $1-A/S$
hcp(0001)	Be	5.8	0.093
	Mg	1.9	
fcc(111)	Al	2.1	0.093
	Pt	1.0	
	Ir	−2.5	
	Cu	−0.7	
bcc(110)	Fe	0.0	0.167
	W	−3.1	
fcc(001)	Al	0.0	0.215
	Cu	−1.2, −2.4	
bcc(001)	Fe	−1.4	0.411
	W	−7.0	
	Mo	−9.5, −11.5	
fcc(110)	Al	−8.5	0.445
	Ni	−5.0	
	Ag	−6.6	
	Ir	−9.9	
	Cu	−7.5	
bcc(111)	Fe	−15.0	0.660
	Mo	−18.8	

(M. A. Van Hove, *Surf. Sci.*, **81**, 1 (1979) を基本にその後のデータで追加, 改訂した)

表 2.3 Al(331), Mo(111)の清浄表面にみられる多原子層に及ぶ表面格子緩和

原子層 i,j	Al(331)	Mo(111)
1, 2	−11.7	−18.8
2, 3	+4.1	−18.9
3, 4	+10.3	+6.4
4, 5	−4.8	+2.2
5, 6		+2.1
6, 7		+0.9

(D. L. Adams and C. S. Sorensen: *Surf. Sci.*, **166**, 495 (1986); M. Arnold *et al.*: *J. Phys.: Condens. Matter*, **11**, 1873 (1999))

もちろん第2, 第3原子層間の距離 d_{23} も異なってくる. 非常に大きい縮みが観測されている Al(331), Mo(111) の LEED による測定結果を表2.3に示す. ただし, 第 i, 第 j 原子層間の距離 d_{ij} の伸び率 $\Delta d_{ij}/d_0 = (d_{ij}-d_0)/d_0$ を%で示している. 表面から深いところで大きな変化が観測され, 逆に伸びも観測されるが, $i \geq 4$ では誤差範囲内でバルクの値になっているとみてよい.

第1, 第2原子層間の表面格子緩和 $|\Delta d_{12}/d_0|$ は表面原子の面密度が小さいと大きくなる傾向にあるが, これも Ir, Pt, Au の表面が表面再構成して(111)の最密面が現れる成因の議論で用いた, スモルコフスキーの表面の電子雲の形状をなめらかにする効果により説明できる. 表面原子密度が低いと表面の電子分布の凹凸が激しくなり, 電子の運動エネルギーが大きくなる. この場合には表面から突き出ている山の頂上付近の電子は谷に移動して表面の電子分布をなめらかにし, 運動エネルギーを減らして表面エネルギーを低下させる. 電子がこの再配列をすると, 図2.20の(011)で示すように, 峯の部分は正に, 谷の部分

は負に電荷が分離する．この電気2重層(電気双極子)が表面原子の正電荷(価電子を除いたイオン)に作用して，表面の原子を結晶内部に引き込む．そして表面の原子密度が小さいほど凹凸が激しくなるので引き込む力は大きくなり，また同時に隙間も大きくなるので引き込まれやすくなる．

　s, p 電子系の金属では，価電子がウィグナー-サイス・セル内に一様に分布するとの仮定を満足するので，表面再構成を起こさずに，表面格子緩和が表面エネルギーを減らす．一方，遷移金属や貴金属では表面格子緩和に加えて表面再構成を起こして表面を安定化している．この場合には，上述のモデルで考えると，電子分布の再配列により生じた力が表面に垂直ではなく，面内方向に強く働くようなモデルを考えればよい．したがって表面再構成は隙間がない最密面では起きにくいことになる．

　表面の隙間が大きいと縮みが大きいという関係を別の観点からみることにする．表面空隙率の小さい順に面指数を並べると，表 2.2 より fcc 結晶の場合，(111)，(001)，(110) の順になる．一方，これらの平らな表面をつくるときに，1つの表面原子から切り離される，剛体球として接していた原子数は 3，4，5 である．bcc 結晶の場合には，表面空隙率の順は (110)，(001)，(111) である．また切り離す際に接していた原子の数は 2，4(5)，4(7) である．ただし，ここで 4(5)，4(7) と書いたのは表面をつくるために切断したときに，接していて切り離された原子数は 4 である．しかし接していないがごく接近した第 2 近接原子があり，それらの原子数は 1 あるいは 3 であり，合計が 5 個あるいは 7 個の原子が切り離されることを示している．

　すなわち表面をつくるときに結合を切る原子数が多いと，表面格子緩和での縮みが大きくなっている．このことから表面空隙率が大きいと表面格子緩和による縮みが大きくなるのは次のような原因によるという考えも成り立つ．表面が切断されると金属結合をつくっている結合電子の密度がバルク側で大きくなり，バックボンドの結合力が増して縮む．また bcc 結晶の場合には，fcc 結晶とは異なり，結合の異方性があるので，第 2 近接原子との結合まで考える必要があるように思える．上述の 2 つの考え方は，前者が自由電子モデルに立っていて，後者は結合電子モデルによっているといえる．

　次に原子間距離という立場から実測の縮みを考えてみる．たとえば，Mo(001)

にみられる $\Delta d_{12}/d_0 \sim -11\%$ の原子層間の縮みは非常に大きい.しかしこの縮みを bcc(001) 表面での Mo-Mo の最近接の原子間距離でみると -3.6% の縮みにすぎない.さらに表面第 1 層の表面空隙率が大きいときには,表面第 1 原子層の原子が 1×1 の周期性を乱さずに,面内でわずかに変位すると考えると (確かめられていない),この -3.6% の縮みはさらに小さな値になる.そのように考えると,-11% の層間距離の縮みも,原子間距離でみれば驚くには当たらず当然起きるべき傾向を示しているといえよう.

ここで,簡単な原子間ポテンシャルのモデルで,fcc 結晶を例にとり表面格子緩和を考察する.これは表面格子緩和を通して表面での原子間ポテンシャルを考察することになる.いま原子間に働く力がモース型ポテンシャル曲線のような,ただ 1 つの極小値をもつ単純な形で,しかも 2 体間ポテンシャルのみから導かれるものと仮定する.また結晶内部と表面との原子間ポテンシャル曲線は同種の原子間に働くので,同じ 2 体間の相互作用エネルギー $\varepsilon(r)$ で記述できるものとする.

まず最近接原子間にのみ相互作用が働くとすると,原子間ポテンシャル曲線の最小点が平衡位置になるので表面格子緩和は起きない.すなわち表面格子緩和を可能にするには少なくとも第 2 近接原子間の相互作用まで取り入れる必要がある.最近接の平衡原子間距離を a,すなわち $a = a_0/\sqrt{2}$ (a_0 は格子定数) とおく.平衡位置では最近接の原子間エネルギーは $\varepsilon(a)$,第 2 近接原子間では $\varepsilon(\sqrt{2}a)$ で与えられる.また原子対の数はそれぞれ 12, 6 であるから,結晶内部の原子の 1 原子当たりの全エネルギーは,

$$E_\mathrm{b}(a) = 6\varepsilon(a) + 3\varepsilon(\sqrt{2}a)$$

である.したがって,

$$\left(\frac{\partial E_\mathrm{b}(r)}{\partial r}\right)_{r=a} = 6\varepsilon'(a) + 3\sqrt{2}\varepsilon'(\sqrt{2}a) = 0$$

より

$$\varepsilon'(\sqrt{2}a) = -\sqrt{2}\varepsilon'(a) \tag{2.12}$$

と微係数は逆符号になる.最近接の位置 a と第 2 近接の位置 $\sqrt{2}a$ とで逆向きの力が働き,モース型のようなポテンシャル曲線であるから,$\varepsilon'(a) < 0$ になる.すなわち最近接原子間には斥力が,第 2 近接原子間には引力が働く.

表 2.4　fcc 結晶の表面第 1 層の原子に着目した最近接と第 2 近接にある原子対の数

原子層	(001)		(110)		(111)	
	第 1 近接	第 2 近接	第 1 近接	第 2 近接	第 1 近接	第 2 近接
1	4	4	2	2	6	0
2	4	0	4	0	3	3
3	0	1	1	2	0	0

次に表面第 1 層にある 1 原子当たりのエネルギー E_s を考える．(001), (111), (110) 表面の第 1 層の原子から数えた最近接と第 2 近接にある原子対の数を表 2.4 に示す．表 2.4 より (001) 表面のエネルギー E_s を表面格子緩和がないとして各原子層に分けて示すと，$E_s = E_1 + E_2 + E_3$, $E_1 = 2\varepsilon(a) + 2\varepsilon(\sqrt{2}a)$, $E_2 = 4\varepsilon(a)$, $E_3 = \varepsilon(\sqrt{2}a)$ である．したがって，$E_s = E_b$ である．一方，表面格子緩和があり，第 1，第 2 層間のみの層間距離が変化して $a/\sqrt{2}$ が q になったとすると，E_1 は変わらずに，$E_2 = 4\varepsilon(\sqrt{q^2 + a^2/2})$, $E_3 = \varepsilon(q + a/\sqrt{2})$ になる．したがって，$(\partial E_1/\partial q)_{q=a/\sqrt{2}} = 0$, $(\partial E_2/\partial q)_{q=a/\sqrt{2}} = 2\sqrt{2}\varepsilon'(a)$, $(\partial E_3/\partial q)_{q=a/\sqrt{2}} = \varepsilon'(\sqrt{2}a)$ の関係が得られ，式 (2.12) を用いると，

$$(\partial E_s/\partial q)_{q=a/\sqrt{2}} = 2\sqrt{2}\varepsilon'(a) + \varepsilon'(\sqrt{2}a) = \sqrt{2}\varepsilon'(a) \qquad (2.13)$$

になる．ここで，$\varepsilon'(a) < 0$ であるから，$(\partial E_s/\partial q)_{q=a/\sqrt{2}} < 0$ となり，表面格子緩和は起きるが，第 1，第 2 層間は結晶内部に比べて層間距離が伸びることになる．

同様に (110), (111) 表面を計算すると，(110) 表面では $(\partial E_s/\partial q)_{q=a/\sqrt{2}} = \varepsilon'(a) < 0$, (111) 表面では $(\partial E_s/\partial q)_{q=a/\sqrt{2}} = 0$ が得られる．すなわち表面空隙率が小さい (111) 表面では表面格子緩和は起きず，表面空隙率がそれより大きい (001), (110) 表面では表面格子緩和が起きている．この傾向は実測と一致するが，式 (2.13) からは実測にみられる縮みとは逆の伸びが起きている．この結果は金属表面の原子間ポテンシャルを正確に議論する場合，単純な 2 体間ポテンシャルでは不十分であることを示している．

表 2.2 が最初に収録された以降に，これまで述べてきた一般的な傾向とは異なる結果が報告されている．hcp 結晶では (0001) 表面が最密面であるが，hcp 結晶である Be(0001), Mg(0001) で大きな伸びが，Be の場合はとくに伸びが大きい．それに対してファイベルマン (Feibelman) が行った信頼度の高い第 1 原理計算では，同じ hcp 結晶の最密面である Ti(0001) と Zr(0001) に大きな縮みが

2.5 表面格子緩和

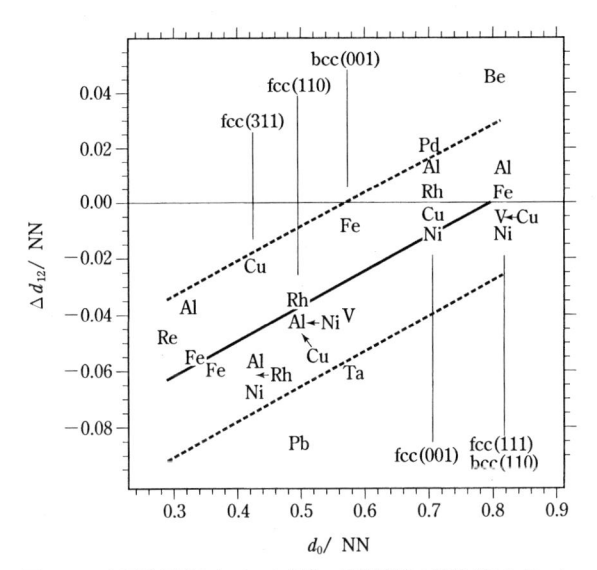

図 2.21 表面格子緩和とバルク結晶の層間距離の関係 (H. L. Davis, et al.: *Phys. Rev. Lett.*, **68**, 2632 (1992))

予測されている.したがって,表面格子緩和の問題もまだ解決していない問題があるといえよう.ただしいろいろな表面について表面格子緩和 Δd_{12} とバルクの層間距離 d_0 との関係を図 2.21 に示すが,Δd_{12} と d_0 との間によい相関が認められる.

この節の最初に述べたように,表面格子緩和は水素吸蔵の初期過程などと密接に関係する.これに関連して,これまで述べてきた清浄表面での表面格子緩和と,水素が吸着した表面での基板の表面格子緩和の関係をみることにする.上の表 2.3 に表面格子緩和が大きい例として示した Mo(111) に,2 次元単位胞当たり H 原子が 3 個吸着した Mo(111)1×1-3H と,Pt(001)hex に H 原子が飽和吸着してリフティング (lifting)[*1] した Pt(001)1×1-H の基板の表面格子緩和を表 2.5 に示す.Mo(111) の場合,清浄表面にみられた d_{12},

表 2.5 Mo(111)1×1-3H, Pt(001)1×1-H の基板にみられる表面格子緩和

原子層 i,j	Mo(111)	Pt(001)
1, 2	−17.4	+3.1
2, 3	±0.0	0.0
3, 4	−2.2	+3.6
4, 5	+4.3	−2.6
5, 6	−3.2	
6, 7	+2.2	

(M. Arnold et al.: *J. Phys.: Condens. Matter*, **11**, 1873 (1999); X. Hu and Z. Lin: *Phys. Rev. Lett.*, **52**, 11467 (1995))

[*1] 表面再構成 (reconstruction) が吸着などにより解消し,1×1 になることをリフティング (lifting, lifting of reconstruction の意) という.

d_{23} の大きな縮みが d_{12} では保存されているが，d_{23} では解消している．すなわち全体として伸びる傾向にある．Pt(001) の場合にも H 原子の吸着に伴う伸びが観測されている．H 原子の吸着による表面あるいは表面近傍での格子緩和の解消は，表面粗さにより生じた電気2重層が H 原子の吸着で解消したためである．またこの変化に対応した格子緩和の変化は $i \geq 3$ でもみられる．

2.6 ランプリングまたはバックリング

表面格子緩和の変形とでもいうものに，ランプリング (rumpling) またはバックリング (buckling) がある (図 2.1(c))．NaCl 型のイオン結晶の (001) 表面は，陽イオンと陰イオンが交互に配列している．そこで NaCl 型結晶から表面に垂直な1次元鎖を取り出して考えると，表面第1層のイオンは真空側にイオンが存在しないため，結合力を担っているクーロン力の総和は，結晶内部に向かって働く．そのため縮む方向の表面格子緩和が起きると考えられる．周期律表の同列のアルカリ原子とハロゲン原子を取り上げる．陽イオンはイオン半径が小さく，分極率が小さいので，表面イオンはクーロン引力により結晶内部に引き寄せられ，第1，第2層間の原子間距離は上の考察から縮む方向に変位する．しかし陰イオンは負電荷をもっているために電子間反発によりイオン半径が大きく，分極率も大きい．そのために結晶の内向きに働くクーロン引力は電子雲に作用する．すなわち原子核の位置を変化させることなしに外殻の電子雲が引き寄せられて，表面格子緩和を起こさずにイオンが分極することにとどまる．その結果，3次元結晶の (001) 表面では，陽イオンは縮む方向に表面格子緩和し，陰イオンはほとんど表面格子緩和せず，結果として表面原子の配列に凹凸を生じる．これがランプリング構造である．

NaCl 型結晶の (001) 表面ではこのように原子種によって異なる表面格子緩和が起きても，表面の2次元格子の形は変化せず 1×1 構造のままである．またこのように陰イオンが表面から突き出ているために，NaCl(001) などに 100 eV 程度の低速電子を照射すると陰イオンが脱離して，その空孔に電子がトラップされた F 中心の格子欠陥が生じる．これは電子が負電荷をもっていることとも関係するが，陰イオンが陽イオンより表に突き出ていることも原因になっている．

半導体表面でも表面格子緩和と関連してランプリング構造をとる場合があり，とくに GaAs などの化合物半導体では多くみられる．しかしこの場合は NaCl 型イオン結晶にみられるランプリングとは成因が異なる．

　NaCl 結晶などに低速電子を当てると電子刺激脱離が起きてハロゲンイオンが脱離するほかに，よい絶縁体であるから電子照射によって表面が帯電して LEED の測定を困難にする．そのために NaCl 結晶の劈開面である NaCl(001) の信頼できる構造解析の結果がなかった．しかし近年高感度の CCD(charge-coupled device) カメラや MCP(microchannel plate) つきのスクリーンを用いることで，LEED の強度測定で入射電子線を微弱な電流にすることが可能になり，入射電子による帯電や表面の損傷を避けることが可能になった．そして NaCl(001)，KCl(001) の LEED による構造解析が行われている．その測定ではデバイ-ワーラー因子による回折スポットの強度の減少を減らすため，試料温度を $T=20$ K に冷却している．そのため LEED の I-V 曲線の測定が入射電子線を $\sim$5 nA まで減らすことができ，帯電はまったく問題にならなかった．また $T=20\sim295$ K の範囲で (10) スポットの回折強度 I を測定し，$\ln(I/I_0)$–T のプロットで得た直線の勾配から表面のデバイ温度 $\Theta_{D,s}$ を求めている．

　構造解析の結果を表 2.6 に掲げる．Λ_i は平均のランプリングの大きさ，すなわち {(陰イオンの表面から外側への変位の大きさ)−(陽イオンの結晶内部への変位の大きさ)}/2 であり，$d_{i,i+1}$ は i 番目と $i+1$ 番目の原子層間距離である．NaCl の場合第 2 層目以降はバルクの層間距離 2.80 Å と同じであるが，表面第 1 層はバルクの原子位置に比べて Na$^+$ が 0.11 Å だけ内側に，Cl$^-$ が 0.03 Å だけ外側に移動したランプリング構造をしている．それに対して KCl(001) は K$^+$ の分極率も大きいため，ランプリングはほとんどなく，バルクの構造と違いがない．表面のデバイ温度 $\Theta_{D,s}$ はともにバルクのデバイ温度 $\Theta_{D,b}$ よりはるかに小さく，NaCl は約半分である．真空側に原子がなく，表面のマーデルング定数がバルクに比べて小さいので，表面イオンの表面に垂直な振動の振幅が大きくなり，表面のデバイ温度が低下したとして理解できる．

　ここでこの節の本題からは離れるが，関連する事項として NaCl 型イオン結晶の (111) 表面の構造を取り上げる．NaCl 型のイオン結晶は (001) 表面が安定で，(001) 劈開面は容易につくることができる．また筆者の経験では MgO 結晶でまれ

表 2.6 NaCl(001), KCl(001) の表面構造の解析結果
Λ_i は平均のランプリングの大きさ, V_0 は平均内部電位, $\Theta_{D,s}$, $\Theta_{D,b}$ は表面, バルクのデバイ温度.

	NaCl		KCl	
i	Λ_i (Å)	$d_{i,i+1}$ (Å)	Λ_i (Å)	$d_{i,i+1}$ (Å)
1	+0.07(3)	2.76(2)	+0.03(5)	3.14(3)
2	−0.01(4)	2.80(3)	−0.01(2)	3.15(3)
3	+0.00(3)	2.81(5)	−0.01(4)	3.14(4)
V_0 (eV)	9.25		4.90	
$\Theta_{D,s}$ (K)	174(3)		146(10)	
$\Theta_{D,b}$ (K)	321.5(0.5)		231	

(J. Vogt and H. Weiss: *Surf. Sci.*, **491**, 155 (2001))

に (110) で劈開できることがある. しかし (111) 表面は $Mg^{++} \cdot O^{--} \cdot Mg^{++} \cdot O^{--} \cdots$ の原子層から構成された分極構造になり, 不安定な表面である. MgO 単結晶の (111) を切り出して H_3PO_4 でエッチングし, 超高真空中で 1050°C に熱処理すると {100} ファセットの 1 辺が ~10 μm の三角錐がびっしり配列した表面ができる. すなわち (001) 表面は非常に安定であることがわかる. しかし機械的に研磨した MgO(111) を高真空中でもっと高温の 1450~1650°C に長時間熱処理すると, $(\sqrt{3}\times\sqrt{3})R30°$, 2×2, $(2\sqrt{3}\times2\sqrt{3})R30°$ 構造の表面が順次生成する. これらは清浄表面といえるもので, 図 2.22 に (a)MgO(111)$(\sqrt{3}\times\sqrt{3})R30°$, (b)MgO(111)$2\times2$ の透過電子回折 (TED) パターンとそれに基づいた表面構造モデルを示す. 表面第 1 層は O 原子 (白丸) のみで, 単位胞の四隅に 3 個の O 原子が三角状に集まった O_3 のオゾン的なものがある. そして $(\sqrt{3}\times\sqrt{3})R30°$ と 2×2 は単位胞の大きさは異なるが, O_3 が同様に配列し, $(\sqrt{3}\times\sqrt{3})R30°$ は O_3 のみが, 2×2 は O_3 のほかに孤立した O 原子がある表面構造である. このように O_3, 孤立 O の O 原子のみが表面第 1 層にあって分極を解消している.

2.7 表 面 欠 陥

表面での格子欠陥には, ステップ, キンク, 空孔, 付加原子などがあり, これらが表面現象で重要な役割を果たすことがある. とくに拡散, 相転移などの動的現象では表面欠陥の影響が大きい. 点欠陥のように表面上にでたらめに存在する格子欠陥では, 生成, 消滅の過程はエントロピー項が無視できず, 自由

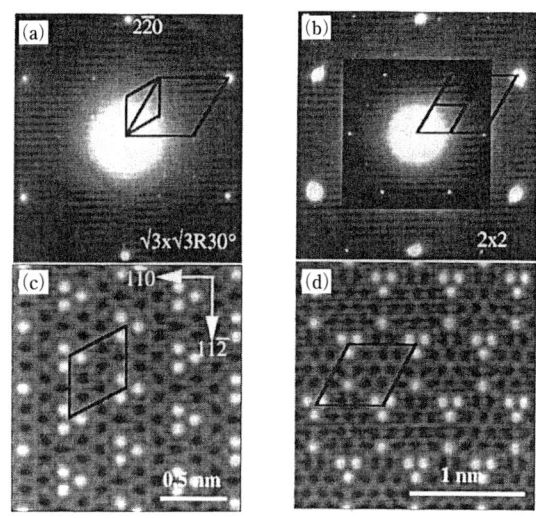

図 2.22 MgO(111) の TED パターンと表面構造のシミュレーション像 (R. Plass et al.: *Phys. Rev. Lett.*, **81**, 4891 (1998))
(a) (c): ($\sqrt{3}\times\sqrt{3}$)R30°, (b) (d): 2×2.

エネルギーが最小になるようにふるまう．しかし半導体表面では，孤立した欠陥の安定性や欠陥間の相互作用を，エントロピーを考えることなく，内部エネルギーだけで論じることができる．また半導体結晶は強い共有結合で結ばれているため，表面にある欠陥間も第2層以下の原子との結合を通して，強く相互作用している場合が多い．その典型が Si(111)7×7 で，付加原子，角の穴が規則正しく配列している．しかしこれは表面欠陥というよりは表面構造そのものと理解すべきであろう．

真の表面欠陥と思えるものの具体例として Si(001) を取り上げる．図 2.23 に (001) 理想表面と Si 結晶の単位胞を示す．各表面原子は2個ずつのダングリングボンドをもち，それらは [1$\bar{1}$0] 方向に隣接し，軌道が重なりやすい方向に延びている．そのためダングリングボンド間で新しいシグマ結合を形成し，表面二量体になる．その結果，ダングリングボンドの数は理想表面に比べて半分に減り，表面エネルギーは低下する．しかもこの際の格子歪みは結合角の変化のみなので，歪みによるエネルギーの上昇は小さく，理想表面から無理のない小さな原子変位で安定化した表面再構成になる．図 2.24 に室温で観測した Si(001)

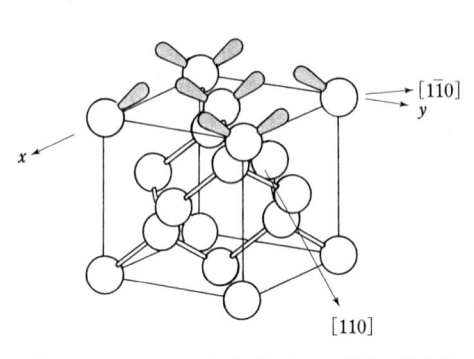

図 2.23　Si(001) の理想表面がある Si 結晶の単位胞　　図 2.24　Si(001) の STM 像 (室温)

の STM 像を示す. [1$\bar{1}$0] 方向に結合をつくって表面二量体になっていて, これと直交する [110] 方向に表面二量体は列をつくっている様子が原子レベルでみることができる. すなわち表面の 2 次元格子の大きさは [1$\bar{1}$0] 方向で 2 倍, [110] 方向では 1 倍の 2×1 構造である.

　このようにしてできた表面二量体の各原子は 1 個のダングリングボンドをもつ. この表面二量体をつくっている 2 個の Si 原子がいっしょに欠けると, 2 個のダングリングボンドが消失する. そして第 2 層の原子に生じるはずのダングリングボンドは, [110] 方向で隣接する第 2 層の原子間で新たに σ 結合をつくるので, 新たなダングリングボンドは生じない. したがって図 2.25 に示すように, 第 2 層にも格子歪みは生じるが, ダングリングボンドの消失によるエネルギー利得は大きい. そのためこのような欠陥 (欠損) はエネルギー的に安定で, 生じやすいことになる. この欠陥を二量体欠損 (dimer vacancy), またはこれを A 欠陥と呼んでいる. 図 2.24 の STM 像に, 孤立した欠陥としてこの二量体欠損が観測できる.

　この二量体欠損は孤立しては存在するが, 二量体列に沿った方向, すなわち [110] 方向では第 2 層の格子歪みからわかるように強い反発力が働く. しかし二量体列に直交する方向, すなわち [1$\bar{1}$0] 方向では反発はせず, [1$\bar{1}$0] 方向に並んだ欠陥列が図 2.24 の STM 像でも観測されている. またこの欠陥列が規則的に並んだ 2×8 構造などの超構造の LEED パターンが, 図 2.26 に示すように観測される. 2×8 構造は [110] 方向での二量体欠損間の反発力が 8 原子も離れると

2.7 表面欠陥

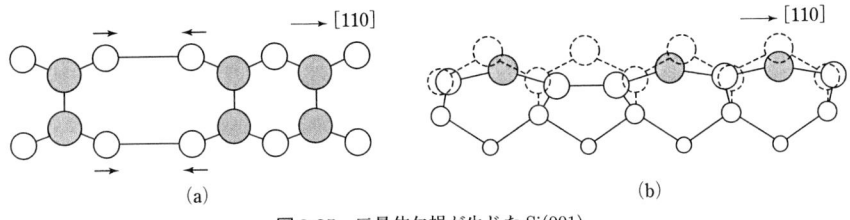

図 2.25 二量体欠損が生じた Si(001)
(a) 平面図, (b) 側面図.

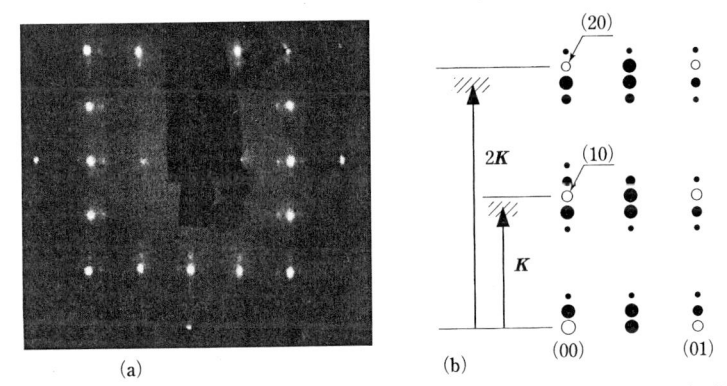

図 2.26 Si(001)-2×8 の (a)LEED パターン, E_p=47 eV, (b)LEED パターンの強度変調を説明する図
(T. Aruga and Y. Murata: *Phys. Rev.*, B **34**, 5654, (1986))
ただし K は散乱ベクトル.

及ばなくなり, 二量体欠損列が 8 格子間隔で規則的に配列している.

この 2×8 の LEED パターンをもう少し詳しく観察する. 図 2.26(a) にみられるように, 超格子反射の強度は Si(001)2×1 に現れる整数次 (あるいは半整数次) 反射の内側の方, すなわち $n \pm 1/8$ 次反射 (n は整数または半整数) のうちの $(n-1/8)$ 次反射の方が $(n+1/8)$ 次反射より常に強い. これは上述の二量体欠損のために第 2 層に格子歪を生じたことを示している. 図 2.25(b) に示したように, 第 2 原子層での格子歪みが列内での二量体間の距離を拡大させるので, 逆格子空間での散乱ベクトル Q は小さくなる. その回折波が重畳して波のうなりとなって回折パターンの強度が変調され, 図 2.26(b) に示すように散乱ベクトルが小さい側の回折スポットの強度が強くなる.

再び図 2.24 の Si(001) の STM 像をみることにする. これは [110] と [1$\bar{1}$0] 方向に二量体列がある 2 つのドメインからできている. 図 2.23 から判断できるよう

に，1原子層のステップが存在すると二量体列は [110] 方向から [1$\bar{1}$0] 方向に転換するので，すなわち 2×1 構造から 1×2 構造になり，通常の (001) 表面は 2 種類のドメインからできている．そのドメインの境界がステップである．図 2.24 にみられるステップはキンクの集合体のような，ぎざぎざしたステップである．このステップでは，ステップと上の段の二量体列とが直交している．この上下を逆転すると，図 5.10 に示すように，ステップと上の段の二量体列が平行になり，この場合は直線状のきれいなステップができる．この違いの原因については 5.1.1 項で述べる．

話題は変わるが，金属表面でテラス長が等しく，1 原子層の高さのステップが平行に並んだ規則正しいステップ配列の超格子構造をつくることができる．最密充填の結晶面である fcc 金属の (111) 表面，hcp 金属の (0001) 表面で，これら最密面の表面から [100] 方位で数度傾けて結晶を切断し，通常の方法で清浄化すると最密面がテラスになり，1 原子層の高さのステップが規則的に並んだ表面が得られる．その結果，LEED パターンなどで，ステップ構造に基づいた超格子反射が観測される．3.6 節ではステップに局在した電子状態について述べているが，その他に反応性とのかかわりが多く研究されている．

2.8 吸着構造

単結晶表面での表面構造の大半は LEED による構造解析で決定されている．したがって吸着構造も LEED で決定する場合を考えると，LEED パターンから容易に得られる吸着子がつくる 2 次元格子の形 (対称性) の他に，吸着子の基板原子に対する局所構造，すなわち吸着サイト (adsorption site) を決める必要がある．

図 2.27 はすべて fcc(111) に原子が被覆率 $\Theta = 1/3$ で吸着したときであるが，LEED パターンは同じ ($\sqrt{3}\times\sqrt{3}$)R30° 構造である．そして対称性が高い局所構造だけでも，基板の原子位置に対する吸着位置は (a) 直上の位置 (on-top site, atop site)，(b) 橋かけ位置 (bridge site)，(c) 3 回対称の孔の位置 (3-fold hollow site) の 3 種が考えられる．さらに (c) の場合には基板の第 2 原子層まで考えて，第 2 原子層に原子がない fcc サイトと原子がある hcp サイトを区別する必要がある．LEED パターンは 2 次元格子の形と大きさを反映するだけなのでこれら

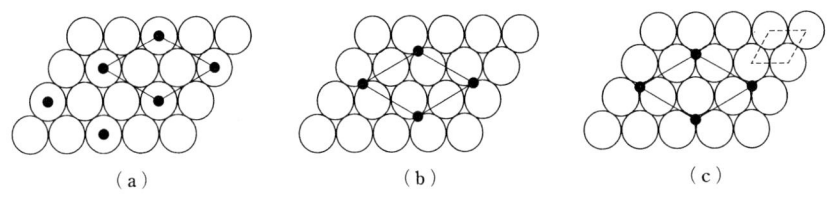

図 2.27 fcc(111) 上の吸着子の局所構造 ($\sqrt{3}\times\sqrt{3}$)R30°, $\Theta = 1/3$. (a)直上位置, (b)橋かけ位置, (c)3回対称の孔の位置. 実線は $\sqrt{3}\times\sqrt{3}$)R30° 単位胞, 破線は 1×1 単位胞.

の区別はできない．しかし，LEED の I-V 曲線を用いた構造解析をすれば，これらの区別がつくだけでなく原子間距離も求まる．また対称性が高い位置からずれると，LEED パターンの対称性から吸着位置を論じることができる場合がある．

　低指数の金属表面上に O, S, Se が原子状に吸着した系では，LEED による構造解析の結果から，吸着位置に関して一般則が得られている．基板の最近接原子数がいちばん多い位置，すなわち配位数 (coordination number) がもっとも高い位置に吸着し，原子間距離はバルクの結晶で知られている値とほぼ同じである．たとえば金属表面の fcc(001), bcc(001) では，表面の4個の原子に囲まれた4回対称の孔の位置 (4-fold hollow site) に吸着する．この場合の配位数は4ないし5である．また fcc(111) の場合は，図 2.27(c) の3回対称の孔の位置で，配位数は fcc サイトは3，hcp サイトは3あるいは4である．そして高い配位数になるのは，結合をつくると安定化のエネルギーが大きくなるためと考えられる．ただし対称性の高い位置から少しずれる場合もある．たとえば Ni(001)c(2×2)-O の場合は，橋かけ位置から [01] 方向に少し変位した，4回対称の孔の位置との中間の2回対称の位置に O 原子は吸着する．しかし配位数が高い位置であることと大差はない．

　H 原子は低速電子の散乱能が小さいので，H 原子の吸着位置を LEED で推定することはできなかった．電子散乱に対する原子散乱因子 f_a はボルン近似では原子番号にほぼ比例するので，遷移金属に吸着した H 原子の $f_a(\mathrm{H})$ は基板原子の $f_a(\mathrm{s})$ の1%のオーダーである．ボルン近似が成立しない低速電子であってもこの値と大差がない．したがって，散乱強度も $f_a(\mathrm{s})^2$ に対する $f_a(\mathrm{H})f_a(\mathrm{s})$ であるから，1%のオーダーには変わりがなく，H 原子の吸着位置を決めるのは困難

であった．しかし近年，LEED の測定技術が発展したため，すなわち高感度の CCD カメラや MCP つきのイメージインテンシファイアーを用いて 2 次元画像を記録し，ディジタル化して加算することで，H 原子の吸着に伴う微弱な超格子反射の強度の測定，整数次反射のわずかな強度変化の測定が可能になった．その結果，H 原子の吸着構造が決められてきている．

ほとんどの場合は上の一般則と同様に，配位数が最大になる位置に吸着している．たとえば fcc(111)，(110)，(311)，bcc(110)，(111) では，ほぼ 3 回対称の孔の上に吸着している．そして金属-H の原子間距離も上の一般則と同様に，H 原子の剛体球半径 ~0.5 Å にほぼ一致する値が得られている．たとえば 2.5 節で引用した Mo(111)1×1-3H の場合である．図 2.28 に示すように，H 原子は Mo の第 1，第 2，第 3 原子層の 3 個の原子に囲まれた三配位の位置に吸着し，H 原子層は Mo の第 1 原子層と同じ高さで，埋もれた構造になっている．そして H-Mo の原子間距離は 1.90 Å であり，H の原子半径にすると 0.54 Å になり，H 原子の剛体球の半径と一致している．しかし bcc(001) の場合には二配位の橋かけ位置に吸着する例が観測されている．たとえば W(001)1×1-H，W(001)c(2×2)-H の場合がそれに該当する．

H 原子の吸着に誘起されて基板表面が相転移をする場合がある．たとえば W(001)c(2×2)-H であるが，さらに大きな基板の原子変位を伴うものとして，Fe(110)2×2-2H の欠損列構造がある．この場合には，吸着に伴って現れる非整数次反射の散乱強度は基板原子からの寄与が大きく，基板の構造変化が複雑なため，H 原子の吸着構造までを決定するのが困難になる．一方，fcc(111)，

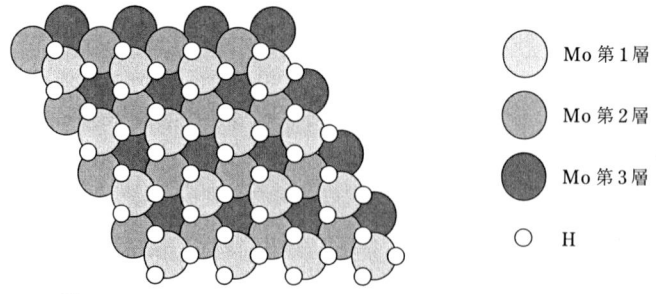

図 2.28　Mo(111)1×1-3H の H 原子の吸着構造 (M. Arnold *et al.*: *J. Phys.: Condens. Matter*, **11**, 1873 (1999))

bcc(110) など最密面，最密面に近い表面ではH原子の吸着に伴う基板原子の大きな変位は望めないが，基板原子がわずかに変位することがある．これを考慮した解析によりR因子が顕著に減少する例がある．Ni(111)2×2-2Hの平面構造および側面図にみられる表面に垂直な方向での基板原子の変位の大きさとR因子の関係を図2.29に示す．図中に影をつけたNi原子がH原子と直接結合しているが，これらのNi原子が図2.29(b)(c)からわかるように，表面に垂直な方向に0.05 Å変位して2×2構造の表面再構成をしている．そして基板が変位しない場合に比べてR因子がほぼ1/3に減少している．また基板の表面格子緩和が大きく変化し，層間距離が伸びる例は多く観測されている．

分子状に吸着した場合には，吸着位置のほかに立っているか傾いているか，あるいは寝ているか，また異核2原子分子の場合，どちらの原子が基板の側にあるかなどの問題が生じる．遷移金属上に吸着したCO分子を例に取り上げる．CO分子の分子軌道法によるエネルギーダイヤグラムを図2.30に示す．軌道の名称にσ, πとあるが，σ軌道は分子軸のまわりの回転に対して波動関数が全対称であり，π軌道は180°回転で波動関数の符号が反転する．また2.4節で述べたように，結合をつくることにより結合性軌道と反結合性軌道が生じるが，そのエネルギーの分裂の大きさはσ軌道の方がπ軌道より大きい．そして反結合性軌道には*をつけることにする．4σ, 1πなどの番号はおのおのの軌道の低いエネルギーから順につけている．5σ軌道はC原子とのみ関係づけられているが，これは非結合性軌道である．

1π軌道が結合性で5σ軌道が非結合性であることは，図2.31に示す気体CO分子の光電子スペクトルから理解できる．実測の結合エネルギーは図2.30のエネルギーダイヤグラムの順になっている．ここで注目すべき点は，1π軌道からのスペクトルは多くの振動構造が付随し，振動構造が付随していない5σ軌道からのスペクトルと対照的である．この振動構造は光電子放出過程の終状態であるイオン化した分子の振動準位である．図2.32に光電子放出での励起過程のポテンシャルダイヤグラムの模式図を示すが，結合性軌道から電子が放出されてイオン化すると結合は弱くなるので，ポテンシャルの最小位置である平衡原子間距離が伸びる．他方非結合性軌道から電子が放出されてイオン化しても，この電子は結合には寄与していないので平衡原子間距離は変化しない．光によ

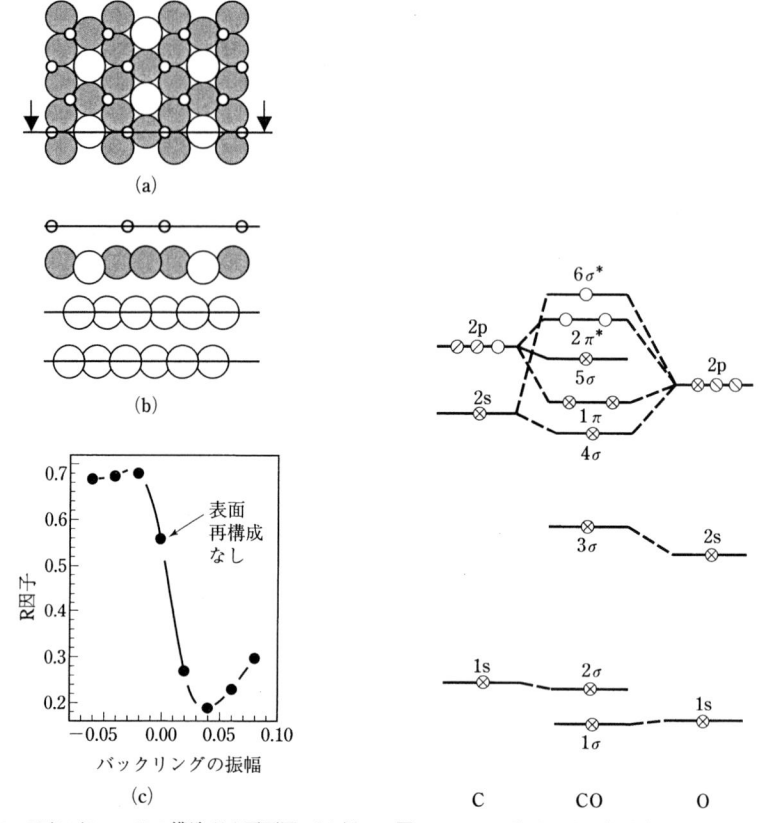

図 2.29 Ni(111)2×2-2H の構造((a)平面図, (b)側面図) と (c)基板表面の変位の大きさと R 因子の関係(K. Heinz and L. Hammer: *Z. Phys. Chem.*, **197**, S. 173 (1996))
(a)(b) で影をつけた原子が H 原子と結合していて, 表面に垂直な方向に変位している.

図 2.30 CO 分子の分子軌道法による結合状態のエネルギーダイヤグラム

る電子励起はフランク-コンドン原理により, 励起過程で原子間距離が変化しない垂直遷移が起きるので, 図 2.32 からわかるように, 結合性軌道では多くの振動準位に, 非結合性軌道では数少ない振動準位に励起される. このことから 5σ 軌道が非結合性であることが理解できる.

化学吸着の結合形成には CO 分子の占有準位の最高エネルギーの軌道 (highest occupied molecular orbital, HOMO) と基板の d 空孔, CO 分子の非占有準位の最低エネルギーの軌道 (lowest unoccupied molecular orbital, LUMO) と基板の d

2.8 吸着構造

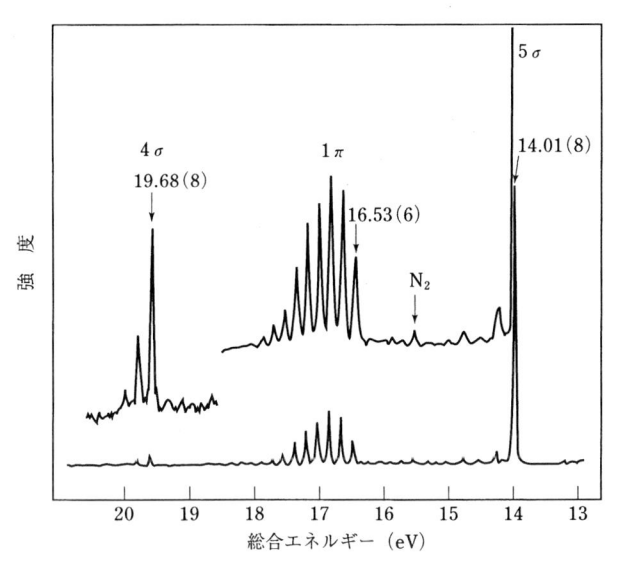

図 2.31 気体 CO 分子の光電子スペクトル
励起光のエネルギー $\hbar\omega = 21.2$ eV.

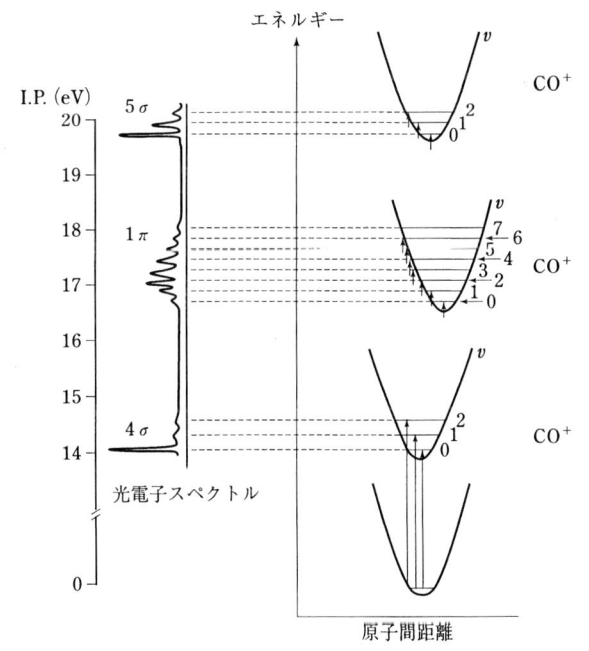

図 2.32 分子の光励起によるイオン化の過程を示す，模式的なポテンシャルダイヤグラム

電子との相互作用が重要である．したがってC原子に局在した，非結合性5σ軌道の孤立電子対が遷移金属基板のd空孔へ配位することが，CO分子が化学吸着する結合形成に大きく寄与する．そのためO原子ではなく，C原子を通してCO分子は金属表面に化学吸着をする．また5σ軌道は分子軸のまわりで軸対称の軌道であるから，基板のdバンドがつくる面に垂直に吸着して，fcc(111)，(001)などではCO分子は表面に垂直に吸着する．また基板がfcc(110)2×1の欠損列構造をとったり，ステップ上ではCO分子は表面に対して傾いて吸着する．

LEEDによる構造解析が確立する以前，あるいは確立しかけているころに，吸着構造を決める過程でいろいろなトラブルが起きた．そのとき電子分光法を用いて対称性から吸着構造を推測し，結局はその構造が正しかったという，物理的に啓蒙的な面を含んでいる話題を取り上げる．第1の例はW(001)に吸着したH原子の吸着位置で，電子エネルギー損失分光法による振動スペクトルを用いている．第2の例はNi(001)c(2×2)-COの吸着CO分子の分子軸の傾きであるが，放射光を用いた紫外光電子分光法による電子スペクトルを用いている．

W(001)-Hについては，熱脱離スペクトル，LEEDパターン，仕事関数の変化$\Delta\phi$などの，吸着H原子の被覆率依存性から，すべてが解離吸着か，それとも非解離吸着もあるのかという問題や，吸着位置などについて多くの議論があった．図2.33にウィリス(Willis)らによる高分解能電子エネルギー損失分光法(high-resolution electron energy loss spectroscopy, HREELS)で測定したW(001)-Hの振動スペクトルの被覆率(coverage)Θ_r依存性を示す．これがH原子の吸着構造を効果的に決定した．

このHREELSのスペクトルで観測されるエネルギー損失ピークは振動励起による．そして図中のΘ_rは飽和吸着を1とした水素原子の相対被覆率である．またその下の数字はH_2の露出量(exposure)で，気体の付着確率(sticking probability)が1であると，〜1 L(ラングミュアー，1 L=1×10^{-4} Pa·s)の露出量で，表面は1原子層(monolayer, ML)の吸着子で被覆される．ただしH_2が解離して吸着するときには〜0.5 Lで$\Theta=1$ MLになる[*2]．

[*2] ここでもΘ_rとΘを区別して用いている．Θ_rは飽和吸着を1とした相対被覆率であり，Θは表面原子と1:1で吸着したときを1とする絶対被覆率である．本書ではこれまでと同様に，以下もこのように用いることにする．

2.8 吸着構造

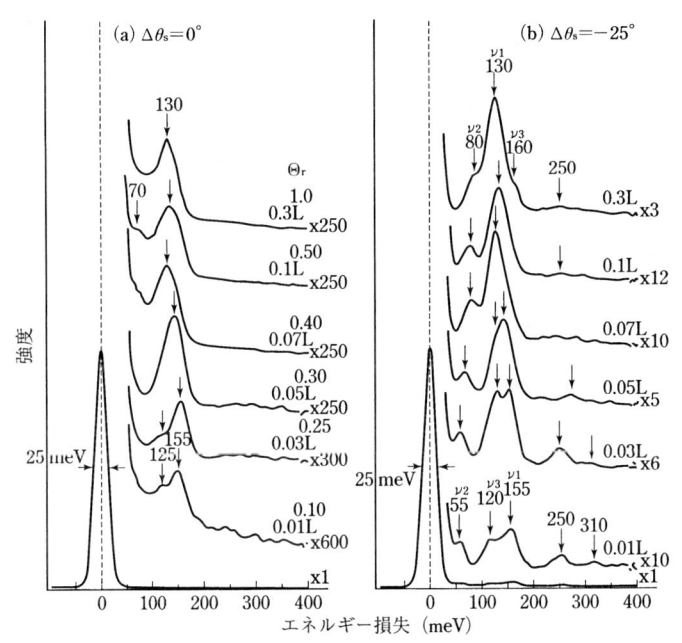

図 2.33 W(001) に H 原子が吸着した表面の HREELS による振動スペクトルの被覆率依存性 (M. R. Barnes and R. F. Willis: *Phys. Rev. Lett.*, **41**, 1729 (1978))
(a) 鏡面反射, (b) 非鏡面反射の条件で測定. 入射角 $\theta_i = 60°$, $E_i=5.5$ eV.

図 2.33(a) の鏡面反射のスペクトルでは, 低い Θ_r でエネルギー損失 $\Delta E_L \sim 155$ meV であったのが, 高い Θ_r になると $\Delta E_L \sim 130$ meV にシフトし, しかも $\Theta_r \sim 0.4$ で不連続に変化している. この変化は LEED パターンが c(2×2) から 1×1 へ変化するときと対応している. したがってここで吸着位置が大きく変化すると推測されてしまう.

図 2.33(b) は鏡面反射条件から 25° 検出角を表面垂直方向にずらせて測定した非鏡面反射での測定結果である. 0.03 L のスペクトルには $\Delta E_L \sim 155$ meV と ~ 120 meV のエネルギー損失ピークが明瞭に観測されている. これらの測定結果に関連して HREELS での選択則を考える. 電子の非弾性散乱の散乱振幅はボルン近似が成立すると式 (2.7) で与えられる. 入射エネルギー E_i=5.5 eV のような低エネルギー領域では一般にはボルン近似が成立しない. しかし振動励起に伴う非弾性散乱過程は相互作用が小さいので, ボルン近似で得られた関係を用いて議論できる.

中性原子による電子の非弾性散乱は，式 (2.6) で $V(r)$ に球対称ポテンシャル

$$V(r) = -\frac{Ze^2}{r} + \sum_{j=1}^{Z} \frac{e^2}{|\bm{r}-\bm{r}_j|}$$

を用いて，ベーテの積分

$$\int \frac{\exp(i\bm{K}\cdot\bm{r}')}{|\bm{r}-\bm{r}'|} d\bm{r}' = \frac{4\pi}{|\bm{K}|^2} \exp(i\bm{K}\cdot\bm{r})$$

を適用すると，式 (2.7) より

$$f_n(\theta) = -\frac{2me^2}{\hbar^2 |\bm{K}_n|^2} \sum_{j=1}^{Z} \langle n|\exp(i\bm{K}_n\cdot\bm{r}_j)|0\rangle$$

が得られる．振動励起の場合には，原子の平衡位置 $\bm{R}_j$ と振動に伴う変位 $\Delta\bm{R}_j$ から $\bm{r}_j \to \bm{R}_j + \Delta\bm{R}_j$ とおき，$\Delta\bm{R}_j$ で展開して 2 次以上の項は省略すると，$\langle n|0\rangle$ の直交性から，

$$\langle n|\exp\{i\bm{K}_n\cdot(\bm{R}_j+\Delta\bm{R}_j)\}|0\rangle \approx \langle n|\bm{K}_n\cdot\Delta\bm{R}_j|0\rangle$$

の関係が得られる．すなわち選択則として，再び $\langle n|0\rangle$ の直交性により，

$$\bm{K}_n \| \Delta\bm{R}_j \tag{2.14}$$

のときに振動励起が起きる．ΔE_L は E_i に比べて小さいので $|\bm{k}| \approx |\bm{k}_n|$ であり，$\bm{K}_n = \bm{k}_n - \bm{k}$ より鏡面反射の場合にはベクトル $\bm{K}_n$ は表面に垂直になる．すなわち鏡面反射の測定では，表面に垂直に振動するモードの励起によるエネルギー損失が観測できる．

電子のエネルギー損失過程の選択則をここでは原子，分子の非弾性散乱で行われている方法で導いた．これは通常の HREELS で行われている説明とは異なっている．この方が LEED での弾性散乱とも関連づけられ，直感的にもわかりやすいと思いこのアプローチをした．通常の HREELS の説明では，鏡面反射については双極子散乱 (dipole scattering) で，鏡面反射からはずれた条件では衝突散乱 (impact scttering) で説明している．蛇足であるが，表面での散乱で鏡面反射にみられた選択則は，原子，分子の散乱では散乱角 $\theta_\mathrm{s}=0$ の散乱での選択則に対応し，このとき双極子遷移が起きる．そして θ_s が大きい領域で観測すると，双極子遷移の禁制遷移が観測できる．また電子が交換散乱する過程からはスピン禁制の遷移も観測できる．

2.8 吸着構造

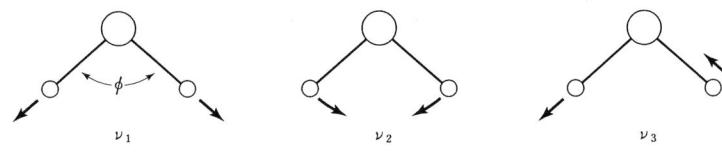

図 2.34 C_{2v} の対称性の 3 原子分子の振動モード

式 (2.14) の選択則に基づいて図 2.33 のスペクトルをみると，W(001) では H 原子が橋かけ位置に吸着していることで説明できる．橋かけ位置に吸着しているときの振動スペクトルは，図 2.34 に示す C_{2v} の対称性の 3 原子分子の振動に相当するので，3 個の基準振動が存在する．ν_1 は対称伸縮，ν_2 は偏角，ν_3 は非対称伸縮である．ただし，W(001) に吸着した H 原子の振動は，W 原子の質量が圧倒的に大きいので，H 原子のみが振動すると考えればよい．したがって W-H の伸縮振動である ν_1 のみが表面に垂直な振動で，ν_3 は W-H の非対称伸縮であるから W-H-W の面内で表面に平行に H 原子が振動する．これは ν_1 と同様に W-H の伸縮であるから，両者の振動数はほぼ等しく，高い振動数になる．一方，ν_2 は W-H-W の面外の表面に平行な H 原子の振動で，偏角振動のために低い振動数になる．図 2.33(b) の非鏡面反射でのスペクトルには，3 個の振動モードがすべて観測されている．それに対して図 2.33(a) では，主に ν_1 のみが観測される．

図 2.33(a) でのエネルギー損失ピークのジャンプは，図 2.33(b) では常に 2 つのピークがほぼ同じ振動数で観測されることから，低い Θ_r では $h\nu_1 > h\nu_3$ で，Θ_r が増すとこの関係が逆転して $h\nu_1 < h\nu_3$ になると解釈できる．C_{2v} 対称性の 3 原子分子の振動では，このような逆転は真中に位置する原子のまわりの結合角の違いで起きる．分子振動の振動数はウイルソン (Wilson) の GF 行列法を用いて計算できる．GF 行列法は，G 行列が原子の質量と幾何学的配置に基づき，F 行列が分子振動のばね定数に相当する力の定数を要素としている．そして行列 GF の固有値は $\lambda_i = \omega_i^2$ の関係で与えられ，振動エネルギー $\hbar\omega$ の 2 乗に比例する．このことは，古典力学でばね定数 k のばねで結ばれた質量 m_1，m_2 の剛体球の角振動数が $\omega = \sqrt{k/\mu}$ であることからも理解できよう．ただし，μ は換算質量で，$1/\mu = 1/m_1 + 1/m_2$ である．

2 つの W-H の原子間距離の変位座標を Δr_1，Δr_2 とし，それに対応する G 行

列の行列要素の非対角項 G_{12} は $m_W \gg m_H$ であるから，W-H-W の角度を ϕ とすると，$G_{12} = (1/m_H)\cos\phi$ で与えられる．一方，ν_1 と ν_3 はともに W-H の伸縮振動であり，振動エネルギーの主な値は振動する H 原子の質量と W-H の力の定数 k_{W-H} で決まり，G, F 行列の対角項は $G_{11} = G_{22} = 1/m_H$, $F_{11} = F_{22} = k_{W-H}$ になる．ν_1 と ν_3 に対応する対称伸縮と反対称伸縮の対称座標はそれぞれ $s_1 = (\Delta r_1 + \Delta r_2)/\sqrt{2}$, $s_2 = (\Delta r_1 - \Delta r_2)/\sqrt{2}$ で表せて，対称座標に変換した G 行列の対角項は $\mathcal{G}_{11} = (1+\cos\phi)/m_H$, $\mathcal{G}_{22} = (1-\cos\phi)/m_H$ となる．一方，F 行列は対角行列で表される結合力場で近似してよく，そのため対称座標系への変換後も行列要素は変化しない対角行列である．そして ν_2 が非常に低い振動数のため，ν_1 と ν_2 に対応する A_1 対称性の $\mathcal{G}$ 行列は対角行列とみなせる．したがって $\omega_1 = \sqrt{k_{W-H}(1+\cos\phi)/m_H}$, $\omega_3 = \sqrt{k_{W-H}(1-\cos\phi)/m_H}$ であり，ϕ を変化させたとき $\phi = 90°$ の前後で $\cos\phi$ の符号が反転し，ω_1 と ω_3 の大小関係が逆転する．そのために $\Theta_r \sim 0.3$ から $\Theta_r \sim 0.4$ で，$\phi < 90°$ から $\phi > 90°$ に変化すると判断できる．

W(001)-H の LEED パターンは $\Theta_r \leq 0.3$ では c(2×2) であり，$\Theta_r \geq 0.4$ では 1×1 である．H 原子からの散乱強度は弱いので，この LEED パターンの変化は W 原子の変位によって現れている．熱脱離による H_2 の脱離量から求めた Θ の絶対値を基に，実験データを矛盾なく説明できる W(001)c(2×2)-H と W(001)1×1-H の原子配列を図 2.35 に示す．c(2×2) 構造では $\phi < 90°$ になるように隣接する W-W の原子間距離が縮まり，1×1 では隣接する W 原子間を縮めようとする力が均等に働くため，縮むことができないで，$\phi > 90°$ になっている．ただし，ここでは W-H の原子間距離は変化しないとしてよい．このように考えるとすべ

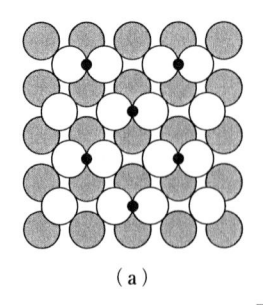

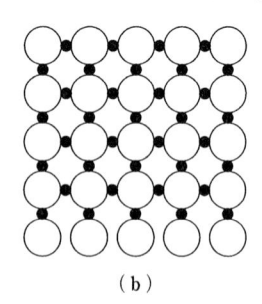

図 2.35
(a) W(001)c(2×2)-H(第2層の W 原子に影をつけた), $\Theta_r = 0.25$, $\Theta = 0.5$.
(b) W(001)1×1-H の原子配列, $\Theta_r = 1$, $\Theta = 2$.

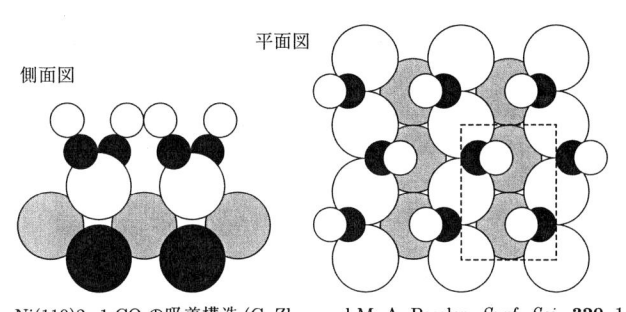

図 2.36 Ni(110)2×1-CO の吸着構造 (C. Zhao and M. A. Passler: *Surf. Sci.*, **320**, 1 (1994))

ての実験データが矛盾なく説明できる．

Ni(001)c(2×2)-CO に紫外光電子分光法(ultraviolet photoelectron spectroscopy, UPS) を用いた吸着構造の解明について述べる．上述したように Ni(001) に吸着した CO 分子は C 原子が金属側で，表面に垂直に吸着していることが予測される．しかし当時は化学吸着の結合状態についてそこまでの理解はなかった．また理解があったとしても実験的に確かめることが重要である．さらに表面構造全体の解明にとって不十分な状況にあったから，意外性の期待もあった．また理解が進んだ現在でも，表面原子密度が低い Ni(110) 上の CO，すなわち Ni(110)2×1-CO は，図 2.36 に示すように橋かけ位置で，表面に対して傾いて吸着している．したがって表面原子密度が Ni(111) と Ni(110) の中間である Ni(001) で，吸着した CO 分子が垂直か傾くかは，それほど単純な理解ですむことではない．

気体 CO 分子の 4σ, 1π, 5σ 準位の結合エネルギー E_b はイオン化エネルギーで代用でき，図 2.31 よりそれぞれ 19.7, 16.5, 14.0 eV である．また，吸着エネルギーが 19 kJ/mol と小さい，物理吸着とみなせる Ag(111) に吸着した CO の，フェルミ準位を基準にした E_b はそれぞれ 14.0, 11.6, 8.5 eV である．ただし，Ag(111)($2\sqrt{3}\times\sqrt{3}$)R30°-CO からの角度分解 UPS の測定結果は E_b に分散があることと，単位胞当たりに 2 個の CO 分子が寝て吸着しているため，5σ 準位が $\bar{\Gamma}$ 点のまわりで，分子間の相互作用により結合性と反結合性に 0.6 eV の分裂がある．そのためこれらの E_b の値は SBZ のゾーン境界に近い $k_\parallel \sim 1$ Å^{-1} での測定値である．仕事関数に対応して ~ 5 eV だけ平行移動すると，気相 CO と Ag 表面に吸着した CO の E_b の値はほぼ一致する．一方，図 2.37 に Ni(001) に室

温で CO をほぼ飽和吸着させた表面からの UPS スペクトルを示す．励起光は (a) が s 偏光が混ざった p 偏光，(b) が s 偏光の入射であり，表面に垂直に放出する電子を検出している．(a) では 2 つ，(b) では 1 つのピークが観測される．しかし〜−8 eV のピークの位置は (a) (b) で異なっている．

光吸収の遷移確率は 3.4.1 項で述べるように $\langle f|\boldsymbol{A}\cdot\boldsymbol{p}|i\rangle^2$ に比例する．ただし，$\langle f|$，$|i\rangle$ は光吸収の終状態と始状態であり，$\boldsymbol{A}$ は光のベクトルポテンシャル，$\boldsymbol{p}$ は励起される電子の運動量演算子である．光電子放出過程の最初のステップは光吸収であり，終状態として電子放出を取り入れると，この遷移確率が吸着分子からの UPS スペクトルの選択則を決めることになる．σ 軌道，π 軌道は分子軸に対してそれぞれ偶関数，奇関数である．したがって CO 分子の吸着構造が表面に垂直であるとすると，表面に垂直な軸に対して $\boldsymbol{p}|i\rangle$ は σ 軌道の場合は偶関数，π 軌道は奇関数になる．また表面に垂直に放出する電子を検出しているので $\langle f|$ は偶である．一方，励起光のベクトルポテンシャル $\boldsymbol{A}$ は表面垂直に対して p 偏光は偶であり，s 偏光は奇である．したがって遷移確率の積分 $\langle f|\boldsymbol{A}\cdot\boldsymbol{p}|i\rangle$ は，p 偏光の場合は，σ 軌道からの放出電子は (偶×偶×偶) となり選択則を満足するが，π 軌道からの電子は (偶×偶×奇) となり禁制になる．同様に s 偏光の場合，π 軌道からの電子が (偶×奇×奇) となり許容遷移になるが，σ 軌道からの電子放出は (偶×奇×偶) で禁制になる．図 2.37(a) のスペクトルは光の入射角が 47.7° であり，s 偏光と p 偏光が混ざった励起である．したがって，(a) のスペクトルには 4σ，1π，5σ からのすべてが観測され，(b) のスペクトルは s 偏光であり，1π からのみが観測される．そして CO は表面に垂直に吸着しているとみなせる．

その結果，(b) のスペクトルからは $E_b(1\pi)=7.9$ eV が得られ，(a) のスペクト

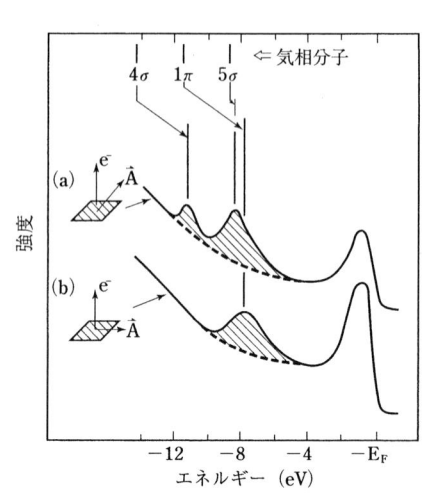

図 2.37 Ni(001)-CO の UPS スペクトル (R. J. Smith et al.: Phys. Rev. Lett., **37**, 1081 (1976))
(a) 主に p 偏光, (b) s 偏光, $\hbar\omega=28$ eV.

2.8 吸着構造

ルの $E_b \sim 8$ eV のピークからはピークを分離して $E_b(5\sigma)=8.2$ eV が得られる．すなわち 4σ, 1π, 5σ 電子の E_b はそれぞれ 11.2, 7.9, 8.2 eV となり，Ag(111) に比べて Ni(001) では $E_b(5\sigma)$ が ~ 3 eV だけ増したと解釈できる．このことは CO の化学吸着が，CO の C 原子に局在している 5σ 電子の孤立電子対が Ni の d 空孔に配位して起きるという考えと一致する妥当な結果である．すなわち CO の 5σ 軌道と Ni の d 軌道で Ni-CO の結合を形成し，CO 分子の 5σ 電子が化学吸着の結果生じた結合性軌道に入って E_b が 3 eV だけ大きくなった．また Ag 表面では d 空孔がないので CO の 5σ 軌道は配位できず，準位のシフトがなく，吸着エネルギーが 19 kJ/mol と非常に小さいこととも矛盾しない．

このころに多重散乱を考慮した LEED による構造解析法が開発され，表面構造が定量的に解析され始めた．Ni(001)c(2×2)-CO の構造解析の結果は CO 分子は Ni 原子の直上に吸着し，Ni-C の原子間距離は 1.8 Å と妥当な値に対して，C-O 原子間距離の表面に垂直な成分は 0.95 Å と CO 分子の C-O 原子間距離 1.15 Å に比べて誤差範囲以上に短い距離であるとの結論を得た．これは C-O 原子間距離が CO 分子の値と同じであるとすると，CO 分子は表面垂直に対して 34° 傾いて吸着していることになる．

この UPS と LEED の測定結果に違いがあることを解決するために，Ni(001)c(2×4)-CO からの UPS を，プラマー (Plummer) らは放出電子が表面垂直から 45° になるようにして測定した．図 2.38 にスペクトルを示す．入射光は s 偏光で，A は $\langle 100 \rangle$ 方位にある．(a) が表面への垂線と A ベクトルを含む面内に検出器が置かれていて ($\psi = 90°$ とする)，(b) はその面に直交する方向で電子を検出している

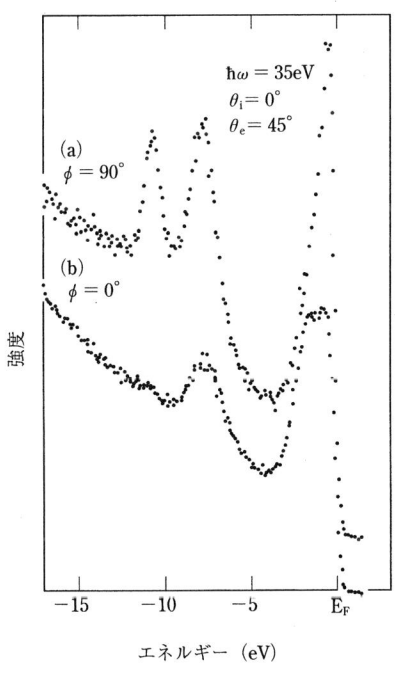

図 2.38 電子の検出方向を表面垂直からはずしたときの Ni(001)c(2×2)-CO からの UPS スペクトル (C. L. Allyn et al.: Solid State Commun., **28**, 85 (1978)) $\hbar\omega = 35$ eV. (a)$\phi = 90°$, (b)$\phi = 0°$.

($\phi = 0°$). この測定の場合, $\langle f| A$ は $\phi = 90°$ では偶で, $\phi = 0°$ では奇である. したがって前の測定とは異なり, 分子が垂直に立っていると, (a) では σ, π 軌道, (b) では π 軌道のみが観測されるはずである. この結果から CO が表面に垂直に吸着した構造であることがはっきりした. また 1π と 5σ を分離したこの測定結果から, E_b はそれぞれ 7.5 と 8.0 eV である. Ni(111)-CO でも CO 分子は表面に垂直に吸着しているという結果が同様の測定で得られている.

この結果を受けて, ペンドリー (Pendry) らは LEED の測定をやり直し, UPS の結果と一致する構造を得ている. それは以前の解析に用いた測定データは, I-V 曲線をスポットフォトメーターで測定したために試料が長時間低速電子ビームにさらされていた. その結果, 試料表面が破壊されてしまったと考えられる. 再測定では I-V 曲線の測定中に試料をずらし, 長時間同じ場所が電子ビームにさらされることを避けた. 長時間電子ビームにさらすことが表面で引き起こす変化は, 電気化学での還元過程 (電子の付与) であるということと符合する. というのは電子は 1 種の還元剤であり, 電子ビームに長時間さらされると CO 分子が C 原子に一部還元される. 別の見方をすると低速電子刺激の O 原子の脱離が起きて, その測定試料は CO と C の共吸着した表面になっていた. それを CO 吸着として解析したために, C-O の原子間距離が短いという結果になったのである. なお現在では TV カメラを用いた迅速な強度測定を行うためにこのような試料表面の損傷は無視できるようになっている.

このほか吸着構造について大きな問題として次のようなものがある. これまでに述べたように, Ni 表面への CO の吸着位置が Ni(001) では直上の位置であり, Ni(110) では橋かけ位置であることである. また H 吸着では bcc(001) 以外は配位数がもっとも多い位置に吸着することが知られている. これらの吸着位置になる原因は単純ではなく, とくに遷移金属上の CO 吸着の吸着位置には問題があり, 3.10 節でそれらについて論じる. H 原子の吸着に関しては大雑把に次のように解釈できる. fcc 金属に比べて bcc 金属は隙間がある構造である. したがって bcc 金属の結合には方向性があり, そのことを反映して bcc(001) では橋かけ位置に吸着すると考えられる. しかし最近 Ir(111) には H 原子は直上の位置に吸着するという報告があり, 問題は上述のような簡単なことではないようだ.

近年計算機の急速な発展に伴い，3次元の並進対称性のない表面の電子構造の第1原理計算が可能になっている．しかもそこでは分子動力学の手段により原子を微小変位させ，全エネルギーを求め，全エネルギーが極小になる構造を求めることが可能になった．これがカー-パリネロ法である．これにより表面構造のもつ意味がはっきりしてきたので，構造に対する理解が急速に進んでいる．

参 考 文 献

- 2章全般
八木克道編：表面科学シリーズ3，表面の構造解析（丸善，1998）．
- 2.2節
村田好正，八木克道，服部健雄：固体表面と界面の物性 (培風館，1999)，第3章．
- 2.3節
電子の散乱：
N. F. Mott and H. S. Massey: *The Theory of Atomic Collision*, (3rd ed.) (Oxford, 1965), p. 86, 475.
LEED：
J. B. Pendry: *Low Energy Electron Diffraction* (Academic Press, 1974), p. 86.
LEED プログラム：
http://www.nist.gov/.
- 2.8節
H原子の吸着構造：
K. Heinz: *Rep. Progr. Phys.* **58**, 637 (1995).
HREELS：
H. Ibach and D. L. Mills: *Electron Energy Loss Spectroscopy and Surface Vibrations* (Academic Press, 1982), p. 106.
分子振動の GF 行列法：
E. B. Wilson, Jr., J. C. Decius and P. C. Cross: *Molecular Vibrations, The Theory of Infrared and Raman Vibrational Spectra* (McGraw-Hill, 1955), p. 63.
UPS：
E. W. Plummer and W. Eberhardt: *Adv. Chem. Phys.* **49** (1982), p. 533
カー-パリネロ法：
金森順次郎，米沢富美子，川村　清，寺倉清之：固体——構造と物性——（岩波書店，1994），p. 64, 96.

3

表面の電子構造

　固体電子論で効果的な3次元の並進対称性に基づくブロッホ波の概念が表面に垂直な方向では成立しなくなり，表面の電子構造は数値計算が避けられない．また，吸着，脱離，拡散など，表面での動的過程では，表面には基板(substrate)という大きな熱浴があり，そこへのさまざまなしかもすみやかな脱励起過程が起きるため，実験では直接観測することが困難な過程が効いてくる．そのため理論と実験との相補性が重要になる．そのような観点を含め，表面の電子構造を絵解きをしながら概観する．

3.1 自由電子模型で考察した表面の電子状態

　表面に無限の高さの障壁がある場合には，1次元の箱の中の粒子の運動の問題を解くことになる．ただ有限の長さ L に閉じ込めるのではなく，半無限の系での取り扱いである．この場合の表面近傍での電子密度 $\rho(z)$ は，表面に垂直に z 軸をとると図3.1に破線で示すようになる．そして大きな z の領域での電子密度 $\rho(z)$ は，

$$\rho(z) = \frac{k_F^3}{3\pi^2}\left(1+\frac{3\cos 2k_F z}{(2k_F z)^2}\right) \tag{3.1}$$

で与えられる．ただし，k_F はフェルミ波数である．式(3.1)は電子密度分布が $\cos 2k_F z$ で振動していて，表面から遠ざかるにつれて振動の振幅が z^{-2} で減衰することを示している．この振動をフリーデル振動(Friedel oscillation)と呼ぶ．バルク結晶中の不純物欠陥に伴ってもフリーデル振動は生じ，その場合は振幅は r^{-3} で減衰する．この振動は，表面，不純物などのポテンシャル障壁への入

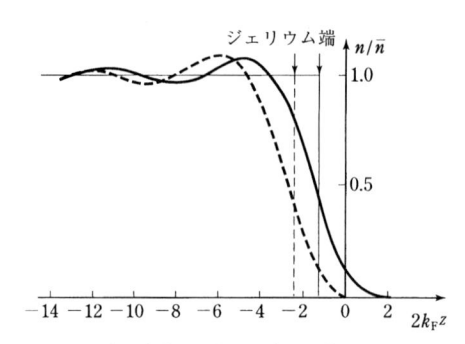

図 3.1 1次元自由電子模型で表面近傍での電子密度分布
破線は無限の高さの障壁,実線は有限の高さの障壁,$z=0$ が障壁の位置.

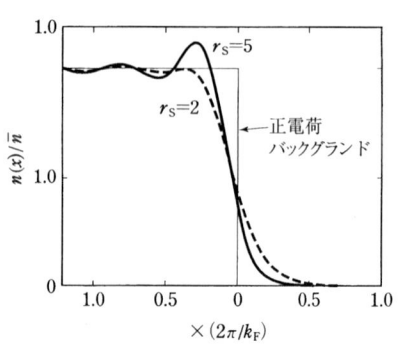

図 3.2 ジェリウム模型の局所密度汎関数法による表面近傍での電子密度分布の変化(N. D. Lang and W. Kohn: *Phys. Rev.*, B **1**, 4555 (1970))
実線:$r_s=5$,破線:$r_s=2$.

射波と反射波の干渉として現れ,波数はフェルミ波数の2倍の $2k_F$ である.

金属の価電子には,仕事関数 ϕ とフェルミエネルギー E_F の和である有限の高さの障壁 V_0(平均内部電位) があるので,その場合を考える.波動関数の波としての性質から,電子は障壁から外に浸み出て,図 3.1 に実線で示すように表面近傍に電気2重層を形成する.そして浸み出し量は障壁の高さが低くなるにつれて大きくなる.この場合の表面近傍での電子密度 $\rho(z)$ は仕事関数 ($\phi=V_0-E_F$) に依存する位相のずれを伴うが,z の大きな領域ではやはり式 (3.1) と同様な関係が成立する.また表面にできる電気2重層の浸み出した負電荷は放出される電子にとって障壁を高くすることになり,仕事関数を増加させるように働く.

ジェリウム模型は金属内の電子を自由電子模型で扱っていて,表面の電子状態も同様である.そして電子密度の観点からの表面をジェリウム端と呼ぶ.それを電子密度がバルクの半分になる位置で定義する.図 3.1 に障壁の高さが無限と有限の場合に対してそれをそれぞれ細い破線と実線の縦線で示したが,ポテンシャル障壁の位置 $z=0$ とは異なってくる.

自由電子模型に電子相関と交換の効果を組み入れたジェリウム模型の局所密度汎関数法によると,図 3.2 に示すようにフリーデル振動が現れるが,振幅は価電子密度を反映したウィグナー-サイツ球の半径 r_s の値に依存し,波長は自由電子の場合と同じ π/k_F であり,$\cos 2k_F z$ の関数形で表せる.そしてこの図の

$r_s = 5$ の場合にみられる表面近傍での電子密度の増加が，2.2.5 項で述べた金属表面での表面格子緩和で縮みとして現れ，縮みの大きさが表面をつくる際に切断する原子の数に依存することを定性的に説明する．

3.2　強束縛近似での 1 次元鎖模型——表面準位——

狭い価電子帯である $3d$，$4d$，$5d$ 軌道の遷移金属や sp^3 軌道で共有結合をつくっているダイヤモンド，シリコン，ゲルマニウムなどの半導体では，最近接原子間の相互作用が支配的で，また原子がもつ個性が結合に反映する．このような場合には強束縛近似が成立する．取り扱いやすく，表面準位 (surface state) の直感的な説明をするのに便利なので，1 次元結晶の表面の電子準位を強束縛近似で考察する．

無限の長さの 1 次元結晶を考え，固有関数を原子軌道の 1 次結合で表す (LCAO 近似)．すなわち，

$$\psi(z) = \sum_m \phi_m(z) C_m; \qquad m = 0, \pm 1, \pm 2, \cdots \tag{3.2}$$

ただし，$\phi_m(z)$ は原子軌道であり規格直交関数系であるとする．式 (3.2) をシュレディンガーの方程式

$$\mathcal{H}\psi = E\psi$$

に代入し，左側から $\phi_n^*(z)$ を掛けて積分すると，

$$(E - H_{nn}) C_n = \sum_m{}' H_{nm} C_m$$

$$H_{nm} = \int \phi_n^*(z) \mathcal{H} \phi_m(z) \mathrm{d}z$$

となる．ただし，$\sum_m'$ は $m = n$ を除いた総和を意味する．強結合近似として，

$$H_{nn} = \alpha$$

$$H_{n,n\pm 1} = H_{n\pm 1,n} = \beta$$

$$H_{nm} = 0; \qquad m \neq n, n \pm 1$$

とおくと，

$$(E - \alpha) C_n = \beta (C_{n-1} + C_{n+1}) \tag{3.3}$$

が得られる．ただし，ホッピング積分 $\beta < 0$ である．$C_n = Cu^n$，$A = (E-\alpha)/2\beta$

とおくと，式 (3.3) は，

$$u^2 - 2Au + 1 = 0$$

と書け，$|A| < 1$ のときには u は複素数になる．すなわち，$A = \cos\theta$ (θ は実数) とおくと，1次元結晶の強束縛近似の電子のエネルギー E と波動関数の係数 C_n は，

$$E = \alpha + 2\beta\cos\theta$$

$$C_n = C\exp(\pm in\theta)$$

となり，波動関数は結晶全体に広がり，電子準位は $4|\beta|$ の幅をもつバンドを形成する．

次に本題の表面が存在する結晶を取り上げる．式 (3.2) を半無限の1次元結晶とすると，$m = 0$ が表面原子として $m = 0, 1, 2, \cdots$ となり，m が増すにつれて原子は結晶内部に向かう．ここで $|A| > 1$ のときを考える．このときには u は実数になるので，$C_m = Cu^m$ より，ψ が発散しないためには $|u| < 1$ でなければならない．すなわち n が増すほど C_m は減衰し，波動関数 ψ は表面に局在する．また，

$$E = \alpha + 2\beta A$$

より，表面に局在する状態のエネルギー準位は $4|\beta|$ の幅のバンドの外，すなわち非局在化した電子準位が存在しないエネルギー領域に現れる．そして $A > 1$ のとき $u = A - \sqrt{A^2 - 1}$，$A < -1$ のとき $u = A + \sqrt{A^2 - 1}$ であるから，バンドの下に現れる準位は $A > 1$ に対応し，波動関数は結晶内部に向けて一様に減衰する．また $A < -1$ のときには表面準位はバンドの上に生じ，波動関数は交互に符号を変えながら減衰する (図 3.3)．このモデルではバンドは1つしか現れなかったが，2つのバンドがある場合には，表面に局在する波動関数に対応したエネルギー準位がバンドギャップ内に現れる．このように波動関数が表面に局在し，エネルギー準位がバンドギャップ内に生じる状態を表面準位という．

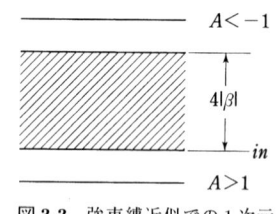

図 3.3 強束縛近似での1次元結晶のエネルギー準位

半導体結晶では原子間が σ 結合で結ばれていて，エネルギー準位は結合性と反結合性の準位に分裂し，結晶中ではそれぞれの準位が幅をもち結合帯と伝導帯を形成し，結合帯と伝導帯の間にバンドギャップが現れる．一方，半導体表面では原子間の σ 結合が切断されてダングリングボンドが生じるが，2.4 節で述

べたように，そのエネルギーは原子軌道エネルギーに近い値である．したがってそのエネルギー準位は σ 結合の形成による結合性と反結合性の分裂により生じたバンドギャップ内に存在する．そして表面準位の波動関数は表面近傍に局在する．

このような場合を再び1次元結晶模型で取り上げる．表面原子は置かれている環境が結晶内原子とは異なるので電子状態も結晶内部とは異なり，表面原子の軌道エネルギーは α とは異なる値

$$H_{00} = \alpha'$$

をもつとする．さらに表面原子が隣の原子とつくる結合(バックボンド)も結晶内部とは異なっている可能性があるので，ホッピング積分

$$H_{01} = H_{10} = \beta'$$

に $H_{n,n\pm1} = \beta$ とは異なった値をとることにする．そのため式 (3.3) に

$$(E-\alpha')c_0 = \beta' c_1$$
$$(E-\alpha)c_1 = \beta' c_0 + \beta c_2$$

の境界条件が加わる．この境界条件より，$x = (\beta'/\beta)^2, y = (\alpha'-\alpha)/\beta$ とおくと，

$$y = 2A - x(A - \sqrt{A^2-1}); \quad A > 1$$
$$y = 2A - x(A + \sqrt{A^2-1}); \quad A < -1$$

の関係が得られ，表面準位が存在する条件 $|A| > 1$ を x, y 平面で図示すると，図3.4 に示す斜線を施した領域になる．この図からわかるように，$x = 1 (\beta = \beta')$ のとき表面準位が現れる条件は $|y| > 1$，すなわち $|\alpha'-\alpha| > |\beta|$ であり，α' の値が α に比べてホッピング積分以上に違っているときに表面準位が現れる．

この表面原子の軌道エネルギーが，α とは異なる α' の値をもつ結果現れる表面

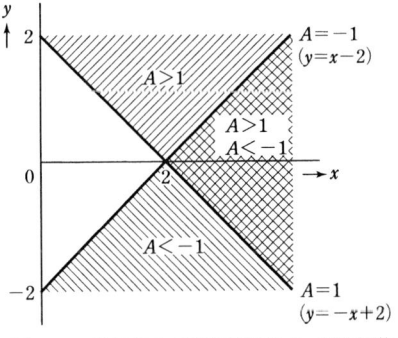

図3.4 1次元結晶の強束縛近似で，表面準位が現れる条件

準位をタム準位 (Tamm state) と呼び，半導体表面のダングリングボンドによる表面準位はタム準位に分類される．一方，前半に述べた無限の長さの結晶から半無限の結晶にしたために，$m=0$ で対称性が崩れて現れた表面準位をショッ

クレー準位 (Schockley state) と呼び，金属表面の表面準位にみることができる．

3.3 半導体表面の表面準位

実在する半導体結晶の清浄表面では 2.4 節で述べたように，ダングリングボンドは結合エネルギーの 1/2 に相当したエネルギーの不安定化が起きているので，表面の 2 次元格子が大きくなる表面再構成構造が現れる．すなわちバルク結晶を単純に切断したときに現れる理想表面とは異なり，ダングリングボンドの密度を減らし，表面エネルギーを下げている．そのためダングリングボンドに起因する表面準位の電子構造は，表面再構成をすることにより強く影響を受けることになる．逆にいうと，表面準位の電子構造が，再構成した表面構造を考えるうえでのよい指針を与えることがある．そのよい例として Si(111)2×1 を取り上げる．

シリコン結晶はダイヤモンドと同じ結晶構造で，ともに sp^3 共役の原子軌道がつくる σ 結合の結合形式である．したがってダイヤモンドと同様に，Si(111) が劈開 (へきかい) 面である．シリコン単結晶を図 3.5 に示す形状に加工し，超高真空中で [11$\bar{2}$] 方向に楔を入れて真空劈開すると，きれいな Si(111)2×1 の LEED パターンが観測できる．しかもステップ密度が少ない劈開面が得られる．これは 2×1 構造のみで 1×2 構造がない単一ドメインの表面で，実空間で 2 倍の周期になっていることを示す半整数次の回折スポットが，楔を入れた [11$\bar{2}$] 方向に現れる．

パンディー (Pandey) は Si(111)2×1 の表面構造として，それまで正しいと思

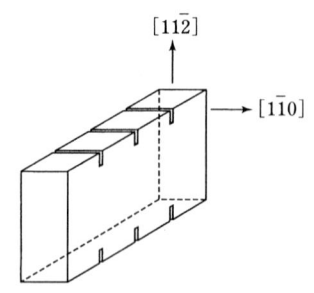

図 3.5　Si(111)2×1 のきれいな劈開面を作製するための結晶の加工

3.3 半導体表面の表面準位

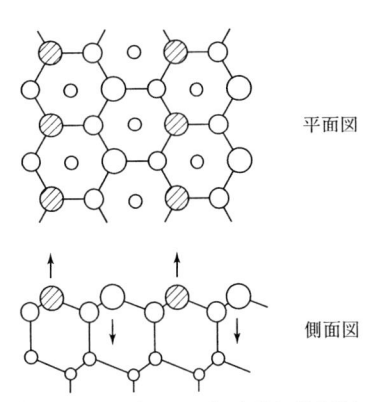

図 3.6 Si(111)2×1 のバックリングモデル

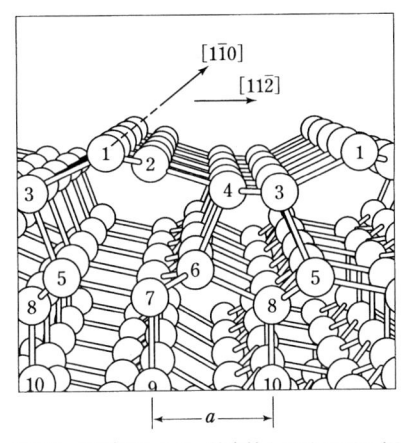

図 3.7 Si(111)2×1 の π 結合鎖 (πBC) モデル (K. C. Pandey: *Phys. Rev. Lett.*, **47**, 1913 (1981) に基づいて描いた)

われていた. 図 3.6 のハネマン (Haneman) により提唱されたバックリングモデルをはじめとして,ザイワッツ (Seiwatz) の鎖構造など,いろいろな構造モデルに対して第 1 原理計算を行った.その結果,図 3.7 に示すパンディーが考え出したパイ結合鎖 (πBC) モデルが,どのモデルより全エネルギーが小さい,安定な構造であることを示した.この πBC モデルは図 3.7 の側面をみるとわかるように,理想表面では 2 と 6 の Si 原子間で結合をつくっていたのが,4 と 6 の Si 原子間に結合が組み替わっている.ダングリングボンド間の距離を考察すると理想表面では 1 と 4 の Si 原子にあって,その距離 a は $a_0/\sqrt{2} = 3.84$ Å 離れている.πBC モデルの表面ではダングリングボンドが 4 から 2 の Si 原子に移ったので,ほぼ $a/2 \sim 1.92$ Å の距離に接近している (実際は $2a/3 \sim 2.55$ Å).そしてダングリングボンドは表面に垂直のままの p_z 軌道で記述できる.したがってこの接近した不対電子軌道が $[1\bar{1}0]$ 方向にジグザグに並んだ列は,あたかも 1 次元の伝導性高分子であるポリアセチレンの π 電子系のように,1 次元の π 結合鎖をつくる.すなわちこの表面では,局在した不対電子軌道であるダングリングボンドがなくなり,1 次元の π 結合の鎖がつくる表面準位により電子は非局在化して安定化する.

一方,従来正しいと考えられていたバックリングモデルでは,理想表面の最近接のダングリングボンド間で電荷のやり取りをし,不対電子をなくして安定

化させる．そのため第2層の原子との結合であるバックボンドを考えると，一方の Si 原子は電子をもらい $sp^3 \to s^2p^3$ に，すなわち p 様の軌道の Si$^-$ となり，他方は電子を与えて $sp^3 \to sp^2$ に，あるいは s 様の等方的な軌道の Si$^+$ になる．そのため前者は p^3 の 90° の結合角をもとうとして表面から突き出し，後者は sp^2 混成の平面構造をとろうとして表面から沈む構造になる．したがって表面原子は NaCl 型イオン結晶の (110) 表面に似たイオン性結晶の配列をする．すなわち [1$\bar{1}$0] 方向に同種のイオンが並び，これと直交した [11$\bar{2}$] 方向に陽イオンと陰イオンが交互に並んでいる．この場合，イオン結晶と同様に表面準位をつくる価電子は相互作用がなく並んでいて，[1$\bar{1}$0] 方向では表面準位の 2 次元バンドは平らな分散のない構造になる．それに対して πBC モデルはダングリングボンドに起因する価電子が非局在化しているため，表面準位は [1$\bar{1}$0] 方向に，すなわち $\bar{\Gamma}$-$\bar{J}$ 方向に大きな分散が生じる．

角度分解光電子分光法 (angle-resolved photoelectron spectroscopy, ARUPS) で放出角依存性を測定すると，占有状態の表面準位の分散関係が，また逆光電子分光法 (inverse photoelectron spectroscopy, IPES) の入射角依存性の測定から，非占有状態の表面準位の分散関係が得られる．図3.8にパンディーの πBC モデルが提出される前にイーストマン (Eastman) らが測定した Si(111)2×1 の ARUPS のスペクトルの $\bar{\Gamma}$-$\bar{J}$ 方向での放出角依存性を示す．主ピークをみると大きな分散がある．しかしバックリングモデルが正しいと思われていた当時は，$k_\parallel$ が大きい領域に肩として現れている $E_b = 1.0$ eV のピークに着目して，また (b) に示す Si(111)1×1-H との差スペクトルにより，分散がないとしていた．すなわち，これがバックリングモ

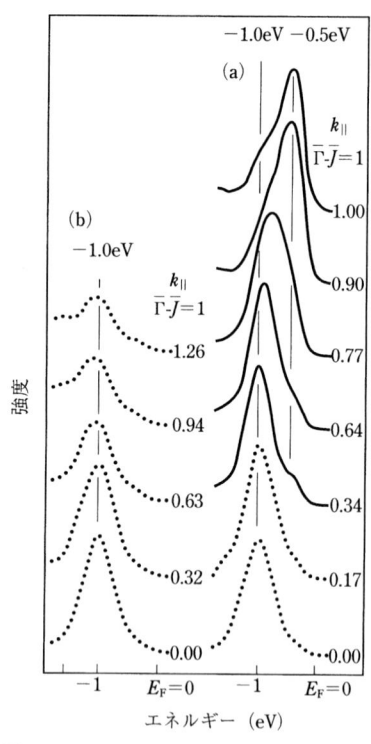

図 3.8 Si(111)2×1の(a)ARUPSスペクトル，(b)Si(111)1×1-Hとの差スペクトル (F. J. Himpsel *et al.*: *Phys. Rev.*, B **24**, 2003 (1981))

デルの妥当性を支持する1つの測定結果になっていた．だが主ピークをたどる方が素直である．

パンディーの πBC モデルを受けてウールベルク (Uhrberg) らが再測定した Si(111)2×1 の ARUPS のスペクトルおよびそれから得た分散関係 $E(\boldsymbol{k}_\parallel)$ を図 3.9 に，またライール (Reihl) らの逆光電子スペクトルの入射角依存性およびそれから得た非占有表面準位の分散関係を図 3.10 に示す．このように [1$\bar{1}$0] 方向である $\bar{\Gamma}$-$\bar{J}$ 方向の $\bar{J}$ 点近傍で大きな分散が観測された．すなわち表面準位の電子系は孤立していないで，[1$\bar{1}$0] 方向に隣接する軌道間に大きな重なりがあり，

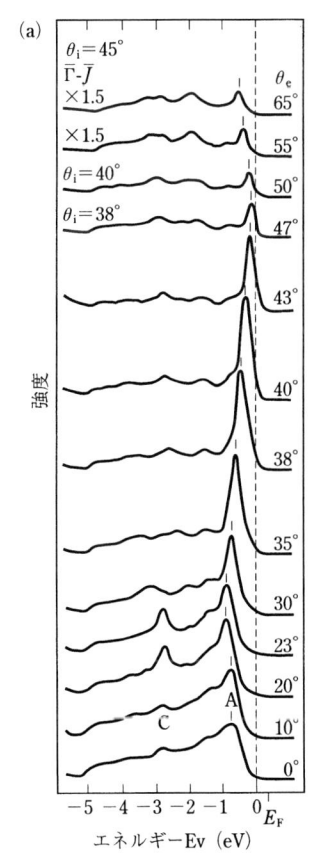

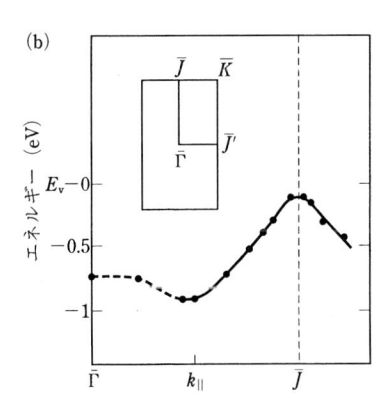

図 3.9 Si(111)2×1 の (a)ARUPS のスペクトルの放出角 θ_e 依存性 ($\bar{\Gamma}\,\bar{J}$ 方向，$\hbar\omega=10.2$ eV，$\theta_e=47°$ が $\bar{J}$ 点) (b) 占有準位の分散関係 (R. I. G. Uhrberg *et al*.: *Phys. Rev. Lett*., **48**, 1032 (1982) 破線で示した部分は誤差が大きいが，バルクバンドと重なる表面共鳴の領域である．

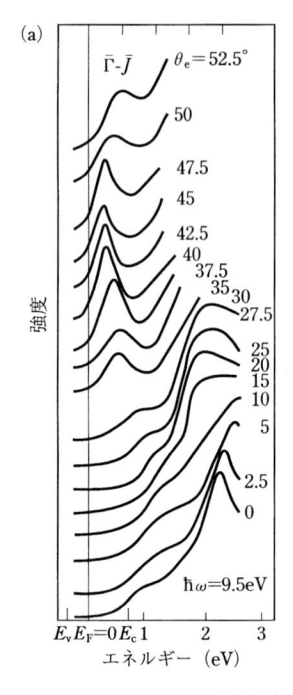

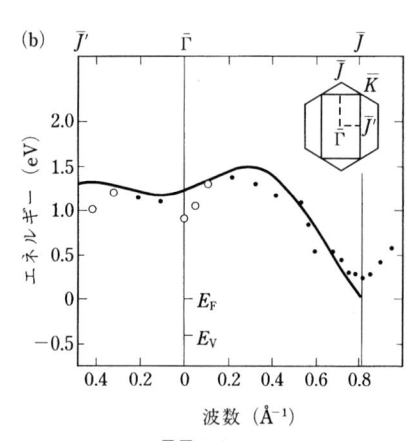

図 3.10 Si(111)2×1 の (a) 角度分解 IPES のスペクトル (Si(111)2×1 の $\bar{\Gamma}$-$\bar{J}$ 方向, $\hbar\omega$=9.5 eV, $\theta_e < 30°$ は表面共鳴の領域である), (b) 非占有表面準位の分散関係 (実線は理論値) (P. Perfetti *et al.*: *Phys. Rev.*, B **36**, 6160 (1987))

電子が非局在化していることを示している. 図 3.10(b) には πBC モデルによる分散関係の理論計算の結果を実線で示したが, 図 3.11 に示すノースラップ (Northrup) とコーエン (Cohen) による $E(\boldsymbol{k}_\parallel)$ の理論値は図 3.9(b) と図 3.10(b) の実測値との一致が非常によい.

さらに表面 Si 原子の内殻準位シフト (surface core level shift, SCS) を測定すると, 0.6 eV と小さな値である. それに対してバックリングモデルは, イオン化した状態であるから SCS は大きい

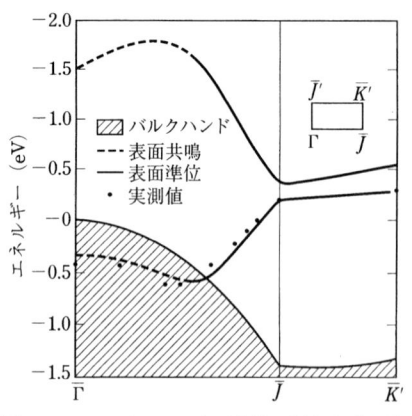

図 3.11 Si(111)2×1 の表面準位 (実線) と表面共鳴 (破線) の $\bar{\Gamma}$-$\bar{J}$-$\bar{K}$ に沿った分散関係の計算曲線 (J. Northrup and M. L. Cohen: *Phys. Rev. Lett.*, **49**, 1349 (1982))
ハッチのある部分はバルクバンドの投影がある部分, 黒丸は実測値.

と予測され，その値は〜3 eV である．この点からもバックリングモデルは不適当で，πBC モデルに軍配が上がる．また [11$\bar{2}$] 方向に劈開したときに，Si(111)2×1 の単一ドメインの表面ができることを考えると，バックリングモデルは考えがたく，πBC モデルが妥当なモデルであるといえよう．理想表面に近く，それよりは妥当な表面構造であるバックリングモデルを出発構造にして，πBC モデルに再構成する経路をたどって，全エネルギーを第 1 原理計算で求めると，ポテンシャル障壁の高さは，表面原子当たり 0.03 eV と非常に小さな値になる．そのため劈開の操作で πBC モデルに再構成をすることは十分に考えられる．これらの理由からパンディーが提唱した πBC モデルは妥当な表面構造であるといえそうである．さらに πBC モデルは，表面準位の分散関係，内殻準位シフト以外にも，紆余曲折はあったが LEED による構造解析，イオン散乱，STM 像でも支持されている．

一方，この真空劈開した表面である Si(111)2×1 は，熱を加えると 7×7 構造に非可逆的に相転移する．すなわち Si(111)2×1 は準安定相である．その転移は図 3.12 にみられるように 200°C で起き始め，300°C で完了している．ただしこの転移が完了する温度はステップ密度に大きく依存し，テラス長が短くなると

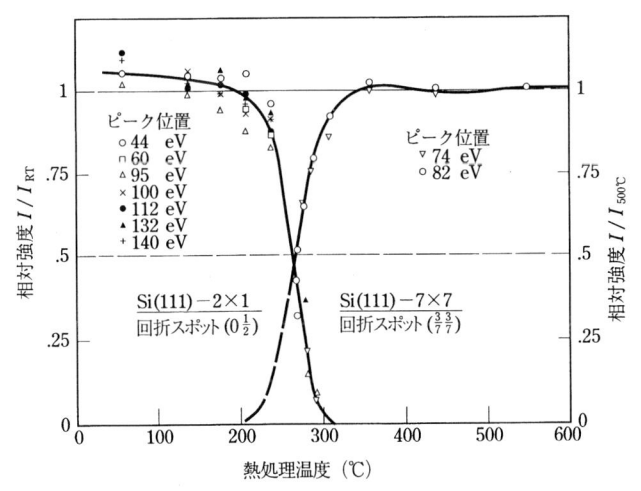

図 3.12 Si(111)2×1→7×7 の相転移に対応する，LEED の非整数次反射の回折スポット強度の熱処理温度による変化 (P. P. Auer and W. Mönch: *Surf. Sci.*, **80**, 45 (1979))
低温側は 2×1 表面の (0 1/2) 反射，高温側は 7×7 表面の (3/7 3/7) 反射の規格化した強度．

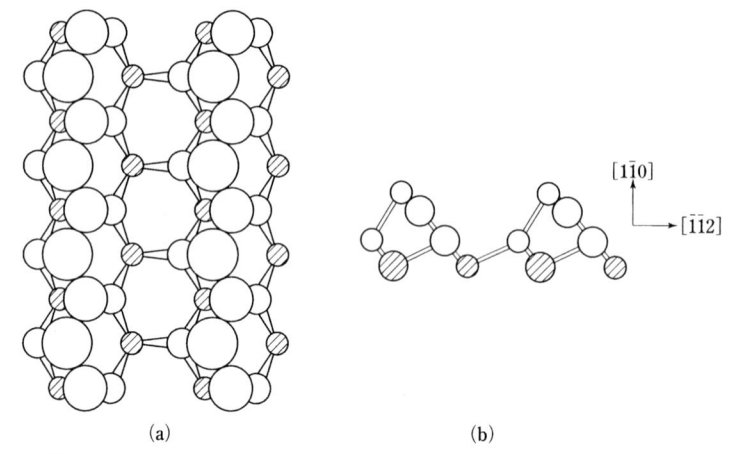

図 3.13 Si(111)2×1 の 3 結合切断 (TBS) モデル (D. Haneman and M. G. Lagally: *J. Vac. Sci. Technol.*, B **6**, 1451 (1988))
(a) 平面図, (b) 側面図.

さらに 100°C 以上高温側にシフトする．ここで πBC モデルの 2×1 構造 (図 3.7) から DAS モデルの 7×7 構造 (図 2.15) への構造変化を考えると，2×1→7×7 の相転移が 200°C という低い温度で起こり始めて，300 °C で完成するという実験事実を説明することはむずかしい．DAS 構造は 2.4 節で述べたように，表面からは深い第 3, 第 4 原子層間の Si-Si 結合のまわりで，Si_3 が 60° 回転したことによって生じる積層欠陥が存在する．そこで積層欠陥が生じるためには，πBC モデルからは多くの結合の組み替えを必要とする．

表面から深いところでの大きな原子変位を伴う 2×1→7×7 の相転移がこのような低い温度で起こることは，πBC モデルでは理解しがたい．その疑問に対してハネマンとラガリー (Lagally) は図 3.13 に示す 3 結合切断 (TBS) モデルを提唱している．これはザイワッツ (Seiwatz) の鎖構造に類似している．図 2.12 に示す Si(111) の理想表面は，表面エネルギーが小さくなるように，表面原子当たり 1 個の Si-Si 結合の切断の結果である．1.2 節ではそのために劈開面が (111) なのだとして議論を進めた．それに対して TBS モデルでは劈開の際にその 1 原子層下で結合が切断される．すなわち各表面原子は，3 個の Si-Si 結合が切断された結合をもつことになる．その結果，表面の Si 原子は表面に垂直な 1 本の結合で第 2 原子層と結ばれるので，この Si-Si 結合のまわりで回転させることによ

り隣接したSi原子がたがいに近づくように，無理なく変位できる．変位の方向を$[11\bar{2}]$にとると，πBCモデルと同じSi-Si原子間距離 2.55 Åが実現でき，これもπBCモデルと同様に$[1\bar{1}0]$に沿って原子列ができる．すなわち接近した表面のSi原子間で切断された3個の結合のうちのp_x, p_y軌道を使って隣接原子間で結合して1次元鎖を形成し，残ったp_z軌道がダングリングボンドとなり，表面垂直からは少しずれるが，この軌道はπBCモデルのダングリングボンドと同様に電子は非局在化する．

したがって表面準位の分散関係はπBCモデルで計算された結果とほぼ同じ結果が期待できる．しかしTBSモデルで無理があるのは劈開する際に3個のSi-Si結合を切断することである．これは次の理由で無理なくできると彼らは主張している．シリコン結晶内には$[1\bar{1}0]$に沿って刃状転位 (edge dislocation) を生じることが知られている．劈開の準備段階で図3.5に示すような加工を結晶に施したために結晶内に$[1\bar{1}0]$方向の刃状転位が生じ，それを介して3結合が無理なく切断されてその面で劈開する．しかも刃状転位が$[1\bar{1}0]$に走るため，$[11\bar{2}]$方向への切断できれいな劈開ができるとしている．

STM像は表面の電子雲の形を反映しているので，πBCモデルとTBSモデルのSTM像は区別がつけられないであろう．区別をするには，Si(111)7×7で観測されて，DAS構造の積層欠陥，レストアトムなどの存在を明らかにしたように，詳しいバイアス電圧依存性を測定することと，理論計算による検討が必要である．LEEDは出発モデルを誤ると，真の構造を捉えることができないという欠点がある．イオン散乱は実空間で観測する独立パラメータが少ないので，Si(111)7×7の場合にもあったように，複雑な表面構造の場合は誤った構造でもうまく説明できてしまうおそれがある．さらに2×1→7×7の相転移を考えると，TBSモデルの方がπBCモデルに比べてDAS構造に近いので，低温で相転移することも説明できそうに思える．これらの理由からTBSモデルは1つの有力なSi(111)2×1の構造モデルといえるかもしれない．

第3，第4原子層間のSi-Si結合のまわりでの回転により生じる積層欠陥を取り上げると，TBSモデルの3結合が切断されたSi-Si結合のまわりでは自由な回転ができるので，DAS構造に無理なくつながりそうである．しかしこのSi原子の場所にはもともとダングリングボンドがあるだけでSi原子はなかった．

したがってこの結合のまわりでの回転をしても積層欠陥はできない．積層欠陥をつくる Si-Si 結合はもっと深いところにある原子対である．そうなると πBC モデルと大差がないことになってしまう．このように 2×1→7×7 の相転移を考えると，Si(111)2×1 の表面構造はまだ解決していないとみた方がよさそうである．しかしいろいろな状況証拠から，現状ではパンディーのパイ結合鎖 (πBC) モデルに軍配が上がるように思える．

Si(111)7×7 の高温域では，830° で 7×7⇌1×1 の可逆的な相転移をする．またこの相転移を電子顕微鏡で観察すると，ステップのところから相転移が始まっている．それに対して 2×1→7×7 の相転移は，ステップ密度が高いと転移温度が高くなるように，テラスで優先的に起きている．このことも 2×1 表面の構造モデルを考えるうえで考慮する必要がある．

3.4 表面準位の測定法

3.4.1 光電子分光法——占有準位——

占有された表面準位の 2 次元バンドの分散関係は，角度分解光電子分光法 (ARUPS) で測定できる．理解を助けるためにまずバルク結晶の価電子帯からの光電子放出過程について述べる．結晶内の電子の波動関数はブロッホ関数で表される．

$$\psi_k(\boldsymbol{r}) = u_k(\boldsymbol{r})\exp(i\boldsymbol{k}\cdot\boldsymbol{r}) \tag{3.4}$$

UPS での電子放出過程は光吸収過程での終状態 ⟨f| が真空準位 E_{vac} より上のイオン化状態である．したがって光吸収での遷移確率

$$P = \frac{2\pi}{\hbar}|\langle f|\frac{e}{2m}(\boldsymbol{A}\cdot\boldsymbol{p}+\boldsymbol{p}\cdot\boldsymbol{A})|i\rangle|^2\delta(E_{\mathrm{f}}-E_{\mathrm{i}}-\hbar\omega) \tag{3.5}$$

の ⟨f| と始状態 |i⟩ に式 (3.4) のブロッホ関数を用い，$\exp(i\boldsymbol{k}\cdot\boldsymbol{r})$ の直交性から，

$$\Delta\boldsymbol{k} = \boldsymbol{k}^{\mathrm{f}} - \boldsymbol{k}^{\mathrm{i}} = 0 + \boldsymbol{G} \tag{3.6}$$

の選択則，すなわち運動量 $\hbar\boldsymbol{k}$ の保存則が得られる．ただし，$\boldsymbol{A}$ はベクトルポテンシャル，$\boldsymbol{p}$ は遷移に関与する電子の運動量演算子，$\boldsymbol{G}$ は逆格子ベクトルである．また，f, i は終状態，始状態を表す．

一方，光電子放出過程での放出電子は表面を通って真空中に放出される．そ

の際波数ベクトル k の表面に平行成分のみが保存され，放出電子の真空中での波数ベクトル k^{vac} については，$k_\parallel^{\mathrm{f}} = k_\parallel^{\mathrm{vac}}$ が成立する．さらに式 (3.6) の保存則より，表面に平行な成分については，

$$k_\parallel^{\mathrm{vac}} = k_\parallel^{\mathrm{i}} + G_\parallel$$

の保存則は成立するが，表面に垂直な成分 $k_\perp$ は保存されない．$k_\perp$ が保存されないのは，2.3.2 項で述べたように，結晶中では電子は平均内部電位に相当するエネルギーだけ加速されるからで，一般には k^{i} は求まらない．

しかるに光電子分光の光励起過程の終状態に自由電子近似を仮定することにより，k^{i} を求めることができる．この仮定は経験的に成立する．図 3.14 に光電子放出の原理の模式図を示す．終状態として理論的に求めたバンド構造との比較から推定した有効質量 m^* を用いて，自由電子近似の $E_{\mathrm{f}}(k_\perp) = (\hbar^2/2m^*)k_\perp^2 + E_0$ を描く．$k_\parallel = 0$ の条件を満足する表面垂直に放出する光電子を検出し，光電子スペクトルを励起エネルギー $\hbar\omega$ で測定すると，図 3.14 のエネルギーダイヤグラムの垂直遷移でのエネルギー保存則から $k_\perp$ が求まる．そして $\hbar\omega$ を増すと $k_\perp$ が増

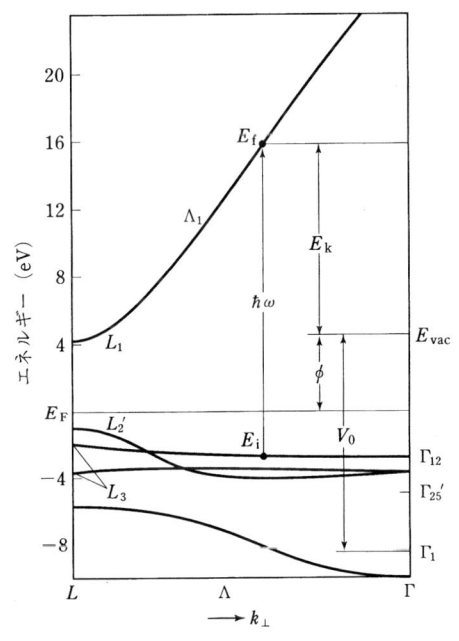

図 3.14 バルク結晶のバンド構造を測定するための ARUPS の原理の模式図 Cu(111) を例にした．

加する．このようにして fcc(111) を試料とすると，放射光を用いた ARUPS の測定から Γ-L 方向の Λ 軸に沿ったバルクのバンド構造が，また fcc(001) を試料にすると Γ-X 方向の Δ 軸でのバンド構造が測定できる．波長可変の放射光を用いてこの ARUPS がバンド構造の測定法に広く用いられている．

一方，表面準位の波動関数は表面に局在するブロッホ関数

$$\psi_{k_\parallel}(\boldsymbol{r}_\parallel, z) = u_{k_\parallel}(\boldsymbol{r}_\parallel, z)\exp(i\boldsymbol{k}_\parallel \cdot \boldsymbol{r}_\parallel) \tag{3.7}$$

で表される．ただし，$r_\parallel$ は表面に平行な座標 x, y である．バルクの場合と同様に式 (3.7) を式 (3.5) に代入し，$\exp(i k_\parallel \cdot r_\parallel)$ の直交性から，

$$\Delta k_\parallel = k_\parallel^{\mathrm{f}} - k_\parallel^{\mathrm{i}} = 0 + G_\parallel \tag{3.8}$$

の選択則が得られ，同様に $k_\parallel^{\mathrm{f}} = k_\parallel^{\mathrm{vac}}$ が成立する．光電子スペクトルで観測される放出電子の運動エネルギー E_k より $|k^{\mathrm{vac}}| = \sqrt{2mE_k}/\hbar$ が求まるので，放出角を表面垂直から測って θ_e とすると，

$$k_\parallel = \sqrt{2mE_k}\sin\theta_\mathrm{e}/\hbar \tag{3.9}$$

より $k_\parallel$ が求まる．ここで得た $k_\parallel$ は k^{vac} に対応するので $k_\parallel^{\mathrm{f}}$ であるが，式 (3.8) の保存則と還元ゾーンでバンド構造を画くと $G_\parallel = 0$ であることから，結晶内での $k_\parallel$ である $k_\parallel^{\mathrm{i}}$ が仮定なしに得られる．またフェルミ準位を基準とした表面準位の結合エネルギー E_b は，

$$E_\mathrm{b} = \hbar\omega - E_k - \phi$$

である．ただし，ϕ は仕事関数である．このようにして ARUPS から表面準位の結合エネルギー E_b の θ_e 依存性を測定することで，2次元バンドである表面準位の分散関係 $E_\mathrm{b}(k_\parallel)$ が求められる．

光電子スペクトルのどのピークが表面準位に対応するかの判断規準は，(1) 表面から垂直方向に放出する電子の光電子スペクトルを測定し，$\hbar\omega$ を変化させたときフェルミ準位を基準としたスペクトルのピーク位置が変化しない，(2) わずかな被覆率の水素原子，アルカリ原子などを吸着して表面を修飾すると，バルクからのスペクトルの強度はほとんど変化しないのに対し，表面準位からのスペクトルの強度は大きく減少する，の2点である．

図 3.14 のバルクのバンド構造の測定法からわかるように，(1) の判断基準は $k_\perp$ 依存性の測定であり，表面準位は表面に局在していて $k_\perp$ 成分がないので E_b は変化しない．しかし d バンドのように分散が小さい準位では E_b の変化はわずかであり，これとの混同を避けるために (2) の規準が必要になる．

3.4.2　逆光電子分光法——非占有準位——

表面準位は非占有準位にも存在する．この測定には占有準位の測定に用いた光電子分光法 (UPS) の逆過程である逆光電子分光法 (IPES) を用いる．図 3.15 に IPES の原理の模式図を示す．表面に敏感な低速電子を入射させ，準位 E_i に

入った電子が表面あるいは表面近傍で非占有準位 E_f に落ち，$\hbar\omega$ の光を放出する過程である．そして光電子分光法によるバルクのバンド構造の測定で仮定した終状態への自由電子近似の仮定を，逆光電子分光の場合には始状態 E_i に適用する．一定のエネルギー $\hbar\omega$ の光を検出するように検出システムを設定し，入射電子のエネルギー E_p を変化させて発光が観測された $E_\mathrm{p} = E_\mathrm{i}$ から，エネルギー保存則

$$E_\mathrm{f} = E_\mathrm{i} - \hbar\omega$$

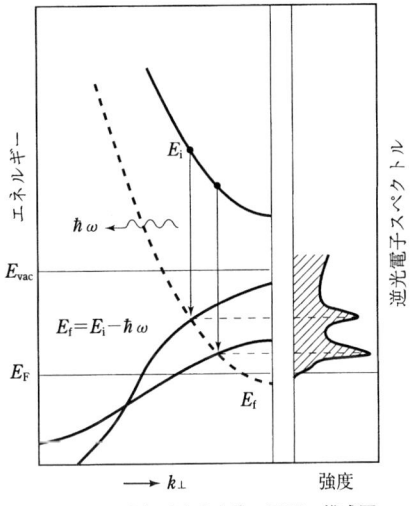

図 3.15 逆光電子分光法の原理の模式図 $\theta_\mathrm{i} = 0$.

より，終状態である非占有準位のエネルギー E_f が求まる．IPES の測定では，微弱光を検出しなければならないので，ハイパスとローパスの 2 段のフィルターを用いて光の検出効率を上げている．波数ベクトル $\boldsymbol{k}$ に対する選択則は式 (3.6) で与えられるので，$E_\mathrm{i}(k)$ を $\hbar\omega$ だけ平行移動した曲線 (図 3.15 に破線で示す) が非占有準位と交わる k ($\theta_\mathrm{i} = 0$ のときは $k_\perp$) で逆光電子スペクトルの発光ピークとなって観測される．

電子の入射角 θ_i を変えると 2 次元バンドの分散関係が得られる．$G_\parallel = 0$ の場合，式 (3.9) と同様な関係

$$k_\parallel = \sqrt{2m(E_\mathrm{i} - \hbar\omega)} \sin\theta_\mathrm{i} / \hbar$$

から $k_\parallel$ が求まる．逆光電子分光の場合には入射電子が結晶内で平均内部電位 V_0 だけ加速されるので，入射電子の運動エネルギー E_k に対して，E_i はそれを考慮して補正する必要がある．

分子が表面に化学吸着することで生じた非占有準位の IPES による測定結果は吸着種が負イオン状態になった終状態を観測しているので，吸着に伴って生じる励起準位のエネルギーとは異なってくる．一方，吸着分子の励起準位のエネルギー値はレーザーを励起源とした 2 光子 UPS でも測定できる．この方法で励起状態のスペクトルを測定した例は少ないが，励起状態の寿命を測定する手段としては効果的な方法である．

3.4.3 走査トンネル分光法——局所状態密度——

走査型トンネル顕微鏡(STM)を用いた走査トンネル分光法(scanning tunneling spectroscopy, STS)により，表面準位に起因する局所的な電子の状態密度が観測できる．STSではトンネル電流Iのバイアス電圧V依存性，すなわちI-V曲線を測定する．STMでの探針をアース電位にして試料に正のバイアス電圧をかけると，電子は探針から試料にトンネル電流として流れるので，非占有準位の状態密度が測定ができる．また逆の負のバイアス電圧をかけると占有準位の状態密度が測定できる．

STSにより実測したI-V曲線から規格化されたコンダクタンス(normalized conductance) $(V/I)(\mathrm{d}I/\mathrm{d}V)$を計算して$(V/I)(\mathrm{d}I/\mathrm{d}V)$-$V$曲線にすると，以下に示すように近似的に電子状態密度を表す$\rho(E)$曲線になる．トンネル電流は，

$$I \propto \int_0^{eV} \rho(E) T(E, eV) \mathrm{d}E \tag{3.10}$$

で近似される．ただし，$T(E, eV) = \exp(-2\kappa s)$は電子がトンネル障壁を透過する確率である．ここで，Vは試料に印加する電圧，すなわちバイアス電圧，sは探針と試料の距離，κは逆減衰距離(inverse decay length)で$\kappa = \kappa(E, eV) = \sqrt{(2m\overline{\phi}/\hbar^2) + k_\parallel^2}$である．ただし，$\phi_\mathrm{t}$, ϕ_sをそれぞれ探針と試料の仕事関数とすると$\overline{\phi} = \frac{1}{2}(\phi_\mathrm{t} + \phi_\mathrm{s}) - E + \frac{1}{2}eV$である．

式(3.10)をバイアス電圧Vで微分するとコンダクタンスは，

$$\frac{\mathrm{d}I}{\mathrm{d}V} \propto e\rho(eV) T(eV, eV) + e \int_0^{eV} \rho(E) \frac{\mathrm{d}T(E, eV)}{\mathrm{d}(eV)} \mathrm{d}E$$

となり，規格化されたコンダクタンスは，

$$\frac{V}{I}\frac{\mathrm{d}I}{\mathrm{d}V} \approx \frac{\mathrm{d}(\ln I)}{\mathrm{d}(\ln V)}$$

$$= \left(\rho(eV) + \int_0^{eV} \frac{\rho(E)}{T(eV, eV)} \frac{\mathrm{d}T(E, eV)}{\mathrm{d}(eV)} \mathrm{d}E\right)$$

$$\Big/ \left(\frac{1}{eV} \int_0^{eV} \rho(E) \frac{T(E, eV)}{T(eV, eV)} \mathrm{d}E\right)$$

で与えられる．ここで，TはsとVの指数関数であるから$T(E, eV)/T(eV, eV) \approx 1$になり，分母はこの式を規格化することに相当する．また分子の第2項はバッ

クグランド B を与えるだけなので，

$$\frac{V}{I}\frac{dI}{dV} \propto \rho(eV)+B$$

の関係，すなわち電子状態密度 $\rho(E)$ が得られる．I-V 曲線のままだと曲線の形状は s に強く依存する．たとえば半導体のバンドギャップの幅は s によって変化してしまう．しかし，$(V/I)(dI/dV)$ にすると正しいバンドギャップが得られる．

アヴォーリス (Avouris) らが STS で測定した Si(111)-7×7 のレストアトム，付加原子の位置での状態密度をそれぞれ図 3.16(a) (b) に示す．斜線を施した部分が表面準位の占有準位で，ハッチを施した部分が表面準位の非占有準位である．これらの表面準位はダングリングボンドに起因しているが，レストアトムのダングリングボンドは占有準位に，付加原子のダングリングボンドは一部電子で占有されているがほぼ非占有準位である．図 3.16(c) に UPS と IPES で測定したダングリングボンドの状態密度を示す．7×7 の表面単位胞には付加原子が 12 個，レストアトムが 6 個あることを考慮して図 3.16(a) (b) のスペクトルの和を

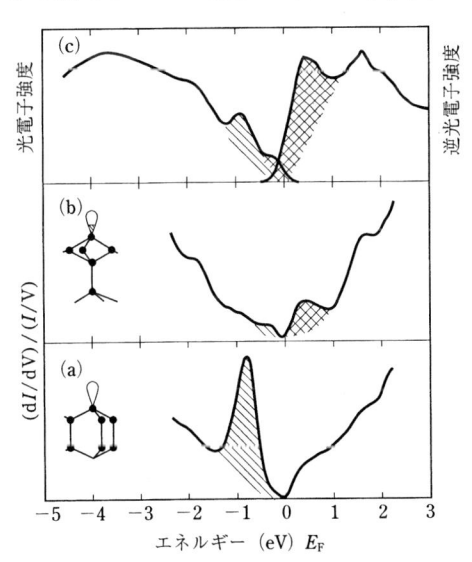

図 3.16 Si(111)7×7 の STS による状態密度 (R. Wolkow and Ph. Avouris: *Phys. Rev. Lett.*, **60**, 1049 (1988))
(a) レストアトム, (b) 付加原子, (c) 正逆光電子分光による状態密度.
表面準位の占有準位 (斜線部) と非占有準位 (ハッチ部).

つくると，図 3.16(c) の正，逆光電子スペクトルとよい一致を示す．

レストアトムのダングリングボンドは占有されていて，付加原子のダングリングボンドはほぼ空の準位であることは，DAS 模型の構造から容易に理解できる．図 2.17 の議論にあるように，レストアトムの結合状態は正四面体構造のままである．一方，付加原子については，1 層下の Si 原子が表面に垂直に伸びたダングリングボンドをもっていたのが，その 3 原子の中心に原子が付加して付加原子となり，σ 結合のバックボンドをつくった．したがってバックボンドは無理な結合になっていて，そのことが付加原子のダングリングボンドのエネルギー状態に反映して，付加原子のダングリングボンドのエネルギー準位はレストアトムの準位より高くなる．その結果，ダングリングボンドの不対電子は，高い準位の付加原子から低い準位のレストアトムに移動し，レストアトムのダングリングボンドは占有状態になる．また付加原子の数がレストアトムの 2 倍あるため，付加原子の準位は一部が電子で占有された非占有状態になる．

3.5　イオン結晶の表面準位

イオン結晶では表面のマーデルング定数が結晶内部の値より小さくなる．たとえば NaCl 型結晶では，3 次元結晶のマーデルング定数は $\alpha = 1.7476$ であるが，(001) の 2 次元結晶のマーデルング定数は $\alpha_{\mathrm{plane}} = 1.6815$ である．この値は 1 次元結晶のマーデルング定数 $\alpha_{\mathrm{chain}} = 2\ln 2 = 1.3863$ と α との間の値になっている．したがって図 3.17 に示すように，価電子帯のすぐ上と伝導帯のすぐ下のバンドギャップ内に表面準位が生じると考えられる．

結晶中での陽イオン，陰イオンのマーデルング・ポテンシャルをそれぞれ V_{M}, V_{X} とし，イオン化ポテンシャルを I_{p}, 電子親和力を A とすると，バルク結晶のバンドギャップは，

$$E_{\mathrm{g}} = V_{\mathrm{M}} + V_{\mathrm{X}} - (I_{\mathrm{p}} - A)$$

で与えられる．また表面の陽イオン，陰イオンのマーデルング・ポテンシャルをそれぞれ $V_{\mathrm{sM}}, V_{\mathrm{sX}}$ とし，表面陽イオン，表面陰イオンのエネルギー準位，すなわち電子捕獲準位，正孔捕獲準位をそれぞれ $E_{\mathrm{sM}}, E_{\mathrm{sX}}$ とすると，$E_{\mathrm{sM}} = V_{\mathrm{sM}} - I_{\mathrm{p}}, E_{\mathrm{sX}} = -V_{\mathrm{sX}} - A$ と書け，表面でのバンドギャップは，

3.5 イオン結晶の表面準位

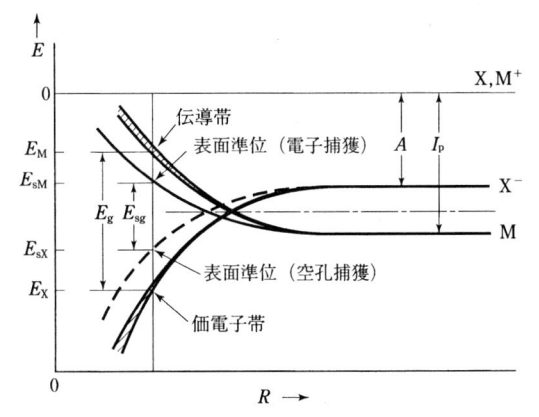

図 3.17 イオン結晶の表面の電子構造を示すエネルギーダイヤグラム
(J. D. Levine and P. Mark: *Phys. Rev.*, **144**, 751 (1966))

$$E_{sg} = V_{sM} + V_{sX} - (I_p - A)$$

となり，表面でのバンドギャップは結晶の内部より狭くなる．

ここでどのような結晶でこの種の表面準位がはっきりと現れるかを考察してみる．バンドギャップ比 $\epsilon = E_{sg}/E_g$ が1に比べて小さいほど現れやすいことになる．ここで，$\gamma = (V_{sM}+V_{sX})/(V_M+V_X)$，$\mu = (I_p-A)/(V_M+V_X)$ という量を導入すると，バンドギャップ比 ϵ は，

$$\epsilon = (\gamma-\mu)/(1-\mu)$$

と表せる．表面のマーデルング定数を α_s とすると，上で定義した γ は α_s/α であり，結晶型と表面の原子配列によって決まる．また μ は物質に依存する量である．ハロゲン化アルカリの μ の値は $|\mu| < 0.12$ と小さく，$\epsilon \approx \gamma$ が成立する．γ の値は表 3.1 に示す．γ 値が1に比べて小さな値になるウルツ鉱型や閃亜鉛鉱型のイオン結晶はアルカリ土類金属の酸化物，硫化物にみられるが，これらの結晶の二価のイオンの場合の μ の値，$\mu(2)$ は $0.47 < \mu(2) < 0.52$ の範囲の値になり，やはり γ 値が小さいと ϵ も小さくなっている．そして閃亜鉛鉱型の ZnS の (110) 表面では $\mu(2) = 0.57$ なので，$\epsilon = 0.65$ と1に比べてかなり小さい値になる．このような場合には表面・界面のマーデルング・ポテンシャルに起因する表面・界面準位が現れる可能性がある．

上述のイオン結晶の固有の表面準位 (intrinsic surface state) がはっきりと検

表 3.1 代表的なイオン結晶表面の γ 値

結晶形	表面の指数	γ 値
NaCl 型	(001)	0.96
NaCl 型	(110)	0.86
NaCl 型	(211)	0.60
NaCl 型	(210)	(0.77)
CsCl 型	(110)	0.90
ウルツ鉱型	(11$\bar{2}$0)	0.88
ウルツ鉱型	(10$\bar{1}$0)	0.79
閃亜鉛鉱型	(110)	(0.85)

(J. D. Levine and P. Mark: *Phys. Rev.*, **144**, 751 (1966))

出された例はこれまでのところないと思う．一方，固有でない表面準位 (extrinsic surface state) の 1 つである表面近傍の欠陥に伴う準位は観測されている．これは単純な場合が多いが，測定の際に試料が帯電するために測定は困難で，きちんとした測定例はたいへん少ない．これらの表面準位はイオン結晶を基板とした結晶成長や，その際に生じる界面準位と深くかかわってくる．1 例として MgO(001) で観測された欠陥に伴う，固有でない表面準位を取り上げる．

図 3.18 に低速電子の飛行時間 (time-of-flight) 法で測定した MgO(001) 表面からの 2 次電子放出スペクトルを示す．パルス幅〜1 ns, 繰り返しの周波数を 1〜3 kHz の電子線を励起源として，電子の飛行距離 L_f, すなわち試料と検出器の距離を 50 cm として電子の飛行時間分布を測定した飛行時間 (TOF) スペクトルである．検出する電子の運動エネルギー E_k, エネルギー分解能 ΔE, 時間分解能 Δt とすると，飛行時間 $t_f = L_f/v = L_f\sqrt{m/2E_k}$ より，

$$\frac{\Delta E}{E_k} \propto \frac{\Delta t \sqrt{E_k}}{L_f}$$

の関係になる．通常のエネルギー分析器は $\Delta E/E_k$ が一定なのに対して，飛行時間法では $\Delta E/E_k$ は $E_k^{1/2}$ に比例するので，飛行時間法を用いると低エネルギー領域で高いエネルギー分解能が得られるのが特色である．さらに入射電子線としてパルス電子線を用いているため，通常の電子分光法とは異なり試料の帯電を避けることができる．そのため高純度の MgO 単結晶のようなバンドギャップが広く，2 次電子放出効率が高いために帯電しやすい物質でも，信頼性の高い 2 次電子スペクトルが安定に測定できる．しかも飛行距離が長いことと，検出器の開口径が小さい ($\leq$5 mm) ために高い角度分解能の測定になる．

図 3.18 に難波と村田により測定された MgO(001) からの飛行時間スペクトルを示す．60 eV のピークは弾性散乱ピークであり，8 eV の幅の広いピークは結晶内で多くの過程を経て生じた 2 次電子放出のピークである．(a) では 4.0 eV で急激に放出電子強度が減少するカットオフが観測されている．それに対して

3.5 イオン結晶の表面準位

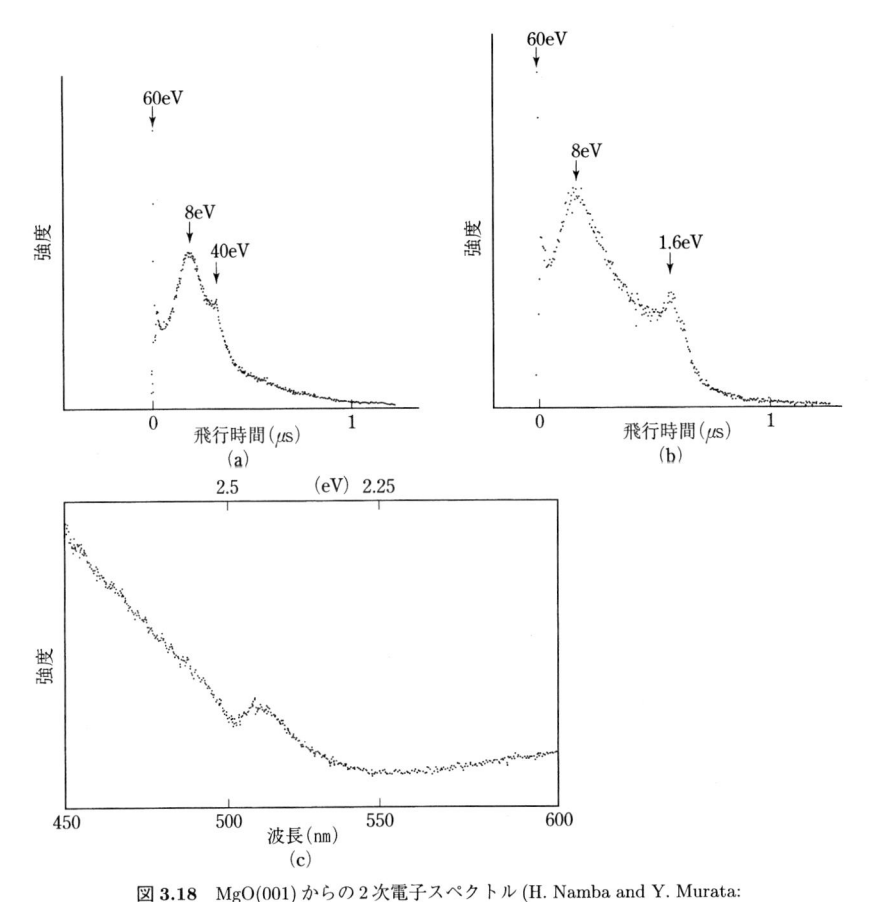

図 3.18 MgO(001) からの 2 次電子スペクトル (H. Namba and Y. Murata: *J. Phys. Soc. Jpn.*, **53**, 1888 (1984))
(a) 通常の劈開面, (b) 欠陥密度が高い劈開面 (横軸は電子の飛行時間, E_p=60 eV, 飛行距離は 50 cm), (c) (b) の試料のカソードルミネッセンス.

(b) のスペクトルでは, 4.0 eV のカットオフは消失して 1.6 eV に新しいピークが出現している. スペクトルの横軸は飛行時間であるが, これを E_k でプロットし直すと 1.6 eV のピークは非常に鋭いことがわかる. しかも 85 meV 間隔のフォノン励起のサイドバンドが付随する. 図 3.18 のスペクトルは, (a) は通常の真空劈開した表面からの, (b) は真空劈開する際に欠陥密度が高くなった表面からの放出電子である. それらの表面の LEED パターンをそれぞれ図 3.19(a) (b) に示す. (a) に示す清浄表面の LEED パターンに比べて, (b) の LEED パターン

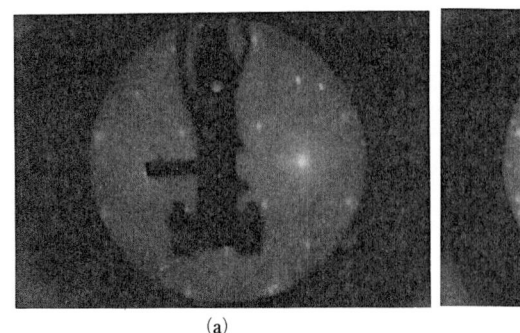

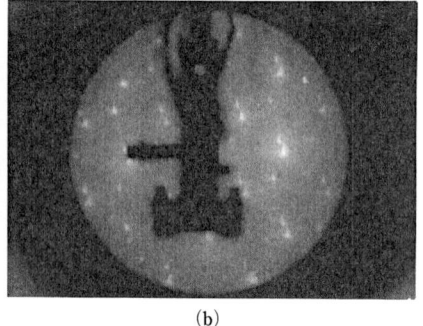

図 3.19 MgO(001) の LEED パターン
(a) 通常の劈開面, (b) 欠陥密度が高い劈開面. $E_p=129$ eV.

は複雑で，多くの回折スポットが観測され，表面に高い密度の欠陥が存在することを示している．

清浄表面からのスペクトルで観測された 4.0 eV のカットオフは，MgO 結晶が負の電子親和力の物質で，真空準位より 4.0 eV 高いところに伝導帯の底があることを示している．したがって，MgO のバンドギャップは 7.8 eV であるから，MgO(001) の仕事関数は 3.8 eV になる．入射した電子がいろいろな過程で結晶内に多くの励起電子を生じ，脱励起してきた電子が伝導帯の底に達すると，価電子帯は占有されているので結晶内での行き場がなく，これらの電子がすべて真空中に放出される．そのため価電子帯の底から放出される電子の運動エネルギー E_k より小さいエネルギーの放出電子は生じないことになり，カットオフが現れる．

それに対して，図 3.18(b) のスペクトルは欠陥密度が高い表面からの電子放出であるから，真空準位の上 1.6 eV に欠陥準位が生じ，その準位を経た電子放出のルートが出現し，4.0 eV のカットオフが消失したことを示している．またこの欠陥密度が多い結晶のカソードルミネッセンス (CL)，すなわち電子の照射による発光のスペクトルを測定すると，図 3.18(c) に示すように $\hbar\omega = 2.4$ eV の発光が観測される．この値はカットオフのエネルギー 4.0 eV と欠陥からの放出電子のエネルギー 1.6 eV の差と一致し，伝導帯の底からこの欠陥準位への遷移に伴う発光とみなせる．この CL の結果や 1.6 eV のピーク強度の放出角依存性から，欠陥準位は O^{2-} が抜けた F^- 中心であると結論できる．このように

MgO(001) は表面近傍に O^{2-} が欠けた F 中心に関連する欠陥準位が現れる．

3.6　金属の表面準位

　半導体表面にみられるダングリングボンドに基づく表面準位や，イオン結晶のマーデルング・ポテンシャルに起因する表面準位は理解しやすい．一方，強束縛近似での 1 次元鎖模型で述べたように，無限の結晶を半無限にしたために表面原子の対称性が壊れて，ショックレー準位と呼ばれる表面準位が現れる．このような表面準位は強束縛近似が成立する系とは限らず，自由電子で記述できる金属の表面準位でも観測されている．金属の場合は電子の全状態密度を考える限りフェルミ準位の周辺にはバンドギャップは存在しないが，バルクのバンド構造を図 2.6 に従って表面に投影して，$k_\parallel$ の関数とした 2 次元のバンド構造を描いてみると，$k_\parallel$ のある限られた領域のフェルミ準位の近傍にバルクのバンドギャップが現れることがある．この $k_\parallel$ 空間で展開した 2 次元のバンド構造に現れるバンドギャップの中には表面準位が出現しうる．

　貴金属の Cu(111)，Ag(111)，Au(111) でそのような表面準位が観測されている．これら fcc(111) のブリュアン域の $\overline{\Gamma}$-$\overline{M}$ 点を結ぶ軸，すなわち $\overline{\Sigma}$ 軸上の 2 次元バンドを図 3.20 に示す．斜線を施した部分が図 2.6 に示したようにして求めたバルクバンドの (111) 表面への投影である．したがって斜線が施されていない白抜きの部分にはバルクの準位は存在しないバンドギャップになっている．このように貴金属の (111) 表面では $\overline{\Sigma}$ 軸上の $\overline{\Gamma}$ 点近傍にバンドギャップが存在し，ギャップ内に表面準位が観測され，ARUPS で測定したその分散関係を図 3.20 に黒丸 (白丸) で示す．これは，

$$E_\mathrm{b} = \hbar^2 k_\parallel^2 / 2m_\mathrm{s}^* + E_0 \tag{3.11}$$

で表される自由電子的な sp 軌道による表面準位であることを示している．ただし，m_s^* はこの表面準位の電子の有効質量である．

　バルクの (111) 表面への投影の $\overline{\Gamma}$ 点近傍に現れたバンドギャップの下端も

$$E_\mathrm{b} = \hbar^2 k_\parallel^2 / 2m^* + E_0' \tag{3.12}$$

の放物線で表せ，このバンドギャップが sp 的な軌道からの準位であることがわかる．ただし，m^* はこの投影された sp のバルクバンドの有効質量である．

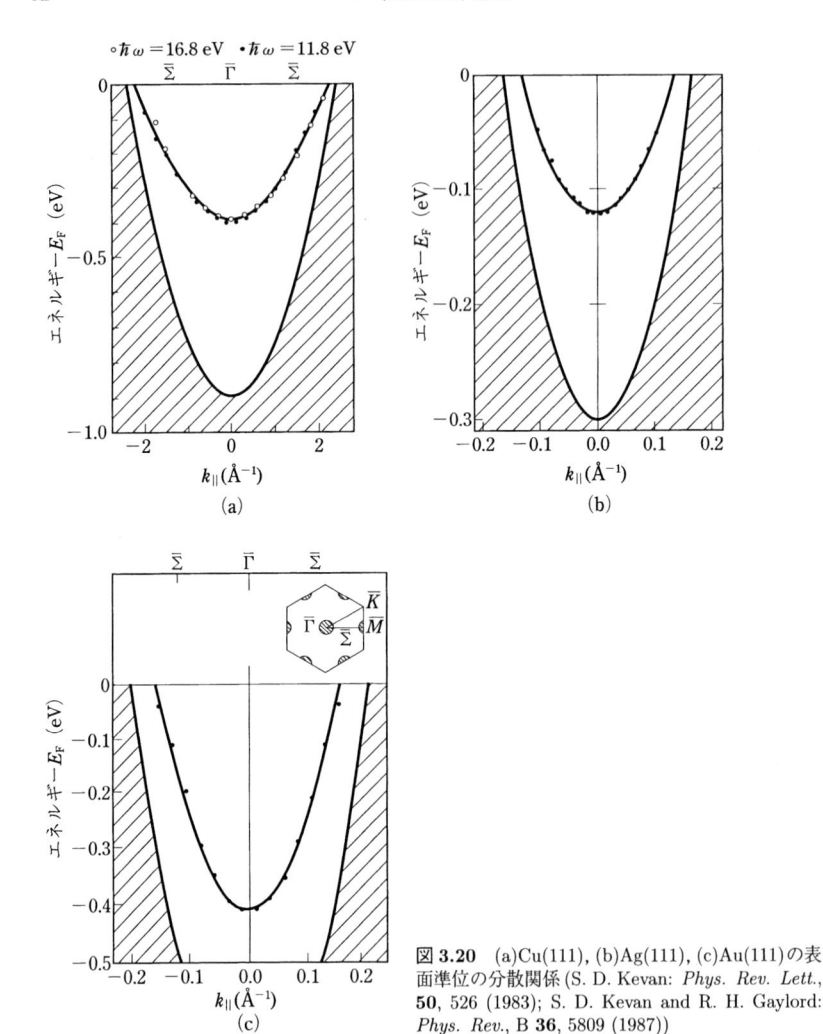

図 3.20 (a)Cu(111), (b)Ag(111), (c)Au(111)の表面準位の分散関係 (S. D. Kevan: *Phys. Rev. Lett.*, **50**, 526 (1983); S. D. Kevan and R. H. Gaylord: *Phys. Rev.*, B **36**, 5809 (1987))

表面準位，バルクバンドギャップの下端の分散曲線をこれらの $\bar{\Gamma}$ 点で対称な式 (3.11), (3.12) の 2 次曲線で当てはめると，すなわち図 3.20 中に太い線で描いた放物線のパラメータ m_s^*, E_0, m^*, E_0' を求めると表 3.2 に掲げる値になる．これらのパラメータからバルクバンドの値に対する表面準位の値の比 E_0/E_0' と m_s^*/m^* を求めると，表 3.2 に示したように両者とも Cu, Ag, Au の金属種にはほとんどよらない，ほぼ一定の値になっている．このことはこの貴金属の

3.6 金属の表面準位

表 3.2 貴金属 (111) 表面での sp 表面準位の結果のまとめ．ただし m は電子の静止質量．

	Cu(111)	Ag(111)	Au(001)
E_0(eV)	0.39	0.12	0.41
m_s^*/m	0.46	0.53	0.28
E_0'(eV)	0.82	0.30	0.90
m^*/m	0.31	0.34	0.21
E_0/E_0'	0.48	0.40	0.46
m_s^*/m^*	1.48	1.56	1.35

(111) 表面の sp 的な表面準位が，3.2節で述べたバルクバンドを反映したショックレー準位であることを示している．

これらの固有の表面準位のほかに，吸着原子・分子による表面に局在した準位，イオン結晶と同様に表面での格子欠陥に起因する準位が存在する．これも広い意味での表面準位，すなわち固有でない表面準位である．そして吸着子が2次元格子をつくっている場合には，3.10.2項で述べるように，吸着子間の相互作用を反映した分散を示す．金属の孤立した原子空孔などの0次元の欠陥による広義の表面準位は，半導体とは異なり，走査トンネル分光法 (STS) が開発された今日でも測定は困難であるが，ステップに局在した表面準位が観測されている．Ni(111) のステップのある表面，Ni(7 9 11)=5(111)×($\bar{1}$01) は，5原子並んだ (111) テラスと ($\bar{1}$01) の1原子層のステップがある表面である．難波らはその表面からの光電子スペクトルと，Na を Θ=0.38 吸着したスペクトルとの差スペクトルから，吸着により減衰するピークを表面準位と同定した．そしてステップのない表面との比較から，$E_b = -0.05$ eV にステップに起因する表面準位があることを見出している．

一方，欠陥と表面準位とのかかわりが，2次元電子系である表面準位の自由電子がステップや表面の欠陥で散乱されたフリーデル振動の形で観測できる．上述の貴金属の (111) 表面のように2次元自由電子模型で記述できる表面準位の電子がステップ，格子欠陥，吸着原子に入射するとそこで反射され，入射波と反射波の干渉で定在波が生じる．3.1節で述べたようにこれをフリーデル振動と呼んでいる．また STS 測定から得られる規格化されたコンダクタンス $(dI/dV)(I/V)$ は 3.4.3 項で述べたように，電子密度 $\rho(r)$ に比例する．長谷川 (幸) とアヴォーリスは Au(111)，Ag(111) の STS 測定による I-V 曲線から

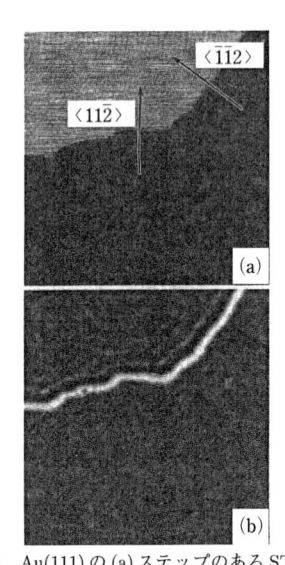

図 3.21 Au(111) の (a) ステップのある STM 像と (b) 同じ場所での $(dI/dV)(I/V)$ の像 (Y. Hasegawa and Ph. Avouris: *Phys. Rev. Lett.*, **71**, 1071 (1993))
ステップの上のテラスに，ステップに垂直なフリーデル振動がみられる．

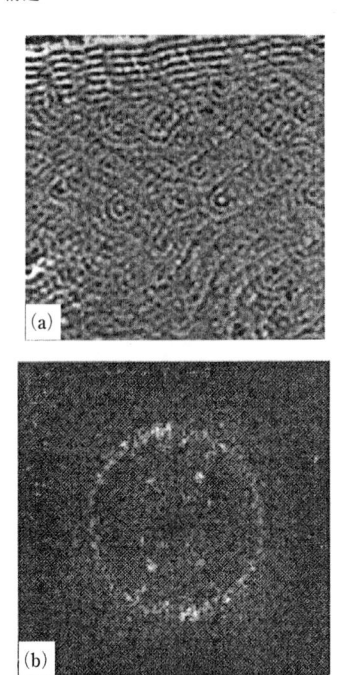

図 3.22 (a)Au(111) の低温 (150 K) での欠陥とステップから広がる定在波の STM 像 (斜めに走る縞は表面再構成の格子に対応している，$V_t = 1.2$ mV, 610×610 Å^2), (b)(a) のフーリエ変換したパターン (L. Pertersen *et al.*: *Phys. Rev.*, B **58**, 7361 (1998)

$(dI/dV)(I/V)$ を求めて 2 次元表示することで，ステップや格子欠陥に付随したフリーデル振動が観測できることを示した．図 3.21 に，Au(111) について，バイアス電圧 $V_t = +0.15$ V で測定した $(dI/dV)(I/V)$ 像を，同じ場所での STM 像とともに示す．Au(111) の表面準位は図 3.20，表 3.2 にみられるように自由電子模型で記述できるので，振動は図 3.20(c) の Au(111) の表面準位の分散関係が，フェルミ準位 E_F と交叉する波数，すなわち式 (3.1) からわかるように表面準位のフェルミ波数を k_F として $\cos(2k_F x)$ で振動する形状で表せる．

プラマー (Plummer) らは Be(0001) を用いて，低温でしかも $V_t = -3.7$ mV という非常に低いバイアス電圧で，定電流モードである通常の STM 像を測定した．その結果，欠陥に起因するフリーデル振動が $(dI/dV)(I/V)$ 像ではなくて

も，直接 STM 像として観測できることを示した．このように低いバイアス電圧では原子像は現れず，電子密度 $\rho(r)$ の定在波が直接観測できる．したがって，この STM 像を 2 次元のフーリエ変換することにより，k 空間での電子構造の 2 次元マップ，すなわち 2 次元のフェルミ面 (Fermi surface) が観測でき，表面準位のフェルミ波数 k_F の 2 倍の半径をもつ円形のパターンを観測した．表面の 2 次元のフェルミ面を ARUPS で測定する場合には，図 3.20 に示すような分散関係を結晶方位を変えて測定し，2 次元マップを描かなければならない．STM 像のフリーデル振動をフーリエ変換するこの方法を用いると，ARUPS に比べてはるかに短時間で表面準位のフェルミ面が測定できることになる．

この手法を Au(111) に適用してベーゼンバッハー (Besenbacher) らが得た結果を図 3.22 に示す．(a) が $V_t = 1.2$ mV で観測した STM 像で，欠陥やステップから発展したフリーデル振動の定在波が観測できる．(a) をフーリエ変換したのが (b) で，円形の線は図 3.20(c) の表面準位がフェルミ面を切るところの 2 次元パターンに対応している．すなわちその方位依存性として，表面準位のフェルミ波数 k_F の 2 倍を半径とする円形のパターンが観測され，表面準位の 2 次元のブリュアン域が，等方的で，sp 的な自由電子の性格をもつ表面準位であることが明らかに示されている．

フェルミ面の測定は第 4 章に W(110)1×1-H，第 5 章に W(001)1×1 の例で示すように，表面物理にとって重要な知見を与える．また Au(111) では，STM 像のフーリエ変換では観測されないスピン軌道相互作用によるフェルミ面の分裂も，高分解能の ARUPS では観測されている．そのためには，図 3.23 に示す大門により開発された 2 次元検出のエネルギー分析器などを用いた，フェルミ面の 2 次元マップを ARUPS で直接観測できるシステムの開発も重要になってくる．

3.7　表面原子の内殻準位シフト

化学結合の違いによる内殻準位の化学シフトは，X 線光電子分光法 (X-ray photoelectron spectroscopy, XPS) を ESCA(electron spectroscopy for chemical analysis) と呼ぶときのうたい文句であり，よく知られた現象である．これは着目する原子の結合状態を反映した内殻準位のシフトである．この節で表題にす

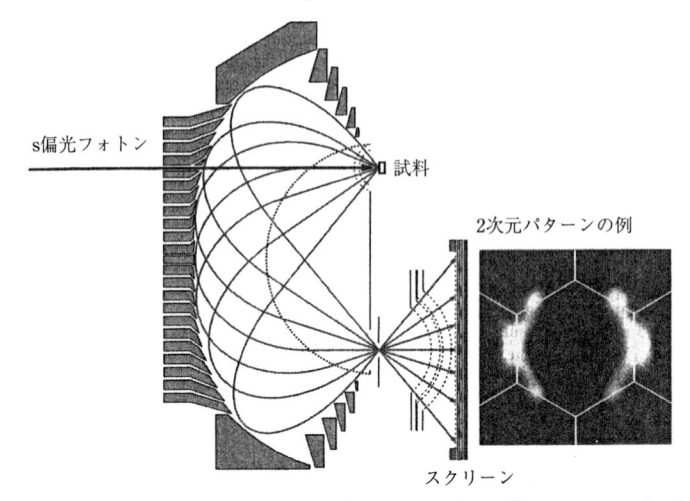

図 3.23 半球状の 2 次元電子エネルギー分析器 (大門アナライザー) の模式図および測定例として，励起光に直線偏光を用いて測定したグラファイトの価電子からの光電子のパターン (H. Daimon *et al.*: *Surf. Sci.*, **438**, 214 (1999))

る内殻準位シフトは，金属の表面第 1 層にある原子と結晶内部の原子とでは，配位している原子数が異なるため，すなわち表面にある原子は配位している原子の数が減っているために内殻準位がシフトする現象である (surface core level shift, SCS)．

強束縛近似で考えると，s 軌道の状態 i の局所状態密度の 2 次モーメントは，

$$\mu_2 = \langle i|\mathcal{H}^2|i\rangle = \sum_{j\neq i}\langle i|\mathcal{H}|j\rangle\langle j|\mathcal{H}|i\rangle = z\beta^2$$

ただし，z は考えている原子位置での最近接の原子の数，すなわち配位数 (coordination number) であり，β は最近接原子間のホッピング積分である．いま状態密度を幅 W の矩形で近似すると，2 次モーメントは，

$$\mu_2 = \frac{1}{W}\int_{-W/2}^{W/2} E^2 dE = \frac{W^2}{12}$$

になる．したがって，

$$W = 2\sqrt{3z}|\beta|$$

の関係が得られる．すなわちバンド幅は $\sqrt{z}$ に比例する．この関係は縮重している p，d 軌道でも成立する．表面にある原子は真空側に原子が存在しないため配位数は減少している．たとえば fcc 金属の (111) 表面だと，結晶内部では

3.7 表面原子の内殻準位シフト

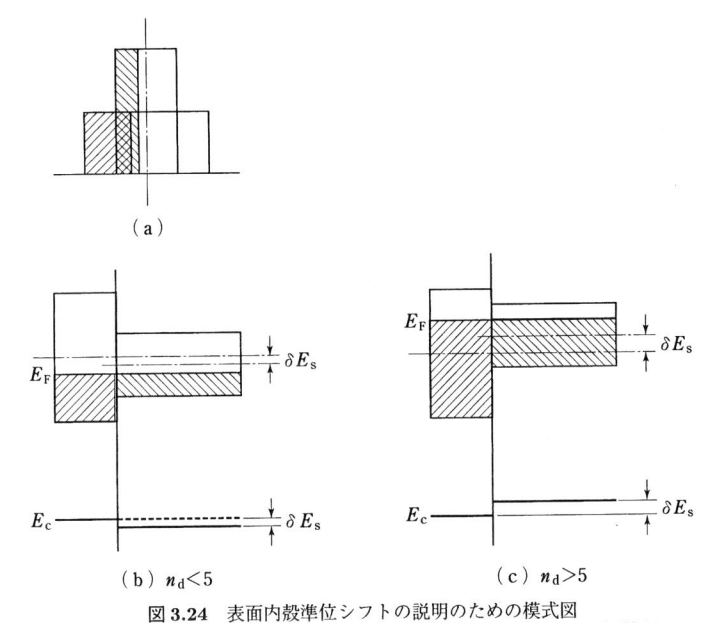

図 3.24 表面内殻準位シフトの説明のための模式図
(a) 原子の準位がバルクと表面で一致しているとき，(b) d バンドを占める電子の個数が $n_d < 5$ のとき，(c) d バンドを占める電子の個数が $n_d < 5$ のとき．

$z = 12$ に対して，表面では $z = 9$ である．そのため表面では価電子準位のバンド幅は狭くなっている．

状態の数は表面とバルクで違いがないので，図 3.24(a) に示すように，表面原子のバンド幅が狭くなると状態密度の高さは高くなる．ここで価電子バンドを占める電子が状態の数の半分以下の場合を考える．本来あるようにバンドセンターを一致させると (図 3.24(a))，電子が占める最高準位は表面原子層の方が高くなり，表面からバルクに電子は移動して表面原子が正に帯電してしまう．電荷の中性を保つためには表面の原子レベルを下げる必要があり (図 3.24(b))，原子の準位は表面とバルクの違いがないので，表面のすべてのエネルギー準位が下に平行移動する．その結果，表面原子の内殻準位は，結合エネルギー E_b が大きくなる方向にシフトする．またバンドを占める電子が状態の数の半分以上の原子では，この逆に内殻準位は E_b が小さくなる方向にシフトする (図 3.24(c))．

図 3.24(b) (c) で斜線を施した部分の面積が表面とバルクで等しくなければならないので，SCS のシフト量は，

$$\delta E_{\mathrm{s}} = E_{\mathrm{F}}\left(1-\frac{W_{\mathrm{s}}}{W}\right) = E_{\mathrm{F}}\left(1-\sqrt{\frac{z_{\mathrm{s}}}{z}}\right) \tag{3.13}$$

である．ただし，E_{F} はフェルミ・エネルギーで，W，z にある下つきの s は表面原子を意味している．ここでは矩形の状態密度を仮定したが，式 (3.13) はこの仮定をはずしてもほぼ成立する．すなわち遷移金属の場合，周期律表の左半分の金属は，表面原子の内殻準位の結合エネルギーが大きくなる方向に，右半分の金属は小さくなる方向にシフトする．

1 例として，W(110) とその表面に H 原子が吸着したときに W$4f_{7/2}$ の内殻準位がシフトする様子を，高分解能 XPS でシトリン (Citrin) らが測定した結果を図 3.25 に示す．清浄表面のスペクトルではバルクの W 原子の結合エネルギー E_{b} =31.4 eV のピークに対して，表面 W 原子からは −320 meV シフトした SCS が現れている．W 原子の外殻電子の配置は $5d^{4}6s^{2}$ であるから，d 軌道が半分以下の電子で占められている場合になる．しかし s 軌道もあわせて考えると，上述の単純な考えは成立しない．図 3.24 の矩形で状態密度を近似できるのは状態

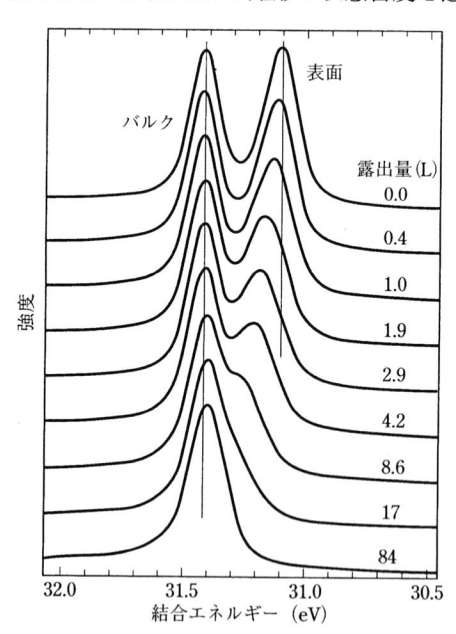

図 **3.25** W(110)-H の SCS の Θ 依存性 (D. M. Riffe *et al.*: *Phys. Rev. Lett.*, **65**, 219 (1990))
単位 L については，115 ページの脚注 2 参照．

密度の広がりが小さい d バンドのみとすると，SCS の E_b は正の方向にシフトすることが期待できるが，実測はその逆になっている．

図 3.25 のスペクトルは H 原子の絶対的な被覆率 Θ が増すにつれて表面に関連するピークがバルク側にシフトし，飽和吸着時にはバルクのピークから分離できなくなっている．ここには示さないが，この $W4f_{7/2}$ のスペクトルをバルク，表面，H 吸着の 3 成分に分割すると，表面ピークは E_b が一定で，ピークの強度が減少し，$\Theta=0.5(\sim 2.9L)$ で消失する．一方，H 吸着による化学シフト δE_H は $\Theta=0.5$ までは Θ の増加とともに直線的に増加し，$\Theta=0.5$ では清浄表面の SCS, δE_s を打ち消す方向の $\delta E_H = +60$ meV である．そして $\Theta \geq 0.5$ では H 吸着に伴う内殻準位のシフト $\delta E'_H = \delta E_s + \delta E_H$ は急激に増加し，$\Theta=1.0$ ではバルクに対するシフトは -70 meV と小さくなる．すなわち H 吸着によるみかけのシフトは $\delta E'_H = +250$ meV に達している．

このような $\Theta \geq 0.5$ での急激なシフト量の変化を，シトリンらは W(110) 表面の H 原子の吸着に誘起された W 表面の構造変化によると解釈した．エストラップ (Estrup) らが LEED パターンから得た W(110)-H の構造の Θ に関する相図を図 3.26 に示す．$0.3 < \Theta \leq 0.5$, $T < 200$ K で 2×1 構造に，$0.5 < \Theta < 0.9$, $T < 300$ K で 2×2 構造に，そして $\Theta = 1.0$ では 1×1 構造に変化する．これらの半整数次のスポットは鋭く，強度が非常に弱いことから，彼らは吸着した H 原子による

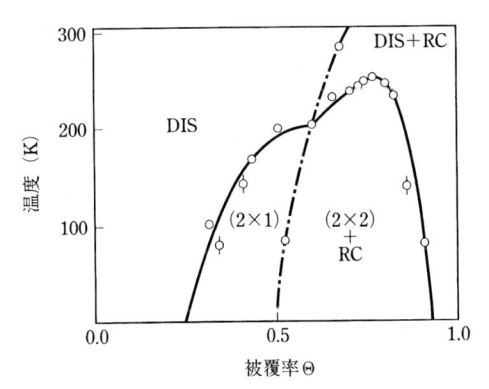

図 3.26 W(110) に H 原子が吸着したときの相図 (M. Altman et al.: J. Vac. Sci. Technol., A **5**, 1045 (1987))
DIS：無秩序配列，RC：表面再構成．
1 点鎖線の右側で第 1 原子層の W 原子が $\langle 110 \rangle$ 方向に変位している．

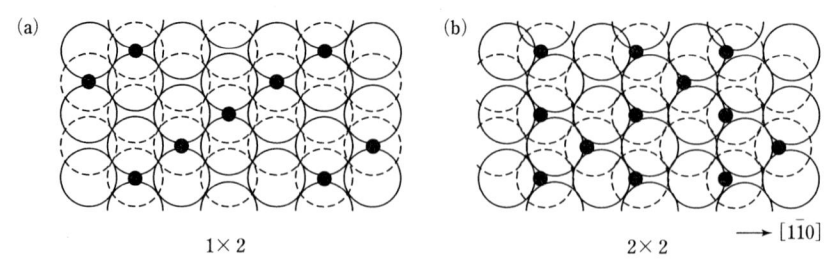

図 3.27 (a)W(110)2×1-H と (b)W(110)2×2-H の表面構造モデル (J. W. Chung *et al.*: *Phys. Rev. Lett.*, **56**, 749 (1986))
実線の丸が表面第 1 層, 破線の丸が第 2 層の W 原子で, 小さな黒丸が H 原子.

散乱と考えた. さらに 2×1 では $T > 200$ K, 2×2 では $T > 250$ K では半整数次のスポットが消失した 1×1 構造になり, H 原子は無秩序な配列をしていると考えられる. また $T = 85$ K, $\Theta > 0.5$ では $(\bar{1}1)$, (01) スポットの強度が増大し, 逆に $(0\bar{1})$, $(1\bar{1})$ スポットの強度は減少する非対称が LEED パターンで観測される. この対称性の消失は吸着 H 原子が無秩序配列をする $T > 300$ K でも観測でき, W(110)1×1 の清浄表面にあった基板の (001) の鏡映面が $\Theta > 0.5$ で消失したことを意味する. このことから $\Theta = 0.5$ の 2×1 表面と $\Theta = 0.75$ の 2×2 表面に対して, 図 3.27 に示す構造モデルを提案した. すなわち $\Theta = 0.75$ の 2×2 構造の表面は表面第 1 原子層が表面に平行な面内で [1$\bar{1}$0] 方向に変位して (001) の鏡映面が消失し, $\Theta = 0.5$ の 2×1 表面では二配位の長い橋かけ位置 (砂時計のくびれの位置) に吸着していた H 原子が, $\Theta = 0.75$ では三配位の位置に吸着している. そして清浄表面と 2×1-H 表面で 6 であった表面 W 原子のまわりの W 原子との配位数 z_s が, 図 3.26 の相図の 1 点鎖線の右側では $z_s = 7$ に増している. それに対してバルクの W 原子の配位数は $z = 8$ であり, $\Theta \geq 0.5$ で z_s が 6 から 7 に増加したために式 (3.13) の $|\delta E_s|$ が減少し, $\delta E'_H$ が大きく変化した. すなわち $\delta E'_H = \delta E_s + \delta E_H$ であり, H 吸着誘起の構造相転移の効果が δE_s を通して現れている.

さらに $\Theta = 0.5$ での H 原子の吸着による化学シフト $\delta E_H = 60$ meV から $\Theta = 1.0$ の値を外挿で求めると $\delta E_H = 120$ meV であり, H 原子の吸着による全シフト量 $\delta E'_H = 250$ meV のうち残りの 130 meV が W(110) の吸着誘起の再構成に基づく z_s の変化に起因する δE_s によるとみなせる. したがって 2×2 構造での基板表面の相転移により式 (3.13) から $\{\delta E_s(z_s = 7)/\delta E_s(z_s = 6)\} = 0.48$ となり, 実測の絶

対値 130/320=0.41 とほぼ等しい値で，シフトの方向も妥当であり，図 3.25 の SCS の結果は W 第 1 原子層が ⟨1$\bar{1}$0⟩ 方向に変位する相転移のモデルを支持する結果になっている．このようにシトリンらの SCS とエストラップらの基板表面が吸着誘起の相転移をするモデルとが一致する結論が得られたが，3.8，4.3 節，6.3.1 項で述べるように W(110)1×1-H にはまだ多くの問題点が残されている．

3.8 仕 事 関 数

3.8.1 金属の仕事関数の結晶面依存性

固体内の電子を真空中に取り出すのに必要な最小のエネルギーを仕事関数 (work function) という．これは表面状態に敏感な物理量であり，表 3.3 に示すように表面の結晶面に依存する．しかしもし固体内の電子を無限遠に取り出すのが仕事関数 ϕ だとすると，このように仕事関数が表面の結晶面に依存していると，永久機関ができてしまうことに注意しておく．仕事関数の測定での電子を真空中に取り出す操作は，電子を表面のすぐ近くに取り出すことで，決して無限遠に取り出すことではない．電子放出にとってのポテンシャル障壁の高さが異なるため，仕事関数の値が結晶面によって異なってくる．同様なことが表

表 3.3 金属単結晶の仕事関数 ϕ
ただしアルカリ金属の結晶面による違いは W 単結晶のそれぞれの表面に蒸着したアルカリ金属の ϕ であり，真の ϕ とは異なっている．

金属	結晶形	r_s (Å)	ϕ(eV)		
			(110)	(001)	(111)
Na	bcc	2.08	2.45	2.3	2.26
Al	fcc	1.10	4.06	4.41	4.24
K	bcc	2.57	2.55	2.40	2.15
Fe	bcc	1.12		4.68	4.81
Ni	fcc		5.04	5.22	5.35
Cu	fcc	1.41	4.48	4.59	4.98
Nb	bcc		4.87	4.02	4.36
Mo	bcc		4.95	4.53	4.55
Ag	fcc	1.60	4.52	4.64	4.74
Cs	bcc	2.98	2.18	1.78	1.90
Ta	bcc		4.80	4.15	4.00
W	bcc		5.25	4.63	4.47
Ir	fcc		5.42	5.67	5.76
Au	fcc	1.59	5.37	5.47	5.31

面に異種原子が吸着したときの吸着原子種，被覆率の違いによる仕事関数の変化 $\Delta\phi$ にもいえる．

表3.3の仕事関数の値と結晶形の関係をみると，いくつかの例外はあるが，fcc 金属の場合，右にいくほど仕事関数は大きくなっていて，bcc 金属はその逆に右にいくほど値は小さくなっている．この傾向は表2.2に示した表面空隙率とよい相関をもっている．すなわち表面原子密度は fcc 金属の場合 (111)>(001)>(110) の順であり，bcc 金属の場合は逆の (110)>(001)>(111) の順である．このことはこれまでに fcc 金属の表面再構成，金属の表面格子緩和の原因を論じるのに用いてきた，スモルコフスキーの表面の電子分布をなめらかにする効果により説明できる．というよりもスモルコフスキーはもともとこの仕事関数の結晶面依存性をなめらかにする効果で説明したのである．図2.20に示すように表面の凹凸が激しいと表面に電気2重層ができ，真空側が正の電荷をもつ．電子は負の電荷をもっているから，この電気2重層は固体内の電子を真空中に取り出す際のポテンシャル障壁を低くする．

表3.3に電子1個が占める平均体積に相当する球の半径をボーア半径で割ったパラメータ，すなわちウィグナー-サイス球の半径 r_s を載せた．図3.2に示したように，r_s が小さいと電子の浸み出しが大きい．すなわち浸み出しによる電気2重層によって電子放出のポテンシャル障壁が高くなり，仕事関数が大きくなる．この傾向も表3.3から読み取れる．この電子を取り出すときのポテンシャル障壁の高さの変化が，原子，分子が吸着したときの仕事関数の変化の解釈にも適用できる．

原子，分子の吸着による仕事関数の変化は，光電子増倍管の光電面の製作，電子銃の陰極の製作など，実用上重要である．これらの場合は仕事関数を下げることに主眼がある．表面を修飾して仕事関数を下げると，光電効果による電子放出の場合には放出効率が上がり，電子放出に対する励起光の限界波長を長波長側にシフトさせることができる．また熱電子放出の場合には，リチャードソン-ダッシュマンの式

$$J = \frac{4\pi me}{h^3}(k_B T)^2 \exp\left(-\frac{\phi}{k_B T}\right)$$

に従って電子は放出されるので，同じ量の放出電子を得るのに，陰極の加熱温

3.8 仕事関数

度を下げることが可能になる．そして熱電子放出は，加熱により生じるフェルミ-ディラック分布の裾の，真空準位より上に分布する電子が放出電子になるので，仕事関数を小さくすると放出電子のエネルギー分布の幅は狭くなる．このように仕事関数を低下させることは実用上重要である．とくに，真空管のように真空中の電子を利用する電子管の時代には重要であった．そのような要請からアルカリ金属の吸着の実験がラングミュアー (Langmuir) 以来多くなされてきた．

電子放出は仕事関数 ϕ が関連する現象である．金属の場合には電子放出は ϕ だけを考えればよかったが，半導体，絶縁体の場合には電子親和力，とくに負の電子親和力 (negative electron affinity, NEA) を考慮する必要がある．NEA はバンドギャップがある物質の伝導帯の底が真空準位より上にある状態で，3.5 節で MgO を例に挙げた．その他にもダイヤモンドは NEA の状態にある物質であるが，Si(001) に Cs と O を共吸着するなど，表面を修飾して NEA の状態にすることが可能である．

これらの固体の内殻電子を励起すると，オージェ過程により入射電子より多くの電子が固体内に生じる．電子励起によるオージェ過程は，

$$A + e^- \rightarrow (A^+)^* + 2e^- \rightarrow A^{++} + 3e^-$$

で記述できるが，この第 1 の過程は電子によるイオン化であり，第 2 の過程がオージェ過程である．オージェ過程 $(A^+)^* \rightarrow A^{++} + e^-$ は $(A^+)^* \rightarrow A^+ + \hbar\omega$ の電磁波を放出する X 線放出過程と競合する過程で，X 線の代わりに電子を放出する無放射遷移である．数百 eV の電子が 1 個入射すると，3 個の電子になっていて，オージェ過程を繰り返すとさらに多くの電子が生じる (2 次電子放出)．

NEA の状態にある物質の場合では，固体内で発生した大量の電子が伝導帯まで脱励起して到達したとき，真空準位がバンドギャップ中にあるため，発生した電子は真空外に飛び出さざるをえない．そして，数十～数百 eV の電子を入射したときに放出される電子は，ピークが $E_k \sim 10$ eV にある幅の広いのエネルギー分布をもち，この放出を 2 次電子放出と呼んでいる．2 次電子放出はどのような物質でも生じるが，とくに NEA の状態にある物質からの 2 次電子放出の放出効率は非常に高い．

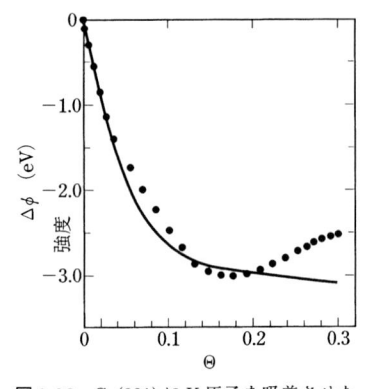

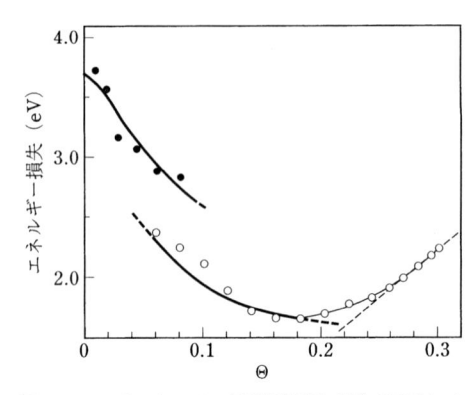

図 3.28 Cu(001) に K 原子を吸着させたときの $\Delta\phi$ の被覆率 Θ 依存性 (T. Aruga et al.: Phys. Rev., B **34**, 8237 (1986))

図 3.29 Cu(001)-K での価電子励起に伴う EELS による ΔE_L の Θ 依存性 (T. Aruga et al.: Phys. Rev., B **34**, 8237 (1986))

3.8.2 アルカリ金属原子の吸着による仕事関数の変化

表面の電子構造の立場から仕事関数の変化を論じる典型例として，Cu(001)-K の仕事関数の変化 $\Delta\phi$ の被覆率 Θ 依存性を取り上げ，図 3.28 に示す．黒丸が実測値で，室温の Cu(001) に K 原子を吸着させた．横軸の Θ は基板の表面原子の数に対する吸着原子の数の比である[*1)]．低い Θ のときには Θ が増すにつれて $\Delta\phi$ は直線的に減少し，最低値を経て再び増加して飽和吸着の値に達している．そしてこの室温での吸着では 1 原子層が完成したときに飽和する．

吸着初期の $\Delta\phi$ の急激な減少は吸着 K 原子が K^+ にイオン化したためである．その正電荷が金属内に鏡像電荷をつくり，吸着イオンとその鏡像電荷でできる鏡像双極子がつくる電気 2 重層により電子放出のポテンシャル障壁が低くなる．その仕事関数の変化量 $\Delta\phi$ は，

$$\Delta\phi = -4\pi end$$

MKS 単位系では，

$$\Delta\phi = -end/\epsilon_0$$

で与えられる．n は吸着 K 原子の数密度，d は吸着 K 原子と像平面との距離である．したがって ed が鏡像双極子 μ_i になる．吸着量が増すと双極子-双極子相互作用により，直線的な減少から実験値にみられるような緩やかな変化に変わ

[*1)] 本書では図 2.33 で用いた飽和吸着量に対する相対的な被覆率 Θ_r と絶対的な被覆率 Θ を区別して用いる．

る．マスカット (Muscat) とニューンズ (Newns) は鏡像双極子間の相互作用を摂動としたシュレディンガー方程式を解いて，n と μ_i をセルフコンシステントに求めた．それに基づいた理論曲線を図 3.28 に実線で示す．この Θ が増すにつれて緩やかな変化になり最小値をもつことは，まわりの双極子がつくる反電場効果によって理解できる．このことを電子構造と関連づけて，電子エネルギー損失分光法 (electron energy loss spectroscopy, EELS) の実験結果で説明する．

図 3.29 に EELS スペクトルから得た価電子励起に伴うエネルギー損失 ΔE_L の Θ 依存性を示す．吸着初期の黒丸で示した領域では，Cu3d から K 4s への励起に伴うエネルギー損失が観測され，Θ が増すにつれて K の 4s 準位が下がる様子が現れている．このように K 4s 準位が下がるのは，後に述べるように，まわりの鏡像双極子による反電場効果のためである．さらに Θ を増すと，$\Theta \sim 0.08$ で白丸に示す ΔE_L に移る．これは観測されるエネルギー損失が K 4$s \to 4p$ 励起にスイッチしたためである．吸着初期には K 原子は基板に 1 個の電子を移して K$^+$ になり，4s の空準位ができる．Θ が増すにつれて 4s 準位が下がってきて 4s 準位に電子が一部戻り，4$s \to 4p$ の遷移が起きて，白丸で示すピークが観測されるようになる．$\Theta = 0.16 \sim 0.18$ で $\Delta E_L = 1.7$ eV の最小値になるが，この値は K の孤立原子の 4s 準位と 4p 準位のエネルギー差 1.61 eV に一致している．したがってこの $\Delta\phi$ が最小になったところで，K 4s 準位の分布の中央が Cu のフェルミ準位と一致し，4$s \to 4p$ の遷移が両方の準位の状態密度が最大のところで起き，$\Delta E_L = 1.7$ eV になったのである．すなわち 4s 準位に原子当たりちょうど 1 個の電子が戻ったことになり，K 原子は中性化している．したがって $\Delta\phi$ が最小になる Θ で中性化が起きている．

吸着 K 原子が中性化されても，仕事関数は図 3.28 にみられるように清浄表面に比べて 3 eV 低下しているので，表面双極子が消滅したわけではない．このことは，ジェリウム模型で表した金属表面に Na 原子を吸着させた系について，石田による第 1 原理計算の結果が示している．Na の被覆率 $\Theta_r = 0.2 \sim 1.0$ 原子層まで変えたときの電荷密度分布の差

$$\delta\rho(\boldsymbol{r}, \Theta_r) = \rho(\boldsymbol{r}, \Theta_r) - [\rho_{jel}(\boldsymbol{r}) + \rho_{Na}(\boldsymbol{r}, \Theta_r)]$$

を図 3.30 に示す．ただし，$\rho(\boldsymbol{r}, \Theta_r)$，$\rho_{jel}(\boldsymbol{r})$，$\rho_{Na}(\boldsymbol{r}, \Theta_r)$ はそれぞれ Na が吸着したジェリウム金属，ジェリウム金属の清浄表面，基板のない Na 原子層の電荷密

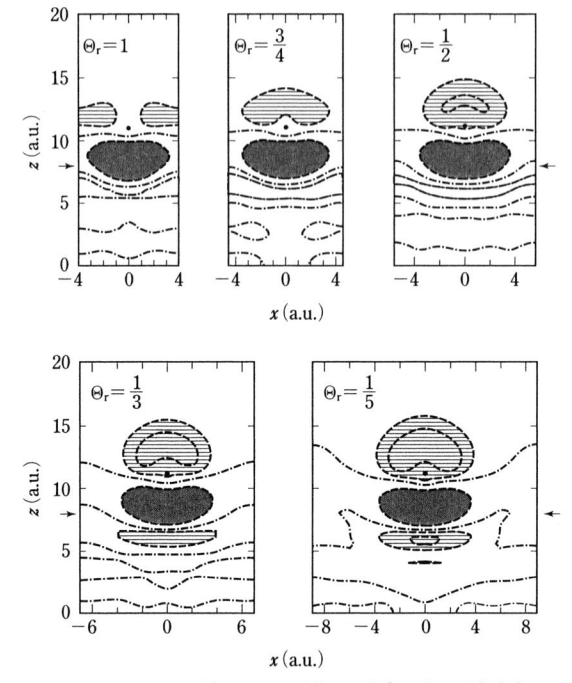

図 3.30 ジェリウム基板に Na が吸着したときの差の電荷密度 (H. Ishida: *Phys. Rev.*, B **38**, 8006 (1988))

度である．黒色の部分が $\delta\rho(r,\Theta_r) \geq 0.001$ 原子単位 (a.u.) だけ Na 原子の吸着によって電子密度が高くなっているところで，灰色の部分では $\delta\rho(r,\Theta_r) \leq -0.0005$ a.u. だけ電子密度が減少している．そして 1 点鎖線が $\delta\rho(r,\Theta_r) = 0$ を示す．また黒点が Na 原子で，矢印がジェリウム端である．Na 原子と金属表面の間で電荷密度は高くなっていて，あたかも共有結合をしているかのようにみえる．すなわち Na イオンと Na-金属間の電子密度が高い部分とでつくる表面双極子が $\Theta_r = 1$ でも残っていて，仕事関数を低下させていることがわかる．

ここで，ちょっと横道にそれる．K 吸着層の価電子準位のシフトを EELS で測定したが，電子状態の測定に通常用いる UPS ではこの測定は困難である．というのは UPS の遷移確率 P は式 (3.5) より $\langle f|\boldsymbol{A}\cdot\boldsymbol{p}|i\rangle^2$ に比例する．s 軌道の波動関数は d 軌道の波動関数に比べてはるかになだらかな変化をしている．一方

$$\boldsymbol{p}|i\rangle = \frac{\hbar}{i}\nabla|i\rangle$$

より，波動関数の微分が光電子放出の断面積にきいてくるので，波動関数がなだらかに変化すると微係数が小さくなり，s 軌道からの断面積が d 軌道からの断面積に比べてずっと小さくなる．すなわち s 軌道からの光電子放出の部分断面積が d 軌道に比べてずっと小さく，UPSではCuのd電子の大きなピークと重なるK $4s$ からのピークを分離して論じるのは困難である．

このEELSで得られた結果をK吸着層の構造と対応させることにする(5.3.1項参照)．LEEDパターンの変化をみるとΘが小さい領域ではバックグランドの強度が増すだけである．そしてΔE_L，$\Delta\phi$が最小になる$\Theta=0.18$の近傍でバックグランドの強度が減りハローパターンが現れる．このハローパターンは$\Theta\sim 0.18$から~ 0.27まで強度を増すが，K-Kの最近接原子間距離に対応するハローの径は変化しない．そして$\Theta\sim 0.27$で突然 c(2×3) 構造の長距離秩序相に転移する．このLEEDパターンの変化は，$\Theta\sim 0.18$まではK$^+$間の静電反発によりK吸着層は2次元気体的であったのが，ハローパターンが出現したΘで2次元凝縮が起きたことを示している．ハローパターンの径が変化しないことからK吸着層を液体的と考えることができ，ハローパターンが現れる$\Theta\sim 0.18$で2次元液体になり，その凝縮相の面積がΘの増加とともに増して表面全体が凝縮相になる$\Theta\sim 0.27$でK吸着層が結晶化して長距離秩序相が現れた．すなわち2次元液相から2次元結晶相に相転移したのである．

この$\Delta\phi$，ΔE_L，LEEDパターンの変化から，Θが小さい領域では，K$^+\to$Kの中性化が徐々に起き，$\Theta=0.18$の2次元凝縮が起きる段階では，K原子の$4s$軌道に1個の電子が戻ってきて中性化されている．したがって凝縮相では金属になっていて，$4s$電子の非局在化が凝集力になっている．すなわち$\Delta\phi$が最小になる$\Theta=0.18$の近傍でK吸着層は絶縁体・金属転移をしたといえる．またΔE_Lが最小値を過ぎると再び大きくなったのは，$4s\to 4p$の個別励起からこのバンド間遷移に関係するプラズモンの励起に変わったためである．このプラズモンは原子密度の増加，すなわち電子密度の増加に伴ってプラズモンのエネルギーが増して，2次元K金属のプラズモンになっている．

次にここで起きている現象を，双極子間の相互作用による反電場効果に基づくとした別の観点から説明する．異種の金属を接触させたときにはフェルミ準位が一致するが，金属と吸着原子・分子との接続では，金属の真空準位 E_vac と

表 3.4 アルカリ金属，アルカリ土類金属原子のイオン化ポテンシャル I_p

元素	I_p (eV)	元素	I_p (eV)
Li	5.390	Be	9.320
Na	5.138	Mg	7.644
K	4.339	Ca	6.111
Rb	4.176	Sr	5.692
Cs	3.893	Ba	5.210

吸着原子の第1イオン化準位とを一致させる．それは，フェルミ準位の一致は金属中の伝導電子で記述するが，吸着系の場合は真空中の電子(自由電子)で記述するからである．基板からの自由電子と吸着する原子，分子からの自由電子の運動エネルギーを一致させる必要があり，それには真空準位とイオン化準位を一致させることである．その考えに基づくと，金属の仕事関数 ϕ と吸着原子のイオン化ポテンシャル I_p との間で $\phi > I_p$ の関係にあれば吸着原子から金属に電子は移動し，吸着原子は陽イオンになり仕事関数が減少する．一方 $\phi < I_p$ のときには電荷移動は起きず，仕事関数は減少しないはずである．それにもかかわらず遷移金属へのアルカリ土類金属吸着では，表3.3(前出)，3.4にみられるように，$\phi < I_p$ であるにもかかわらずラングミュアーの実験結果によると仕事関数が減少した．

この実験結果を説明するガーネイ(Gurney)の考えに従ってエネルギーダイヤグラムを図示すると，図3.31の描像になる．吸着原子の I_p が基板金属の ϕ より少々大きくても，電荷移動が起きて吸着原子がイオン化すると基板中に鏡像電荷が生じ，静電的な鏡像ポテンシャルによるエネルギーの安定化が生まれる．

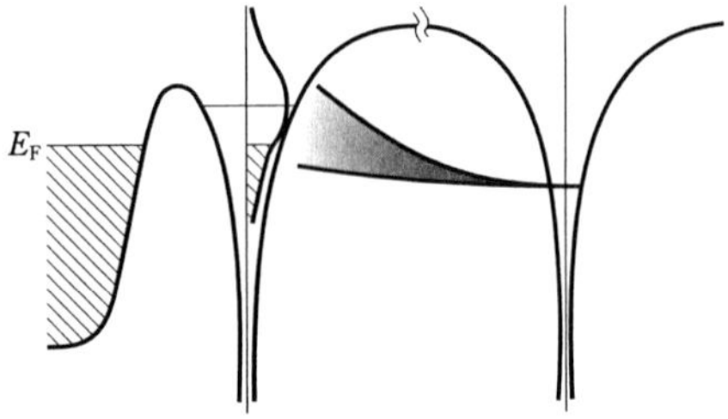

図3.31 アルカリ金属，アルカリ土類金属の遷移金属上への吸着のガーネイの概念に従って作成した描像 (T. Aruga and Y. Murata: *Progr. Surf. Sci.*, **31**, 61 (1989))

そしてこの安定化エネルギーが $I_p - \phi$ より大きければ，電荷移動は起きることになる．この終状態に現れる安定化を始状態に組み入れると，図3.31に示すように吸着原子が表面に近づくにつれて価電子のエネルギー準位が上がることになる．さらに基板と吸着原子の相互作用により吸着原子の価電子準位は広がりをもつ．そしてフェルミ準位より高いエネルギー状態を占める電子は基板に電荷移動する．

このガーネイの描像を用いて ΔE_L の Θ 依存性を説明する．Θ が増して吸着イオンの鏡像双極子間の静電反発のエネルギーが増すと，吸着原子の価電子準位の上への曲がりは小さくなり，価電子は基板に移らなくなる．それと同時に吸着層へ電子が一部戻り，基板のフェルミ準位と K $4s$ 準位との関係は，図 3.29 にみられるように，K $4s$ 準位が下へシフトすることとして現れる．このように $\Delta\phi$ の Θ 依存性は反電場効果による K$4s$ 準位のシフトに基づく鏡像双極子の大きさの変化で説明できる．

金属表面に O 原子やハロゲン原子が吸着すると，アルカリ金属原子が吸着するのとは逆に基板から電子を受け取り，吸着原子は陰イオンになる．したがって電子放出にとっての表面のポテンシャル障壁は高くなり仕事関数は増加する．この場合にもガーネイの描像が役に立つ．これらの原子は正の電子親和力をもつがその値は仕事関数より小さい．たとえば O の電子親和力は 1.462 eV，Cl は 3.615 eV である．ガーネイの描像では吸着原子のアフィニティー準位が表面に近づくにつれて下に曲がることになる．

3.8.3 水素原子が吸着した金属表面

表面物理にとって H 原子は曲者である．仕事関数にもその曲者ぶりが顔を出す．遷移金属表面への H 原子の吸着による仕事関数の変化 $\Delta\phi$ は，図 3.32 の W のいろいろな結晶面の表面への被覆率 Θ 依存性にみられるように，大部分は清浄表面に比べて ϕ は増加する．すなわち電子は金属から H 原子の方に移行して電気 2 重層をつくっている．そして W(001)-H の場合 $\Delta\phi(\Theta)$ が直線状に増加している．この結果は 2.8 節で述べた W(001) 上の H 原子の吸着位置の推測の際に役立っていて，$\Theta = 1/2$ の W(001)c(2×2)-H と $\Theta = 2$ の飽和吸

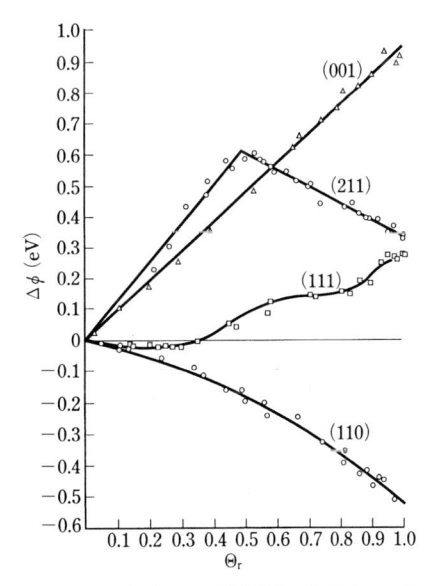

図 3.32 W 表面への H 原子吸着による $\Delta\phi$ の Θ_r 依存性(B. D. Barford and R. R. Rye: *J. Chem. Phys.*, **60**, 1046 (1974))

着のW(001)1×1-Hで，ともにH原子が橋かけ位置に吸着していると考えた1つの根拠になっている．というのは$d\Delta\phi/d\Theta$が一定ということは，W-H結合の化学的性質がH原子の被覆率のすべての領域で変化していないと判断できるからである．

一方，W(110)はΘの増加とともに$\Delta\phi$は減少して，清浄表面より小さい仕事関数になっている．H原子のイオン化ポテンシャルは 13.6 eV と大きく，電子親和力は 0.754 eV である．したがって吸着H原子がH^+になっている可能性はなく，H原子が表面のすぐ下に潜り込むとこの結果が期待できる．しかしbcc(110)は表 2.2 からわかるように最密面に近い表面であるから，W(110)ではH原子が潜り込む可能性がもっともなさそうである．それだけにこの結果は理解しがたい．

さらにW(001), W(110), W(111)へのH原子の吸着に伴う$W4f_{7/2}$の内殻準位の化学シフトδE_Hの測定結果は，飽和吸着時に求めたδE_Hの$\Theta=1$に換算した値として，3.7節で述べたW(110)で得られた+120 meVとほぼ同じ値(δE_H =+113 meV)がW(001), W(111)で得られている．すなわちW-Hの結合の性質は当然のことながらこれらの表面で相違がない．この結果からもW(110)でΘとともに$\Delta\phi$が減少するのは理解に苦しむ．

清浄表面のW(110)1×1とH原子が飽和吸着したW(110)1×1-H($\Theta=1$)のLEEDによる構造解析の結果は，表面第1層のW原子は図 3.27 に示すW(110)2×2-H($\Theta=0.75$)で推測された$\langle 1\bar{1}0\rangle$方向に変位するのとは異なり，理想表面と同じである．H原子はほぼ3回対称の孔の位置の配位数が最大になる位置に吸着している．表面格子緩和は，清浄表面では$\Delta d_{12}/d_0=-3.1\%$，W(110)1×1-Hでは-1.7%である．またH原子は基板からd_{H-W} =1.20 Å の高さに吸着している．これはH原子の剛体球の半径r_H =0.66 Å に相当する．そして図 3.33 に示すように，実測の I-V 曲線と最適化した計算曲線が驚くほどのよい一致がみられ，0.3より小さければよいとするペンドリーのR因子は，W(110)1×1とW(110)1×1-Hでそれぞれ R=0.13 と 0.12 と非常に小さい値になっている．

これらの結果は，2.5節の議論を考慮すると，清浄表面の表面格子緩和は縮みが少し大きいがその他の点ではまったく当たり前の結果であり，H原子の吸着により縮みは解消されている．しかも密度汎関数法による第1原理計算による

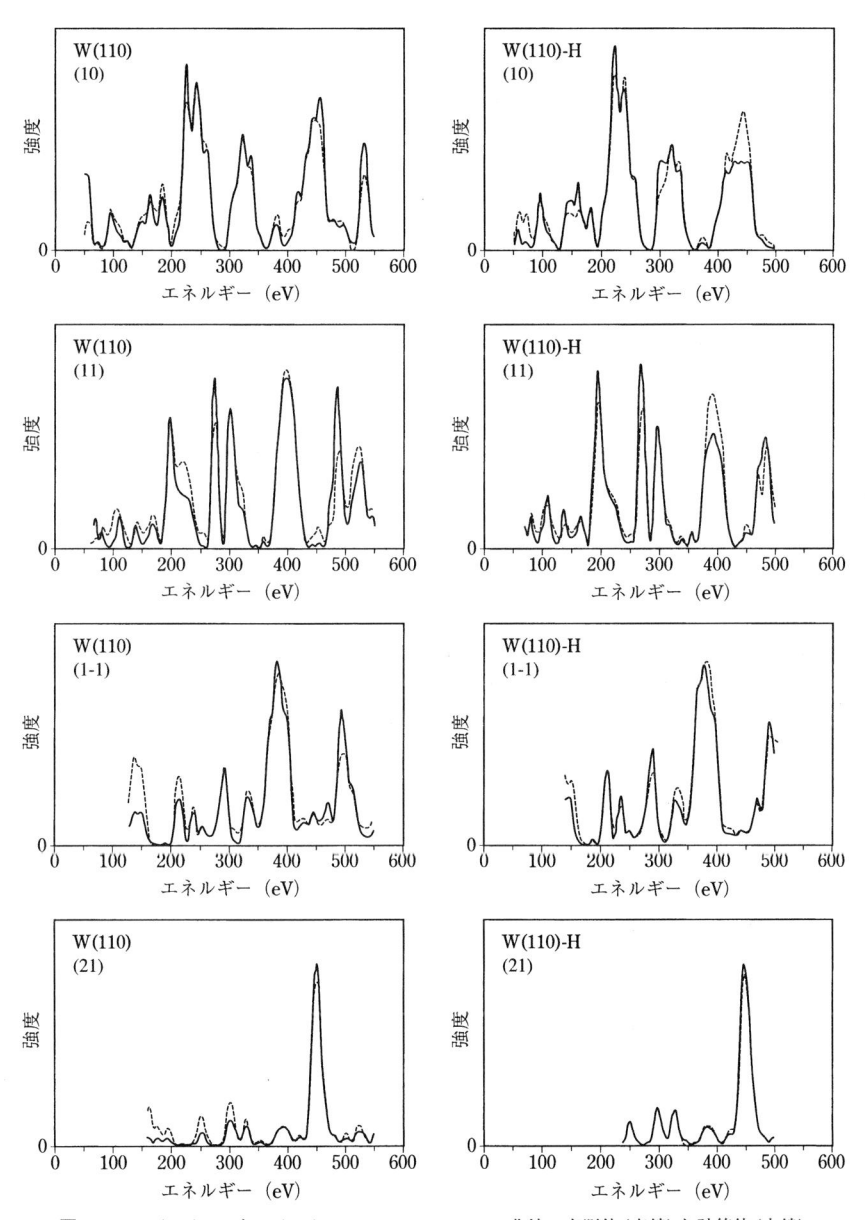

図 3.33 W(110)1×1 と W(110)1×1-II の LEED の *I-V* 曲線の実測値(実線)と計算値(点線) (M. Arnold *et al.*: *Surf. Sci.*, **382**, 288 (1997))

構造も，LEEDの構造解析で得た値とほぼ一致している．この結果からは$\Theta=1$では$\Delta\phi>0$としか考えられない．しかし第1原理計算では$\Delta\phi$は求めていない．一方，上述のようにW4$f_{7/2}$内殻の化学シフト$\delta E_{\rm H}$からもW(001)，W(111)と同様に$\Delta\phi>0$が期待できる．さらに3.7節で述べたW(110)-Hの$\Theta=1$でのW4$f_{7/2}$のSCS，$\delta E_{\rm s}=130$ meVがW(110)の吸着誘起の再構成に基づくW原子の配位数$z_{\rm s}$の変化で矛盾なく説明できた．しかしながら，LEEDの最新の構造解析と第1原理計算の結果では$\Theta=1$でW(110)の第1原子層が$\langle 1\bar{1}0\rangle$方向に変位しているという構造変化は認められず，$z_{\rm s}=6$で$\Theta_{\rm H}\leq0.5$と違いがなく，これはSCSの実験結果と矛盾している．

なぜこのように$\Delta\phi<0$という逆の結果になるかは理解に苦しむが，たいへん興味ある問題である．しかも飽和吸着時における$\Delta\phi$はW(001)では$(\Theta=2)+0.96$ eVであり，W(110)では$(\Theta=1)-0.48$ eVである．したがって，表3.3より，清浄表面のW(001)，W(110)の仕事関数がそれぞれ4.63，5.25 eVであるから，飽和吸着時の仕事関数はそれぞれ5.59，4.77 eVとなり，W(001)，W(110)の仕事関数の差は0.62 eVと大きい．この差はスムージング効果で説明できると考えられるが，その大小関係がちょうど逆転してしまう．このようにW(110)-Hは謎の多い表面であるといえよう．

3.9　表面プラズモンと低次元プラズモン

これまで1電子近似が成立する電子構造について述べてきた．電子相関が重要な役割をする電子の集団運動としてプラズモンがある．プラズモンは電子による励起の断面積が大きいため，低速電子を表面を調べるプローブとする場合にしばしば深くかかわってくる．また多体効果の観点から，表面物性の今後の研究にとって重要性が増している．

プラズモンは電子相関が引き起こす電子密度のゆらぎであるから，表面では真空側に電子が欠けるためにゆらぎの振動数は低くなる．自由電子ガスとみなせる金属のプラズモンのエネルギーは，

$$\hbar\omega_{\rm p}=\hbar(4\pi ne^2/m)^{1/2} \tag{3.14}$$

で与えられる．ただし，nは自由電子の数密度，eは素電荷，mは電子の静止

質量である．Al の場合は式 (3.14) からの計算値は 15 eV で，実測値とよく一致する．そして振動数が低くなる表面モードの表面プラズモンのエネルギーは，

$$\hbar\omega_s = \hbar\omega_p/\sqrt{2} \tag{3.15}$$

で与えられ，Al の場合は実測値が 10.0 eV で計算値とほぼ一致する．また金属の表面が誘電率 ϵ の誘電体で覆われている場合には，金属中の表面 (界面) プラズモンは，金属中の電子の密度ゆらぎによる電荷により誘電体中の界面に逆符号の電荷が誘起されて振動数はさらに低くなり，

$$\hbar\omega_s = \hbar\omega_p/\sqrt{1+\epsilon}$$

になる．

誘電体膜の膜厚が薄いときには誘電体中の界面に誘起される電荷と逆符号の電荷が誘電体膜の表面に誘起されるが，これも界面に電界をつくり，その電気2重層がプラズモンの振動数をさらに低くする．すなわち誘電体膜の膜厚を d_f とすると，表面プラズモンのエネルギーは，

$$\hbar\omega_s = \hbar\omega_p \left(\frac{\epsilon + \tanh k_\| d_f}{2\epsilon + (1+\epsilon^2)\tanh k_\| d_f} \right)^{1/2} \tag{3.16}$$

の分散を示す．ただし，$k_\|$ は入射電子によって励起される表面波の波数ベクトルである．したがって，入射角，出射角，入射エネルギーを一定にすると，$k_\|$ はエネルギー保存則と運動量保存則より求めることができるので，$\hbar\omega_s$ の測定から誘電体膜の膜厚 d_f が測定できる．

3.9.1 金属の初期酸化

村田，大谷は式 (3.16) を用いて自由電子近似が成立する Al の初期酸化の過程を，角度分解のエネルギー損失分光法 (angle-resolved electron energy-loss spectroscopy, AREELS) により測定した．$k_\|$ を一定にした条件でエネルギー損失スペクトルの $\hbar\omega_s$ の時間変化を測定すると，式 (3.16) より Al_2O_3 の膜厚 d_f が時間の関数として測定できる．ただし，ϵ は Al_2O_3 の誘電率である．これを H_2O による Al の蒸着膜の初期酸化に適用した結果，キャブレラ (Cabrera) とモット (Mott) の逆対数則

$$d_f^{-1} = A - B \ln t$$

が成立することが示された．ただし，A, B は定数で，t は酸化過程の経過時間

である.

　この逆対数則は，Al_2O_3，NiO のような不導体酸化膜が生成する場合に成立する．すなわち酸化膜が緻密で，酸素は負イオンになりやすく，負イオンはイオン半径が大きいので O^- または O_2^- は不導体酸化膜には入り込めずに酸化が酸化膜上で進行する．酸化膜がまず〜1層できて酸素がその表面に吸着すると，酸化膜が非常に薄いために金属の伝導電子がトンネル過程でただちに表面に吸着した酸素を負にイオン化する．この負イオンがつくる強い電界が酸化膜・金属の界面に働き，金属の陽イオンを酸化膜中に引きずり出す．この金属イオンが酸化膜中に入り込むときのポテンシャル障壁がもっとも高く，酸化膜形成の反応律速になっているとすると逆対数則が成立する．すなわち金属イオンは酸化膜中を拡散し，酸化膜表面で O 原子と結合して酸化物を形成する．

　したがって Al は，Al_2O_3 の酸化膜上で酸化が進行するが，Al_2O_3 が〜1層できるまではゆっくり反応は進み，いったん酸化膜ができると逆対数則に従って酸化は急速に進行する．また酸化膜が〜25 Å より厚くなると，トンネル障壁の壁が厚くなり，電子のトンネル過程が抑制され，酸化膜形成の速度が再び遅くなる．これからの表面物性の基礎研究および応用との関連での研究にとって，金属表面上の単結晶酸化膜の作製，半導体の良質の単結晶酸化膜の作製などが重要になるので，吸着の次のステップである酸化の初期過程をきちんと調べることの重要性が増している．

3.9.2　表面1次元性金属

　2.4節で表面再構成について述べたが，再構成した表面という特異な場を利用することが低次元系の特異な物質系をつくることを可能にする．その1つとして Si(001)2×1 の利用がある．シリコン結晶は立方晶であり，バルク結晶の (001) は4回対称であるが，(001) 表面では図2.24のSTM像にみられるように，Si(001)2×1 の表面再構成により2回対称になっている．この再構成構造，すなわち畝と畔になった畑を利用して金属原子を並べると，1次元性の金属ができる可能性がある．一方，Si(001)2×1 に K，Rb，Cs のアルカリ金属原子を室温で吸着させると，飽和吸着した表面の LEED パターンはきれいな2×1構造である．Si(001)2×1 に Cs を吸着させたときの仕事関数 ϕ の変化 $\Delta\phi$ の被覆率 Θ 依

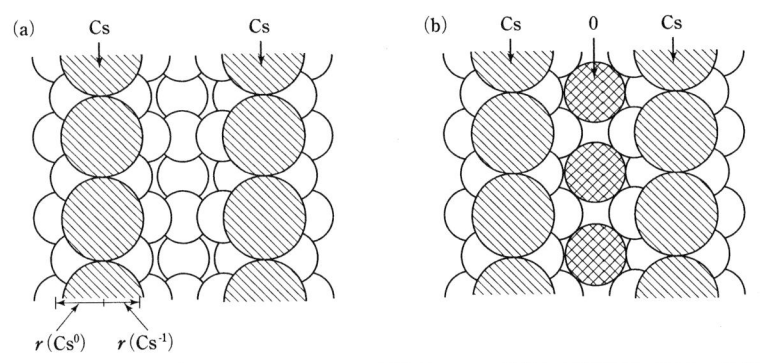

図 3.34 (a)Si(001)2×1-Cs の構造，(b) これに O 原子が $\Theta = 0.5$ 吸着した表面のレヴィン・モデル (J. D. Levine, *Surf. Sci.*, **34**, 90 (1973))

存性は図 3.28 の Cu(001)-K の場合と同様で，Cs の Θ が増すにつれて ϕ は急激に減少し，最小値を経て ϕ は少し増加した．$\Delta\phi = -2.6$ eV の飽和吸着時の値になる．この Cs 原子が飽和吸着した表面に O_2 ガスを 0.8 L[*2)]導入すると ϕ はさらに 0.6 eV 低下する．このときの価電子帯の頂上から測った仕事関数は $\phi = 0.9$ eV であり，Si のバンドギャップ 1.1 eV より 0.2 eV 小さい値の負の電子親和力の表面になる．

このように，Si(001)2×1-Cs で Cs 原子が飽和吸着した 2×1 構造の表面に O_2 を吸着させると ϕ がさらに減少することから，表面にできた電気 2 重層は真空側が正の電荷をもつような配列をしている．一方，Si(111)7×7 に Cs が飽和吸着した表面に O 原子を吸着させても負の電子親和力の表面にはならない．したがって負の電子親和力になるのは Si(001) の構造に起因すると考えられる．吸着 O 原子は電気陰性度が大きいので負の電荷をもち，Cs 原子はイオン化ポテンシャルが小さいので正イオンになるので，O 原子は Cs 原子列より下に潜り込んでいると考えられる．イオン半径が大きい負イオンが潜り込むには溝がある構造が好都合である．そのようにして推測したのがレヴィン (Levine) の Si(001)2×1-M(M はアルカリ金属原子) の構造モデルで，それを図 3.34 に示す．(a) は Cs 原子が飽和吸着した表面模型で，(b) はその表面に O 原子がさらに吸着した表面の吸着構造模型である．後に Si(001)2×1-K の表面構造は (b) に示す

[*2)] 1 L(ラングミュアー)=1×10^{-4} Pa·s で，表面に吸着させる気体の導入量(露出量, exposure) の単位として用いられる．付着確率 $s \sim 1$ とすると，1 L で $\Theta = 1$ の被覆率になる．

溝にある O 原子の位置にも K 原子が配列した構造になっていることが判明したが，そのことはこれからの議論にとって本質的ではない．

レヴィン・モデルは畑の畝にアルカリ金属を植えて，1 次元に金属原子を並べた原子配列になっている．3.8 節の Cu(001)-K でみたように，仕事関数が最小になる近傍で吸着層は絶縁体・金属転移を起こし，飽和吸着したところでは 1 次元の金属ができている可能性が示唆される．実際に電子エネルギー損失スペクトル (EELS) を測定すると，Cs が飽和吸着に達すると $\Delta E_L \sim 1$ eV にエネルギー損失のピークがはっきりと現れる．またこの表面に O_2 を 0.8 L 導入するとこの損失ピークは消失する．したがって飽和吸着した Cs 吸着層は絶縁体・金属転移を起こしてプラズモン損失が観測できたと考えられる．また観測されたエネルギー損失 $\Delta E_L \sim 1$ eV は式 (3.14)，(3.15) からの計算値に比べてはるかに小さく，低次元プラズモンが観測されていると期待できる．

この低次元性を証明するには，プラズモンの分散関係を測定することである．有賀らは 1 eV 近傍に現れるプラズモン損失ピークの分散関係を調べる目的で，入射電子線を単色化した AREELS の分光計を製作し，Si(001)2×1-K のオーバーレーヤープラズモン $\hbar\omega_o$ の分散関係を測定した．図 3.35 に測定結果を示す．図に白丸で示すプラズモンは，エネルギー損失ピークの主ピークに基づくプラズモンであり，主ピークの肩の構造として観測されるプラズモンのエネルギー損失を丸で示す．

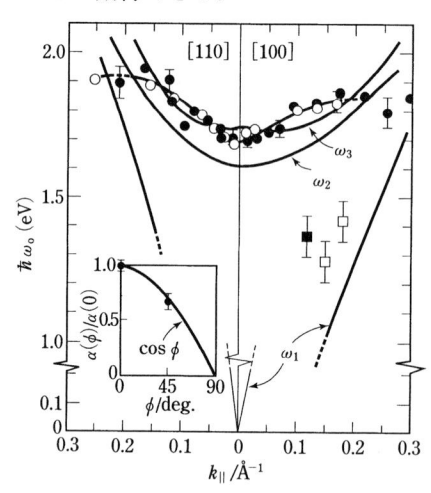

図 3.35　Si(001)2×1-K のオーバーレーヤープラズモン $\hbar\omega_o$ の分散関係 (T. Aruga et al.: Phys. Rev. Lett., **53**, 372 (1984))
黒印は $k_\parallel < 0$，白印は $k_\parallel > 0$ の領域で測定.

主ピークのプラズモンは $k_\parallel$ が大きくない領域 $k_\parallel < 0.2$ Å^{-1} で，$\hbar\omega_o(k_\parallel) = \hbar\omega_o(0) + \alpha k_\parallel$ の正の勾配の直線で分散関係が表される．この測定では基板の Si(001)2×1 は 2×1 と 1×2 の 2 つのドメインがあったので，K 原子列に直交する方位 ($\phi = 90°$) での分散関係は測定できなかった．そこで原子列に沿った [110] 方位での測定に加えて，原子列から 45° ($\phi = 45°$)

の [100] 方位の測定をした．挿入図に示すように分散関係の勾配 α は方位 ϕ の関数で，$\alpha(\phi) = \alpha(0)\cos\phi$ の1次元性を示す．このプラズモンはバンド間遷移の個別励起に関係したプラズモンであり，K原子列の1次元性を示しているが，金属性を示しているわけではない．図中に実線で示す曲線は石田らによるジェリウム模型の1次元金属で得た理論曲線で，理論と実験がよく一致している．理論曲線の $k_\parallel = 0$ で $\hbar\omega = 0$ から立ち上がる ω_1 のモードが金属性を示すバンド内遷移に基づくプラズモンであり，エネルギー損失スペクトルの肩構造として実測された図中の四角がこのエネルギー損失である．すなわち Si(001)2×1-K の K原子鎖は表面に作製した1次元性金属であることが示された．

 1次元のオーバーレーヤープラズモン $\hbar\omega_o$ が正の分散を示すことは原子列がつくる鎖間の反電場効果で説明できる．図 3.36 に説明のための模式図を示す．(a) (b) が表面に垂直な方向に分極が起きるプラズモンであり，(a) が2次元系での $k_\parallel$ が $(0, 0)$ の $\bar{\Gamma}$ 点，(b) が $(\pi/a, 0)$ のブリュアン域の境界での電場の様子を示す．隣接した原子鎖からの電場が (a) では着目する原子鎖の電場と同方向で，$\hbar\omega_o$ を高める方向に働き，(b) は逆に打ち消す方向に働いていて，$\hbar\omega_o$ を小さくするので負の分散になる．このモードは図からわかるように2次元膜でも観測される．そして $\bar{\Gamma}$ 点での $\hbar\omega_o$ は，バンド間遷移の励起エネルギーよりこの近接

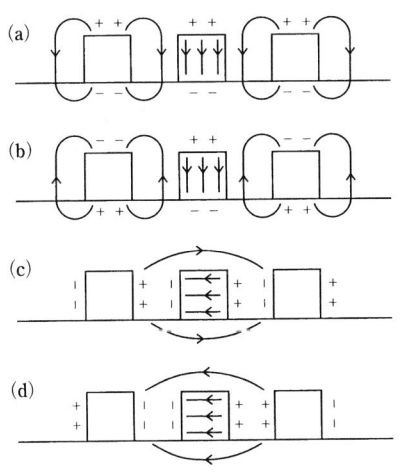

図 3.36 オーバーレーヤープラズモンの分散関係の模式的な説明図，H. Ishida et al., Phys. Rev., B **32**, 6246 (1985)

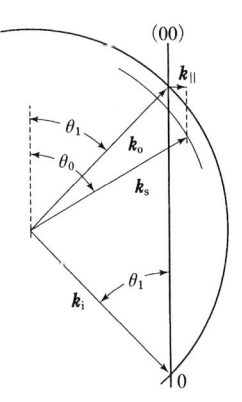

図 3.37 オーバーレーヤープラズモン $\hbar\omega_o$ の分散関係を測定する回折条件のエワルド作図

した原子鎖からの電場の効果だけ高い値になる．それに対して (c) (d) が 1 次元鎖に特有なモードで，表面に平行で，原子鎖に垂直な方向に分極しているプラズモンである．図から明らかなように (a) (b) の場合の逆で，正の分散になる．また $\bar{\Gamma}$ 点での $\hbar\omega_0$ は，バンド間遷移の励起エネルギーより反電場効果の値だけ小さくなる．

一方，Si(001)2×1-Cs では $\hbar\omega_0$ はフラットな分散しか観測できなかった．原因は明らかではない．ただここで注意しておきたいことは 5.1 節に述べるように，Si(001) には表面欠陥ができやすい．もしこの表面の欠陥密度が高いと，分散は観測されないみかけ上フラットな分散になってしまう．この分散関係の測定をする場合には，図 3.37 に示すように鏡面反射する回折波が入射波である．したがって表面の欠陥密度が高いと LEED パターンのバックグランドは高くなり，$k_\parallel \neq 0$ の方向に弾性散乱波がかなりの強度で存在する．そのため非鏡面反射になるように放出角を変えた測定をしても，その弾性散乱波が入射波となって $k_\parallel = 0$ の非弾性散乱電子の強度が支配的になってしまう．

3.10 化 学 吸 着

これまでも述べてきたように，固体表面への原子 (分子) の吸着を考えるときのエネルギーダイヤグラムは，固体の真空準位 E_{vac} と原子 (分子) の第 1 イオン化準位とを一致させる．これを出発点としてアルカリ原子の金属表面への吸着を 3.8 節で論じたが，これはアルカリ金属原子からの電荷移動に基づくイオン結合的な結合であり，もっとも単純な化学吸着のスキームといえよう．しかし必ずしもイオン結合的なものばかりではなく，Cu(001)-K の仕事関数が最小になるところでは吸着 K 原子は中性化していて，図 3.30 に示すように結合は価電子の分布の中心が K 原子と Cu 原子の間にある共有結合的になっている．本節ではアルカリ金属吸着とは異なる通常の共有結合としての化学吸着を論じる．その典型例は CO 分子の遷移金属表面への吸着である．

3.10.1 遷移金属表面での CO，NO 分子の吸着位置

CO などの分子が遷移金属表面に非解離吸着したときの吸着位置は吸着分

3.10 化学吸着

子の反応性と関連してくる．図3.38(a)に，福谷らによる，ほぼ飽和吸着である2LのCOを80KのPt(111)に吸着させた場合の反射吸収赤外分光法(reflection absorption infrared spectroscopy, RAIRS)のスペクトルの測定結果を示す．また，その表面に$\hbar\omega = 6.4$ eV, 1 mJ/cm^2, 10 HzのArFエキシマーレーザーを(b)10分，(c)20分，(d)30分照射したときのスペクトルの変化と差スペクトルも示す．2080～2105 cm^{-1}に直上位置に吸着したCO，～1855 cm^{-1}に橋かけ位置に吸着したCOのC-O伸縮振動が観測される．差スペクトルはレーザー照射により直上位置に吸着したCOの強度は減少しているが，橋かけ位置のCOの強度は変化していないことを示している．一方，レーザー照射によりCOの脱離が観測されるので，直上位置のCOは脱離するが，橋かけ位置のCOは脱離も分解もしないことがわかる．

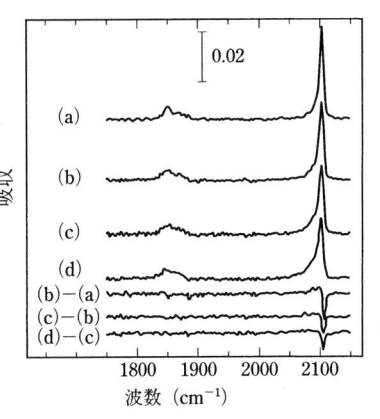

図3.38 (a)Pt(111)に80Kで2LのCOを吸着させ，ArFエキシマーレーザーを(b)10分，(c)20分，(d)30分照射したときのRAIRSスペクトルおよびその差スペクトル (K. Fukutani et al.: *J. Chem. Phys.*, **103**, 2221 (1995))

同様なことがCOと類似の吸着NO分子でも起きている．NOの分子軌道のエネルギーダイヤグラムは図2.30に示したCO分子のエネルギーダイヤグラムとほぼ同じで，ただN原子がC原子に比べて1個電子が多いために$2\pi^*$軌道にも電子が1個入る．したがって遷移金属に吸着したNO分子は，次に述べるCO分子と同様にRAIRSを用いて吸着位置の同定ができる．しかしNOは$2\pi^*$準位に電子が1個入っているためにCOほどには単純ではなく問題も出てくる．

図3.39(a)にPt(111)に吸着したNO分子のRAIRSスペクトルの露出量依存性を示す．低被覆率にみられる低波数側の～1490 cm^{-1}の吸収が三配位の位置[*3)]に吸着したNO分子のN-O伸縮振動で，高被覆率に現れる～1710 cm^{-1}のピークは一配位の直上位置に吸着したNO分子である．これらの表面にCO吸着と同様にArFエキシマーレーザーを照射したとき，図3.39(a)の2.28Lの表

[*3)] 図3.39を測定した当時は二配位の橋かけ位置に吸着していると思われていたが，後に三配位のfccサイトに吸着していることが判明した．

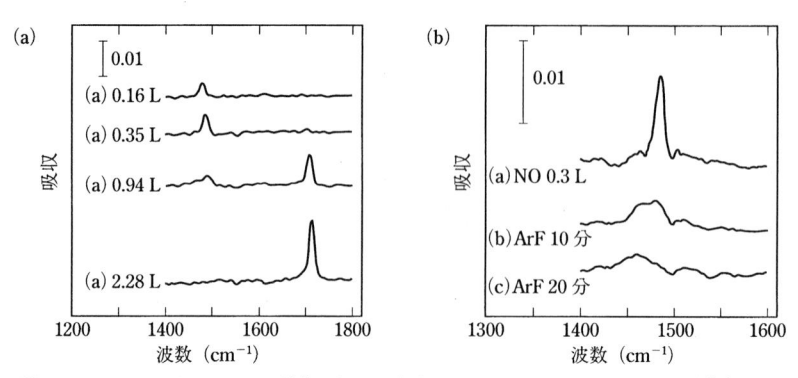

図 3.39 (a)Pt(111) に 80 K で吸着した NO 分子の RAIRS のスペクトルの露出量依存性，(b)0.3 L の露出量の Pt(111)-NO を $\hbar\omega = 6.4$ eV のレーザーで照射したときのスペクトルの変化
(M.-B. Song et al.: Appl. Surf. Sci., 79/80, 25 (1994))

面[*4]，すなわち NO 分子が直上位置に吸着した表面からは NO 分子の脱離が観測できる．それに対して 0.16 L や 0.35 L の NO が三配位の fcc サイトのみに吸着している表面からは NO 分子の脱離が観測されない．

しかるに NO 分子を 0.3 L 導入した表面からはレーザー照射による脱離する NO 分子は検出されないにもかかわらず，図 3.39(b) にみられるように吸着 NO 分子は表面から消失している．これに関連したことを 6.2.2 項で述べるので，ここでは簡単に述べるが，これは三配位の fcc サイトに吸着した NO 分子は，N-O 結合が切断されて表面には N 原子が残っている．このように $\hbar\omega = 6.4$ eV のレーザー誘起により直上位置の NO は Pt-N の結合が切断されて NO 分子として脱離し，基板原子との結合数が多い位置に吸着した NO 分子は N-O の結合が切断されて O 原子のみが脱離する．このように吸着位置は吸着分子の反応性と深い関わりをもつ．しかしさらに詳しくみると，飽和吸着時には三配位の fcc サイト，一配位の直上位置に加えて三配位の hcp サイトの吸着種が生じる．しかもこの hcp サイトの吸着 NO は結合数が多いにもかかわらず NO 分子として脱離する．この fcc サイトと hcp サイトの光励起での反応性の違いは，NO 分子の吸着に伴う基板表面の Pt 原子が表面に平行な方向に変位することによることがわかってきた．このように反応性の違いには基板原子の動きも大きく関与する．

遷移金属表面では CO 分子は C 原子と O 原子に解離して吸着する場合と，CO

[*4] Pt(111)-NO では $\sim$2.3 L でほぼ飽和吸着になる．

分子として非解離吸着する場合がある．Pt(111)-CO は非解離吸着として実験的にも理論的にもよく調べられていて，NO 分子の吸着でみられたと同様に被覆率 Θ の違いで吸着位置が異なることが実験で確かめられている．2.8 節で CO の分子軌道法によるエネルギーダイヤグラム (図 2.30) を用いて CO 分子の吸着構造を考察した．この場合は Ni 基板であったが，CO の 5σ 軌道が基板金属の d 空孔に配位することが CO 分子の化学結合形成の主要部であるとすると，C 原子が金属側で，CO 分子は表面に垂直に吸着することが予測できる．そして LEED による構造解析の結果からこのことが確かめられたことを述べた．しかし吸着位置について何も触れなかった．

Pt(111)-CO では HREELS の測定から，低被覆率の $(\sqrt{3}\times\sqrt{3})R30°$ 構造 ($\Theta = 1/3$) の表面までは直上位置に，飽和吸着の c(4×2) 構造 ($\Theta = 1/2$) では直上位置と橋かけ位置の両者に CO 分子は吸着していると推測している．LEED，STM の測定から図 3.40(b) に示す c(4×2) 構造，すなわち飽和吸着時には CO 分子は直上位置と橋かけ位置に隣接して 1：1 の割合で吸着しているという結果を得ているが，上の推論はこれで確かめられた．さらに $(\sqrt{3}\times\sqrt{3})R30°$ では図 3.40(a) の吸着構造であることも示唆される．このように吸着 CO 分子の吸着位置の同定は，簡便には HREELS，RAIRS による C-O 伸縮振動の吸収波数から行うが，スペクトルの相対強度から吸着量の存在比を推定するのは困難である．

鏡面反射の HREELS のエネルギー損失の断面積や RAIRS の吸収強度を与える双極子遷移の遷移確率は $|\partial\mu/\partial Q_i|^2$ に比例する．ただし，μ は吸着分子の電気双極子モーメント，Q_i は問題にする振動モード，すなわちこの場合は C-O 伸縮振動の基準座標である．$\partial\mu/\partial Q_i$ の値はここで問題にしている吸着位置の違いのような類似した結合状態ではほぼ等しくなるが，それは孤立した吸着分子

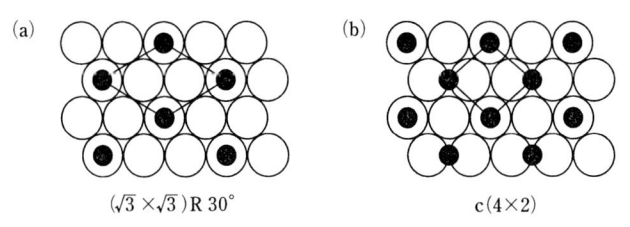

図 3.40 Pt(111)-CO の吸着構造
(a)$(\sqrt{3}\times\sqrt{3})R30°$, $\Theta = 1/3$, (b)c(4×2), $\Theta = 1/2$.

の場合である．被覆率が増して分子間の相互作用が強くなると，独立した双極子として扱うことができず，遷移確率は隣接する双極子に影響され，しかもその影響のされ方が吸着状態で異なってくる．すなわち図 3.38 のスペクトル (a) は CO がほぼ飽和吸着した表面で測定しているので，一配位と二配位の吸着分子は 1：1 の等しい吸着量であるにもかかわらず，これにみられるように 2 つの吸収ピークの積分強度はかなり異なっていて，低波数側の二配位の位置に吸着した分子のスペクトル強度がずっと弱くなっている (強度移行)．

　この現象をもっとはっきりとみることができるのが，図 3.39(a) に示した Pt(111)-NO で N-O 伸縮振動を測定した RAIRS スペクトルの NO 気体の露出量依存性である．Pt(111) に NO 分子を $T_s \leq 100$ K で吸着させると，低被覆率では低波数の吸収である 3 回対称の孔の位置 (fcc サイト) に NO 分子は吸着し，吸着量が増すとともに高波数に吸収がある直上位置に吸着位置が移動するようにみえるがそうではない．熱脱離スペクトル，走査トンネル顕微鏡 (STM) などの測定結果を基に得られたことだが，NO 分子は $\Theta = 1/4$ までは図 3.41(a) に示す fcc サイトの三配位の位置に吸着し，その吸着が終わるころに一配位の直上位置への吸着が始まる．そして $\Theta = 1/2$ で図 3.41(b) に示すように fcc サイトの三配位が $\Theta = 1/4$，一配位も $\Theta = 1/4$ で，両者は隣接して同量吸着している．それにもかかわらず三配位に吸着した NO 分子の吸収スペクトルの強度は減少して消失してしまっている．すなわち飽和吸着である図 3.39(a) のスペクトル (d) では三配位の位置に吸着した NO 分子は存在するにもかかわらず吸収スペクトルは観測されない．

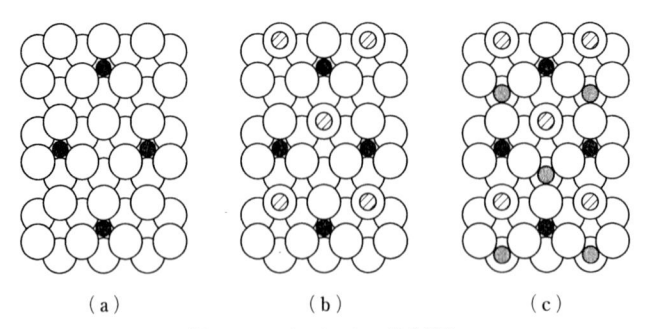

図 3.41 Pt(111)-NO の吸着構造
(a)$\Theta = 1/4$, (b)$\Theta = 1/2$, (c)$\Theta = 3/4$．大きい白丸は Pt，小さい丸は NO 分子，一配位で直上位置に吸着は斜線，fcc サイトの三配位に吸着は黒丸，hcp サイトの三配位に吸着は灰色の丸．

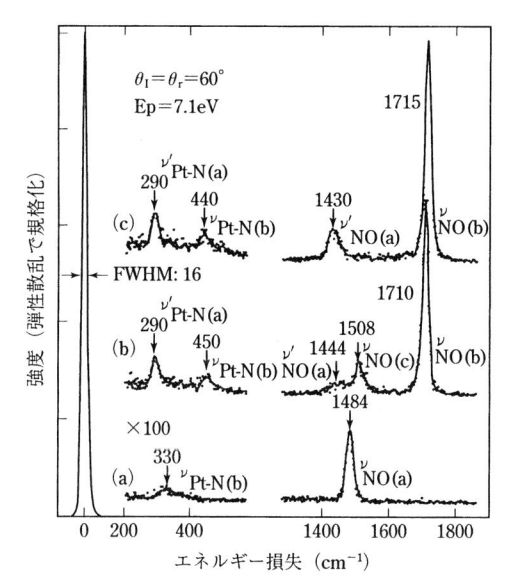

図 3.42 Pt(111)-NO の HREELS のスペクトル (M. Matsumoto et al.: Surf. Sci., **454-456**, 101 (2000)) $T = 85$ K. (a) 低被覆率, (b) 飽和吸着, (c) 飽和吸着後に 200 K で熱処理.

HREELS の振動スペクトルでこの変化を観測すると, 図 3.42 のスペクトル (b) に示すように, 同じ飽和吸着であっても低波数側のスペクトルの強度は減少しているが, 消失はしてない. そのため RAIRS とは異なる新しい知見が得られる. 低被覆率である HREELS のスペクトル (a) は図 3.39(a) の RAIRS によるスペクトル (a) (b) と一致しているが, 飽和吸着での HREELS のスペクトル (b) は三配位の 1484 cm^{-1} の強度が減少した 1444 cm^{-1}, 強い強度の一配位の NO が 1710 cm^{-1} に観測されるほかに 1508 cm^{-1} の吸着 NO が存在する. これは hcp サイトの三配位に吸着した分子で RAIRS ではまったく観測されなかった. このように飽和吸着では図 3.41(c) に示すように, fcc サイト, hcp サイトの三配位と一配位の 3 種類の吸着種がそれぞれ $\Theta = 1/4$, 合計 $\Theta = 3/4$ 吸着している. そしてこれを 〜200 K に熱処理すると, hcp サイトの三配位の NO 分子は脱離して, HREELS のスペクトルは図 3.42 の (c) になる.

吸着位置が異なる同一分子との共吸着によってこのように RAIRS の低波数側にあるスペクトルの吸収強度が減少する現象は, 隣り合わせに接近して共吸着している分子からの双極子場が作用する反電場効果により, 動的双極子 $\partial \mu / \partial Q_i$

が減衰したためであると解釈できる．しかし，まだはっきりとは解明されていない(強度移行)．また HREELS では RAIRS に比べて小さい強度減少である．これは鏡面反射条件では主に双極子散乱が起きて，遷移確率が赤外吸収と同様に動的双極子の2乗に比例するが，それ以外の項が加わるためである．

　CO 分子の Pt 表面との結合を考えると，CO の最高エネルギーの占有準位の分子軌道 (highest occupied molecular orbital, HOMO) である 5σ 軌道と Pt の d 空孔，またこの逆の CO の最低エネルギーの非占有準位の分子軌道 (lowest unoccupied molecular orbital, LUMO) である $2\pi^*$ 軌道と Pt の d 電子の組み合わせが Pt-CO の結合形成の主要部である．この一端を示す実験結果として Pt(111) に CO が飽和吸着した表面の紫外光電子分光法 (UPS) によるスペクトルを図 3.43 に示す．CO の吸着に伴って ~ 9 eV と ~ 12 eV の2つのピークが観測され，~ 9 eV のピークは吸着 CO の $5\sigma + 1\pi$ 準位からの電子放出であり，~ 12 eV は 4σ 準位に帰属される．これは 2.8 節で述べた Ni(001)-CO の場合と同様で，Ni(001) では ~ 8 eV と ~ 11 eV であった．一方，図 2.31 に示した気体の CO の UPS のスペクトルから 5σ, 1π, 4σ 準位のイオン化エネルギーはそれぞれ 14.0, 16.5, 19.7 eV である．化学吸着の結合形成にほとんど関与しない 1π と 4σ 準位の間隔は ~ 3 eV であり，吸着 CO と気相 CO とで違いがないが，5σ と 1π の準位は気相では 2.5 eV 離れていたのが吸着 CO では重なっている．すなわち CO の 5σ 準位と Pt の d バンドで結合をつくったため，CO の 5σ 準位が Pt-CO の結

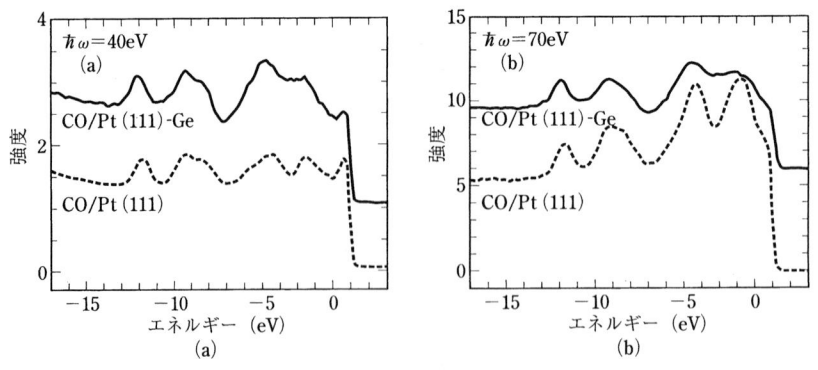

図 3.43　Pt(111)-CO の角度積分の UPS スペクトル (K. Fukutani et al.: J. Electron Spectrosc. Relat. Phenom., 88-91, 597 (1998))
励起光のエネルギー $\hbar\omega$ は (a)40 eV, (b)70 eV.

合エネルギーに対応した 2.5 eV だけ深い方向にシフトしたことを示している．これらのことを踏まえて吸着位置など上に述べたことをさらに考察することにする．

図 3.44 に Pt(111) に CO が吸着したときの仕事関数の変化 $\Delta\phi$ の Θ 依存性を示す．吸着の初期では $\Delta\phi$ は直線的に減少し，$\Theta = 0.3$ での最小値

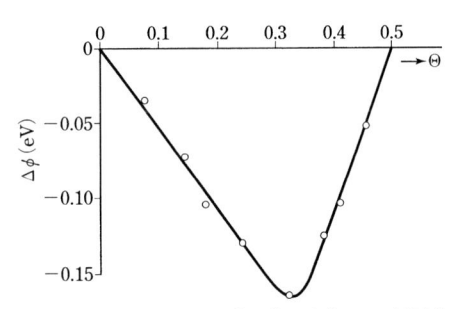

図 3.44 Pt(111)-CO の仕事関数の変化 $\Delta\phi$ の被覆率依存性 (G. Ertl *et al.*: *Surf. Sci.*, **64**, 393 (1977))

を経た後に増大に転じている．これは CO の吸着位置とよく対応していて，仕事関数が減少している Θ の領域では直上位置にのみ吸着し，橋かけ位置の吸着が始まると増加に転じている．この結果を電子構造と結び付けて考えると，直上位置に吸着しているときには CO の 5σ 軌道の電子が Pt の d 空孔に配位して，電子が CO から Pt に移行 (配位) するために仕事関数が減少すると考えられる．すなわち図 3.45 に示すように，CO の 5σ 軌道は分子軸に沿った z 方向に分布が局在しているため，1 個の Pt 原子と相互作用して直上に吸着するのが好都合である．一方，仕事関数が増加に転じる橋かけ位置の吸着では，Pt の d 電子が CO の $2\pi^*$ の空軌道に電子の移行 (逆配位) が始まり，仕事関数が増加し始めると考えられる．これは $2\pi^*$ 軌道が図 3.45 にみられるように分子軸を含む zx 面内で広がりをもつために，2 個の Pt 原子と相互作用して橋かけ位置に吸着すると解釈できる．

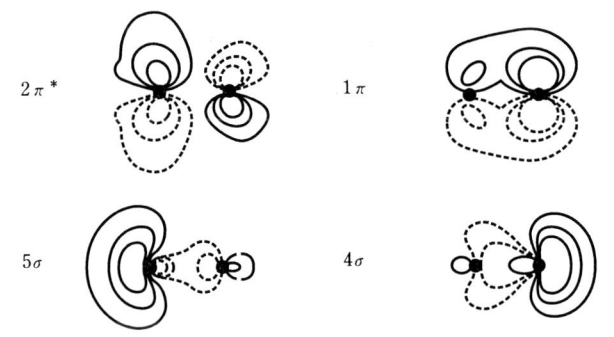

図 3.45 CO 分子の各分子軌道の波動関数の形状
実線と点線で符号が異なる．左側の黒丸：C 原子，右側の黒丸：O 原子．

Pt(111) に飽和吸着した CO は図 3.40 に示す直上位置と橋かけ位置に吸着し，RAIRS で測定した C-O 伸縮振動の波数は図 3.46(a) に示すようにそれぞれ 2105 cm^{-1} と 1855 cm^{-1} である．そして橋かけ位置の波数が低いのは，橋かけ位置に吸着した分子は反結合性軌道である $2\pi^*$ 軌道へ Pt の d 電子が逆配位したためである．すなわち C-O の反結合性軌道である $2\pi^*$ 軌道に電子が入るため，C-O の結合は弱くなり力の定数が小さくなるとして説明できる．この解釈に立つと CO 分子はまず直上位置

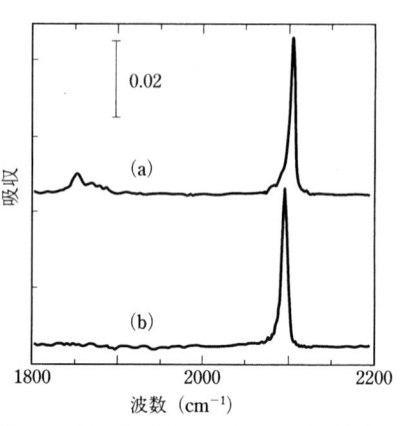

図 3.46 (a)Pt(111) と (b)Pt(111)-Ge 表面合金に飽和吸着した CO の RAIR スペクトルの被覆率依存性 (K, K. Fukutani *et al.*: *Surf. Sci.*, **363**, 185 (1996)) $T = 90$ K.

に吸着するので，CO $5\sigma \to$ Pt $5d$ の配位と Pt $5d \to$ CO $2\pi^*$ の逆配位の安定化のエネルギーは前者の方が大きいことになる．そして吸着量が増すにつれて吸着に伴って生じる鏡像双極子間の反発により不安定化し，逆配位した逆向きの鏡像双極子が加わることで双極子間の反発を打ち消すと考えられる．さらに橋かけ位置の吸着分子が増し，飽和吸着で図 3.40(b) に示す双極子場が打ち消し合う 1:1 の配置をする．この電荷移動のモデルに基づくと，先に述べた図 3.39(a) などにみられる，振動スペクトルの吸着サイトが異なる 2 種の同一吸着分子で，スペクトル強度の減少が一方で起きる原因である動的双極子 $\partial \mu_j / \partial Q_i$ への反電場効果による影響が，静的な双極子 μ_j の分極を打ち消す配列と密接に関連する．これらに関してはまだ解決していない課題が多く，たとえば低波数側のスペクトルの強度のみが大きく減少するが (強度移行, intensity transfer)，CO の吸着はこのように単純ではなく，理由は解明されていない．

次に CO $5\sigma \to$ Pt $5d$ の配位による安定化のエネルギーの方が Pt $5d \to$ CO $2\pi^*$ の逆配位による安定化のエネルギーより大きいかどうかをネルシコフ (Nørskov) らの 2 準位モデルを用いて考察する．このモデルは遷移金属表面での CO の化学吸着が CO の 5σ, $2\pi^*$ 準位と金属の d 価電子準位との相互作用で記述できると近似している．これまで述べてきた考えと本質的には同じであるが，基板金

属のspバンドの効果を取り入れていることと,具体的に数値を求めている.この2準位モデルによると,吸着エネルギーは,

$$E_{\mathrm{ad}} \simeq -4\left[f\frac{V_\pi^2}{\epsilon_{2\pi}-\epsilon_d}+fS_\pi V_\pi\right]-2\left[(1-f)\frac{V_\sigma^2}{\epsilon_d-\epsilon_{5\sigma}}+(1+f)S_\sigma V_\sigma\right] \quad (3.17)$$

と単純化した形で表される.ただし,fは基板金属のd軌道の電子の占有率で,Ptの場合は0.9であり,Vは相互作用の行列要素でホッピング積分に相当し,Sは重なり積分である.遷移金属や貴金属の場合にはdバンドとspバンドが重なっているので,金属のsp準位との相互作用をくり込んだCOの5σと$2\pi^*$準位を用いてsp準位との相互作用を考慮する.これは遷移金属にSiなどのsp電子系の不純物が存在するときの帯磁率の変化の解釈に寺倉が用いたsd混成(sd hybridization)の手法と同じである.したがって$\epsilon_{5\sigma}$と$\epsilon_{2\pi}$はそれぞれspバンドとの相互作用を混成としてくり込んだCOのエネルギー,ϵ_dはdバンドの真中のエネルギーである.そしてCO分子の2つの軌道とdバンドとの相互作用を2次摂動として求めたのが式(3.17)である.

密度汎関数法による計算結果に従ってこの近似で用いているパラメータの数値を求めると,パラメータ間に簡単な関係が得られる.すべての遷移金属や貴金属に共通なパラメータαとβを用いて単純化でき,$V_\pi^2 \simeq \beta V_{sd}^2$,$S_\pi \simeq -\alpha V_\pi$とおける.さらにCO軌道とさまざまな金属について計算した結果からは,$S_\sigma/S_\pi \simeq 1.3$がよい近似で成立していて,$V_\sigma^2 \simeq (1.3)^2 \beta V_{sd}^2$,$S_\sigma \simeq -\alpha V_\sigma$と近似できる.そして$\epsilon_{2\pi}=+2.5$ eV,$\epsilon_{5\sigma}=-7$ eV,$\alpha=0.063$ eV^{-1},$\beta=1.5$ eV^2 で与えられる.これらの数値を用いると,Pt(111)をはじめとしてNi(111),Cu(111),Ru(0001),Pd(111),Ag(111)の吸着エネルギーの計算値が実測値とよく一致する.ここで,上に示した数値を勘案すると,式(3.17)から粗い近似として,

$$E_{\mathrm{ad}} \approx -4f\frac{V_\pi^2}{\epsilon_{2\pi}-\epsilon_d}$$

の関係を得る.したがって吸着エネルギーとしては$2\pi^*$軌道への逆配位が支配的となる.これまでの議論とこの関係から,橋かけ位置への吸着の方が直上位置への吸着よりエネルギー的に安定になり,実験結果とは逆の結論になってしまった.しかしこの2つの吸着状態のエネルギー差は非常に小さく,COに類似した分子であるNOのPt(111)への吸着では図3.39(a)のスペクトルのΘ依

存性からわかるように，また図 3.41 に示すように NO 分子は直上位置より三配位の fcc サイトに吸着する方が安定である．

またこのような理論と実験の不一致は，世界の主だったグループが独立に行った最新の密度勾配展開法 (generalized gradient approximation, GGA) を用いた密度汎関数法による信頼度の高い計算結果でも現れている．そのもっとも精度が高い計算結果によると，低被覆率のときには CO 分子は Pt(111) 上で 3 回対称の孔の位置に吸着するのがもっとも安定という結論である．これは NO 吸着の実験結果とは一致するが，CO 吸着の実験結果とは異なっている．このことがファイベルマン (Feibelman) らにより "The CO/Pt(111)Puzzle" というセンセーショナルなタイトルで紹介されている．これは式 (3.17) を用いた半定量的な議論で導いた，橋かけ位置の方が安定という結論を，このようにもっとも精度の高い計算はさらに一歩進めて，H，O，S 原子の遷移金属表面での吸着構造に一般的にみられるように，配位数がもっとも高い吸着位置が CO 吸着でも安定という結論を導いている．しかしこの結果は上の半定量的な議論で導れた不一致の原因を示唆するものになっているように思える．

これまでの吸着位置の安定性の議論は吸着する CO 分子の側からみていたが，基板 Pt の d 軌道からみた考察もするべきである．Pt 原子はバルク中では O_h の対称性であり，d 準位は Γ 点で t_{2g} と e_g の準位に分裂し，t_{2g} に d_{xy}, d_{yz}, d_{zx} 軌道，e_g に $d_{x^2-y^2}, d_{3z^2-r^2}$ 軌道が属す．また (111) 表面での吸着を議論するには，立方晶の x, y, z 座標から表面に垂直な z 軸をとった座標系に，すなわち [111] を z' 軸に，表面に平行な $[11\bar{2}]$, $[1\bar{1}0]$ を x', y' 軸に変換して考える必要がある．一方吸着 CO と結合をつくる d 軌道は表面に垂直な $d_{3z'^2-r^2}$ 軌道と $z'x'$ 面内にある $d_{z'x'}$ 軌道が関係し，これらは

$$d_{3z'^2-r^2} = (d_{xy}+d_{yz}+d_{zx})/\sqrt{3} \tag{3.18}$$

$$d_{z'x'} = (2d_{3z^2-r^2}-d_{zx}+d_{yz})/\sqrt{6} \tag{3.19}$$

となる．そして，Pt と CO の C 原子が σ 結合で結ばれるには，幾何学的視点から $d_{3z'^2-r^2}$ 軌道が直上位置，$d_{z'x'}$ 軌道が橋かけ位置の吸着にかかわる．式 (3.18) は $d_{3z'^2-r^2}$ 軌道が t_{2g} に属する軌道のみから構成されていること，また状態密度は 2 乗になるから，式 (3.19) は $d_{z'x'}$ 軌道が t_{2g} より e_g の寄与が大きいことを示している．そして Pt の d 空孔の状態密度は図 3.47 に示すように，t_{2g} で大きく，

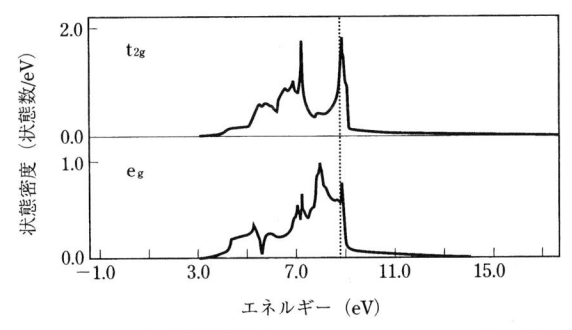

図 3.47 Pt の各バンドに分けた局所状態密度 (D. A. Papaconstraantopoulos: *Handbook of the Band Structure of Elemental Solids* (Plenum Press, New York, 1986), p.198)

e_g では小さい．したがって直上位置に吸着すると孤立電子対をもつ CO の 5σ 軌道と d 空孔密度が大きい Pt の $d_{3z'^2-r^2}$ 軌道が結合することで，直上位置が CO 吸着にとって好都合な配置になる．これは CO の分子軌道の側に立って考察した結論とは逆の結果になるが，実験結果とは一致している．

基板金属の d 軌道の側の視点に立つことの必要性は Pt(111)-Ge 表面合金への CO, NO 吸着にみることができる．Pt(111) 上に Ge を数原子層蒸着し，1000°C に加熱して Ge を脱離させることを数回繰り返すと，Ge 原子は表面から数原子層の範囲内に局在し，表面第 1 層には Ge が $\Theta = 0.04$ 存在して，Pt 原子と置換した 5×5 構造の配列をしている表面合金ができる．この表面に CO を吸着させると，飽和吸着の場合を図 3.46(b) に示すが，初期吸着から飽和吸着まで CO 分子は直上位置にのみ吸着し，橋かけ位置に吸着した分子の吸収ピークは観測されない．Pt(111)-Ge-NO の場合も同様で，すべての被覆率で NO 分子は直上位置にのみ吸着する．

Pt の中に微量な Ge が含まれる場合，前にも触れた寺倉の sd 混成により Ge の sp 電子が Pt の d 空孔の一部を埋めることになる．ここで t_{2g} 準位は上にシフトし，e_g 準位は元のままとどまり，電荷の中性を保つために Pt のフェルミ準位も上にシフトするから，e_g 準位が主に埋められる．その結果，e_g の成分が大きい $d_{y'z'}$ 軌道は CO の価電子が配位する様式での結合に寄与しなくなり，橋かけ位置の吸着分子が消失する．このようなことを考えると，吸着構造を議論するには金属の d 軌道側から考える方が実験事実と合致するのかもしれない．

これまでの議論は電子エネルギーだけであったが，吸着構造の議論にはさら

に吸着分子のゼロ点振動と，自由エネルギー $F = E - TS$ で安定性を論ずる必要があるために，エントロピー S を考慮する必要がある．上述したように飽和吸着時の吸着 CO 分子の C-O 伸縮振動の波数は直上位置が ~ 2100 cm^{-1}，橋かけ位置は ~ 1850 cm^{-1} である．そして他の振動のモードは Pt-C の伸縮振動といろいろな偏角振動であるから，C-O 伸縮振動に比べてはるかに低い波数である．分子が吸着したことに伴う振動のゼロ点振動の和を電子エネルギーに加えて吸着平衡を論じる場合，この C-O 伸縮のモードだけで十分である．したがって直上位置の方が ≥ 100 cm^{-1} だけゼロ点エネルギーは大きくなるが，これは一配位が安定になる実験結果と二ないし三配位が安定になるという理論との不一致をかえって大きく，すなわち理論を実験に一致させようとするのとは逆の効果でしかない．エントロピーについては振動現象が主体になるので次章で述べる．

3.10.2 吸着 CO の分子間相互作用

吸着層が規則的に配列をすると，吸着分子による準位に分散が現れる．図 3.48 にフロイント (Freund) らが ARUPS で観測した (a)Co(0001)($\sqrt{3}\times\sqrt{3}$)R30°-CO と (b)Co(0001)($2\sqrt{3}\times 2\sqrt{3}$)R30°-CO の CO の 4σ 準位と $1\pi + 5\sigma$ 準位の分散を，また挿入図にブリュアン域を示す．前者は室温での飽和吸着で $\Theta = 1/3$ であり，最近接分子間の CO-CO 距離は 4.35 Å である．後者は低温 (~ 170 K) での飽和吸着の $\Theta = 7/12$ であり，不整合構造のために挿入図に示すように基板の 2 次元格子の対称軸から 10.9° 回転した軸で分散関係を測定している．この場合の CO-CO の最近接分子間の距離は ($\sqrt{3}\times\sqrt{3}$)R30° より縮まり，3.29 Å である．分散が現れるのは分子間の相互作用によるので，最近接の分子間の距離が短くなると相互作用が強くなり，分散の上下の幅であるバンド幅は 4σ 準位では 0.15 eV から 0.48±0.05 eV に，5σ 準位は 0.3 eV から 0.8 eV に広がっている．

この分散関係は CO-CO の直接の相互作用で説明でき，分子軌道法の計算により各種パラメータを求めて，強束縛近似の計算結果と実験結果を比較するとよい一致が得られる．分散が正か負かは，たとえば ($\sqrt{3}\times\sqrt{3}$)R30° 構造で $\overline{\Gamma}$-$\overline{M}$ に沿った場合，$\overline{\Gamma}$ 点，$\overline{M}$ 点での CO の分子軌道を図 3.45 に従ってその配列を描き，図 3.36 で行ったと同様の反電場効果の解析をすると説明できる．また Pt(111)-CO などと同様に $1\pi + 5\sigma$ のピークはこの 2 つの準位が重なっているが，

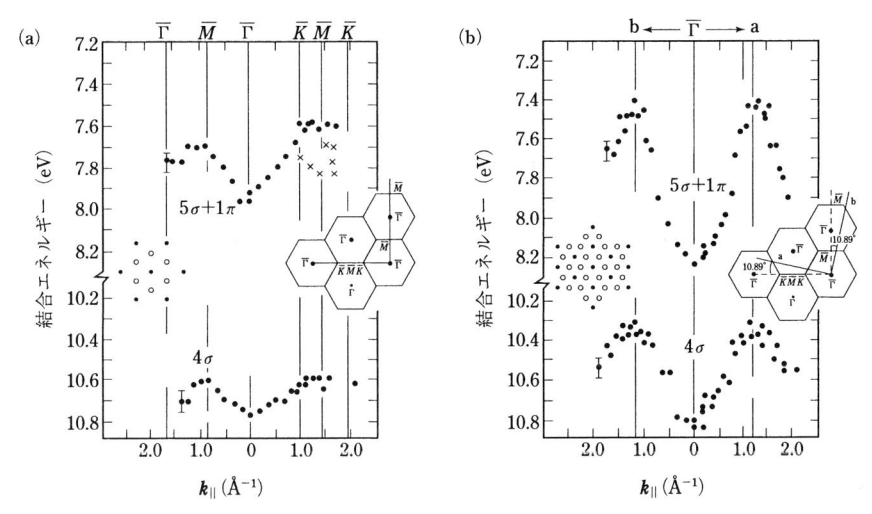

図 3.48 Co(0001)-CO の 4σ および $1\pi+5\sigma$ 準位の分散 (F. Greuter et al.: Phys. Rev., B **27**, 7117 (1983)) (a) 室温, $\Theta = 1/3$, (b) 低温 (~170 K), $\Theta = 7/12$.

5σ 準位の寄与が大きい.しかし両準位の混成がこの CO 分子層の分散を与えるうえで重要な役割を果たしている.一方,$(2\sqrt{3}\times2\sqrt{3})$R30°-CO は不整合構造であるが,CO-CO の直接の相互作用で分散が説明できるので,$(\sqrt{3}\times\sqrt{3})$R30°-CO と同様な解析ができる.

3.11 遅いイオンを用いて金属表面の電子構造を探る

これまでは主に電子状態のエネルギー準位を通して表面の電子構造の特色を調べてきた.しかし 3.10.1 項の後半で述べたように遷移金属表面の原子軌道の形状が CO 分子の吸着位置を決める要因になる可能性が大きい.そのような観点から分光法でない電子構造を調べる方法として,100 eV 以下の遅いイオン (hyperthermal ion) の金属表面での散乱について述べることにする.この分野の研究の先駆者であるハグストラム (Hagstrum) は,10 eV 以下の He^+ イオンを用いて,分光法になってしまうが,イオン中性化に伴う放出電子のエネルギー分布を測定するイオン中性化分光法 (ion neutraliztion spectroscopy, INS) を開発し,これを用いて金属,半導体の表面や金属表面に吸着した O, S 原子の吸

着状態の電子構造を調べて，当時としては画期的な知見を得ている．しかしこれは紫外光電子分光法 (UPS) による電子状態の測定に相当する知見を得ていたことと，原子間のオージェ過程を利用しているために電子の状態密度の自己相関関数を観測することになり，UPS が開発されてからはすたれてしまった．しかしこのような遅いイオンは，表面から突き出ている電子軌道とのみ相互作用をするので，UPS とは異なった表面にさらに特徴的な知見が得られることになる．とくに金属表面で起きる反応の特異性，すなわち触媒作用の解明をしようとするときには効果的である．このような立場からの遅いイオンビーム，とくに He^+ のような希ガスイオンではなくもっと反応性に富んだ N^+, N_2^+ などのイオンと金属表面との相互作用を中心に述べる．

3.11.1 イオン中性化

図 3.49 に赤澤と村田が測定した Pt(001) からの (a)Ar^+, (b)N_2^+, (c)CO^+ の散乱イオン強度の入射エネルギー依存性を示す．この実験では入射イオンは超高真空装置内に設置したセクター型質量分析計で特定のイオン種を選び出し，イオン化室のない 4 重極質量分析計を用いてイオン種を弁別して，角度分布を測定している．散乱イオンのエネルギー分析はしていないが，散乱強度が強い散乱イオンを検出している．そして図 3.49 のデータは表面への垂直から測った入射角 $\theta_i = 60°$ で，鏡面反射した散乱イオンを検出している．入射エネルギー $E_p = 100$ eV 以下では E_p が減少するにつれて散乱イオンの強度が指数関数的に増加している．このような遅いイオンは，金属表面で大部分が中性化され，生き残って散乱するイオンは入射イオンの 1% に満たない．

イオンの生き残り確率 P としてハグストラムの関係式が指標とされてきた．それはイオンの速度が遅くなればなるほど表面近傍でのイオンの滞在時間が長くなるので，中性化されやすくなるという考えに基づいた

$$P = C \exp(-v_c/v_\perp) \tag{3.20}$$

で与えられる．v_c は一定であり，イオンの表面に垂直な速度成分 $v_\perp$ が大きいほど生き残り確率が指数関数的に増大する．しかるに図 3.49 の結果はそれに反するように思える．これは，図 3.49 で散乱イオン強度が最低になる V 字形の底の E_p より高エネルギー領域では式 (3.20) が成立するが，低いエネルギー領域

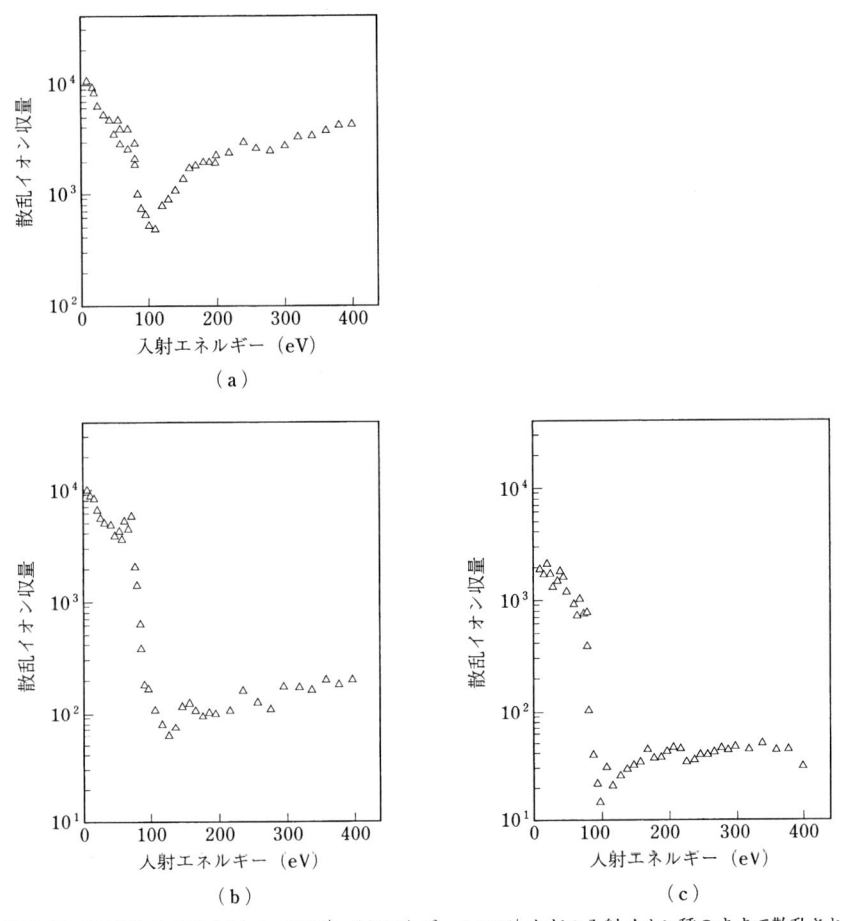

図 3.49 Pt(001) からの (a)Ar$^+$, (b)N$_2^+$, (c)CO$^+$ ビームの N$_2^+$ などの入射イオン種のままで散乱されたイオン強度の E_p 依存性 (H. Akazawa and Y. Murata: *Phys. Rev. Lett.*, **61**, 1218 (1988); *J. Chem. Phys.*, **92**, 5551 (1990))
$\theta_i = 60°$ で鏡面反射

では生き残るイオンの散乱点が表面から遠ざかり,中性化を起こすトンネル確率が指数関数的に減少しているためである.その結果,式 (3.20) の v_c が一定ではなく,エネルギー依存性をもつことになる.

図 3.49(a) と (b) の Ar$^+$ と N$_2^+$ を比べたときに,縦軸は任意の単位を用いているが,両者は共通の尺度であり,反応性が高い N$_2^+$ と低い Ar$^+$ とで生き残り確率に差がない.これはこのエネルギー領域での中性化が主に原子間のオージェ

過程で起きるオージェ中性化によっていることを示している．というのはオージェ中性化のほかに中性化の過程として共鳴トンネルにより標的金属の価電子がイオンの空準位に遷移する共鳴中性化がある．このときはほぼ同じエネルギーの準位間に電子が遷移するが，イオンの空準位はイオンの価電子準位より高い準位なので励起中性分子(原子)が生じる．共鳴中性化の場合には多くの励起準位がある N_2^+ の場合が Ar^+ に比べてずっと中性化の確率が大きい．一方オージェ中性化は標的金属の価電子が入射イオンの空の内殻準位に無放射遷移し，その際放出されるエネルギーを金属中の別の価電子が電子間のクーロン相互作用により受け取って放出される過程であり，N と Ar は内殻準位のエネルギーが近い値をもっているので，遷移確率は大差がないと思われる．しかしもっと活性な CO^+ では1桁程度生き残り確率が小さくなっている．なお一言加えておくと，表面層で起きる金属-絶縁体転移の研究には，遅い活性イオンを用いたイオン中性化の測定が効果的である．

3.11.2 トラッピング

図 3.50 に Pt(001) を標的とした (a)O_2^+，(b)CO^+，(c)N_2^+，(d)Ne^+ の散乱イオンの角度分布を示す．E_p =50 eV, $\theta_i = 60°$ である．また散乱強度の尺度は共通である．不活性種である Ne^+ は鏡面反射方向に散乱強度が最大になっていて分

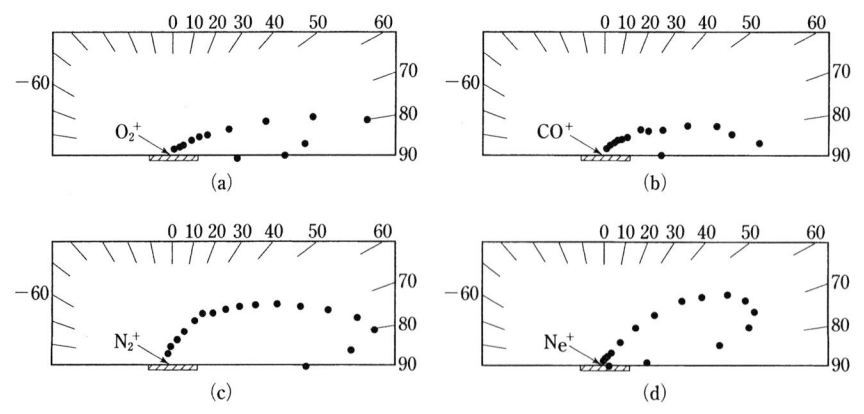

図 3.50 Pt(001) からの (a)O_2^+，(b)CO^+，(c)N_2^+，(d)Ne^+ の散乱イオンの角度分布
(H. Akazawa and Y. Murata: *Phys. Rev. Lett.*, **61**, 1218 (1988); *Phys. Rev.*, B **39**, 3449 (1989); *J. Chem. Phys.*, **92**, 5551 (1990))
E_p =50 eV, $\theta_i = 60°$.

布の幅が広いが，活性種の O_2^+，CO^+ は表面にすれすれな方向に強い散乱が観測されしかも分布の幅が非常に狭い．N_2^+ はこの中間で最大強度は表面に沿って散乱されるが分布の幅は広い．図 3.49(c) の CO^+ の生き残り確率が Ar^+，N_2^+ に比べて 1 桁小さくなっていたのは鏡面反射方向で測定していることが 1 つの原因である．

この散乱分布の活性イオン種と不活性イオン種の顕著な違いはイオンと金属表面との相互作用ポテンシャルに起因している．Ne^+ の場合には表面との間に働く力は斥力ポテンシャルが主で，引力ポテンシャルはイオンと鏡像電荷との間に働く遠距離力の鏡像力のみで，全体としてモース型の関数の浅い引力ポテンシャルになっている．それに対して O_2^+，CO^+ では引力として化学的な強い，短距離力の相互作用が加わり，鋭く深いポテンシャルの井戸が生じていて，斥力と引力を加えた全ポテンシャルエネルギーにはポテンシャル障壁が存在する．そのため散乱された遅いイオンが次のステップで，大きい入射角 θ_i，すなわち表面にすれすれに入射すると，ポテンシャル井戸に捉えられてその散乱イオンはポテンシャル障壁を越すことができずに表面に沿って運動することになる．そして再び散乱して表面にすれすれの方向の小さな散乱角，すなわち大きな出射角で放出される．これを表面トラッピングが起きているという．また大きな散乱角，すなわち小さな出射角で散乱したイオンは，原子核に近い衝突係数の小さな軌道を通って散乱されるので，中性化の確率が大きく，散乱されるイオン強度は大きく減少し，生き残りイオンの角度分布の幅は狭くなる．この現象は標的の表面から外に突き出た d 軌道の形を強く反映するが，散乱イオンのエネルギー分布を測定すると顕著に現れる．

ヘルマン (Herrmann)，村田らは試料のまわりで回転可能な半球型エネルギー分析器を用いて，Pt(111) から散乱する Ne^+，N^+ のエネルギー分布の表面垂直から測った出射角 θ_e 依存性を測定した．入射エネルギー $E_p = 30$ eV，入射角 $\theta_i = 45°$ で，散乱イオンのエネルギー分布曲線で強度が最大になるエネルギーの出射角依存性を図 3.51 に示す．(a) は Ne^+，(b) は N^+ である．表面の元素分析や構造解析に使われるイオン散乱分光法 (ion sacttering spectroscopy, ISS) で用いられている 2 体衝突と同じように 1 回散乱が起きると，運動量保存則を満たすように入射イオンが運動量を標的原子に渡して散乱する．この場合，散乱

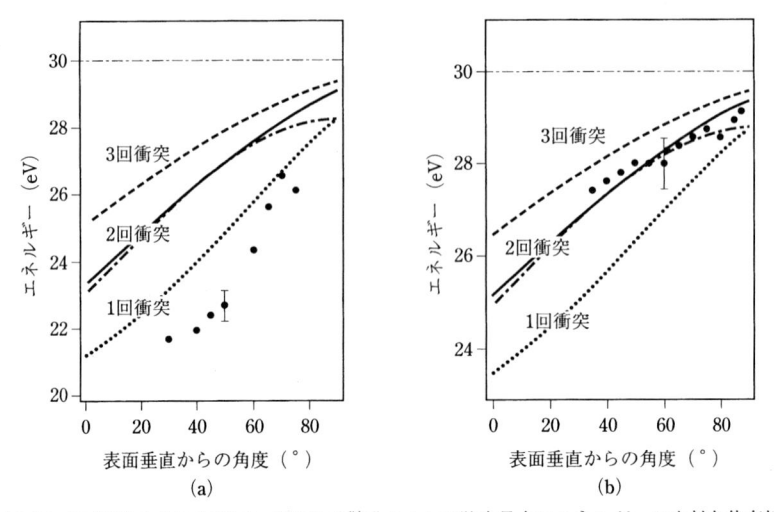

図 3.51 Pt(111) からの (a)Ne$^+$, (b)N$^+$ の散乱イオンの強度最大のエネルギーの出射角依存性 (G. Herrmann *et al.*: *J. Chem. Phys.*, **114**, 6861 (2001))
実測値を黒丸で示す．水平の細い1点鎖線が入射エネルギーである．

イオンの速度が入射時より減速するので運動エネルギーは低下する．その散乱イオンの運動エネルギーは入射方向から測った散乱角 ($\theta = 180° - \theta_\mathrm{i} - \theta_\mathrm{e}$) の関数で表され，

$$E_\mathrm{s}(\theta) = E_\mathrm{p} \left(\frac{\cos\theta + \sqrt{\gamma^2 - \sin^2\theta}}{1+\gamma} \right)^2 \tag{3.21}$$

となる．ただし，γ は標的原子と入射粒子の質量比である．

式 (3.21) で得られた値を図 3.51 に点線で示したが，不活性イオン種の Ne$^+$ の場合は ~2 eV のエネルギー損失を伴った1回散乱が起きていることがわかる．それに対して N$^+$ の場合はこれより明らかに高い運動エネルギーで散乱され，広い出射角の範囲で1点鎖線の曲線と一致している．図の実線の曲線は $\theta/2$ の等しい散乱角で2回散乱する場合で，おおむね N$^+$ の実験結果と一致している．しかしもっともよく合致している1点鎖線で示す散乱過程は，入射イオンが1回目の散乱で表面に平行な方向に散乱され，次に合算した散乱角が θ になる2回目の散乱でイオンが放出される．$\theta_\mathrm{i} = 45°$ のときのこの2回散乱による散乱イオンのエネルギーは，

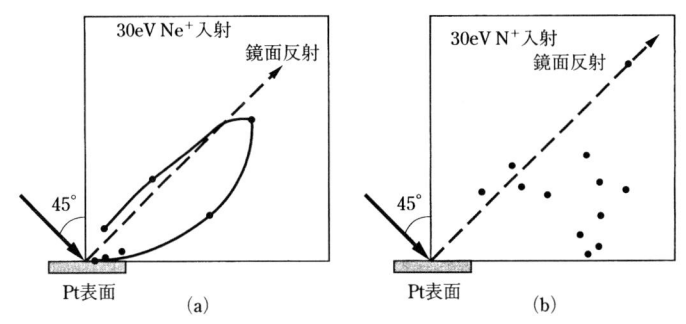

3.11 遅いイオンを用いて金属表面の電子構造を探る

図 3.52 Pt(111) からの (a)Ne$^+$, (b)N$^+$ の強度が最大で散乱したイオンの出射角分布 (G. Herrmann *et al.*: *J. Chem. Phys.*, **114**, 6861 (2001)) $E_\mathrm{p} = 30$ eV, $\theta_\mathrm{i} = 45°$.

$$E_\mathrm{s}(\theta) = \frac{E_\mathrm{p}}{(1+\gamma)^4}\{\cos 45° + \sqrt{\gamma^2 - \sin^2 45°}\}^2 \{\cos(\theta-45°) + \sqrt{\gamma^2 - \sin^2(\theta-45°)}\}^2 \tag{3.22}$$

で与えられる.したがって化学的な活性な N$^+$ イオンはいったん表面にトラップされてから散乱している.

しかもこの散乱過程で鏡面反射の場合には共鳴的な現象が観測されている.図 3.52(a) に Ne$^+$, (b) に N$^+$ の出射角分布を示す.やはり入射エネルギー $E_\mathrm{p} = 30$ eV, 入射角 $\theta_\mathrm{i} = 45°$ である.Ne$^+$ は図 3.50(d) に示したエネルギー分析をしていない Pt(001) での散乱と同様に,ほぼ鏡面反射方向に強い散乱が起き,広い角度分布をしている.それに対して N$^+$ は表面に沿った方向に広い分布をしているのに加え,鏡面反射方向に共鳴的な強い散乱が起きている.これはまさに共鳴現象で,Pt(111) 表面の表面から垂直方向に大きく延びている d 軌道にトラップされて,表面原子と強い相互作用を受けずに 30 eV という遅いイオンが生き残り,再び散乱されたイオンが検出されたとみてよいであろう.というのは N$_2^+$,CO$^+$ のような回転の自由度がある分子イオンではこのような現象は観測されていないし,さらに d 軌道が大きくは延びていない Ni 表面での N$^+$ の散乱でもこのような現象は観測されていない.

参 考 文 献

- **3章全般**

Electronic Structure (Handbook of Surface Science, Vol. 2) ed. by K. Horn and M. Scheffler (North-Holland, 2000).

塚田 捷編：表面科学シリーズ2, 表面における理論 I, II (丸善, 1995).

小間 篤編：表面科学シリーズ4, 表面・界面の電子状態 (丸善, 1997).

- **3.1 節**

A. Kiejna and K. F. Wojciechowski: *Metal Surface Electron Physics* (Pergamon, 1996).

J. Friedel: *Phil. Mag.*, **43**, 153 (1952).

- **3.2 節**

W. Mönch: *Surf. Sci.*, **86**, 672 (1979).

村田好正, 八木克道, 服部健雄：固体表面と界面の物性 (培風館, 1999).

- **3.4 節**

R. Smoluchowski, Phys. Rev. **60**,661 (1941).

- **3.6 節**

V. Heine: in *Solid State Physics,* Vol. 35, ed. by H. Ehrenreich, F. Seitz and D. Turnbull (Academic Press, New York) p. 81.

- **3.7 節**

T. Aruga and Y. Murata: *Progr. Surf. Sci.*, **31**, 61 (1989).

- **3.10 節**

P. J. Feibelman, B. Hammer, J. K. Nørskov, F. Wagner, M. Scheffler, R. Stumpf, R. Watwe and J. Dumesic: *J. Phys. Chem.*, **B 105**, 4018 (2001) の文献から, Pt(111)-CO の吸着構造についての過去の研究が引用できる.

4
表面の振動現象

　第3章までに，表面の振動現象の分光学的な研究として述べてきたことは，角度分解の高分解能電子エネルギー損失分光法 (high-resolution electron energy loss spectroscopy, HREELS) により W(001)-H の W-H 伸縮振動の被覆率依存性を測定して，鏡面反射では双極子遷移が許容遷移であるのに対して非鏡面反射では選択則がゆるくなる (衝突散乱, impact scattering) ことを利用して，H原子の吸着位置を決めたこと，HREELS，反射吸収赤外分光法 (reflection absorption infrared spectroscopy, RAIRS) による C-O 伸縮振動の吸収波数の違いを利用して，遷移金属に吸着した CO 分子の吸着位置を決めたこと，そこには強度移行 (intensity transfer) のために吸着量は決められないことなどを述べている．また分光法でない振動現象として LEED で求めた NaCl の表面デバイ温度について述べた．本章では分析手段としての振動現象から離れて，表面物理の研究にとって重要な表面の振動現象の基礎的な事柄を述べる．

4.1　格子振動の表面モード――表面フォノン――

4.1.1　1次元鎖模型
　表面に局在した格子振動を理解するために，3.2節で表面準位のモデル計算に用いたと同様な，1次元鎖の結晶模型で表面フォノンを考察する．質量 m の原子が平衡原子間距離 a，力の定数 κ で結ばれている半無限の1次元結晶を取り上げる．表面から $n = 0, 1, 2, \cdots$ と番号づけし，表面原子は結晶内部とは異なった結合状態にあるので，$n = 0$ と 1 の原子間の結合は結晶内部とは異なる力の定数 κ' とする．しかし表面格子緩和はないとする．n 番目の原子の平衡位

置からの変位を u_n とすると $n \geq 2$ での運動方程式は,
$$m\ddot{u}_n = \kappa(u_{n+1} + u_{n-1} - 2u_n) \tag{4.1}$$
である．また，$n=0$, 1 の原子の運動方程式は，

$$\begin{aligned}
m\ddot{u}_0 &= \kappa'(u_1 - u_0) \\
m\ddot{u}_1 &= \kappa(u_2 - u_1) - \kappa'(u_1 - u_0)
\end{aligned} \tag{4.2}$$

で与えられる．波数ベクトル k の波 $u_n = U \exp i(kan - \omega t)$ を式 (4.1) に代入すると，よく知られているバルク結晶の音響枝に対する角振動数 ω の分散関係

$$\omega = 2\sqrt{\frac{\kappa}{m}} \left| \sin \frac{ka}{2} \right|$$

が得られる．それを図 4.1 に太い実線で示す．

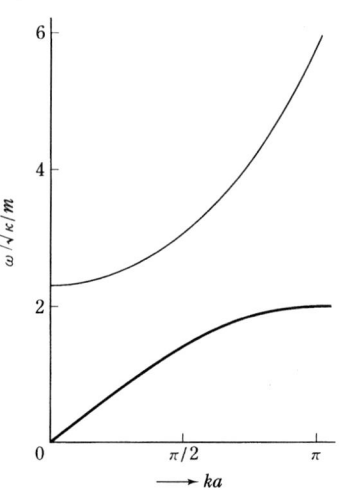

次に表面に局在した振動モード, 表面フォノンを考える. それは原子変位の大きさが結晶の内部に向かって減衰する波である. そのためにまず一様に減衰する波を取り上げ,

図 4.1 1次元鎖模型でのフォノンの分散関係 太い実線はバルクフォノン，細い実線は表面フォノンで，$\kappa' = (4/3)\kappa$ とした．

$$\begin{aligned}
u_0 &= A' \exp(-i\omega_s t) \\
u_n &= A \exp(-kan - i\omega_s t); \quad n = 1, 2, 3, \cdots
\end{aligned} \tag{4.3}$$

とおく．ここで，u_n が減衰する波であるから k は正の実数である．式 (4.3) の u_n を式 (4.1) に代入すると，

$$m\omega_s^2 = 2\kappa(1 - \cosh ka) \tag{4.4}$$

となり，これが表面フォノンの角振動数 ω_s の分散関係である．また式 (4.3) の u_0, u_1, u_2 を式 (4.2) に代入すると,

$$\begin{aligned}
-m\omega_s^2 A' &= \kappa'(Ae^{-ka} - A') \\
-m\omega_s^2 Ae^{-ka} &= \kappa A(e^{-2ka} - e^{-ka}) - \kappa'(Ae^{-ka} - A')
\end{aligned}$$

となり，これは A, A' の 1 次の整次連立方程式である．したがって A, A' の係数の行列式 $= 0$ を満足しなければならない．それに式 (4.4) を代入して,

$$\zeta = (\kappa' - \kappa)/\kappa \tag{4.5}$$

$$x = e^{ka} \tag{4.6}$$

とおいて整理すると,

$$x^2 + 2\zeta x - \zeta = 0 \tag{4.7}$$

または,

$$x = 1$$

の関係が得られる．ここで，式 (4.6) と $k>0$ より $x>1$ であるから式 (4.7) が成立する．そして式 (4.7) が実根をもつ条件 $\zeta^2 + \zeta > 0$ より，$\zeta > 0$ または $\zeta < -1$ である．しかし式 (4.7) を書き換えて，

$$\zeta = \frac{x^2}{(1-2x)}$$

とすると，$x > 1$ であるから $\zeta < 0$ となり，結局 $\zeta < -1$ となる．一方，式 (4.5) を $\kappa' = (1+\zeta)\kappa$ と書き換えると，$\kappa > 0$，$\zeta < -1$ より $\kappa' < 0$，すなわち負の力の定数になる．これは安定解がないことを意味し，変位が結晶内部に向かって一様に減衰する表面フォノンはこの単純な 1 次元鎖模型では存在しない．このことは上の計算をするまでもなく，式 (4.4) の右辺が ≤ 0 であり，ω_s が虚数になることからも明らかである．

3.2 節で述べた 1 次元鎖模型の表面準位には $A < -1$ の波動関数が符号を交互に変えながら減衰するモードがあった．そこで表面フォノンにもこれと同様に符号を変えながら減衰する波を考える．それには式 (4.3) の u_n に $ka \to ka + i\pi$ と位相 π を加えればよい．したがって式 (4.6) より $x \to -x$ となり，式 (4.7) に代入するとその解

$$x = \zeta + \sqrt{\zeta^2 + \zeta} > 1$$

より $\zeta > 1/3$，ゆえに式 (4.5) より表面原子を結ぶ結合の力の定数が

$$\kappa' > 4\kappa/3 \tag{4.8}$$

であれば表面に局在したフォノンが存在する．これは表面原子に対する力の定数 κ' が結晶内部での力の定数 κ より 4/3 倍以上と硬くなるときに表面フォノンが現れることを意味する．2.5 節で述べたように，金属表面の表面格子緩和は一般に縮みが観測されることから，表面原子を結ぶ力の定数が結晶内部より大きくなる可能性は十分にある．式 (4.4) から得られるこの表面フォノンの分散関係を $\kappa' = 4\kappa/3$ として図 4.1 に細い実線で示す．ただし，$ka \to ka + i\pi$ としたの

で, 式 (4.4) は $m\omega_s^2 = 2\kappa(1+\cosh ka)$ である.

この単純な1次元鎖模型と比較するために, Ni(001) の清浄表面の表面フォノンを取り上げる. HREELSでイバッハ (Ibach) らが測定した Ni(001) の振動励起に伴うエネルギー損失の $k_\parallel$ 依存性を図4.2に示す. 表面ブリュアン域 (surface Brillouin zone, SBZ) の $\overline{\Gamma}$-$\overline{X}$ に沿ったフォノンの分散関係である. これらは3.9節の図3.37で示したオーバーレーヤープラズモンの測定と同様に, 平均自由行程が短い 100 eV 程度の低速電子線が鏡面

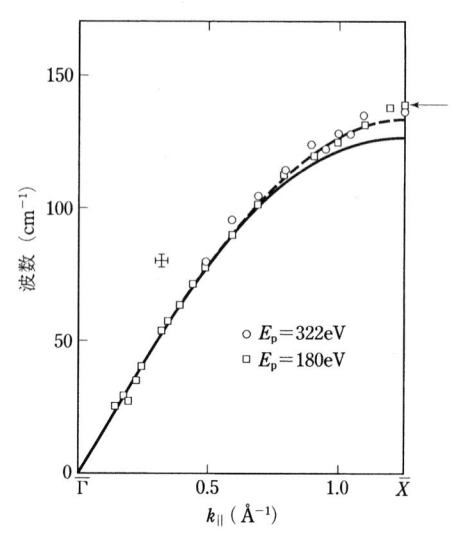

図 4.2 Ni(001) の HREELS から得たフォノンの分散関係 (S. Lehwald, *et al.*: *Phys. Rev. Lett.*, **50**, 518 (1983))

反射した回折波を励起源として, 出射角を変えて分散関係を測定するので, 表面に敏感で表面フォノンの分散関係が得られる. またこの測定に用いた入射エネルギーは E_p =180, 322 eV であったが, 両者はよい一致を示している.

図の実線はバルクフォノンのスペクトルから求めた力の定数を用い, 最近接原子間の相互作用のみを取り入れて中心力場で計算した表面フォノンの分散曲線であるが, 実測値はそれより高波数側にある. 破線は $n = 0$ と 1 との間の力の定数を20%増して, すなわち1次元鎖模型の計算で用いた力の定数の記号を用いると, $\kappa' = 1.2\kappa$ として計算した分散曲線であり, 実験値とよく一致している. したがって振動モードは異なっているが, 偶然なことに表面原子を結ぶ力の定数は硬くなり, 硬くなる程度も $\kappa' = (4/3)\kappa$ とよい一致を示している. ただし, 式 (4.8) は1次元鎖模型で求めたので, 表面に垂直な波数ベクトル $k_\perp$ をとっていることになる. それに対して, 図4.2 は $k_\parallel$ についての分散関係であるから, 偶然の一致とみるべきかもしれない.

4.1.2 表面単原子層

表面単原子層として, タンタルカーバイト (TaC) 表面に作製した単原子層グ

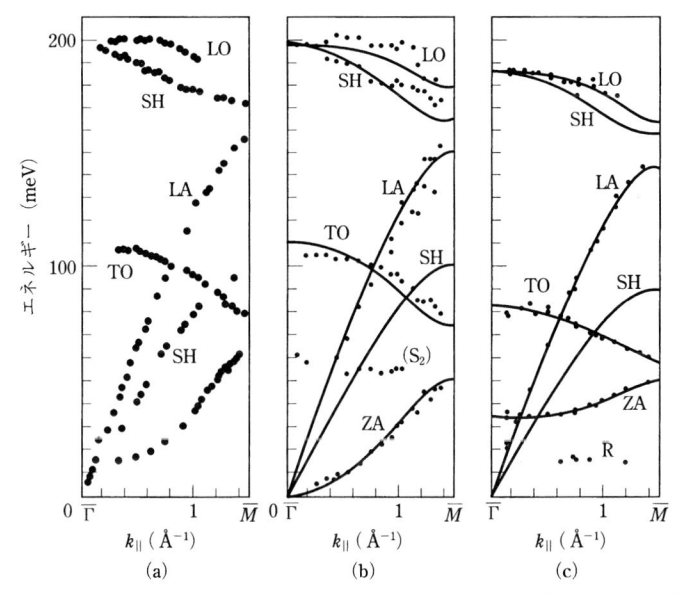

4.1 格子振動の表面モード　　　*143*

図 4.3 (a) グラファイト (0001)，(b) MG/TaC(001)，(c) MG/TaC(111) の表面フォノンの分散関係
(T. Aizawa *et al.* : *Phys. Rev.* B **42**, 11469 (1990))
黒丸は実測値．

ラファイト (monolayer graphite, MG) の表面フォノンを取り上げる．相澤 (俊) らが HREELS で測定したフォノンの分散関係を図 4.3 に示す．(a) は比較のためのグラファイト (0001)，(b) と (c) はそれぞれ TaC(001) と TaC(111) を基板とした MG の分散関係である．TaC は NaCl 型の結晶で，(001) は NaCl の劈開面と同じ原子配列で，電荷の中性が成立する不活性な表面である．それに対して (111) は 2.6 節で述べたように極性表面で，NaCl などでは不安定な表面であるが，TaC では Ta が終端の反応性が高い表面である．

図 4.3(a) のグラファイト (0001) の表面フォノンの分散関係はバルクフォノンの分散関係と同様に 3 つの光学枝と 3 つの音響枝がすべて観測されている．グラファイト結晶の光学枝は，$\overline{\Gamma}$ 点で LO(longitudinal optical, 光学縦波) モードと SH(shear-horizontal, 表面に沿った縦波) モードが面内振動として，エネルギーは 196.9 meV に，TO(transversal optical, 光学横波) モードが面外振動として 106.9 meV に観測されている．また図 4.3(b) に示す表面不活性な TaC(001) 基板の MG の表面フォノンはこれらの値に近く，分散関係もほぼ一致している．

それに対して (c) の表面活性な TaC(111) 上の MG は，LO，TO モードともにこれらに比べて低エネルギー側に大きくシフトしている．

MG の C-C 原子間距離が MG/TaC(001) は 2.46 Å とグラファイトと一致しているのに対して，MG/TaC(111) は 2.49 Å と伸びている．TaC(111) 上の MG の LO，TO がともにソフト化しているのは，この C-C 原子間距離が伸びていることに対応しているように思える．しかし C-C の原子間距離が伸びているのは MG が基板 TaC(111) と強く相互作用していることの現れで，基板との相互作用が強いとなぜ面外振動もソフト化するかを考える必要がある．図 4.3(b) (c) の実線は実測値に合うように力の定数を決めて計算した曲線であるが，実測値をよく再現している．フォノンがソフト化している MG/TaC(111) で得られた力の定数のうち，原子間距離が伸びている C-C 伸縮の力の定数はバルクの値とほぼ同じである．それに対して C 原子の面外振動に対応する偏角の力の定数はバルクの値の ~1/2 になっている．基板の Ta 原子と MG の C 原子との相互作用が強くなって，このように表面に垂直な振動に対応するばね定数が弱くなるのは一見矛盾しているように思える．この矛盾を解決するために電子構造を眺めることにする．

長島らが紫外光電子分光法 (UPS) で測定した MG/TaC(111)(黒丸と黒四角) と MG/TaC (001)(白丸と白四角) の SBZ の $\overline{\Gamma}$-$\overline{M}$ および $\overline{\Gamma}$-$\overline{K}$ 方位での電子構造の分散関係を図 4.4 に示す．破線はバルクのグラファイトのバンド構造で，フォノンの場合と同様に MG/TaC(001) は破線とほぼ一致しているが，MG/TaC(111) の π バンドは結合エネルギーが大きい深い方向に平行移動している．さらにグラファイトならば非占有準位である反結合性の π^* バンドも深い方向にシフトして $\overline{K}$ 点近傍で電子に占有され，それからの電子放出が観測されている．それに対して σ バンドは変化していない．このことは表面に垂直な変位に対する偏角振動の力の定数を小さくすることと直接には対応しない．しかし，非局在化した π 軌道としての性質，すなわち分散曲線が自由電子としての放物線の形を保ちながら，$\overline{K}$ 点近傍で π^* バンドが一部占有されることは，その骨格をつくる C 原子の sp^2 混成に C 原子の π 軌道が Ta 原子と相互作用して，C 原子の原子軌道に sp^3 混成的な性質が加わったと考えることができる．その結果グラファイトの平面構造を強く保持する力が減少し，実験結果が説明できる．こ

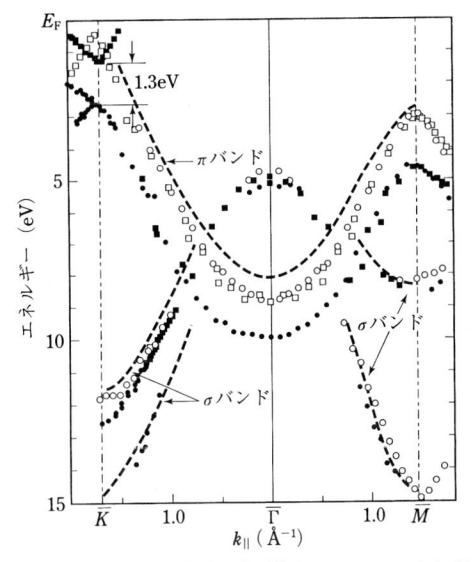

図 4.4 TaC 基板の MG のバンド構造の実測値 (C. Oshima and A. Nagashima: *J. Phys.: Condens. Matter*, **9**, 1 (1997))
白丸および白四角は MG/TaC(001), 黒丸および黒四角は MG/TaC(111).

れは C 原子の sp^2 と p_z 軌道が混じってきて, 基板の第 1 層の Ta 原子層と MG の反結合性 π^* 準位と π 準位の分裂を減らしたと言い換えることができる.

MG/TaC(111) における基板とグラファイト層との相互作用が仕事関数の変化にも現れていて, これも興味ある変化である. TaC(111) の清浄表面の仕事関数 ϕ は 4.7 eV であり, MG/TaC(111) では 3.7 eV に減少している. そして 2 原子層のグラファイト層では 4.2 eV に増加し, グラファイト結晶の ϕ =4.6 eV に近づいている. この結果は 3.10 節での Pt(111) への CO の吸着で, CO5σ 軌道の電子が Pt の d 空孔に配位したときに ϕ の値が低下したことと対応しているように思えるが, $\overline{K}$ 点近傍で π^* バンドが占有されているから CO の 2π^* 軌道へ d 電子が逆配位している状態に対応する. しかも $\overline{K}$ 点近傍で π^* バンドに電子が入ることは, MG としては電荷として中性よりむしろ電子が過剰になっていて, ϕ が大きくなるはずである. この矛盾は 3.8 節で述べた K/Cu(001) での仕事関数の変化で, K 原子が中性化したにもかかわらず ϕ が大きく減少していた状況と対応させて, 図 3.30 にあるように MG と基板との間の電子密度が増していると考えられる. このような状況が起きるのは TaC(111) が Ta·C·Ta·C···の

層状構造をしていて,分極した構造であり,このままでは結晶全体に強い電界が働くことになる.その分極を減らすためにπ^*バンドの電子はかかわっているように思える.

4.2 吸着分子の振動

金属表面に吸着した分子の振動スペクトルの測定には反射吸収赤外分光法(RAIRS)が,また表面の格子振動を含めた表面振動の測定にはHREELSが一般に用いられる.そしてHREELSでは2.8節で述べたように,振動に伴う双極子の変化が,電子の入射波の波数ベクトルk_iと散乱波の波数ベクトルk_sの差である散乱ベクトル$K=k_s-k_i$に平行なときにエネルギー損失が観測される.したがって鏡面反射条件では表面に垂直に振動する双極子遷移の選択則が成立し,非鏡面反射ではゆるい選択則になる.一方,RAIRSの場合は吸着分子と相互作用をする光の電場ベクトルが入射波と反射波の合成になる.そのためs偏光の場合は光が反射する際に位相がπだけずれて,入射角に関係なく光の電場は打ち消される.それに対してp偏光の場合は位相のずれは入射角に依存し,大きな入射角,すなわち表面にすれすれに入射する場合には強い電場が生じる.一方,吸着している分子の振動(基準座標をQ)に伴う双極子μの変化,すなわち動的双極子$\partial\mu/\partial Q$は,基板金属に生じる鏡像双極子により,表面に垂直に振動している遷移双極子(transition dipole)は強め合うことになり,表面に平行な遷移双極子は打ち消される.そのため表面にすれすれにp偏光の光を入射し,鏡面反射する光を分光すると,表面に垂直な方向に双極子が変化する振動モードを1回反射により十分な吸収強度で観測できる.そして表面に平行な振動のモードはRAIRSにとっては強い禁制になる.

4.2.1 吸着平衡での振動励起に伴うエントロピー

Ni, Pd, Ptなどの表面にCO, NO分子が非解離吸着する場合には,一般に一配位の直上位置と二配位以上の配位数をもつ位置の2種類の吸着構造をもつ.その吸着エネルギーの差が小さい場合には両者の吸着位置の間で吸着平衡が成立し,両者の相対的な吸着量に温度依存性がRAIRSで観測される.その例と

して，イバッハらが RAIRS によって観測した Ni(001)-CO での C-O 伸縮振動のスペクトルの温度変化を図 4.5 に示す．300 K で CO を $\Theta = 0.2$ 吸着し，85 K まで冷却する過程と再び 300 K まで温度を上げたときのスペクトルである[*1]．高波数側が Ni 原子の直上位置に吸着した CO，低波数側が橋かけ位置に吸着した CO による吸収ピークであるが，それぞれの強度は単調に変化し，85 K では橋かけ位置の積分強度の方が大きく，300 K では逆に直上位置の積分強度が大きい．

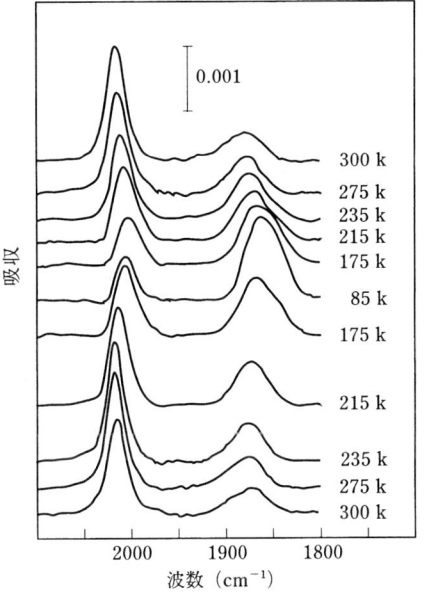

3.10.1 項で述べたように，一配位と二配位の吸着位置が異なる吸着分子の吸着量の比を赤外吸収スペクトルの吸収強度から単純には求まらないが，$\Theta = 0.2$ と小さいのでスペクトルの積分強度と吸着量はほぼ比例しているとみなせる．というのは，温度とともに吸着位置が (一配位)⇌(二配位) と変化するためには，CO の吸着サイトの隣接する一配位と二配位のサイトのどちらかが空いている必要がある．その結果，2 種の吸着分子が接近する確率が小さく，分子間の双極子相互作用が弱い状態にある．さらに直上位置の分子と橋かけ位置の分子の $|\partial \mu / \partial Q|^2$ に比例する遷移確率は等しいと仮定する．したがって直上 (橋かけ) 位置に吸着した分子数を $n_a(n_b)$，$n_a + n_b = N$ とすると，スペクトルの相対的な積分強度から n_a/N が求まる．

図 4.5 Ni(001)-CO($\Theta = 0.2$) で測定した RAIRS の温度変化 (A. Crossmann et al.: Phys. Rev. Lett., **71**, 2078 (1993))

$T = 85$ K では $n_a < n_b$，$T = 300$ K では $n_a > n_b$ になり，温度の上昇とともに n_a/N は単調に増加し，230 K 近傍で $n_a = n_b$，すなわち $n_a/N = 0.5$ を横切っている．直上位置と橋かけ位置の両吸着種のゼロ点振動を含めた内部エネルギーの差 ΔE によるボルツマン因子 $\exp(-\Delta E/k_B T)$ だけからは，n_a/N は $T = 0$ K では 1 または 0 で，単調に減少あるいは増大して，$T \to \infty$ では $n_a = n_b$ より 0.5

[*1] ほぼ同時に吉信，川合が同じ Ni(001)-CO($\Theta = 0.04$) で同様の測定をしている．

になり，実測のように $n_a/N = 0.5$ を横切ることはない．しかし吸着平衡を扱う場合には，一般に自由エネルギー $F = E - TS$，すなわち $\Delta F = \Delta E - T\Delta S$ で議論する必要があり，とくに ΔE が小さいときにはエントロピー S を考慮しなければならないことが起きる．Ni(001) の 2 次元単位胞では直上位置の数が 1 であり，橋かけ位置の数は 2 である．Ni(001)-CO の場合は橋かけ位置の方が安定であり，n_b/N は $T = 0$ K の 1 から単調に減少し，吸着サイトの数に着目してエントロピーを単純な形で考慮すると，$T \to \infty$ では 1/3 になり，0.5 を横切ることになる．

そこでエントロピーをきちんと考慮した考察をする．この場合は振動励起に伴うエントロピーが無視できない．金属表面の直上位置に直立して吸着した CO 分子の低波数の振動モードとして 2 つの偏角振動がある．それは図 4.6(a) に示す基板の金属原子 M を支点にした並進振動 (frustrated translation, $\hbar\omega_t$, FT モードと呼ぶことにする) と，(b) に示す原子 A を支点とした回転振動 (frustrated rotation, $\hbar\omega_r$, FR モードと呼ぶことにする) である．これらは赤外吸収スペクトル，HREELS の鏡面反射スペクトルでは禁制遷移で観測できないが，高分解能の He 原子線の非弾性散乱により観測できる．直上位置の FR モードの振動エネルギーは 59.5 meV であり，橋かけ位置も同様の値である．それに対して FT モードの振動エネルギーは被覆率 $\Theta = 1/3$ で観測される直上位置では 6.0 meV，$\Theta = 1/2$ に現れる橋かけ位置に対しては 7.4 meV である．このように FT モードの振動エネルギーは非常に小さいので，この振動モードの振動励起だけがエントロピー S に大きく寄与することになり，FR モードを含めて他の振動モードは無視できる．

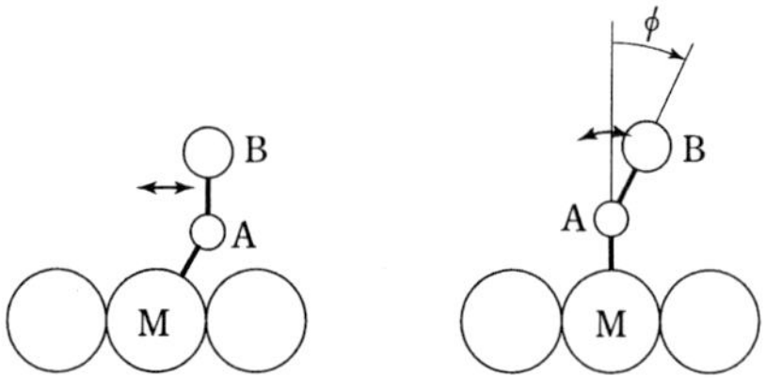

図 4.6　直立して吸着した CO 分子の 2 つの偏角振動
(a) $\hbar\omega_t$ (frustrated translation), FT モード, (b) $\hbar\omega_r$ (frustrated rotation), FR モード．

自由エネルギー $F = -k_B T \ln Z$ より (Z は分配関数)，直上位置に直立した CO 分子の自由エネルギー F_a は，

$$F_a/n_a \simeq E_{ba} + 2k_B T \ln\left\{1 - \exp\left(-\frac{\hbar\omega_{ta}}{k_B T}\right)\right\} + k_B T \ln\frac{n_a}{N - n_a} \tag{4.9}$$

橋かけ位置の分子の自由エネルギー F_b は，

4.2 吸着分子の振動

$$F_{\rm b}/n_{\rm b} \simeq E_{\rm bb} + k_{\rm B}T \ln\left\{1 - \exp\left(-\frac{\hbar\omega_{\rm tb}}{k_{\rm B}T}\right)\right\} + k_{\rm B}T \ln\frac{n_{\rm b}}{2N-n_{\rm b}} \quad (4.10)$$

となる．ここで，$E_{\rm ba}(E_{\rm bb})$ は直上 (橋かけ) 位置でのゼロ点振動を考慮した内部エネルギー $E_{\rm b}$ であり，FTモードの振動エネルギー $\hbar\omega_{\rm t}$ についても同様である．また右辺の第 2，第 3 項がエントロピー由来の項である．そして第 2 項が低波数の $\hbar\omega_{\rm t}$ の振動励起に基づくもので，第 3 項が吸着サイトの数による．

$\hbar\omega_{\rm ta} \approx \hbar\omega_{\rm tb}$ であるから，このエネルギー差が 2 つの吸着位置の安定性の違いに関係してくることはない．しかるに fcc(001) の直上位置に直立して吸着した CO は分子軸のまわりで 4 回対称であるから，FT モードは 2 重に縮重する．それに対して橋かけ位置に吸着した CO は 2 回対称であるから，FT モードは縮重せず，他の 1 つの振動 (面内) はずっと高波数になる．この式 (4.9) の右辺の第 2 項の係数 2 が縮重度に由来している．第 2 項の対数部は $\hbar\omega_{\rm t} \ll k_{\rm B}T$ より負で，$\hbar\omega_{\rm ta} \approx \hbar\omega_{\rm tb}$ であるから縮重度による 2 倍のために，$F_{\rm a}$ は $F_{\rm b}$ に比べて温度上昇に伴う減少の速さ (安定化への程度) が大きい．ボルツマン因子 $\exp(-\Delta F/k_{\rm B}T)$ を通して温度依存性が現れるので，温度の上昇につれて直上位置の相対強度が増加する．このように実験結果はエントロピーで説明でき，$T = 85$ K では $n_{\rm b} > n_{\rm a}$ であったのが $T = 300$ K では $n_{\rm b} < n_{\rm a}$ になった．

一方，式 (4.10) の第 3 項中の 2 は上に述べた吸着サイトの数の違いによる数であるが，ボルツマン因子 $\exp(-\Delta F/k_{\rm B}T)$ を通して温度依存性を議論する際には第 3 項は一定で，問題にはならない．すなわち前に行った吸着サイトの数を基にしたエントロピーの単純な形での議論は一見よさそうだが，正しい議論ではなかった．すなわち 2 つの吸着位置での振動モードの縮重度の相違が，自由エネルギー ΔF を通して吸着構造の安定性を議論するときに有意なエントロピーの差 ΔS として現れている．

平衡の条件は 2 つの相の化学ポテンシャル μ が等しくなることであるから，

$$\mu_{\rm b} = \frac{\partial F_{\rm b}}{\partial n_{\rm b}}, \qquad \mu_{\rm a} = \frac{\partial F_{\rm a}}{\partial n_{\rm a}}$$

が満足されなければならない．これに式 (4.9)，(4.10) を代入すると，

$$\frac{\Theta_{\rm a}(2-\Theta_{\rm b})}{\Theta_{\rm b}(1-\Theta_{\rm a})} = \frac{1-\exp(-\hbar\omega_{\rm tb}/k_{\rm B}T)}{[1-\exp(-\hbar\omega_{\rm ta}/k_{\rm B}T)]^2} \times \exp\left[(E_{\rm bb}-E_{\rm ba})/k_{\rm B}T\right]$$

となる.これに $n_a/N = 0.5$ となる温度の実測値を入れると $E_{ba}-E_{bb}$ が求まり,20 meV である.非常に小さいエネルギー差であり,この場合には 3.10.1 項で行った吸着位置の安定性に対する定性的な議論はできない.

Ni(001)-CO の場合は直上位置と橋かけ位置のエネルギー差 ΔE_b は 20 meV と非常に小さい.また $\hbar\omega_t$ は直上位置が 3.2 meV,橋かけ位置の低波数モードが 3.7 meV とほぼ等しいが,直上位置は 4 回対称のため並進振動は 2 重に縮重している.そのため図 4.5 にみられるように,相対強度から得られる n_a/N が 0.5 を横切る大きな,単調な強度変化を通してエントロピーの効果がはっきりと現れた.このようなことが起きるには,CO 分子が表面に直立して吸着していることも肝要で,もし CO が傾いて吸着していると対称性が低下して FT モードの縮重度が消滅して ΔS は平衡条件には寄与しなくなる.

4.2.2 吸着分子間の相互作用

同一吸着分子種の双極子間の相互作用によって,振動スペクトルの波数が被覆率 Θ とともにシフトすることが知られている.これまでもしばしば用いている Pt(111)-CO の C-O 伸縮振動を例にとる.図 4.7(a) はキング (King) らが測定した RAIRS スペクトル (T =300 K) の Θ 依存性で,一配位の直上位置に吸着した CO 分子を測定している.これらのスペクトルのまとめを (b) の上図に吸収バンドの積分強度を,下図にバンドの頂点の波数を Θ の関数として示す.白丸は CO を吸着する過程での,黒丸は脱離させる過程での測定値である.RAIRS のスペクトルの積分強度は Θ には比例しない.このことは 3.10.1 項で述べたが,分子間の相互作用が強くなる Θ の大きい領域では,隣接する分子がつくる双極子場の反電場効果により,スペクトル強度の $|\partial\mu/\partial Q|^2$ が,孤立した吸着分子の値に比べて小さくなるからである (強度移行).ここではもう 1 つの双極子場の影響である Θ の増加とともに吸収のピークが高波数側にシフトする現象 (振動の波数シフト) を取り上げる.

このシフトの原因をマハン (Mahan) とルカ (Lucas) の考えに従って双極子間の相互作用で説明する.CO は表面に垂直に吸着していると仮定するが,これは記述と数値計算を簡単にするための仮定であって,本質的なものではない.誘起双極子モーメント p_j は分子の吸着位置 R_j での z 方向の電場 E_j に比例す

4.2 吸着分子の振動

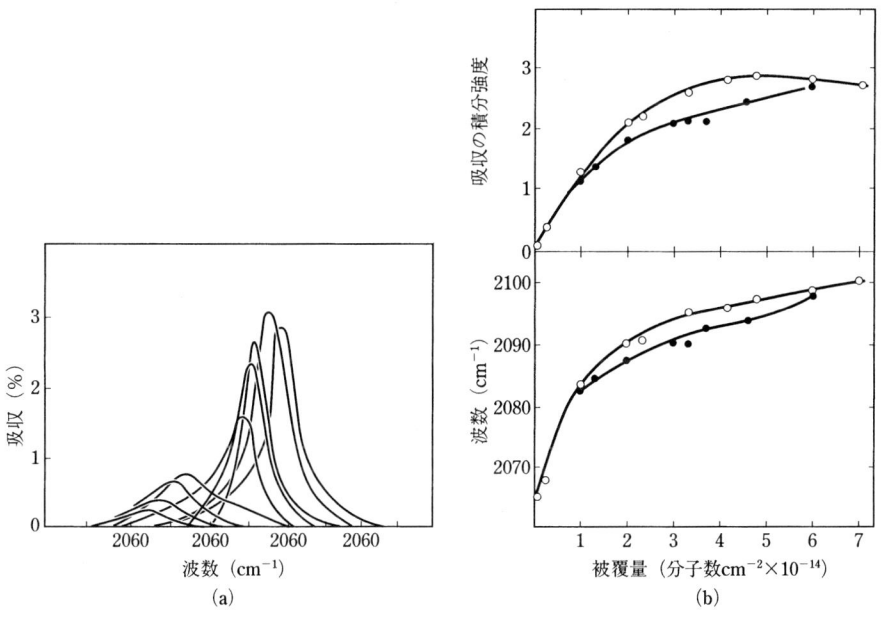

図 4.7 Pt(111)-CO の RAIRS スペクトルの Θ 依存性 (A. Crossley and D. A. King: *Surf. Sci.*, **95**, 131 (1980)). 試料温度 $T=300$ K, 白丸：吸着過程, 黒丸：脱離過程. (a) は実測のスペクトル, (b) はスペクトルの積分強度 (上図) とピークの波数 (下図) の変化.

るので,

$$p_j = \alpha E_j$$

で与えられ, α は分極率である. また E_j は,

$$E_j = E_0 \cos(\omega t) + E_{\mathrm{d},j}$$

の外から加わる電磁場と周辺からの双極子場の和で与えられる. 後者は,

$$E_{\mathrm{d},j} = -\sum_l{}' \frac{p_l}{R_{jl}^3} - \sum_l V(R_j - R_l) p_l \tag{4.11}$$

で, 右辺の第 1 項は双極子間の直接の相互作用, 第 2 項は鏡像双極子による電場である. 吸着分子が規則的に配列した $\Theta = 1$ の単分子層のときにはフーリエ展開ができ, それぞれのフーリエ係数の間で

$$\{1 + \alpha[t(k) + V(k)]\} p_k = \alpha E_0 \cos(\omega t) \delta_{k,0}$$

の関係を満足する. ただし, p_k, $t(k)$, $V(k)$ はそれぞれ p_l, R_l^{-3}, $V(R_l)$ のフーリエ係数である. 基準振動は, 外場が加わらない固有のものであるから,

から求まる.ただし,赤外吸収の場合には $k=0$ である.ここで,分子の分極率 α は,

$$\alpha = \alpha_e + \frac{\alpha_v}{1-\omega^2/\omega_0^2} \quad (4.13)$$

の2項から成り,第2項は分子の伸縮振動に基づく振動の分極率で,α_v は分子の振動子強度 f と換算質量 μ で表せ $(\alpha_v = (e^2/\mu\omega_0^2)f)$,式 (4.13) の分母の ω_0 が低被覆率の吸着分子の伸縮振動の角振動数,ω が双極子場が加わったときのその角振動数である.第1項は電子分極で $\alpha_e \gg \alpha_v$ であるが,赤外吸収の波数領域では一定とみなせる.

$k=0$ として,式 (4.12) の α に式 (4.13) を代入し,求めたい角振動数を $\omega \to \Omega$ と表示すると,

$$\left(\frac{\Omega}{\omega_0}\right)^2 = 1 + \frac{\alpha_v \sum_0}{1+\alpha_e \sum_0} \quad (4.14)$$

の関係が得られる.ただし,$\sum_0 = t(0) + V(0)$ である.式 (4.14) から双極子-双極子相互作用を取り入れた $\Theta = 1$ の吸着分子の伸縮振動の振動数 Ω が求まる.単原子層が完成していない $\Theta < 1$ の範囲で吸着分子がランダムな分布をしている場合には,平均の被覆率を Θ とすると,$t(\Theta, k=0) = \Theta t(\Theta=1, k=0)$ の関係が成立し,同様な関係 $V(\Theta, k=0) = \Theta V(\Theta=1, k=0)$ が成立すると仮定して,式 (4.14) より,

$$\left(\frac{\Omega}{\omega_0}\right)^2 = 1 + \frac{\Theta \alpha_v \sum_0}{1+\Theta \alpha_e \sum_0} \quad (4.15)$$

の関係で,振動数の被覆率依存性が得られたる.したがって,$\sum_0$ は $\Theta=1$ で得た値を用いることになる.

このようにして求めた Ω は実験結果をよく説明する.すなわちまわりに吸着分子があると,鏡像双極子場を含めた周囲の吸着分子がつくる双極子場が問題とする分子の分極率を減少させ,それが1つは吸収強度の減少をもたらし,もう1つは式 (4.13) より $\omega > \omega_0$ にしている.これは,α の減少が C-O 結合の力の定数の増加をもたらしたと考えることができる.そしてここで述べた現象は3.10.1項で述べた異なる吸着分子種の近い振動数の振動モード間でも起きる.

4.2.3 位相緩和

これまで遷移金属表面に吸着したCO分子のC-O伸縮振動の波数がΘとともに増加する現象をみてきた．そして波数シフトの原因を分子間の双極子相互作用で説明した．やはり遷移金属表面に吸着したCO分子のC-O伸縮振動で，Θを一定にして温度変化を観測すると，波数が変化する現象がRAIRSで観測されている．そしてこれと同時にスペクトルのバンド幅が温度上昇とともに広がる．図4.8に橋かけ位置に吸着した(a)パーソン(Persson)らによるNi(111)c(4×2)-CO，(b)にブラッドショー(Bradshaw)らによるPt(111)c(4×2)-COの測定結果を示す．この現象を位相緩和(dephasing)と呼んでいる．この振動の波数シフトは，振動のエントロピーにも寄与した吸着CO分子の偏角振動であるFTモードやFRモードの低波数の振動との相互作用で説明できる．

パーソンの考えに従って議論を進める．波数シフトやバンド幅の広がりが観測されるC-O伸縮振動の角振動数をΩとし，位相緩和を引き起こす低波数の振動モードの基準座標をQとする．吸着CO分子のC-O伸縮振動の位相緩和

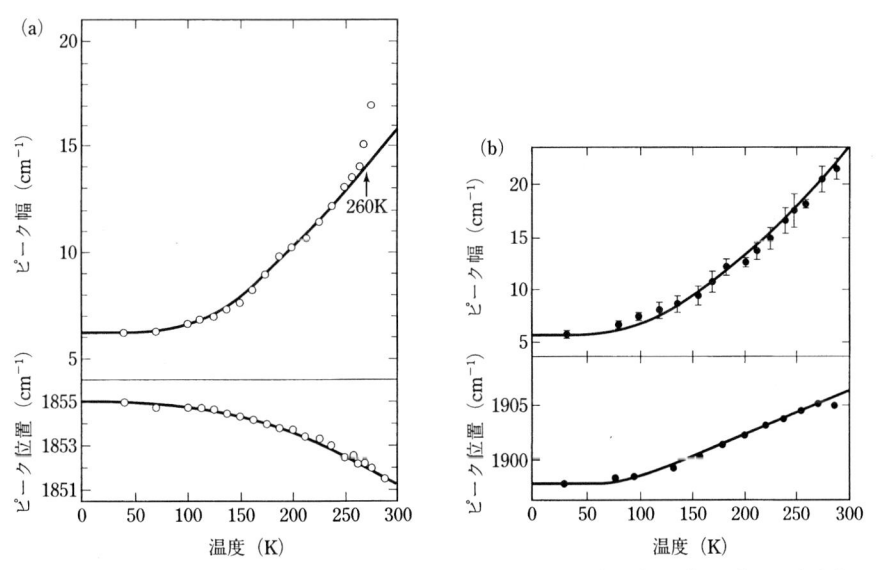

図4.8 赤外吸収で測定した橋かけ位置に吸着したCOのC-O伸縮振動のピーク位置と幅の温度変化
(a)Ni(111)c(4×2)-CO (B. N. Persson et al.: Phys. Rev., B **34**, 2266 (1986)),
(b)Pt(111)c(4×2)-CO (E. Schweizer et al.: Surf. Sci., **213**, 49 (1989)).

がないときの角振動数 Ω_0 が Q との相互作用により $\Omega(Q)$ に変化する．また吸着分子は規則格子をつくっていて，$Q \to -Q$ に対する対称性がある構造であるとすると，$\Omega^2(Q)$ の Q による展開では Q の 1 次の項がなくなり，平均 2 乗振幅 $\langle Q^2 \rangle$ は小さいので高次が省略でき，

$$\Omega^2(Q) = \Omega_0^2 + aQ^2$$

になる．したがって $u_i(t)$ を C-O 伸縮振動の基準座標とすると，運動方程式は，

$$\ddot{u}_i + (\Omega_0^2 + aQ_i^2)u_i + \sum_j t_{ij}u_j = e^*E_i/m_e^* \tag{4.16}$$

と記述できる．ただし，t_{ij} はまわりの吸着分子との双極子-双極子相互作用で，この場合も式 (4.11) と同様に，直接の双極子-双極子相互作用のほかに鏡像双極子の効果も取り入れる．すなわち $a = 0$ とすると式 (4.16) は 4.2.2 項で扱った現象になる．また E_i は分子が吸着している場所での電場，e^* は振動子強度に対応する有効電荷，m_e^* は換算質量に対応する有効質量である．

したがって式 (4.16) は，Q_i にただ 1 つのモード，たとえば FT モードを取り上げると，aQ^2 の項を摂動として解くことになる．その際 Q は，

$$\ddot{Q} + \omega_0^2 Q + \eta \dot{Q} = f(t)/m_e$$

を満足する．ただし，ω_0 は低波数モード Q の固有の角振動数であり，η は摩擦係数に相当し，m_e は有効質量である．$f(t)$ は時間に関してランダムにゆらぐ力で，問題にしている吸着分子の近傍での原子の不規則な熱運動に起因し，ゆらぎの散逸理論により

$$\langle f(t)f(0) \rangle = 2\eta k_B T \delta(t)/m_e$$

を満足する．Q モードと u_i モードとの相互作用は式 (4.16) の第 3 項 aQ^2u_i によるが，これが 3 次の非調和項の形になっているので波数のシフトを誘引する．また t_{ij} は電子・格子相互作用の係数に対応し，η とともに基板の格子系，電子系の影響が及び，バンドの広がりを引き起こす．すなわちここで起きている現象は Q が低振動数の振動モードあるために，基板の電子-空孔やフォノンの励起，脱励起であるエネルギーの授受が活発に，ランダムに行われ，力やエネルギーの散逸が摩擦となっている．これを別の見方をすると，うなりの逆過程とみることができよう．うなりで低波数のモード Q が生じる逆として，Q が周波数シフトしたモードを誘引していることになる．そして温度の上昇とともに Q

モードの振動が励起され,すなわち平均の振動量子数 $\langle n \rangle$ が増し,Q の2乗平均である $\langle Q^2 \rangle$,すなわち低波数の振動モードの平均2乗振幅が増大する.その結果摂動が大きくなり,波数シフトが増大する.一方,これもやはり温度上昇に伴い基板と Q モードとのエネルギー,力の散逸が盛んになり,時間の関数である摩擦係数 $\eta(t)$ が増加し,スペクトルのバンド幅を広げることになる.

図 4.8 の丸印は実測値で,実線が計算値であるが,このように計算値を実測値に適合させるために3個のパラメータを用いている.そのようにして得たパラメータの1つ ω_0 を実測の波数と比べると,図 4.8(a) の Ni(111)c(4×2)-CO は FR モードが,図 4.8(b) の Pt(111)c(4×2)-CO や Ru(0001)-CO などでは際立って波数が小さい FT モードの角振動数とほぼ一致する.際立って低波数の FT モードの方がここに述べたモデルとよく合致するが,Ni(111) の場合になぜ FR モードの励起になったかは理解しがたい.

4.2.4 He 原子の非弾性散乱による振動励起

表面に直立して吸着した2原子分子には図 4.6 に示すように,低波数の偏角振動である FT モードと FR モードがあり,これまでにしばしば話題にした.これらは分子が吸着したために生じた振動モードであり,分子内振動に比べて表面現象と直接結び付く分子の運動といえる.すなわち基板と吸着分子との結合に関する伸縮振動を含めて表面の性質を直接反映すると同時に,表面拡散,吸着層の相転移,吸着誘起相転移,吸着分子間の相互作用,摩擦,潤滑,脱離,触媒反応などの表面の動的現象に関係してくる.ことに表面拡散のポテンシャル障壁の高さと FT モードの波数とは深いかかわりがある.そこでこれら FT モードと FR モードの振動を考察する.

気相の直線 N 原子分子の振動の自由度は $3N-5$ であり,残りの5のうちの3が並進,2が回転の自由度である.2原子分子もこの範疇に入り,1が振動の自由度になる.fcc(111), fcc(001) のように3回対称以上の高い対称性がある金属表面の直上位置に,直立して吸着した2原子分子 AB も分子内振動の自由度は $1(\nu_1)$ であるが,分子が吸着すると並進,回転の自由度は消滅し,その代わりに金属原子 M と M に結合している原子 A の間の M-A 伸縮に $1(\nu_2)$,図 4.6 に示したそれぞれ 2 重に縮重した FR モード (ν_3) と FT モード (ν_4) の偏角振動が,各

1 の合計 6 の自由度になる．群論を使った対称性から考えると，垂直に吸着した分子 AB の対称性は fcc(111) では C$_{3v}$，fcc(001) では C$_{4v}$ であり，これらの振動は ν_1, ν_2 が A$_1$, ν_3, ν_4 が E の対称性に属する．そして ν_1 の A-B 伸縮振動の分子内振動に対して $\nu_2 \sim \nu_4$ の分子外振動と呼ぶモードが現れている．ただし，ここでは基板金属は対称性のみを残して剛体と考えた．

このような観点から振動現象が調和振動で扱える段階では古典力学で議論を進め，最後に量子化をすればよいので，絵解きしやすいように古典力学を使って FT モードと FR モードの考察をする．これは力学の 2 重振り子の問題を解くことである．図 4.9 に示すように天井から質量 m_1, m_2 の質点 1, 2 が長さ l_1, l_2 の質量のない糸で吊り下げられていて，接線方向に速度 v_1, v_2 で運動していると，力の釣り合いから，

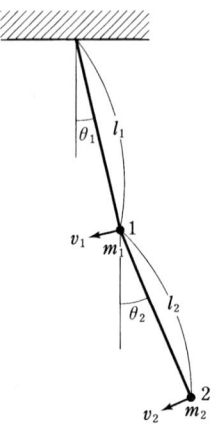

図 4.9　2 重振り子

$$m_1 \dot{v}_1 = -m_1 g \sin\theta_1 + m_2 g \cos\theta_2 \sin(\theta_1 - \theta_2)$$
$$m_2 (\dot{v}_2 + \dot{v}_1) = -m_2 g \sin\theta_2 \tag{4.17}$$

ここで，簡単のために $m_1 = m_2 = m$, $l_1 = l_2 = l$ とし，また微小振動を考えて $\sin\theta \sim \theta$ とすると，$v_1 = l_1 \dot{\theta}_1$, $v_2 = l_2 \dot{\theta}_2$ であるから，

$$\ddot{\theta}_1 = -\kappa_1 \theta_1 + \kappa_2 \theta_2$$
$$\ddot{\theta}_2 = \kappa_3 \theta_1 - \kappa_3 \theta_2 \tag{4.18}$$

の運動方程式が得られる．ただし，$\kappa_1 = \kappa_3 = 2g/l$, $\kappa_2 = g/l$ である．$\theta_1 = A_1 \cos(\omega t + \alpha)$, $\theta_2 = A_2 \cos(\omega t + \alpha)$ の調和振動の解を式 (4.18) に代入すると，

$$(\omega^2 - \kappa_1) A_1 + \kappa_2 A_2 = 0$$
$$\kappa_3 A_1 + (\omega^2 - \kappa_3) A_2 = 0 \tag{4.19}$$

の整次の 1 次連立方程式になり，A_1, A_2 の係数の行列式 $= 0$ より，

$$\omega_1^2 = (2 - \sqrt{2}) g/l$$
$$\omega_2^2 = (2 + \sqrt{2}) g/l$$

したがって，$\omega_2/\omega_1 = 2.4$ になる．またここで求まった ω_1, ω_2 を式 (4.19) に代

入すると，それぞれ $A_1 = A_2/\sqrt{2}$, $A_1 = -A_2/\sqrt{2}$ となり，節 (node) のない ω_1 が FT モードで，図 4.6(a) では説明に便利なために原子 A に支点を置いたが，質点 1 と 2 との間に節がある ω_2 が FR モードである．偏角振動にばね定数を考えず，重力場での振動であるにもかかわらず FT モードの振幅が $A_1 = A_2/\sqrt{2}$ であることと，FR モードの波数が FT モードの波数の 2.4 倍であることは FT モードと FR モードの運動をよく記述している．

FT モードの測定に有効な He 原子散乱 (helium-atom scattering, HAS) の振動励起に伴う非弾性散乱について述べる．実験装置としてはチョッパーでパルス化した単色性の He 原子線を励起源として，飛行時間法 (time of flight, TOF) により散乱 He 原子の速度分布を測定し，エネルギーに変換して非弾性散乱に伴うエネルギー損失からフォノン励起のエネルギー分布を得る．30〜200 bar の He ガスを直径が 〜10 μm のノズルから噴出させ，ノズルの温度を 300〜340 K に保つと，ビームのエネルギーは 120〜128 meV になるが，そのドブロイ波長は 0.3〜1.5 Å であり，エネルギー広がりの半値幅は 1〜0.2 meV になる．散乱 He 原子の検出は 4 重極質量分析計で行う．散乱角を変えた測定をするとエネルギー損失 ΔE_L，すなわちフォノンのエネルギー $\hbar\omega$ が波数ベクトル ΔK の関数として求まる．それらは入射ビーム，散乱ビームの波数ベクトルを k_i, k_f とし，入射角 θ_i，出射角 θ_f を表面垂直から測ると，

$$\Delta E_L = \hbar\omega = (\hbar^2/2m)(k_i^2 - k_f^2)$$
$$\Delta K_\parallel = k_f \sin\theta_f - k_i \sin\theta_i$$

で与えられる．

図 4.10(a) にトェニス (Toennies) らが測定した Cu(001)c(2×2)-CO の被覆率 $\Theta = 0.50$ および $\Theta = 0.37$ の TOF スペクトルを示す．ただし，横軸はエネルギー損失 ΔE_L に変換している．この $\Theta = 0.50$ は CO が飽和吸着していて，CO 分子は Cu 原子の直上位置に直立して規則的な c(2×2) 配列をした分子層を形成している．それに対して $\Theta = 0.37$ は CO が吸着すべきサイトの 1/4 が空いていて，いわば空孔 (vacancy) のある欠陥密度が高い CO 分子層である．スペクトルに T と印をつけたピークが CO の FT モードの振動で，$\Theta = 0.5$ の場合には 〜5 meV に 1 つのピークが観測され，その他に倍音 2T, 3 倍音 3T, 基板の Cu(001) のレーリー・モード R が観測されている．またラマン散乱のアンティストークス

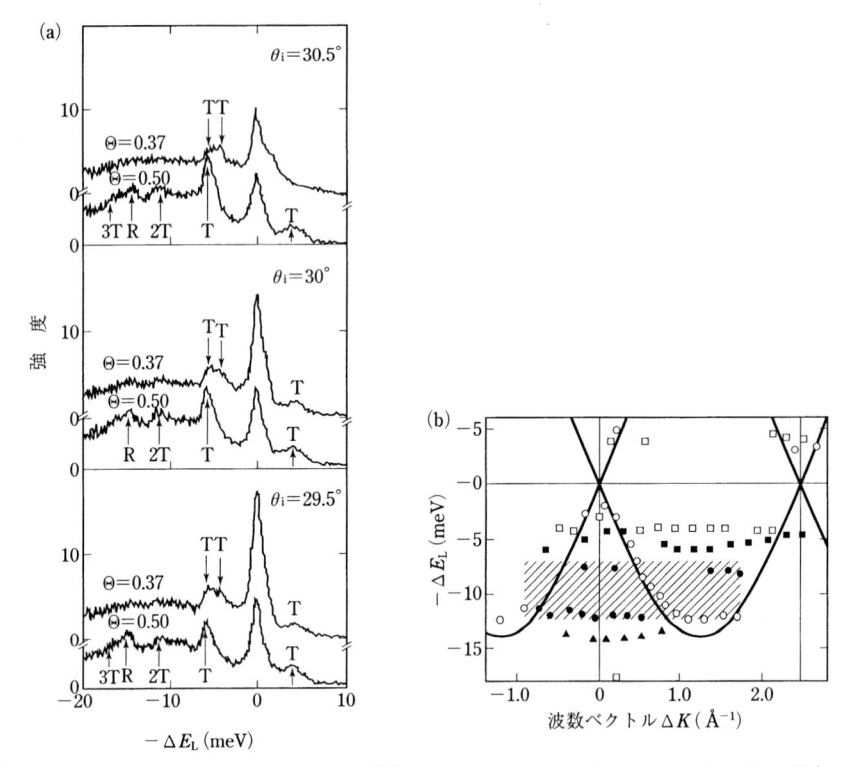

図4.10 Cu(001)c(2×2)-CO からの He 原子散乱の (a)TOF スペクトルと (b)FT モードの ⟨110⟩ 方向での分散関係 (J. Ellis et al.: J. Chem. Phys., **102**, 5059 (1995))

線のようにエネルギー利得のピーク T も観測されている．一方，Θ = 0.37 には2つのFTモードが観測されていて，Θ = 0.5 にはない低エネルギー損失側のピークは c(2×2) 吸着層の空きのサイトの縁に吸着した CO の FT モードであろう．

HAS の出射角依存性から得られた ⟨110⟩ 方向でのフォノンの分散関係を図4.10(b) に示す．⟨100⟩ 方向でも同様の分散関係を得ている．黒の四角が CO の FT モードで，弱い分散が観測されている．白の四角は欠陥に付随すると考えた FT モードで分散がなく，孤立した CO 分子とみなせるのでその考えを支持している．白丸および実線で描いた放物線は基板の Cu(001) のレーリー・モードで，大きな分散が観測されている．

CO 分子が Cu 原子の直上に直立して吸着し，c(2×2) の正方格子をつくっていて，最近接の CO-CO 間と Cu-CO 間がそれぞればねで結ばれ，それらの伸縮

および偏角のばね定数を α_i と β_i とし,基板は動かないとするモデルで実測の分散関係に当てはめた.その結果,Cu-CO 伸縮の α_1 と CO-CO 間の α_0, β_0 のばね定数が求まり, $\alpha_0 \approx 0$, $\beta_0 \sim \alpha_1/10$ の関係を得た.すなわち CO-CO 相互作用は非常に小さく,これは長距離力である双極子-双極子の斥力とファンデルワールス引力とが打ち消し合ったためと考えられ,平らに近いポテンシャル面になっている.したがって吸着 CO 分子の FT モードは 4 次以上の非調和項が関与する大きい振幅の振動をしている可能性があることを暗示している.

4.3　金属表面での電子とフォノンの相互作用
——異常なフォノンのソフト化——

　原子が吸着したことによるフォノンの分散として興味ある現象が W(110), Mo(110) に H 原子が飽和吸着した被覆率 $\Theta = 1$ の 1×1-H の表面で観測されている.W(110)1×1-H の表面構造は 3.8 節で述べたが,最密面に近い bcc(110) にある表面 W 原子は表面に平行な面内での変位もなく,いわば理想表面に H 原子は結合数が最大の 3 回対称の孔の位置に吸着している.図 4.11(a) は W(110) 清浄表面,(b) は W(110)1×1-H のフォノンの分散関係である.図中の点がトェニスのグループのフルプケ (Hulpke) らによる HAS の実測値で,三角と丸印で示したのがイバッハらの HREELS による実測値である.2 つの分散が観測されているが,低エネルギー側の分枝は表面に垂直な方向に振動する横波 (T(transversal) モード) のレーリー波であり,高エネルギー側は縦波 (L(longitudinal) モード) の格子振動である.W(110)1×1-H の分散で,T モードには SBZ の $\overline{\Gamma}$-$\overline{H}$ 方向に波数ベクトルの長さが 0.94 Å^{-1} の不整合の位置に,また $\overline{\Gamma}$-$\overline{S}$ 方向にほぼ $\overline{S}$ 点に整合した波数に深く鋭いくぼみ,すなわち表面フォノンのエネルギーの急激な減少が HAS で,それと同時に HAS にはもう 1 つのモードとして浅い緩やかなくぼみが観測され,後者は HREELS にも観測されている.また HREELS では L モードにも小さなくぼみが観測されている.そして W(110) 清浄表面ではこれらの異常はまったく観測されず,W(110)1×1-H では $\Theta > 0.75$ で初めて観測され,$\Theta = 1$ で明瞭に観測される.

　この [001] 方位に異常が現れる波数 $Q(=k_\parallel)$ =0.94 Å^{-1} を [1$\overline{1}$0] 方向にたどっ

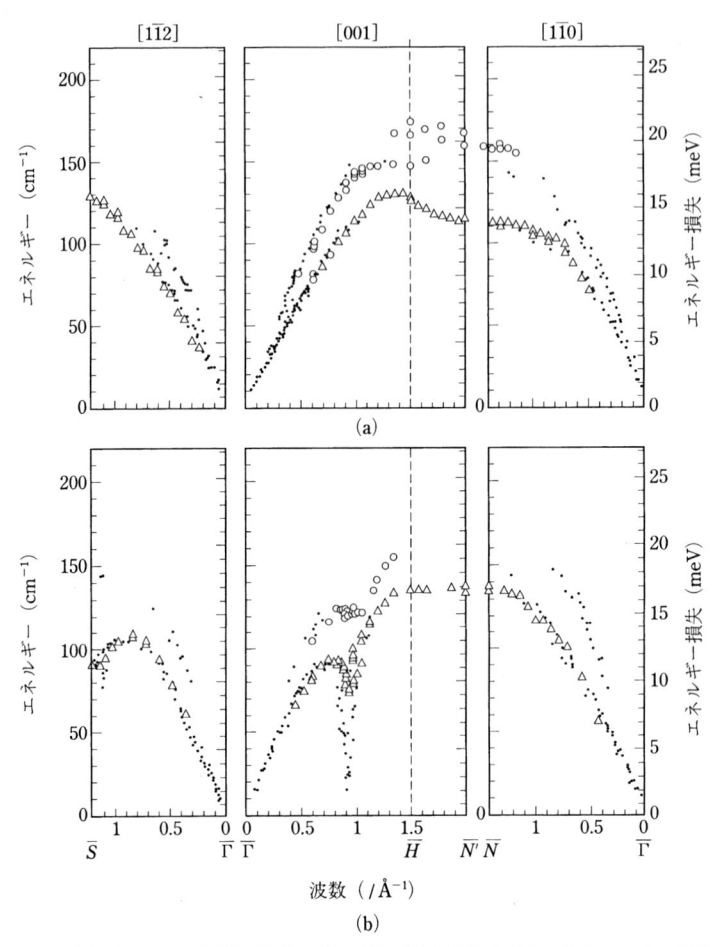

図 4.11 HAS および HREELS で観測した (a)W(110), (b)W(110)1×1-H の表面フォノンの分散関係 (B. Kohler et al.: Phys. Rev., B **56**, 13503 (1997))

てみると，図 4.12 に示すように $Q \sim 0.9$ Å^{-1} のままほぼ一定で，SBZ の $\overline{P}$-$\overline{H}$ 線上の $\overline{S}$ 点に達する．これは擬 1 次元伝導体のバルクフォノンの分散にみられるコーン異常 (Kohn anomaly) と同じふるまいである．また吸着 H 原子を D 原子に換えた W(110)1×1-D で測定してもこの異常が現れる位置は変化しない．コーン異常は波数 $Q = 2k_F$ に現れ，フェルミ波数 k_F はバンドがフェルミ面を切る $\overline{\Gamma}$ 点からの波数で，そこでネスティングが起きる．そこで表面準位のフェルミ面

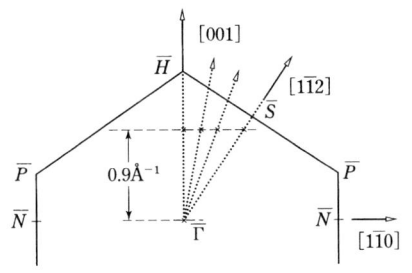

4.3 金属表面での電子とフォノンの相互作用

図 4.12
W(110) の SBZ の上半分と，点線の方向で HAS により W(110)1×1-H の分散曲線を測定したときの異常が観測される位置を×で示す．

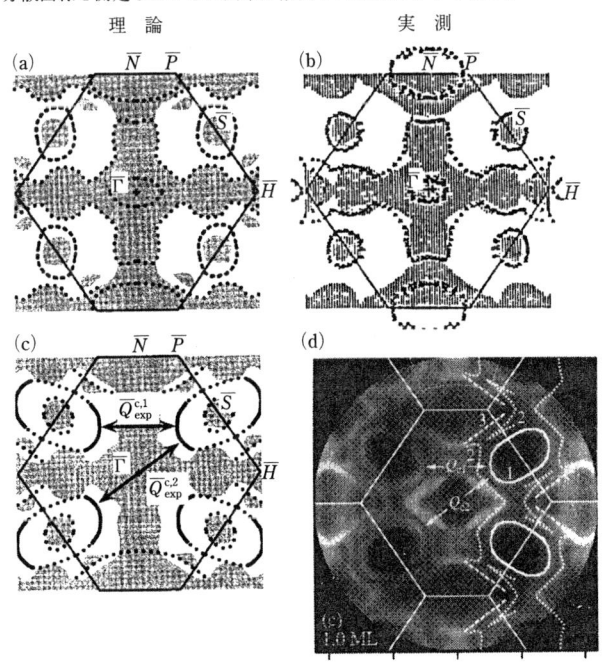

図 4.13 理論((a)(c))と実測((b)(d))のフェルミ面(B. Kohler, *et al.*: *Phys. Rev.*, B **56**, 13503 (1997); E. Rotenberg and S. D. Kevan: *Phys. Rev. Lett.*, **80**, 2905 (1998))
(a) (b) W(110), (c) (d) W(110)1×1 H.

をみることにする．

　図 4.13 に，W(110) 清浄表面と W(110)1×1-H について，理論計算と角度分解 UPS で測定した表面準位の 2 次元フェルミ面を示す．影をつけた部分がバルクバンドの投影で，表面準位は影がついていない白抜きのバンドギャップ内に現

れる．W(110)1×1-H の表面準位のフェルミ面はフルプケによりフォノンの異常
が観測された当時に，既にケヴァン (Kevan) らにより角度分解の UPS を用いて
測定がされていたが，これで得られていた k_F の値の 2 倍の位置と HAS で観測さ
れた表面フォノンの分散の鋭いくぼみが現れた波数とは異なっていた．すなわ
ちネスティングでは説明できない結果であった．しかしシェフラー (Scheffler)
らによってフェルミ面での表面準位の精度の高い理論計算が行われ，ケヴァン
らの測定との不一致が問題になり，ケヴァンらが再測定した (図 4.13(d))．図
4.13 に示すフェルミ面では，理論計算，実測ともにフォノンの分散で測定され
た異常と同じ臨界波数ベクトル Q_{c1}，Q_{c2} に表面準位が現れている．すなわち
図 4.13(c) (d) では $\overline{\Gamma}$-$\overline{H}$，$\overline{\Gamma}$-$\overline{S}$ 方向の臨界波数ベクトルをそれぞれ Q_{c1}，Q_{c2} とし
たが，それぞれの長さ $2k_F$ と同じ波数 Q に深い鋭いへこみの異常が，図 4.11(b)
のフォノンの分散曲線の [001]($\overline{\Gamma}$-$\overline{H}$) と [1$\overline{1}$2]($\overline{\Gamma}$-$\overline{S}$) 方向に観測されている．した
がって HAS で観測された分散関係での鋭いフォノンのソフト化はコーン異常
と考えられる．

　電子系の表面準位と表面フォノンの結合によってコーン異常は起きるが，こ
の鋭い表面フォノンのソフト化は W(110)-H，W(110)-D で同じ波数に観測され
るので，W-H の振動ではなく，W(110) の表面フォノンが関係している．しか
るにこの異常が 1×1-H で観測され，清浄表面では観測されないのと一見矛盾
するが，次のように矛盾なく説明できる．この表面準位を形成している軌道は z
方向に伸びた $(d_{3z^2-r^2}, d_{zx})$ 軌道であり，この軌道の準位は H 原子の吸着に誘起
されて低エネルギー側にわずかにシフトする．d バンドの分散は平らに近く，
小さいために，わずかなエネルギーの低下であってもフェルミ面でのこの表面
準位の位置は大きくシフトして，清浄表面のときにはバルクバンドに埋もれて
いた表面共鳴の準位が H 原子の吸着によりバンドギャップ内に表面準位として現
れる．そしてこの表面準位が $\overline{\Gamma}$-$\overline{H}$ あるいは $\overline{\Gamma}$-$\overline{S}$ 方向でフェルミ面と交叉してネ
スティングを起こす．なお H-W の結合エネルギーは 5 eV と非常に大きく，こ
の表面準位が W-H の結合による電子準位でないことも明らかである．

　ネスティングを起こしている表面準位は $(d_{3z^2-r^2}, d_{zx})$ バンドであるから，通
常のネスティングによる原子の変位を考えると，変位は表面に垂直な z 軸方向
に起き，表面フォノンの T モード (横波) のレーリー波が励起され，この分散

曲線に大きなソフト化のコーン異常が現れたと解釈することができる．しかしW(110)-H は $\Theta < 0.75$ で H 原子の吸着に誘起された 2×1, 2×2 への表面再構成を引き起こすことが知られていて，しかもこれは W 原子の x,y 面内での変位による相転移と考えられている．一方，大きなソフト化が観測される W(110)1×1-H の $\Theta = 1$ では W 原子は変位していない．したがって観測されるコーン異常はフォノンの大きなソフト化にもかかわらず，恒常的な原子変位を引き起こしてはいないことになる．そして原子変位に結び付くフォノンのソフト化はむしろ HREELS や HAS の小さなへこみであると考えられる．

大きなソフト化が HAS で観測され HREELS では観測されないのは，HAS の場合は入射 He 原子が W 原子の価電子全体と相互作用するのではなく，W 原子層から 2~3 Å 離れたところが He 原子の散乱過程の折り返し点であるため，He 原子は表面から外に飛び出している電子軌道，すなわちフェルミ面近傍の $(d_{3z^2-r^2}, d_{zx})$ の表面準位と相互作用して，微小なエネルギーの電子-空孔励起を伴うフォノン励起による非弾性散乱をすると考えるべきである．一方，HREELS は入射電子が主に原子核で散乱され，表面から数原子層入り込み，散乱電子への表面電子密度の寄与はわずかである．結局 HAS で観測された鋭い深いへこみは電子-空孔励起を伴うフォノンによるエネルギー損失であると考えられる．

通常のネスティングは 1 次元系では $Q = 2k_F$ で対数発散が起きるが，2 次元，3 次元と次元が高くなるにつれて $Q = 2k_F$ での特異性がゆるやかになる．フォノンのコーン異常も同様に 1 次元系では $Q = 2k_F$ でフォノンの振動数が $T \to 0$ では 0 になり，次元が高くなると分散曲線でのへこみ，すなわちソフト化がゆるやかになる．このようにコーン異常は 1 次元伝導体に特徴的な現象であり，図 4.12 に示した関係も擬 1 次元伝導体のバルクフォノンのコーン異常の特徴を示している．しかし，これまで述べてきた W(110)1×1-H でのコーン異常は 1 次元性ではなく，むしろ 2 次元のフェルミ面のネスティングに起因している．したがって HREELS や HAS のもう 1 つのモードのように小さなへこみが分散関係に観測された．

$k_\parallel$ の関数とした表面準位の局所状態密度を用いてシェフラーらは，表面から 2.5 Å 離れたところに存在する表面準位の電子-空孔励起が，$\hbar\omega = 0.8$ meV のエネルギー励起をする局所確率関数 $P(k_\parallel, \hbar\omega)$ を計算した．その結果を図 4.14

に示す. 図 4.12 に × 印で示した HAS で
フォノンの鋭いソフト化が観測されたと
ころの周辺に強度の増大が現れている.
したがって, 表面から 2〜3 Å 離れたと
ころにある $(d_{3z^2-r^2}, d_{zx})$ 軌道がつくる表
面準位の電子と He 原子が相互作用して,
He 原子は電子-空孔励起による非弾性散
乱をし, 同時に W 表面原子のフォノンと
も相互作用した結果として, あたかも 1
次元伝導体であるかのようなコーン異常
が起きたと説明できる. したがって, 表
面から突き出している d 軌道がつくる表
面準位が, ネスティングによりフェルミ

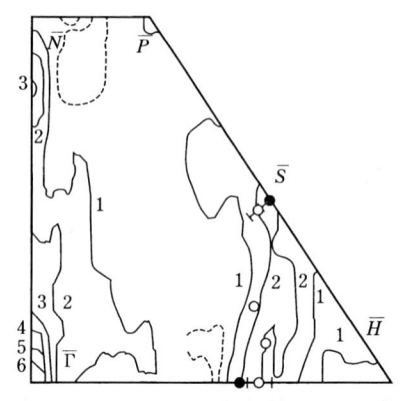

図 4.14 HAS での電子-空孔励起の局所関数 P の計算値の等高線図および Mo(110) 1×1-H (黒丸), $Mo_{0.95}Re_{0.05}$(110) 1×1-H (白丸) の HAS による臨界波数の実測値 (M. Okada *et al.*: *Surf. Sci. Lett.*, **498**, L78 (2002)).
図中の数字は等高線の高さ.

面近傍に高い状態密度をもち, 微小な励起エネルギーで電子励起が可能になり, そのため電子-フォノンの相互作用が大きくなったとみることができる. また HAS と HREELS で同時に観測されたゆるいソフト化での 2 次元系のコーン異常もこのフォノン励起がかかわっていると思える.

HAS でのみ観測されるフォノンの分散関係での鋭い深いへこみがフェルミ面のネスティング, すなわちコーン異常によることを決定的に示す実験が $Mo_{1-x}Re_x$ 合金の (110) 表面で観測されている. $Mo_{1-x}Re_x (x \leq 0.35)$ はランダム合金で, 合金化によりフェルミ面が変化するが, Re という原子番号が Mo より大きい遷移金属元素が加わった合金では, x が増すにつれてフェルミ・エネルギーが大きくなるので, 通常, バンドがフェルミ面を横切る波数は x が増すとともに増加する. したがってそれに関係した表面準位の Q_c が長くなることが期待できる. 岡田, プラマーらは $Mo_{0.95}Re_{0.05}$(110)1×1-H の合金で HAS を測定し, Mo(110)1×1-H と同様に, 鋭い大きなソフト化を表面フォノンの分散曲線で観測した. また彼らは UPS でも $Mo_{0.95}Re_{0.05}$(110)1×1-H のフェルミ面に Mo(110)1×1-H と同様の表面準位を観測している.

表 4.1 に $Mo_{0.95}Re_{0.05}$(110)1×1-H の Q_{c1}, Q_{c2} の HAS および UPS による実測値を, また Mo(110)1×1-H の Q_{c1}, Q_{c2} のフルプケらの実測値およびシェフラー

表 4.1 Mo(110)1×1-H と $Mo_{0.95}Re_{0.05}$(110)1×1-H の $\overline{\Gamma}$-$\overline{H}$ 方向と $\overline{\Gamma}$-$\overline{S}$ 方向の臨界波数ベクトル Q_{c1} と Q_{c2}

測定法	Mo(110)1×1-H	$Mo_{0.95}Re_{0.05}$(110)1×1-H
HAS	Q_{c1} =0.89 Å^{-1}	Q_{c1} =0.96±0.05 Å^{-1}
	Q_{c2} =1.22 Å^{-1}	Q_{c2} =1.16±0.05 Å^{-1}
UPS		Q_{c1} =0.93±0.06 Å^{-1}
		Q_{c2} =1.14±0.06 Å^{-1}
理論	Q_{c1} =0.86 Å^{-1}	
	Q_{c2} =1.23 Å^{-1}	

(M. Okada *et al.*: *Surf. Sci. Lett.*, **498**, L78 (2002))

らによる計算値を示す．Q_{c1}, Q_{c2} の実測値は HAS と UPS でよく一致していて，$\overline{\Gamma}$-$\overline{H}$ 方向の Q_{c1} は Mo(110)1×1-H に比べて $2k_F$ が大きい方向にシフトしている．すなわち MoRe の合金は Mo に比べて Q_{c1} が大きくなり，期待どおり合金化によるフェルミ・エネルギーの増大を反映した結果になっていて，フォノンの分散にみられた異常が電子-空孔励起を伴うコーン異常であると結論づけられた．ただし，Q_{c2} は小さい方向にシフトしているが，図 4.13 に記入した $\overline{\Gamma}$ 点を中心にした $\boldsymbol{Q}_{c2}$ ベクトルは第 2SBZ にあり，第 1SBZ のベクトルは $\overline{S}$ 点を中心にしたものである．したがって，x が増すにつれてフェルミ・エネルギーは大きくなり，Q_{c2} の値は小さくなる．W(110)1×1-H で $\boldsymbol{Q}_{c2}$ を図 4.13 (c) のように誤ってとったのは，$\overline{\Gamma}$ 点を中心にしても $\overline{S}$ 点を中心にとっても $\boldsymbol{Q}_{c2}$ の長さがたまたま等しかったための誤解による．

図 4.12 に対応する Mo(110)1×1-H の電子-空孔励起の局所関数 $P(\boldsymbol{q}_{\parallel}, \hbar\omega)$ の計算値の等高線図および Mo(110)1×1-H(黒丸)，$Mo_{0.95}Re_{0.05}$(110)1×1-H(白丸) の HAS による臨界波数 $Q = 2k_F$ の実測値を図 4.14 に示す．図中の数字は等高線の高さを示すが，実測の臨界波数が乗る $\overline{S}$ 点を通る $\overline{\Gamma}$-$\overline{H}$ に垂直な線の周辺で高くなっている．ただし，$\overline{\Gamma}$ 点近傍で計算値が高くなっているのは HAS での電子-空孔励起の過程とは関係ない．この図 4.14 の結果も HAS の分散曲線に現れた鋭い深いへこみがネスティングによっていることを示す根拠になる．

4.4 吸着分子の振動励起状態の寿命

キャヴァナ (Cavanagh) らは超短パルスの赤外レーザーによるポンププローブ

法を用いて，Pt(111) に吸着した CO 分子 ($\Theta = 0.5$) の $v = 1$ に振動励起した状態の寿命を測定した．C-O 伸縮振動の吸収が最大になる波数 2105 cm^{-1} から 4.4 cm^{-1} 高い波数で励起し，プローブレーザーによる p 偏光の反射光を測定して，相対強度 β を求めた．表面からの信号 $S(t_\mathrm{D}) = \ln\beta$ をプローブレーザーの遅れ時間 t_D の関数として図 4.15 に白丸で示す．また励起レーザーのスペクトル関数に相当する

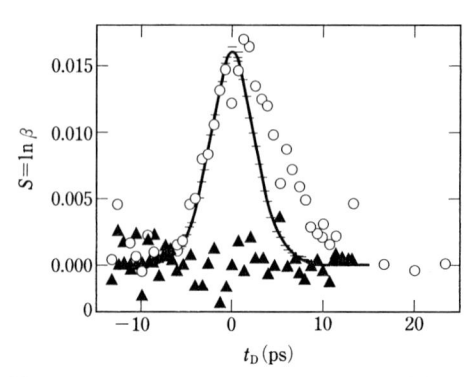

図 4.15 Pt(111)-CO($\Theta = 0.5$), $T = 150$ K, ポンププローブ法により，反射率を測定して求めた表面からのシグナル (白丸および黒三角)，およびレーザーの自己相関関数 G (実線) (J. D. Beckerle *et al.*: *Phys. Rev. Lett.*, **64** 2090 (1990))

レーザーの自己相関関数 $G(t_\mathrm{D})$ を図中に実線で，CO の吸収ピークから十分離れたポンプレーザーの波数 2155 cm^{-1} で励起した場合を比較のために黒三角で示す．白丸で示した測定値 $S(t_\mathrm{D})$ は $G(t_\mathrm{D})$ に比べて明らかに遅れが観測されている．$S(t_\mathrm{D})$ を $G(t_\mathrm{D})$ と $R(t_\mathrm{D}) = \exp(-t_\mathrm{D}/\tau)$ の重ね合わせの関数として，数値計算で $R(t_\mathrm{D})$ を求め，これより寿命 $\tau = 4.9 \pm 1.6$ ps を得ている．この τ の値を決めている要因は基板の電子-正孔対と C-O 伸縮振動との相互作用である．

また同時期に，シャバール (Chabal) らが波長可変の超短パルス赤外レーザーによるポンププローブ法を用い，Si(111)1×1-H($\Theta = 1$) での Si-H 伸縮振動について，$v = 1$ に励起したときの励起状態の寿命を測定している．半導体表面は金属表面とは異なり赤外光の反射率が小さいので，赤外レーザーに可視光レーザーを重ねた和周波発生 (sum frequency generation, SFG) を用いて，吸収スペクトルの強度に対応する SFG を測定して，基底状態と励起状態の占有度の差 $\Delta\rho_\mathrm{vg}$ を求めている．ポンプレーザーで励起したときとしないときの SFG の比 r から $\rho \equiv 1 - r^{1/2}$ を求めると，これは $\rho = 1 - |\Delta\rho_\mathrm{vg}|$ となり，図 4.16 に示すように，$\ln\rho$ と t_D のプロットは直線に当てはめることができて寿命 τ が求まる．そして $\tau = 0.8 \pm 0.1$ ns と非常に長い値を得ている．この寿命を決めている要因は，基板が Si(111) の場合は電子系へのエネルギー伝達が起きないので，フォノン-フォノン散乱によると考えられる．またこれら Pt(111)-CO と Si(111)-H で

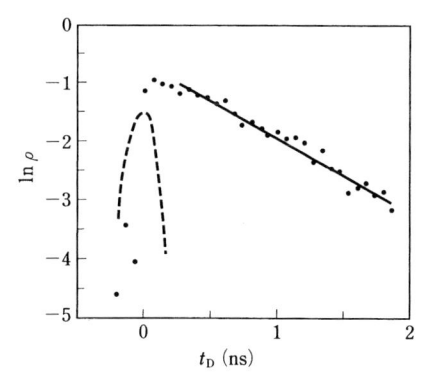

図 4.16 Si(111)1×1-H($\Theta=1$),室温で測定したポンププローブ法による Si-H 伸縮振動の SFG から得た $\ln\rho$-t_D の関係 (R. Guyot-Sionnest et al.: *Phys. Rev. Lett.*, **64**, 2156 (1990))

得た τ は温度に無関係であり,$v=1$ の振動励起状態の寿命 T_1 に一致する.この 2 つの T_1 の測定値には 2 桁の違いがあり,これらの値は固体表面での振動励起状態の寿命の両極とみることができる.

4.5 空間的にみた振動現象

これまで振動現象を振動のエネルギー準位を通して眺めてきた.この節では,視点を変えて,原子が実空間で運動している様子を眺めることにする.それには,逆空間で眺めても同等である.

4.5.1 回折現象——デバイ-ワーラー因子——

まず第 1 に回折現象を通して,すなわち逆空間から眺めることにする.これは回折強度

$$I_T = I_0 \exp(-MT)$$

がデバイ-ワーラー因子の M を通して,デバイ温度や平均 2 乗振幅に依ることを利用して,それらの量のバルクと表面との違いをみることである.既に 2.6 節で NaCl,KCl の LEED による解析から表面のデバイ温度がバルクに比べてずいぶんと低くなることをみた (表 2.6).これは表面のマーデルング定数がバルクに比べて小さいためである.しかしこのようなことは,原因は異なるが,イオン結晶に限らず他の系でも観測されている.HREELS の測定装置がポピュ

ラーでない時期には，LEEDでデバイ温度の入射エネルギー E_p 依存性を測定すると，E_p が減少するにつれてデバイ温度が低くなることから，E_p を0に外挿して得たデバイ温度の値を表面デバイ温度として求める研究が行われた．そしてマラドゥーディン (Maradudin) の理論による表面のデバイ温度がバルクのデバイ温度の $1/\sqrt{2}$ に一致する，しないの議論が行われた．分光法が進展してこの考えはすたれたといってよいであろう．

さらに付け加えると，デバイ温度の E_p 依存性は低エネルギー領域では多重散乱の影響が大きく，1回散乱の理論に当てはめて求めたみかけのデバイ温度は実際のデバイ温度とは異なってくる．そのことを非常に単純化したモデルで考察する．入射波から測って，散乱角 θ に散乱する回折波のデバイ温度を回折強度の温度依存性から測る．そのとき，その回折波が θ を2等分した $\theta/2$ の2回散乱で回折したとする．一方，デバイ-ワーラー因子の M は，

$$M = 3K^2/mk_B\Theta_D$$

で与えられる．ただし，K は散乱ベクトルで，入射波，散乱波の波数ベクトルを k_0，k_s とすると，$K = k_0 - k_s$ であり，m は結晶を構成している原子の質量，Θ_D はデバイ温度である．$|k_0| = |k_s|$ であるからこれを k とおくと，$|K| = 2k\sin(\theta/2)$ となり，散乱角 $\theta/2$ で散乱するときは真のデバイ温度 Θ_D であり，θ の散乱角の回折波のみかけのデバイ温度を Θ_D' とすると，$\Theta_D' = \{\sin(\theta/2)/\sin(\theta/4)\}(\Theta_D/\sqrt{2}) \sim \sqrt{2}\Theta_D$ は Θ_D とは異なってくる．2.3.2項のLEEDの解析法で述べたくりこみ前方散乱摂動法で同様な考察をすると，単純化しても複雑なことになる．

一方，デバイ-ワーラー因子として表面波共鳴条件下での菊池パターンのデバイ温度を測定するのは相転移でのフォノンのソフト化と関連して意味があると思っている．村上，村田がずいぶん昔に測定した結果であるが，図4.17にMgO劈開面の表面波共鳴下での菊池パターンの強度の温度依存性を示す．白丸が温度を上

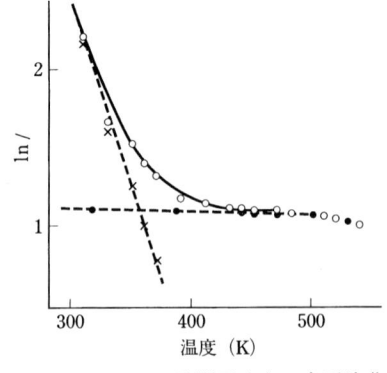

図 **4.17** MgO(001) 劈開面からの表面波共鳴下で測定した菊池パターンの強度の温度依存性 (Y. Murata and S. Murakami: in *Electron Diffraction 1927-1977* (Inst. of Phys., London, 1977) pp. 218-222)

げた過程での測定値で，黒丸が下げたときの測定値である．このように転移温度 $T_c=450$ K の非可逆な現象を示し，温度上昇の過程では破線で示すように 2 本の直線に分解でき，低温域と高温域部とでそれぞれデバイ温度が ~ 200 K と ~ 1000 K である．そして後者はバルクのデバイ温度 900 K にほぼ等しい．

菊池パターンは非弾性散乱した電子の干渉効果として現れるが，LEED の (00) ビームに近い角度領域では主にプラズマ励起の非弾性散乱で，(00) ビームから離れた，すなわち表面垂直から測った電子の放出角 θ_e が大きい領域ではフォノン励起が主なエネルギー損失過程になる．図 4.17 で測定している菊池パターンはプラズマ励起が支配的な領域で，したがって表面波共鳴の条件下での菊池パターンを考えると，入射電子がプラズマ励起によるエネルギー損失を受けながら表面に平行な方向に非弾性散乱し，さらに散乱した可干渉電子が菊池パターンをつくっている．すなわち表面の電子との相互作用が通常の LEED の表面波共鳴に比べてはるかに強いことになる．この測定で 2 つのデバイ温度が得られたこと，しかも 1 つはバルクの 1/5 と非常に低いデバイ温度であること，現象が非可逆過程であることの原因は明らかではないが，最近いろいろと発達した測定技術，たとえば AFM などと組み合わせた測定を再び試みる必要があると思っている．

4.5.2 ドップラー幅

6.3.2 項の拡散の項で詳しく述べるが，^{1}H(^{15}N,$\alpha\gamma$)^{12}C の共鳴核反応は反応断面積が大きく，共鳴エネルギー $E_R=6.385$ MeV に対して共鳴幅 ΔE_R が 1.8 keV と非常に狭いので，^{15}N の入射ビームを共鳴幅と同程度に単色化すると，表面に吸着した H 原子の動的挙動が観測できる．振動現象に関連しては，H 原子の運動に伴うドップラー効果が，核反応で生じる γ 線の収量を入射エネルギーの関数として測定すると，強度曲線の幅として観測できる．ドップラー効果であるから振動現象を運動量空間で観測することになる．これからスペクトルから得られる知見とは異なる知見が得られる．そのよい例として Pt(111) に飽和吸着した H 原子の結果を取り上げる．

図 4.18 に福谷らによる強度曲線の測定結果を示す．このドップラー広がりは主にゼロ点振動による H 原子の動きをみていて，ガウス分布 $A_0\exp\{-(E-E_R)^2/\sigma_v\}$

の幅が

$$\sigma_\mathrm{v} = 2\sqrt{\frac{M_\mathrm{N} E_\mathrm{R}}{M_\mathrm{H}} \left(\frac{\sin^2 \theta_\mathrm{i}}{E_x} + \frac{\cos^2 \theta_\mathrm{i}}{E_z}\right)^{-1}} \quad (4.20)$$

で与えられる．ただし，M_N と M_H は ^{15}N と H 原子の質量であり，θ_i は表面垂直から測った ^{15}N ビームの入射角，E_x と E_z は表面に平行と垂直な H 原子のゼロ点振動に相当する振動エネルギーである．

図 4.18 の強度曲線にガウス関数で表される入射ビームの装置上の広がりとローレンツ関数である核反応の共鳴幅を取り込んで，ガウス分布で当てはめたのが実線の曲線である．高エネルギー側の強度のずれはバルクの Pt には溶け込まない H 原子が，表面近傍ではわずかに溶け込んだためである．この当てはめた曲線からスペクトルの幅として 6.61±0.10 と 6.25±0.10 keV が得られる．これから式 (4.20) を用いて Pt-H の伸縮振動 E_z と偏角振動 E_x のゼロ点振動のエネルギーを求めると，それぞれ 80.8±3.0，62.1±6.0 meV である．

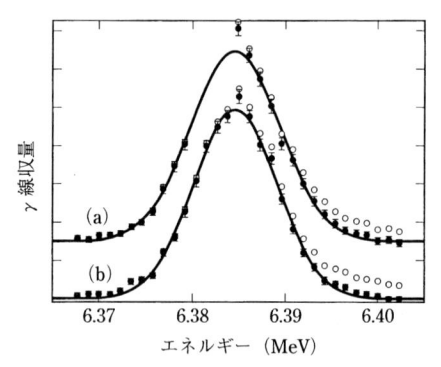

図 4.18 Pt(111)-H からの共鳴核反応による γ 線収量の入射エネルギーの関数とした強度分布 (K. Fukutani et al.: Phys. Rev. Lett., **88** 116101 (2002))
^{15}N ビームの入射角 θ_i =(a)0°，(b)45°．

HREELS によって測定されたこれらの振動のエネルギー (ゼロ点振動エネルギーの 2 倍) はそれぞれ 153 と 68 meV で，RAIRS は Pt-H 伸縮振動しか観測できないが 153 meV である．したがって $E_z = 80.8$ meV はこれらスペクトルの測定値と一致するが，$E_x = 62.1$ meV ははるかに高いエネルギーになっている．Pt(111)-H では H 原子は 3 回対称の孔の fcc サイトに吸着している．測定は x 軸を [1$\bar{1}$0] にとっているので y 方向の広がりを考慮すると，隣接する hcp サイトに向かって広がった船底状の平らなポテンシャル井戸の中で H 原子は運動していると考えることができる．しかも高いエネルギー，すなわち運動量空間での測定であるから速い速度での運動になる．これは H 原子が反射するポテンシャ

ル井戸の壁が急峻であるために速い速度での反射となり,平らに広がったポテンシャル中を等速運動をすると考えることができる.このようなポテンシャルは4次の非調和項を入れただけでは記述できず,スペクトルで振動の量子数 $v=0\to2$ への遷移を測定したところでポテンシャルの形を推定することは困難である.しかもこのようなポテンシャル井戸は表面拡散と密接に関係してくる重要な知見である.なおこのような現象が起きない Si(111)1×1-H では,共鳴核反応による E_z, E_x の実測値は HREELS による Si-H の伸縮と偏角振動の実測値のゼロ点振動エネルギーとよく一致している.

参考文献

- **4.2 節**

双極子相互作用
G. D. Mahan and A. A. Lucas: *J. Chem. Phys.*, **68**, 1344 (1978).
位相緩和
B. N. J. Persson, F. M. Hoffmann and R. Ryberg: *Phys. Rev.*, **B 34**, 2266 (1986).
ヘリウム原子散乱
F. Hofmann and J. P. Toennies: *Chem. Rev.*, **96**, 1307 (1996).
- **4.3 節**

コーン異常とネスティング
鹿児島誠一編著:低次元導体——有機導体の多彩な物理と密度波——(裳華房, 2000).

5
表面の相転移

5.1 半導体の清浄表面

　表面構造が単純で相転移が解明されている単体半導体のSi(001)とこれに密接に関連するGe(001)を取り上げる．Si(111)は2×1→7×7の非可逆な相転移をし，準安定相の2×1構造として一般に受け入れられているπ結合鎖モデルが，相転移まで考えると解決していない可能性があることを3.3節で述べた．そして830°Cで7×7⇌1×1の可逆的な相転移をすることがよく知られている．またそれより低い830 Kで7×7⇌7×7，バルクの融点1410°Cより低い〜1200°Cで表面融解が起きるなどの興味ある現象が報告されているがこれらは割愛する．

5.1.1 Si(001)

　Si(001)のLEEDパターンは室温では2×1構造であるが，$T=150$ K以下の低温に冷やすと1/4次の反射が強く現れてc(4×2)構造になる．2.7節で述べたが，Si(001)では表面原子はダングリングボンドの数を減らすように表面二量体列をつくっている．その様子は図2.24のSTM像にみることができる．そして各表面二量体が図5.1(a)の対称二量体ではなく，(b)の非対称二量体 (asymmetric dimer) 構造をして，非対称二量体を矢印で表示するとc(4×2)構造は図5.2(a)に示すように，矢印が交互に配列した面心の4×2構造である．これを別の見方をすると，c(4×2)が低温相で観測されたことは表面二量体が非対称二量体であることを示している．

　c(4×2)構造で現れる1/4次の反射と，2×1とc(4×2)構造でともに現れる整

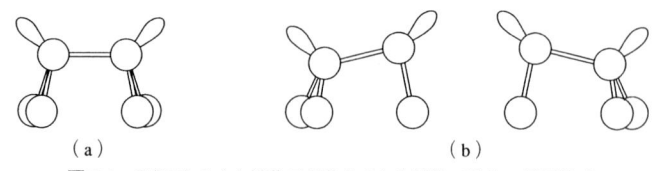

図 5.1 Si(001) の (a) 対称二量体と (b) 非対称二量体の局所構造

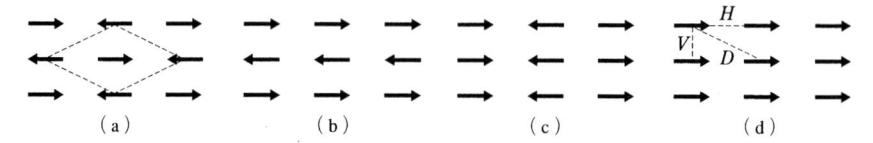

図 5.2 Si(001) の非対称二量体を矢印で表したさまざまな長距離秩序配列
(a) c(4×2) 構造の反強磁性的配列 (破線で c(4×2) の単位胞を示す), (b) p(2×2) 構造の層状反強磁性的配列, (c) 4×1 構造の層状反強磁性的配列, (d) 2×1 構造の強磁性的配列 (スピンハミルトニアンの結合定数 V, H, D を示す).

数次, 半整数次の反射の LEED スポットの積分強度 I の温度依存性を村田らは測定した. 図 5.3(a) に示すように, 温度の上昇に伴って整数次と半整数次の反射は $\exp(-2MT)$ で表されるデバイ-ワーラー因子による強度の減少がみられるだけなのに対して, 1/4 次の反射は 150 K 付近から S 字状に急激に強度が減少している. またこの 1/4 次のスポットの $I(T)$ 曲線は温度上昇と下降で履歴現象がみられない 2 次の構造相転移の特徴を示している. デバイ-ワーラー因子による強度の減少を取り除いた $I(T)$ 曲線を図 5.3(b) に示す. 実線は 2 次元のイジング模型のオンサガー (Onsager)(1944 年) の厳密解に従って当てはめた曲線である. このように Si(001) は転移温度 $T_c = 200$ K で c(4×2)⇌2×1 の相転移をすることを見出した.

Si(001) の局所構造が非対称二量体であることはチャディー (Chadi) が強結合近似による理論で予測していた. それは二量体の一方の Si 原子から他方の Si 原子へ電荷が移動するとエネルギーが低くなり, 電子を渡した Si$^+$ 原子は sp^2 的な 120° の結合角の平面構造をとろうとし, 電子をもらった Si$^-$ 原子は s^2p^3 的あるいは p^3 的な 90° の結合角になろうとする. その結果凹凸のある構造となり, これを表面に投影すると図 5.2 に示すような [1$\bar{1}$0] または [$\bar{1}$10] 向きに電気双極子をもつ配列になる. そして c(4×2) の長距離秩序配列は非対称二量体がもつ電気双極子間の相互作用が表面エネルギーを安定化したためと考えることができる. この電気双極子をスピンになぞらえると 2 次元のイジング・スピン系で記述

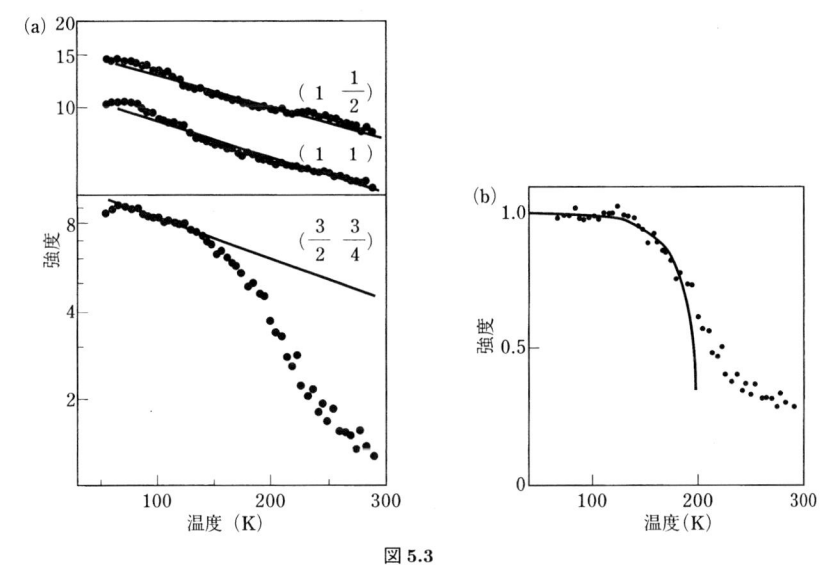

図 5.3
(a) Si(001) の LEED スポットの積分強度の温度依存性 (T. Tabata et al.: Surf. Sci., **179**, L63 (1987)). 黒丸が実測値,直線はデバイ-ワーラー因子による強度変化を示す.
(b) デバイ-ワーラー因子を除いた 1/4 次のスポット強度の温度変化 (M. Kubota and Y. Murata: Phys. Rev., B **49**, 4810 (1994)). 実線はオンサガーの式に当てはめた曲線.

できることになり,c(4×2) は列内,列間ともに反強磁性的なスピン配列である.そして 2 次の相転移をすることから 2×1 表面は $s=1/2$ のスピン配列が乱れた常磁性相の配列で,図 5.3 にみられる Si(001) の c(4×2)⇌2×1 の相転移は 2 次元スピン配列の秩序-無秩序転移と同等に扱える.すなわち 2 次元イジング・スピン系の秩序-無秩序転移で解釈できることが期待できる.このことはイーム (Ihm) らが理論的に予測していた.彼らはスピン間の相互作用を第 3 近接まで考慮した,図 5.2(d) に示す V, H, D を相互作用パラメータとするスピンハミルトニアン

$$-\mathcal{H} = V\Sigma s_{i,j}s_{i+1,j} + H\Sigma s_{i,j}s_{i,j+1} + D\Sigma s_{i,j}s_{i\pm 1,j+1} \tag{5.1}$$

を用いている.

図 5.2 に示す表面再構成をした 4 つの表面構造について,$T=0$ K で全エネルギーを強結合近似で計算し,その値 (表 5.1 に示す) から求めたパラメータ V, H, D の値を表 5.1 に示す.そして有限温度でのエントロピーの寄与はくりこみ群の方法を適用して計算し,p(2×2)⇌2×1 の秩序-無秩序の構造相転移の相図

を得ている.転移温度は実測値 200 K にほぼ一致する ~250 K であるが,秩序相は表 5.1 にみられるように,図 5.2(b) の p(2×2) の層状反強磁性相である.そして非対称二量体の局所構造を保持しながらスピンの向きがばらばらの常磁性相の無秩序配列になっている.

2×1 構造になっても局所構造として非対称二量体が保持されていることは LEED, UPS,内殻準位シフトで観測できる.図 5.4 に LEED の I-V 曲線を示すが,c(4×2) と 2×1 とでデバイ-ワーラー因子による全体としての強度の変化を除いてほとんど違いがないことから,局所構造が同じであることがわかる.また Si(001) のダングリングボンドによる表面準位を通して対称二量体と非対称二量体をみると,前者は電子が半分占有したダングリングボンドが [110] に沿って並ぶので,電子は非局在化したバンドを形成して金属的になり,後者はイオ

表 5.1 c(4×2) を基準にした Si(001) のさまざまな表面再配列の全エネルギーとそれから求めたスピンハミルトニアンの結合定数

	強結合近似 (meV)	第 1 原理計算 (meV)
2×1	31	90.6
4×1	67	117.6
p(2×2)	−5	1.2
c(4×2)	0	0.0
V	−26	−51.9
H	10	6.6
D	4	3.6

(J. Ihm et al.: Phys. Rev. Lett., **51**, 1872 (1983): K. Inoue et al.: Phys. Rev., B **49**, 14774 (1994))

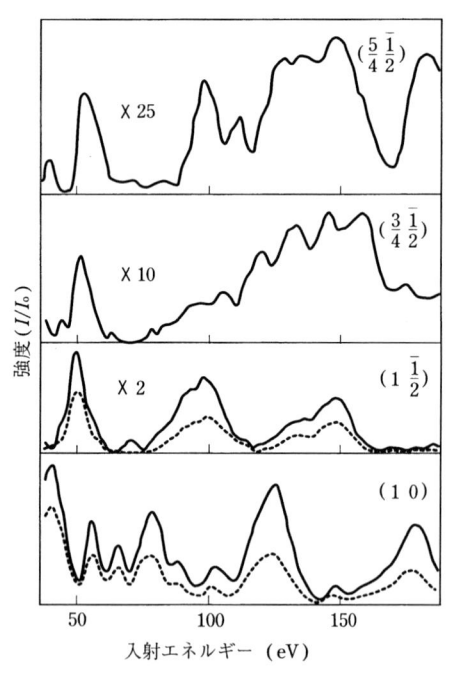

図 5.4 Si(001) の LEED の I-V 曲線 (T. Tabata et al.: Surf. Sci., **179**, L63 (1987))

ン結晶的な電子構造であるから絶縁体的になる．Si(001) を (001) から [110] 方向に 4° 程度傾けて切断した微斜面を熱処理で清浄化すると，2 原子層のステップと (001) のテラスができ，すべてのテラスは 1×2 構造がない 2×1 構造だけの単一ドメインの表面になる．ヨハンソン (Johansson) らはこの表面の角度分解の光電子分光法 (ARUPS) によるスペクトルを室温で測定し，図 5.5 に示す表面準位の分散関係を得た．なお参考のために図 5.6 に Si(001)2×1 の構造と表面ブリュアン域を示す．

表面準位の分散関係を，表面二量体列に沿った [110] 方位の $\overline{\Gamma}$-$\overline{J'}$ 方向 (図 5.5(a)) と，それに直交する [1$\overline{1}$0] 方位の $\overline{\Gamma}$-$\overline{J}$-$\overline{\Gamma}_2$ 方向 (図 5.5(b)) で眺めると，黒丸がダングリングボンドの占有準位，すなわち非対称二量体の突き出た原子のダング

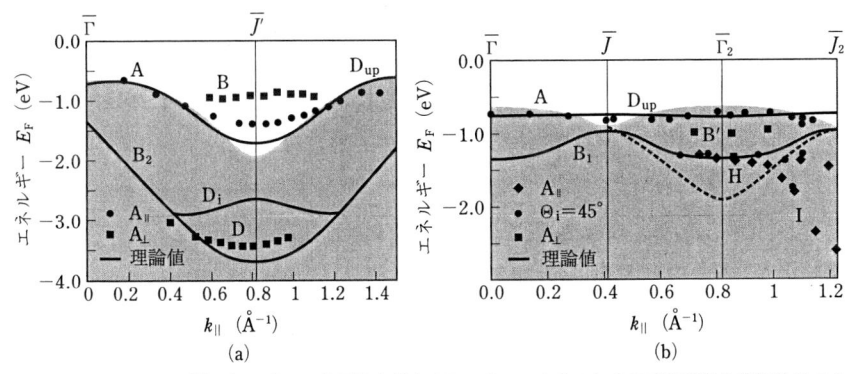

図 5.5 Si(001)2×1 の単一ドメインの表面から得た ARUPS スペクトルによる表面準位と表面共鳴の分散関係 (L.S.O. Johansson *et al.*: *Phys. Rev.*, B **44**, 1305 (1990))
(a)[110] 方位，(b)[1$\overline{1}$0] 方位．影をつけた部分がバルクバンドの投影で，実線が計算値．

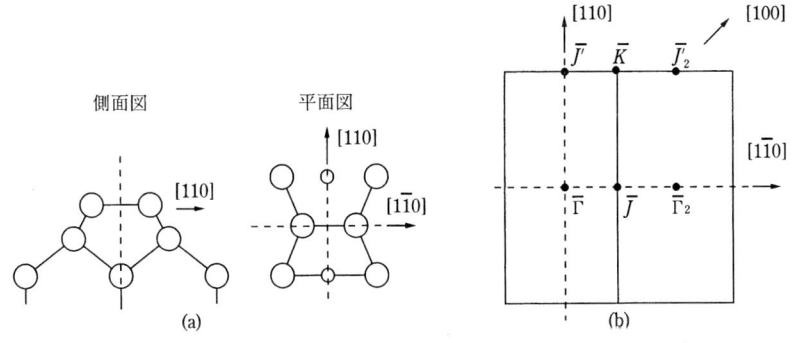

図 5.6 Si(001)2×1 での (a) 対称二量体モデルと (b) 表面ブリュアン域

リングボンドの表面準位であるが，(a) (b) ともにフェルミ準位近傍にバンドギャップがあり，絶縁体的で非対称二量体の構造である特徴が示されている．また二量体列に沿った [110] 方位での表面準位は 0.7〜1.4 eV のバンドの広がりをもつ大きな分散を示すが，[1$\bar{1}$0] 方位は 0.7 eV の平らな分散で，〜0.1 eV の狭いバンド幅になっている．すなわち二量体列に沿ってはダングリングボンドの軌道は大きな相互作用があって大きな分散を示し，電子は非局在化しているが，列に直交する [1$\bar{1}$0] の方向では分散がなく，ダングリングボンド間の相互作用がほとんどないことを示している．

内殻準位からの光電子スペクトルを高分解能の X 線光電子分光法 (XPS) で測定すると，非対称二量体だと表面二量体の原子間で電荷移動があるために表面原子の内殻準位はシフトし，高エネルギー側と低エネルギー側に分裂する．それに対して対称二量体では表面内殻準位シフト (SCS) は分裂しないことが予測できる．ただし，この分裂は 3.7 節で述べた遷移金属の SCS とは異なり，いわゆる XPS の化学シフトに相当する．したがってもし c(4×2)⇌2×1 の相転移が非対称二量体⇌対称二量体の相転移だとすると，2×1 表面と c(4×2) 表面とで Si 2p 内殻の XPS スペクトルに顕著な違いが現れるはずである．

ウールベルク (Uhrberg) らが測定した高分解能の Si 2p 内殻準位の光電子スペクトルは，図 5.7 に示すように非対称二量体からの電荷移動による高エネルギー側と低エネルギー側への分裂，バルクや表面下の Si 2p などによる複雑な構造が観測された．そして 2×1 と c(4×2) の間でスペクトル形状の相違は観測されず，2×1 構造も局所構造は非対称二量体であると結論できる．ここで，図 5.7 のスペクトルには Si $2p_{1/2}$ と Si $2p_{3/2}$ を終状態とするピークが観測されるが，後者のみに縦棒を描き帰属のための記

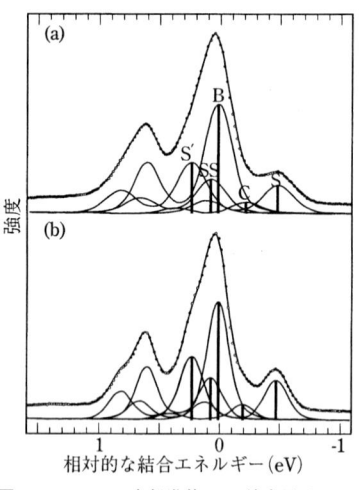

図 5.7 Si 2p の内殻準位の X 線光電子スペクトル (E. Landemark et al.: Phys. Rev. Lett., **69**, 1588 (1992))
(a)2×1, (b)c(4×2). ただし，実測のスペクトルは光起電力効果により 0.73 eV のシフトがあったが，ここではバルクからのピークを一致させている．$\hbar\omega = 130$ eV．表面に垂直に放出された電子を検出．

号をつけた．放出角および入射エネルギー依存性から B がバルク中の Si 原子から，S が非対称二量体の突き出た，SS が引っ込んだ Si 原子から，S′ が第 2 層の Si 原子からの放出電子であると帰属できる．そして非対称二量体の 2 つの Si 原子間での内殻準位の分裂の大きさは 0.55 eV である．

ここで，横道にそれるが，半導体表面での表面内殻準位シフト SCS では，3.7 節で述べた遷移金属表面での SCS とは異なる機構で観測されることを述べる．Si(001) の Si $2p$ 内殻準位の結合エネルギーは，バルクからの光電子を基準にすると，表面二量体の突き出た原子は負の電荷をもっているので内殻準位は低結合エネルギー側に，すなわち負の方向に -0.49 eV と大きくシフトしている．それに対して沈んだ原子の SCS は $+0.06$ eV と正の方向ではあるがほとんどシフトしていない．このように正，負の大きさの異なる非対称なシフトは単純な電荷移動では理解できず，光電子放出過程の終状態に生じる内殻の正孔が価電子により遮蔽される効果により説明できる．沈んだ原子に局在しているダングリングボンドは非占有の表面準位を形成しているが，この原子の $2p$ 内殻準位に正孔ができてエネルギー準位が全体として深い方向にシフトすると，表面準位の一部はフェルミ準位より低くなる．そのためこの表面準位に，すなわちダングリングボンドに電子が流れ込んで正孔の遮蔽が高められ，終状態のエネルギーは安定化して低くなる．その結果，XPS で測定される内殻準位のみかけの結合エネルギーは小さくなる．すなわち負の方向にシフトして実測された $+0.06$ eV のように小さな正のシフトになったのである．

本論に戻ると，井上，寺倉らはイームらと同様に図 5.2 のさまざまな表面構造の全エネルギーを Si の 12 原子層の繰り返しスラブ法を用いて，第 1 原理分子動力学法 (カー-パリネロ法) により計算し，結合定数 V, H, D を求めた．得られた全エネルギーの計算結果とともに表 5.1 に示す．安定構造は実験結果と同じ c(4×2) 構造であるが，p(2×2) とのエネルギー差は非常に小さい．それに対して対称二量体は非常に高いエネルギーの不安定な構造になっている．さらに式 (5.1) でこの結合定数を用いたモンテ・カルロ・シミュレーションを行い，相転移温度として実測値に比べてかなり高い 320 K を得ている．

これらの相互作用パラメータ V, H, D から Si(001) の c(4×2) 構造の安定性についての絵解きをしたい．図 5.2 からわかるように，式 (5.1) のスピンハミル

トニアンで D の項の数が H の項の数の 2 倍あり, H, D の相互作用での電気双極子間の引力, 斥力の関係を p(2×2) と c(4×2) の配置から考えると, $H > 2D$ だと p(2×2) が, $H < 2D$ だと c(4×2) が安定になることがわかる. 表 5.1 の H と $2D$ の値の差はわずかであるが, 確かに井上らの第 1 原理計算の結果では c(4×2) が安定に, イームらの強結合近似の結果では p(2×2) が安定になっている. 蛇足ながら第 2 近接の相互作用までしか考えないときには $D = 0$ であり, p(2×2) の方が安定になる.

次に古典的なクーロン相互作用を用いて V, H, D の相対的な大きさ, とくに二量体列内の相互作用 V に対する列間の相互作用 H, D の大きさを考えることにする. というのは表 5.1 からわかるように, 強結合近似と第 1 原理計算とでは V の値に大きな違いが認められる. 距離 r 離れて存在する電気双極子 $\boldsymbol{\mu}_1$ と $\boldsymbol{\mu}_2$ の相互作用ポテンシャル, すなわち双極子-双極子相互作用のポテンシャルエネルギーは,

$$U(\boldsymbol{r}) = r^{-3}\{(\boldsymbol{\mu}_1 \cdot \boldsymbol{\mu}_2) - 3r^{-2}(\boldsymbol{\mu}_1 \cdot \boldsymbol{r})(\boldsymbol{\mu}_2 \cdot \boldsymbol{r})\} \tag{5.2}$$

で与えられる. 双極子が図 5.2 に示す配列をした 2×1 構造の矩形格子に式 (5.2) を適用すると結合定数の比 H/V, D/V が求まり, $H/V = -1/4$, $D/V = -7/25\sqrt{5}$ の関係が導ける. この関係に強結合近似で得た $V = -26$ meV を代入すると $H = 6.5$ meV, $D = 3.3$ meV となるが, これは表 5.1 に示すイームらが強結合近似で得た値とほぼ一致する. すなわち強結合近似で求めた二量体間の相互作用は古典的な電気双極子間の相互作用で描ける値になっている. また古典的な描像からは $H/2D = 0.998$ となり, c(4×2) と p(2×2) のどちらが安定になるかは判定できない.

一方, 強結合近似よりははるかに精度が高い, 実際の二量体間の相互作用を表しているとみなせるカー-パリネロ法で求めた結果は, 表 5.1 より強結合近似に比べて V の絶対値が約 2 倍と非常に大きくなっている. それに対して H, D の値は強結合近似にほぼ等しく, 先に推定した $V = -26$ meV を式 (5.2) で求めた関係に代入した値 $H = 6.5$ meV, $D = 3.3$ meV と偶然に一致している. それに対して $V = -51.9$ meV であることは第 1 近接の二量体間の相互作用が電気双極子間の相互作用で考えたものよりもずっと強いことを意味している. この違いは表面第 2 層の原子の変位を考慮することで理解できる.

非対称二量体の一方の Si 原子は電子を受け取り，ダングリングボンドは占有状態になって表面から突き出て p^3 的になり，他方の非占有状態のダングリングボンドの Si 原子は sp^2 的になり沈み込む．したがって結合角は正四面体角 109°28′ より前者は小さく，後者は大きくなる．これまでもしばしば述べてきたように，結合距離を変化させる格子歪みは結合角の変化による格子歪みに比べてずっと大きなエネルギーを要するので，この場合もその考えに従って結合角のみが変化すると考える．そのため表面から突き出た原子に結合している第2層の原子は面内で二量体列の方向にたがいに引き寄せられ，沈み込む原子に結合した第2層の原子は反対にたがいに遠ざけられることになる．その結果二量体列内で非対称二量体が反強磁性的に交互に向きを変えた配列をすると，図5.8(a) にみられるように，表面第2層の原子は表面に平行な面内で，二量体列に沿った方向で交互に向きが変わる無理のない変位をする．それに対して強磁性的な図5.2(d) の配列をすると，大きな無理が第2層に生じる．このように第2層の変位までを考えると，反強磁性的な配列が2次元的な電気双極子間の相互作用のみを考えた場合よりも二量体列内での安定度の高まりが大きくなることがよく理解できる．カー-パリネロ法により求めた c(4×2) の安定構造を図5.9に示すが，表面原子はずいぶん大きい凹凸になっている．またここには示さ

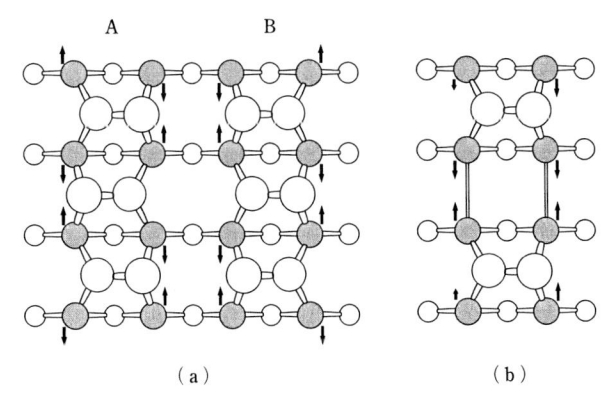

図 5.8 Si(001) の表面構造の平面図
(a) c(4×2) 清浄表面，(b) 二量体欠損のある表面．
白丸は第1，第3層，灰色の丸は第2層．丸の大きさを順次小さくしているが，非対称二量体の負の電荷をもつ突き出た原子を少し大きい白丸で示す．第2層の原子が埋想表面の位置から変位する方向を矢印で示す．

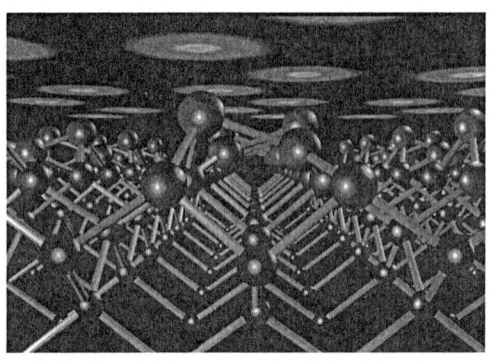

図 5.9 カー-パリネロ法で求めた Si(001) の安定構造 (寺倉清之氏のご好意による)

ないが，第 2 原子層の二量体列方向への交互の原子変位もはっきりとみることができる．

このように Si(001) では二量体列内は二量体間の強い相互作用によって長距離秩序を保ち安定化している．このことはステップの形状にも現れる．図 2.24 の STM 像にみられるステップはぎざぎざであるが，図 5.10 のステップの多い Si(001) の STM 像では二量体列に沿ったステップにはぎざぎざは現れていない．さらに第 2 原子層の安定化は二量体列内で閉じているために，c(4×2) と p(2×2) のエネルギー差は小さい．そのため T_c =200 K である非対称二量体の秩序-無秩序転移ではイームらの理論結果とは異なり，無秩序相はスピンの配列がばらばらに乱れた常磁性相の無秩序構造にはならない．二量体列には図 5.8(a) に示す位相が π だけ異なる A, B の 2 つの反強磁性配列がある．そして ABAB… の配列が c(4×2)，AAA… または BBB… の配列が p(2×2) 構造である．これらのことから T_c=200 K で起きている c(4×2)⇌2×1 の相転移は，A, B の二量体列としての反強磁性配列を保持した A⇌B のフリップフロップ運動による，A, B の 1 次元的な配列の秩序-無秩序転移であると考えられる．すなわち 2×1 構造は A と B が無秩序に並ぶ常磁性的配列である．一方，図 2.24 に示した室温で測定した STM 像の表面二量体の大部分が非対称構造ではなく対称構造をしているのは，室温では A⇌B のフリップフロップ運動が頻繁に，かつ STM の探針が表面二量体を通過する時間よりはるかに早く起こり，時間平均された構造が対称二量体として観測されているためである．それに対して低温ではこのフ

図 5.10 ステップが多くある Si(001) を室温で測定した STM 像 (吉村助教授のご好意による) 20×20 nm^2, $V_t = -2$ V.

図 5.11 Si(001)c(4×2) の STM 像 (重川教授のご好意による)

リップフロップ運動が凍結され，図 5.11 に示すように c(4×2) 構造の STM 像が観測できる．

$T > T_c$ の領域で二量体列が強固に保持されていることは，窪田，村田による LEED のストリークパターンの温度依存性からもみることができる．$T = 180 \sim 450$ K で観測した LEED パターンの鳥瞰図を図 5.12 に示す．またこの回折スポットの帰属を示すために図 5.13 に等高線図を示す．転移温度 $T_c = 200$ K よりずっと高い温度の $T \sim 2T_c$ まで (1 1/2)–(1/2 1/2)–(1/2 1) のスポットを結ぶ線上にストリークをはっきりとみることができる．このストリークの中間点に 1/4 次の反射が観測されているが，この回折スポットをガウス関数で，ストリークをローレンツ関数で当てはめてストリークの幅の温度変化を調べると，ストリークに直交する方向での幅は $T \sim 300$ K までほぼ一定で，この温度まで列に沿った方向での秩序性が保たれていることを示している．

Si(001) の清浄表面の表面二量体をつくっている原子対が 1 個抜けるとダングリングボンドの数は 2 個減り，原子対が抜けたところ (二量体欠損, dimer vacancy) の第 2 層では二量体列の方向に新しい σ 結合をつくるが (図 5.8(b))，新たなダングリングボンドは生じない．したがって二量体列に沿って格子歪みが生じるが，ダングリングボンドの数が減る効果は大きく，電子エネルギーは安定化する．これに関連しては Si(001)2×8 構造を 2.7 節 (図 2.26) で述べたが，

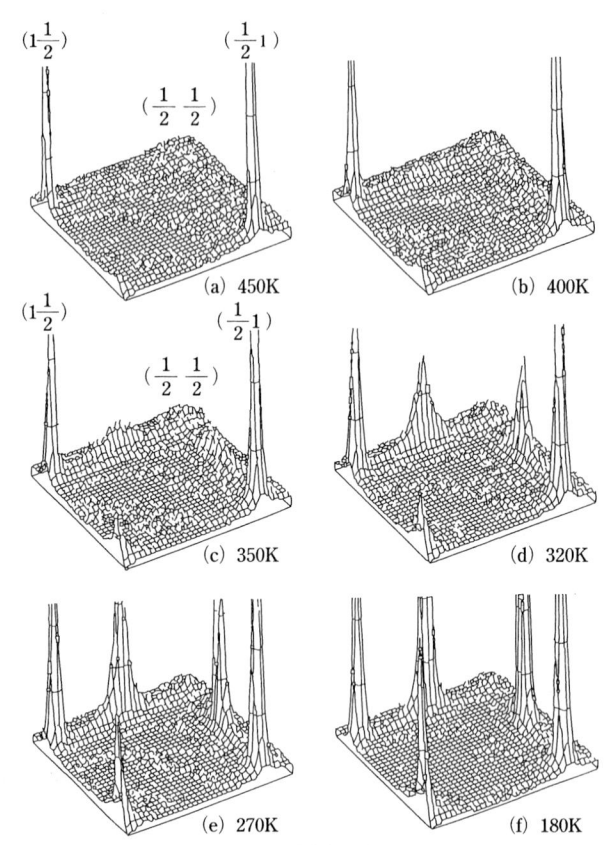

図 5.12 Si(001) の LEED パターンの温度変化の鳥瞰図 (M. Kubota and Y. Murata: *Phys. Rev.*, B **49**, 4810 (1994))
E_p=36 eV.

この二量体欠損のまわりでは図 5.8(b) に示すように, 第 2 層の面内での変位ベクトルの向きが (a) に示す反強磁性的な交互の規則性を乱して, すべての変位ベクトルが二量体欠損の方向に向く. そのため二量体欠損がある二量体列ではその近傍で A⇌B のフリップフロップ運動が阻害される. そして図 2.24, 5.10 の STM 像にみられるように, 室温でも二量体欠損の周辺やステップ近傍では非対称二量体がはっきりと観測できる. 二量体欠損はできやすいので, Si(111)7×7 の清浄表面を作製するのに用いる方法で, すなわち SiO_2 酸化膜を蒸発させる際の加熱により生じる SiC 微結晶を除去するために融点に近い温度で加熱す

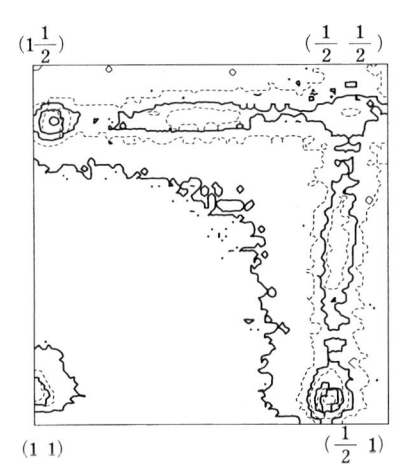

図 5.13 Si(001) の LEED のストリークパターンの等高線図 (M. Kubota and Y. Murata: *Phys. Rev.*, B **49**, 4810 (1994))
$T = 350$ K, $E_p = 36$ eV.

るだけの処理方法で Si(001) を清浄化すると, 二量体欠損が多い表面となって c(4×2)⇌2×1 の相転移は観測されない.

二量体欠損に凍結された二量体列がドメイン壁をつくることになる. このフリップフロップ運動が凍結された二量体列を **A** とし, 協力現象としてのフリップフロップ運動が **A** の両側で同時に起きるとすると, たとえば BABA**A**BAB⇌ABAB**A**ABA となり, **AA** の配列がドメイン壁として残る. そしてこのようなドメイン壁の生成, 消滅が一定量の局所的な p(2×2) 構造をほぼ決まった位置に生じさせる. したがって c(4×2)⇌2×1 の相転移では有限の大きさのドメイン内での相転移になる. オンサガーの式は2次元の無限の広がりをもつとして得られた厳密解であるので, ドメインが有限の大きさであることが, 図 5.3(b) にみられるように, 実測の $I(T)$ 曲線が T_c より上の温度でオンサガー式からはずれてテールを引く原因になっている. また図 5.12 にみられるように, c(4×2) には存在しない, p(2×2) 構造に対応する (1/2 1/2) 反射が広い温度範囲にわたって一定の強度で観測される. これはドメイン壁に関係した局所的な p(2×2) 配列が常に残るためである.

栃原らは Ge(001) で STM 測定の探針を表面二量体の一方の原子上および表面二量体の2原子の中央に固定して, トンネル電流を室温で測定してフリップフ

ロップ運動の時間変動を観測した.重川らは同じ手法で Si(001) の STM のトンネル電流の変動を測定して,これからフリップフロップ運動が起きる頻度とポテンシャル障壁の高さ E_a を推定している.表面二量体の一方の原子上に STM 探針を置くと,フリップフロップ運動により探針の先端と表面原子の距離は変化するので,それに対応したトンネル電流の揺動が図 5.14(a) に示すように,いろいろな幅をもつ矩形波として観測される.一方表面二量体の 2 原子の中央,すなわちフリップフロップ運動の節に探針を置いて測定した場合は,図 5.14(b) にみられるように電流変動の振幅が小さくなっている.ここに示した測定は 70 K で行っているが,その場合のフリップフロップ運動の周期は 0.81 kHz である.

図 5.14(a) にみられるように,いろいろな幅をもつ矩形波のトンネル電流の時間変動が観測でき,これから時間の関数である矩形波の幅のヒストグラムが求まる.この時間の関数であるヒストグラムから自己相関関数を求め,それから A→B と B→A の運動の速度定数 k_1, k_2 を得た.そして A⇌B が平衡状態にあるとみなした詳細釣り合いの関係から,A,B 状態のエネルギー差を求めると 0〜10 meV であった.ただし,この 0 meV からのはずれはドメインサイズが有限の広がりをもつためである.さらに頻度因子の値を仮定してフリップフロップ運動のポテンシャル障壁の高さ E_a 〜140 meV を得ている.しかしこの値は現状ではドメイン依存性があり,A,B の状態のエネルギー差も 0 meV ではな

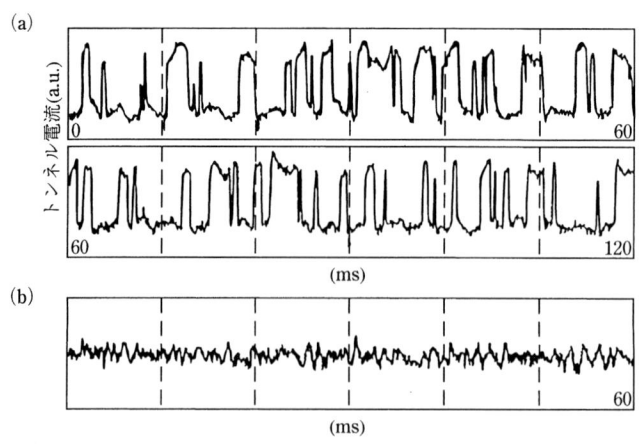

図 **5.14** Si(001) の (a) 表面二量体の一方の原子位置,および (b)2 つの原子の中間位置に固定して測ったトンネル電流の時間変動 (K. Hata *et al.*: *Phys. Rev. Lett.*, **86**, 3084 (2001))
T =70 K.

いが，もし表面欠陥が非常に少ない Si(001) がつくれると，このようにして得た速度定数のアレニウス・プロットから精度の高い E_a が求まることになる．

これまで述べたように Si(001) は Si(111) とは異なり相転移まで含めて表面構造，電子構造が説明でき，すっかり解決したと思われた．しかし横山，高柳が $T=5$ K で STM を測定し，図 5.11 の c(4×2) ではなく室温と同じ対称二量体の STM 像を観測した．これは Si(001) の基底状態が非対称二量体ではなく，対称二量体の可能性があることを示している．これに関連して村田らが c(4×2)⇌2×1 の相転移を見出した後でも，当時観測されていた STM 像が室温の 2×1 のみであったために，基底状態が対称二量体であるとの理論結果が提出されていた．

横山，高柳は対称二量体が観測される $T=5.5$ K と 300 K, c(4×2) が観測される $T=63$ K で STS の I-V 曲線を測定し，電子の状態密度 $\rho(E)$ に対応する規格化コンダクタンス $(dI/dV)/(I/V)$ を求めた．その結果を図 5.15 に示すが，$T=5.5$ K の電子構造は室温，$T=63$ K と違いが認められない．このように $T=5$ K での電子構造は非対称二量体を支持する結果であることから，彼らは基底状態は対称二量体ではなく非対称二量体で，フリップフロップ運動を

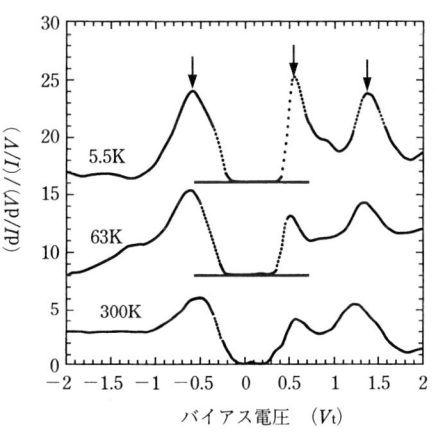

図 5.15　Si(001) のトンネルスペクトル $(dI/dV)/(I/V)$ (T. Yokoyama and K. Takayanagi: *Phys. Rev.*, B **61**, R5078 (2000))
(a)$T=5.5$, (b)63, (c)300 K.

するポテンシャル障壁の高さが非調和ポテンシャルのために低温で低くなり，フリップフロップ運動が再び活発になったためと解釈している．そしてこの考えを支持する結果として Si はバルク結晶の膨張係数が 20~120 K で負で，20 K 以下では 0 に近くなることを挙げている．相互作用パラメータの H と $2D$ の微妙な大小関係が c(4×2) と p(2×2) のどちらの配置をとるかを決めていることを考えると，格子系のわずかな変化がポテンシャルの形を変えることがあってもよさそうである．

5.1.2 Ge(001)

Ge(001) は Si(001) と同様に，非対称二量体が c(4×2)⇌2×1 の秩序-無秩序転移をする．ケヴァン (Kevan) らが LEED により測定した転移温度は $T_c = 220$ K であり，Si(001) の $T_c = 200$ K とほぼ同じであるがわずかに高い温度である．融点 T_m が Si は 1420°C, Ge は 945°C と Ge の方がかなり低く，(111) 表面の無秩序相への T_c も Si(111) の 7×7→1×1 では 1130 K, Ge(111) の c(2×8)→1×1 では 753 K とやはり Ge の方がかなり低い．そして T_c/T_m は石坂の魔法数にあるように[*1)]Si(111), Ge(111) の両者ともに 2/3 である．

Ge(001) の場合，相転移点の近傍では Si(001) とは大きく異なって，c(4×2)→2×1 の相転移とほぼ同時に金属-絶縁体転移が観測されている．ARUPS の表面から垂直に放出される光電子のスペクトルで，フェルミ準位のところに弱いが幅の狭いピークが観測された．図 5.16 に金属性を示すこのピークの積分強度と c(4×2) 構造に特徴的な LEED の 1/4 次のスポット強度を温度の関数として示す．この金属相は UPS のスペクトルのフェルミ準位に現れるピークであるから，2×1 構造になるにつれて表面に金属性が現れたとみなせるが，これは Si(001) で述べた対称二量体による金属性とは明らかに異なっている．1 つには強度が弱く，スペクトルの幅が狭いこと，もう 1 つは表面垂直の方向に強度が最大で，放出角として $\Delta\theta \sim 3.5°$ の狭い角度範囲に現れることである．そのため相転移に伴って表面欠陥が生じたのが金属性の原因と考えられる．

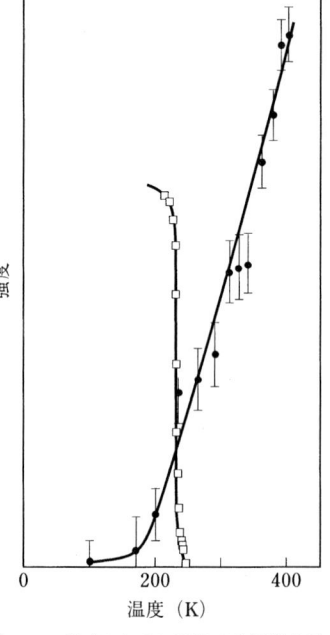

図 5.16 Ge(001) での UPS の金属性を示すピークの積分強度 (●) と LEED の 1/4 次のスポット強度 (□) の温度依存性 (S. D. Kevan: *Phys. Rev.*, B **32**, 2344 (1985))

その他に Si(001) と違う点として，相転移が 2 段階で起きることが LEED で観察されている．$T = 220$ K で c(4×2)→2×1 となり，同時に幅の狭いストリーク

[*1)] A. Ishizaka: *Phil. Mag.*, B **64**, 219 (1991).

パターンが現れ，$T = 260$ K で幅の広いストリークパターンに変化する．しかもストリークが現れる位置はブリュアン域の中心で，これも Si(001) とは大きく異なっている．これから判断できることとしては，$T = 220$ K で c(4×2)→2×1 の相転移をした後には，非対称二量体の配列に局所的な反強磁性的規則性がある程度残る．そして $T = 260$ K では規則性がほとんど消えてでたらめな向きに乱れた常磁性的配列に変わると思える．

一方 Ge の原子番号は Si に比べて 2 倍以上あるので，X 線の散乱断面積は約 5 倍である．したがって X 線回折 (XD) による回折パターンの測定が比較的容易で，シンクロトロン放射光を単色化した X 線を用いて，Ge(001) の構造相転移が観測されている．LEED に比べて XD ではビームの平行性が高いので，可干渉領域がはるかに広い測定ができるため (LEED は $\sim 10^2$ Å，放射光による XD は $\sim 10^4$ Å)，ドメインの大きさなども推定できる．図 5.17 に [01] 方位で測定した 1/4 次の反射と 1/2 次の反射のピークについて，積分強度の逆数 ($1/I_\mathrm{p}$) を温度の関数として示す．1/2 次の反射はデバイ-ワーラー因子による強度変化しか観測されないが，1/4 次の反射は $T > 250$ K で温度が上昇するにつれて直線的に増大していて，これを外挿して転移温度を求めると $T_\mathrm{c} \sim 250$ K になる．

高温相では欠陥密度が高いために相転移の定量的な議論はできなかったが，XD の解析結果からも低温相の c(4×2) が非対称二量体が反強磁性的な配列をしていることが確かめられた．また高温相の 2×1 では非対称二量体の数は c(4×2) 相と同じ数に保存されているが，それらがでたらめな向きに配列している無秩序相であると推測できる．そして図 5.17 からもわかるように，ケヴァンらが LEED で観測した 220 と 250 K の 2 段階で起きる構造変化は観測されなかった．

これらのことから Si(001) と Ge(001) の c(4×2)→2×1 の相転移では，Si(001) の場合には二量体列内での相互作用が非常に強く，$T_\mathrm{c} = 200$ K よりかなり高い温度 $T \sim 2T_\mathrm{c}$ まで二量体列内での反強磁性的配列は保たれている．このことは寺倉らの第 1 原理計算で得られた V，H，D を用いたモンテ・カルロ・シミュレーションでも確かめられている．それに対して Ge(001) では，二量体間の相互作用に異方性はあるが，二量体列内の相互作用が Si(001) に比べて弱く，$T_\mathrm{c} - 250$ K で列内の配列も乱れた無秩序相に転移すると思われる．このことが Ge 結晶の方が Si 結晶に比べて融点がずっと低いにもかかわらず c(4×2)⇌2×1

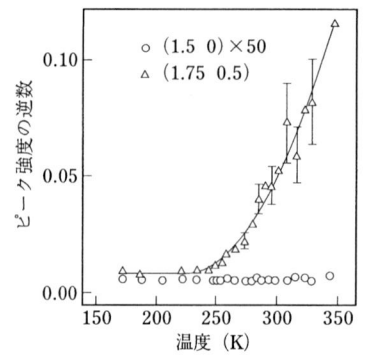

図5.17 Ge(001)のX線回折によるピークの積分強度の逆数(ただし, 1/4次の反射(△)と1/2次の反射(○))(C. A. Lucas et al.: *Phys. Rev.*, B **47**, 10375 (1993))
$\lambda = 1.238$ Å.

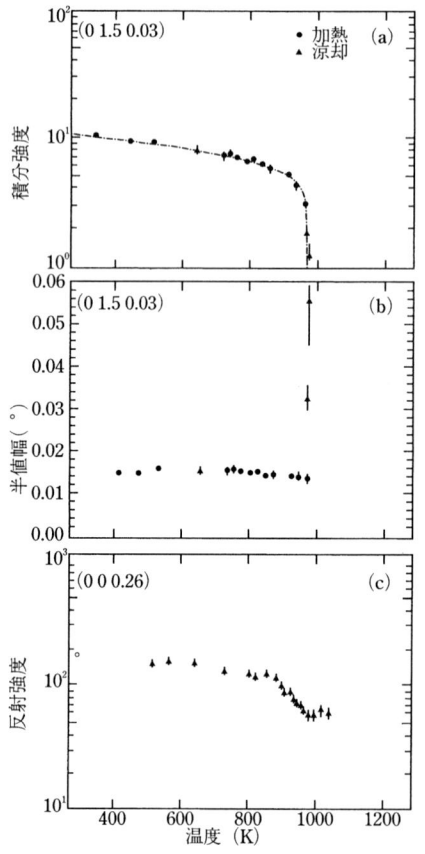

図5.18 Ge(001)の1/2次の反射の(a)積分強度, (b)半値幅, (c)鏡面反射での反射率の温度依存性(A. D. Johnson et al.: *Phys. Rev.*, B **44**, 1134 (1991))
$\lambda = 1.13$ Å. ●は加熱, ▲は冷却.

の転移温度はGe(001)の方がSi(001)より高くなっている原因であろう.

Ge(001)ではc(4×2)⇌2×1の相転移より高い温度領域で起きる2×1 → 1×1の相転移がXDで観測されている. 図5.18に1/2次の反射の積分強度, 半値幅, 鏡面反射の指数$l=0.26$での反射率を温度の関数として示す. 積分強度は900 Kを越すと急激に減少し, 半値幅も急激に増大している. また表面粗さが増大すると低下する反射率も870 K付近から低下している. そしてこれらの変化は可逆的である. 積分強度の温度依存性を

$$I_{\rm int} = I_0 e^{-2MT}(1-T/T_{\rm c})^{2\beta}$$

の関係に当てはめると, $\beta = 0.94 \pm 0.05$, $T_{\rm c} = 955 \pm 7$ K, またMの値より表面Geの原子振動の根2乗平均として$\langle u^2 \rangle^{1/2} = 0.15 \pm 0.05$ Åが得られた. これはバルクGeの値$\langle u^2 \rangle^{1/2} = 0.07$ Åに比べて2倍の値になっている. またX線の反射率の変化から付加原子の密度を推定すると868 Kまではほぼ一定であるが, こ

れから温度の上昇に伴って急激に増加している．したがって $T_c=955$ K での相転移は表面二量体の結合が切断され，表面欠損 (vacancy) などが生じる構造変化であると考えられる．そこで反射率の温度変化を，単純なモンテ・カルロ・シミュレーションを行って実験値と比べたところ，表面二量体の σ 結合の切断に要するエネルギーは 0.33 eV になった．この値は Si(001) で推測されている 1~3 eV に比べてかなり小さな値である．このことより Ge(001) では c(4×2)→2×1 の相転移の際にわずかな数であるが表面二量体の σ 結合が切断され，二量体列内で保持される反強磁性的な配列が乱され，高温相では 2 次元のイジング模型にみられるスピン配列が 2 次元で乱れた常磁性的配列をとり，Si(001) では観測されなかった金属-絶縁体転移を示す弱いピークが ARUPS で観測された．これをケヴァンらは金属-絶縁体転移と表現した．本書でもそれに倣って記述したが，これは協同現象ではないので金属-絶縁体転移ではない．

　上に述べたように Ge(001) は Si(001) とは異なる．Si(001) の場合 T_c の上では，図 5.8(a) に示した A，B の二量体列の構造は保持されていて A，B の配列が乱れるが，Ge(001) では二量体列内の反強磁性体配列までがなくなり，乱れた配列になっているようだ．これはなぜだろうかとの疑問が生じる．この疑問と密接に関連するのは，Si(001) の c(4×2)⇌2×1 の転移温度が第 1 原理計算の結果から求めた結合定数 V, H, D を用いると $T_c=320$ K と，実測値 200 K に比べてかなり高くなっていることである．この結合定数は二量体列内での二量体間の相互作用を強くしていて，実測のストリークパターンと符合している．しかし大きくなった結合定数 V が T_c を高くしている．これを解決するには，スピンハミルトニアンの式 (5.1) に二量体列内での第 2 近接相互作用の項 $V'\Sigma s_{i,j}s_{i+2,j}$ を加えて解析すればよいであろう．二量体列内での $i=1$ と 2 のスピンが同時に反転した状態のエネルギーを求めると V' が求まり，Si(001) では $V' \neq 0$, Ge(001) は実効的に $V'=0$ になることが期待できる．またこの同時反転の状態は二量体列内に 2 つの二量体欠損が隣接して生じた欠陥 (B 欠陥；図 2.24，右上部参照) と対応している．

5.2 金属の清浄表面

5.2.1 W(001), Mo(001)

2.4節で述べたように，W(001), Mo(001) は室温では 1×1 構造であるが，冷却すると可逆的にそれぞれ $(\sqrt{2}\times\sqrt{2})$R45° と不整合な c$(7\sqrt{2}\times\sqrt{2})$R45° に構造相転移をし，安定相が表面再構成していることをエストラップ (Estrup) らが見出した．この構造変化は可逆的でヒステリシスがない 2 次の相転移で，W(001) の転移温度 $T_c = 230$ K であり，Mo(001) はもっと低い $T_c \sim 165$ K である．

この表面再構成したW(001)c(2×2)について，ディーブ (Debe) とキング (King) は，垂直入射で LEED の回折スポットの I-V 曲線を観測し，対称性が 4 回対称より低いことを見出し，I-V 曲線の特徴と回折パターンの対称性から表面 W 原子の配列を決めている．これはきれいな解析結果なので少し詳しく述べる．c(2×2) 表面の LEED パターンは，1×1 にみられる整数次の反射のほかに指数 h および k が半整数の反射 (h,k) が観測されるが，回折スポットの位置は 4 回対称である．LEED パターンも 4 回対称を満足するならば，$h \neq k$ のときには $(h,k), (k,h)$ およびそれらの符号を順次変えた $(\bar{h},k), (h,\bar{k}), (\bar{h},\bar{k})$ などの 8 個のスポットは等価になる[*2]．しかるにそれらの回折スポットの I-V 曲線を垂直な入射条件を厳しく守って測定したにもかかわらず $(\Delta\theta_i < 0.5°)$，図 5.19(a) に示すように $(h,k), (\bar{k},\bar{h})$ などの h と k の符号が同じ反射の I-V 曲線の形状はたがいに一致し，同様に $(\bar{h},k), (k,\bar{h})$ のように符号が異なる反射の I-V 曲線の形状もたがいに一致する．しかしそれぞれのグループの間では I-V 曲線の形状は異なっている．そして h^2+k^2 が大きいほどその相違は大きくなる．また $h=k$ の対角項の反射である $[h,h]$ は I-V 曲線の形状は一致するが，$h \neq k$ の場合と同様に $(h,h), (\bar{h},\bar{h})$ と符号が同じグループの曲線と，$(\bar{h},h), (h,\bar{h})$ と符号が異なるグループの曲線とでは図 5.19(b) に示すように絶対強度が 2 倍程度異なっている．すなわち LEED パターンを $x=[10], y=[01]$ の座標系でみると，図 5.20 に示すように第 1 象限と第 3 象限の半整数次のスポットは ⊖，第 2 象限と第 4 象限の半整数次のスポットは ⊕ と区別できる．その結果 LEED パターンには図

[*2] これらの等価のスポットを総称して $[h,k]$ と記すことにする．

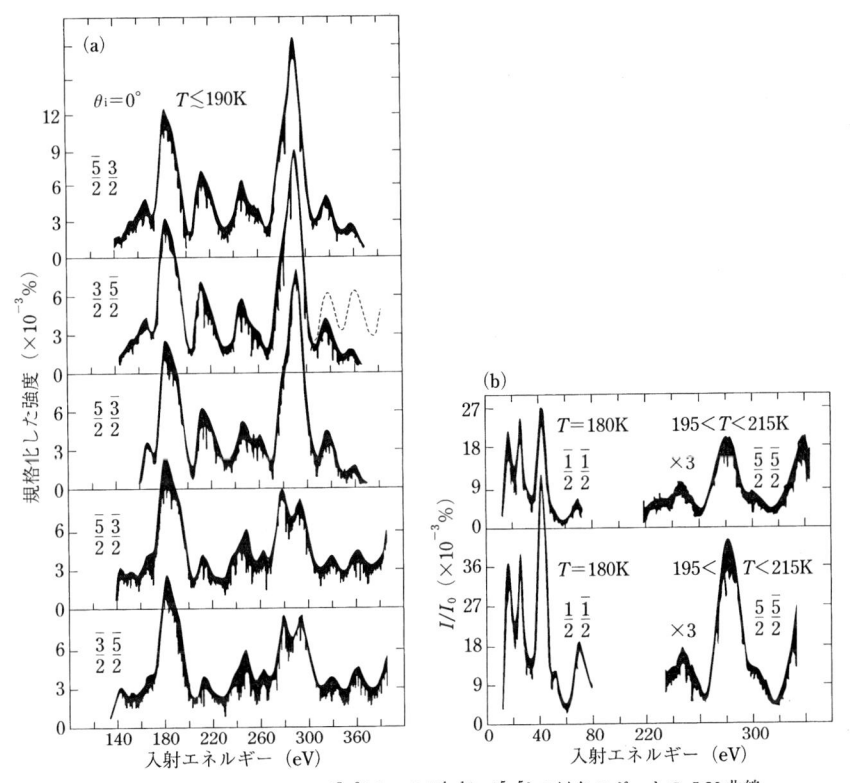

図 5.19 W(001)c(2×2) の (a)$[\frac{5}{2},\frac{3}{2}]$ と，(b)$[\frac{1}{2},\frac{1}{2}]$, $[\frac{5}{2},\frac{5}{2}]$ の対角スポットの I-V 曲線 (M. K. Debe and D. A. King: *Phys. Rev. Lett.*, **39**, 708 (1977)) $T\sim 190$ K．

5.20 に破線で示すように，$x=\pm y$ で表される鏡映面が存在するが，(00) を通る垂線は 4 回対称の軸ではない．

すなわち W(001)c(2×2) の回折スポットの位置としては 4 回対称で空間群は $p4mm$ であるが，I-V 曲線を考慮すると C_4 の 4 回対称性はなくなり 2 回対称になり，図 5.20 の破線で示す 2 本の鏡映 (m, mirror) 線がある点群 $2mm$ になる．さらに，点群 $2mm$ には $p2mm$, $p2mg$, $p2gg$, $c2mm$ の 4 個の空間群が存在するが，図 5.19(b) にみられるように，対角項の反射は ⊕，⊖ で形状は同じであるが散乱強度のみが異なることを考慮すると，映進 (g, glide) 線が存在する $p2mg$ の空間群で表されることが，次のようにしてわかる．I-V 曲線の形状が同じで絶対強度のみが異なるには，表面に 2 つのドメインが存在し，各ドメインの総

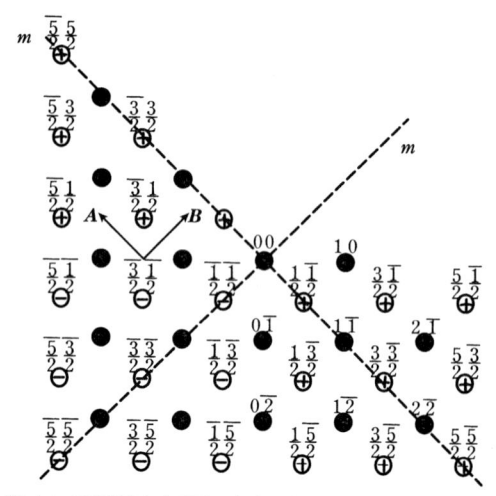

図 5.20 ディーブとキングが測定した W(001)c(2×2) の LEED パターンの対称性を示す模式図 整数次の反射を ● で，半整数次の反射は I-V 曲線の違いを表す ⊕, ⊖ で示す．

面積に偏りがあり，単一ドメインの表面では ⊕, ⊖ のどちらか片方のスポットの散乱強度が 0 になることを意味している．このように (h, h) 反射の散乱強度が 0 になる消滅則が成立するには，映進線の存在が不可欠になる．

ここで，以降の議論に便利なために W(001)c(2×2) の超格子を，ブラベ格子を基本格子とする $(\sqrt{2} \times \sqrt{2})\mathrm{R}45°$ で表示することにし，この逆格子の基本格子ベクトルを図 5.20 に記すように A, B とし，実空間の対応する基本格子ベクトルを a, b とする．これは正方格子である．映進は鏡映の操作をし，引き続き並進の操作をすると元と同一の格子になることを意味する．もし A すなわち a に平行に映進線が存在するならば，次のようにして (h, h) の対角項の反射強度が消滅則で 0 になり，その逆も成立することを示せる．映進線があると，これで分けられた片側の格子を映進線に沿って a/n だけ並進させたとき，映進線が鏡映線になるような整数 n が存在し，W(001)$(\sqrt{2} \times \sqrt{2})\mathrm{R}45°$ では $n = 2$ になる．

一方 2.3 節で述べたように，相互作用行列演算子を T とし，入射波，散乱波の波数ベクトルをそれぞれ k_0, k とすると，電子の散乱振幅の行列要素は $\langle k|T|k_0 \rangle$ で与えられる．したがって散乱面 (k_0 と k を含む面) 上に映進線がある場合には，a/n だけ並進させると $\langle k|$ あるいは $|k_0 \rangle$ より $e^{i\pi}$ が現れ，散乱振幅の位相が π ずれるので，映進線の片側のすべての散乱振幅の符号が反転する．したがっ

て個々の原子からの散乱振幅の総和をとった全散乱振幅の値は0になる．垂直入射では，散乱面と映進線が一致している A 軸上にある反射，すなわち (h,h), $(\bar{h},\bar{h})$ の散乱強度は0になる．そして実測値にみられる消滅則と一致する．

図5.21に上述の対称性を考慮して得た表面構造を示すが，$(\sqrt{2}\times\sqrt{2})R45°$ の格子の a 軸方向に映進線があり，b 軸方向に鏡映線がある $p2mg$ の空間群である．そして(100)面および(010)面に対して対称ではないため，すなわち [100], [010] 軸が鏡映線ではないために，図5.20にあるように第1，第3象限が $\ominus$，第2，第4象限が $\oplus$ の等価でない異なる I-V 曲線になる．このようにこの表面構造模型でLEEDパターンの対称性が説明できる．これは表面原子が面内で $[\bar{1}10]$ 方向と $[1\bar{1}0]$ 方向に交互に変位して，隣接原子がたがいに近づき合ったジグザグ構造をとっている．これをディーブとキングの頭文字をとってDK模型と名づけることにする．DK模型がLEEDパターンの消滅則を説明することは，図中に示すように a 軸に沿って映進線があることから明らかである．図5.21に示すドメインからの (h,h), $(\bar{h},\bar{h})$ 反射の散乱波は表面垂直と [110] を含む面内に散乱されるので散乱強度は0になり，これに直交する $[\bar{1}10]$ 方向に散乱面をもつ散乱波は散乱面が鏡映線と平行であるから散乱強度は0にはならない．そしてW(001)にはこのドメインとこれを90°回転したドメインの2つがあり，ディーブとキングが測定したW(001)は2つのドメインのおのおのの総面積の広さの比が2:1程度になっていたために，(h,h) と $(h,\bar{h})$ の I-V 曲線の絶対強度が2:1になって観測されたのである．

W(001)c(2×2) のLEEDによる構造解析をキングらは行っている．DK模型のほかにいろいろな表面構造模型を用いて計算しているが，DK模型のときのR因子が最小で，$[\bar{1}10]$ 方向の変位の大きさ $s=0.16$ Å, 第1，第2原子層間の層間距離 $d_{12}=1.49$ Å となり，バルクの面間距離に比べて6%の縮みになっている．そしてこのときのペンドリーのR因子は0.27である．また表面のデバイ温度は318 Kでバルクのデバイ温度450 Kよりかなり低くなっている．

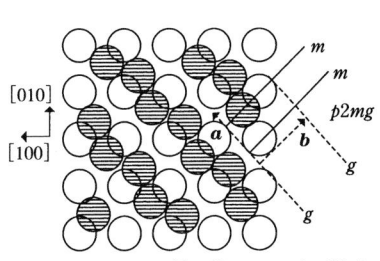

図5.21 W(001)$(\sqrt{2}\times\sqrt{2})R45°$ の表面構造．斜線をつけた丸が表面原子，白丸が第2層の原子．実線は鏡映線 (m), 破線は映進線 (g).

次に高温相の W(001)1×1 の表面構造について述べる．これは理想表面ではなく，低温相の c(2×2) 表面と同様に表面原子が面内で変位した，しかしジグザグ模型ではなく変位の向きが不規則に配列した表面である．ペンドリーらは表面第 1 層の原子が無秩序な配列をしている場合にも扱えるように LEED の構造解析法を発展させて，テンソル LEED 法による高温相の W(001)1×1 の構造解析を行った．c(2×2) への相転移が 450 K より少し低い温度で起き始めることを考慮して，$T=450$ K で I-V 曲線を測定した．表面第 1 層が理想表面と同じ秩序配列をしているとした場合には，$d_{12}=1.45$ Å で 8% の縮みという結果を得たが，ペンドリーの R 因子は 0.28 であった．さらに第 1 層の原子が [110]，[1$\bar{1}$0]，[$\bar{1}$10]，[$\bar{1}\bar{1}$0] の 4 方向に s が一定量の変位をし，4 つの向きをでたらめに配置し，しかも全体として 4 回対称を保つように 4 つの向きを同数にした．その結果 $s=0.16$ Å，$d_{12}=1.45$ Å のときペンドリーの R 因子は極小で，0.24 と 0.28 に比べて有意な減少をした．また I-V 曲線に構造が現れ，その様子を図 5.22 に示す．I-V 曲線の $E_\mathrm{p}=190$ eV 近傍の形状が 1×1 の秩序配列では実測の曲線の形状を再現できないのに対して，無秩序配列では再現できる．すなわち無秩序配列であっても変位の大きさが同じで，向きが 4 方向に限られ，しかも 4 回対称が保たれる無秩序相であるから，単なる無秩序配列の場合にみられるように，バックグランドの強度を高めるだけではなく，このように I-V 曲線に構造が現れている．またデバイ温度は 400 K である．そして c(2×2)⇌1×1 の相転移は秩序-秩序転移ではなく，秩序-無秩序転移であると結論できる．

W 原子は原子番号が大きいので放射光を用いた X 線回折の手法が効果的に適用でき

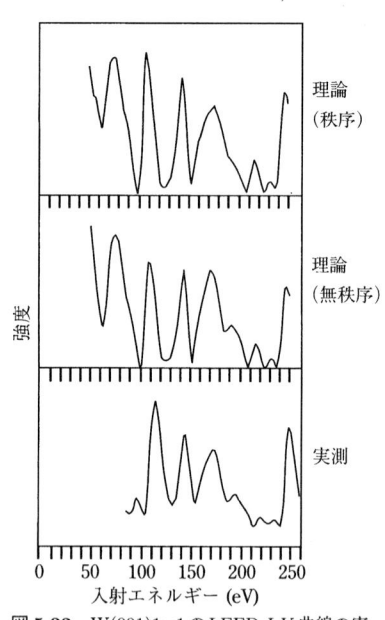

図 5.22 W(001)1×1 の LEED I-V 曲線の実測値と第 1 原子層を秩序配列および無秩序配列としたときの計算曲線 (J. B. Pendry *et al.*: *Surf. Sci. Lett.*, **193**, L1 (1988))．パラメータはそれぞれの R 因子が最小になる値を用いた．

る．表面にすれすれに入射させる微小角入射X線回折 (grazing-incidence X-ray diffraction, GIXD) により，ロビンソン (Robinson) らは W(001)c(2×2)⇌1×1 の相転移を調べた．放射光を単色化したX線を用い，表面から測った角度が $1.2°$ の表面からすれすれの入射で，図5.21に示す表面W原子の変位に平行と垂直な方向，すなわち $[1\bar{1}0]$ と $[110]$ の方位で回折スポットの強度曲線を $130 \sim 360$ K の温度範囲で測定した．その結果，回折スポットの高さ，ローレンツ曲線に当てはめて求めた幅の温度変化から $T_c = 230$ K と求まり，臨界指数は2次元のイジング模型で表せた．ここで，運動学的回折理論によると，回折スポットはガウス関数で，温度散漫散乱はローレンツ関数で表される．また積分強度は遷移の前後で変化せずにほぼ一定で，局所構造はほとんど変化しない，すなわち s の値が一定の秩序-無秩序転移である．したがって上述の LEED の解析結果と一致している．

またキングらは $E_p = 0.5, 1, 2$ MeV の ^{4}He を用いて，$80 \sim 600$ K の温度範囲で高エネルギーイオン散乱を測定し，表面ピークのイオン収量から秩序-無秩序転移であり，$s \approx 0.12$ Å と LEED の結果とほぼ一致した結果を得ている．さらにこれもキングらは，W $4f_{7/2}$ の内殻準位シフトの測定からも秩序-無秩序転移の相転移を支持する結果を得ている．

しかしトェニス (Toennies) らは，後で述べる一連のHe原子散乱の実験での弾性散乱の原子線回折の結果から，この相転移は秩序-無秩序転移ではなく，変位型転移 (displacive transition) であると主張している．相転移の秩序-無秩序型と変位型との違いを示す模式図を図5.23に示すが，転移点 T_c 以下では違いがない．中間にポテンシャル障壁がある，2つの等価な極小 (井戸) のポテンシャル (double-minimum potential) で表される場合を例にとる．$T < T_c$ では井戸の片側に落ち込んだ秩序配列をしている．それに対して $T > T_c$ では秩序-無秩序型は2つのポテンシャル井戸に捉えられて，両方の配置が不規則に配列した構造であり，変位型は中間のポテンシャル障壁より高い準

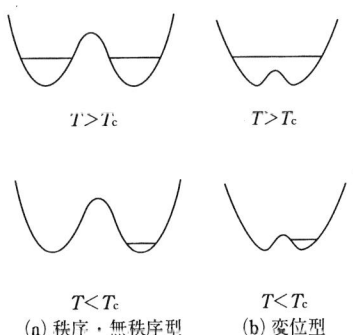

図 **5.23** (a) 秩序-無秩序型と，(b) 変位型の構造相転移の相違を示すポテンシャルの模式図

(a) 秩序・無秩序型　(b) 変位型

位にあって，中間の1つの平衡位置のまわりに振動で広がった構造になっている．また秩序-無秩序転移の場合にはエントロピーが原因で無秩序相をつくることになる．したがって T_c 近傍では秩序-無秩序型であっても，$T \gg T_c$ になると実質的には変位型になるので，秩序-無秩序型か変位型かの決定には中間のポテンシャル障壁の高さを求めるか，$T \approx T_c$ 近傍をていねいに測定する必要がある．

次に相転移の機構を考察する．それにはまず $T < T_c$ で c(2×2) の表面再構成の構造をとる原因，すなわち図 5.21 に示す W 原子が表面内で $[1\bar{1}0]$ と $[\bar{1}10]$ 方向に変位してジグザグ構造をなぜとるかを考えることにする．寺倉らは bcc 金属である W, Mo, Cr の (001) 理想表面について強結合近似で d バンドの状態密度を原子層ごとに計算した．その結果を図 5.24 に示す．横軸の 0 がフェルミ準位であり，実線が第 1 層，破線が第 2 層の状態密度で，第 2 層以下はバルクの値と大差がない．バルクバンドは結合性と反結合性に分裂し，フェルミ準位がその中間のバンドギャップ的なところにある．一方，表面第 1 層はバルクバンドの状態密度が低いところで状態密度が高く，W の場合にはフェルミ準位はその頂上近傍に位置している．これは表面原子があたかもダングリングボンドをもつかのようであり，Si(001) と同様にたがいに表面原子が接近して新しい結合をつくり，安定化することを暗示している．図 5.25 にクラカウアー (Krakauer) らの第 1 原理計算による理想表面と DK 模型の原子層ごとの状態密度を示す．理想表面にあったフェルミ準位近傍での高い状態密度が DK 模型では消失して安定化した様子をみることができる．

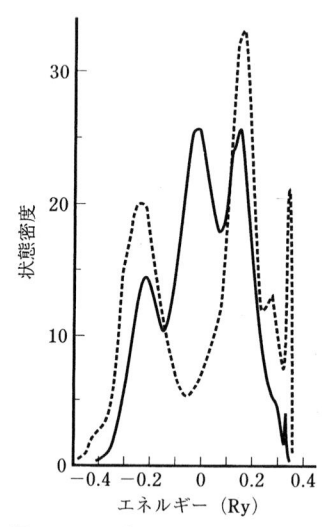

図 5.24 bcc 金属の (001) 理想表面について原子層ごとの d バンドの状態密度の計算値 (I. Terakura et al.: Surf. Sci., **103**, 103 (1981))
実線は第 1 原子層，破線は第 2 原子層．

この短距離相互作用による再構成の機構では，1×1 の理想表面は C_{4v} 対称なのでこの d 軌道の準位は縮重していて，フォノンと結合してヤーン-テラー効果 (Jahn-Teller effect) による格子歪みが引き起こされるであろう．そのときにこの d 軌道と結合し，DK 模型への変位を引き起こすための格子振動のモードを

5.2 金属の清浄表面

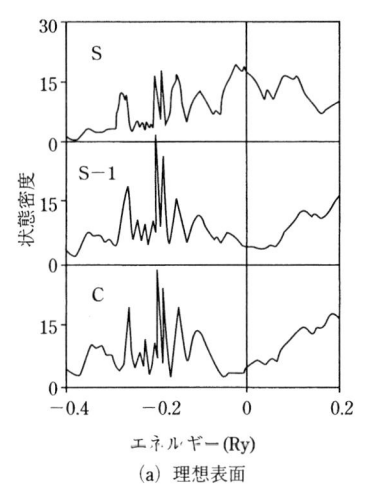

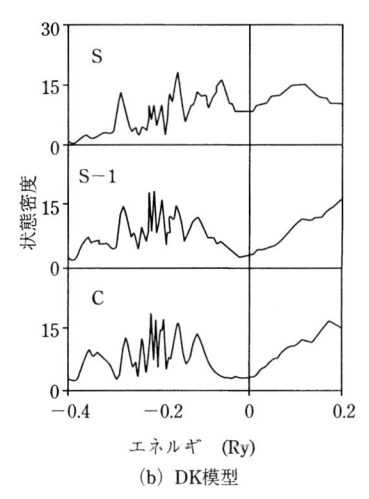

図 5.25 W(001) の原子層ごとの状態密度の計算値 (D. Singh and H. Krakauer: *Phys. Rev.* B **37**, 3999 (1988))
(a) 理想表面, (b)DK 模型. S は表面第 1 層, S-1 は表面第 2 層, C は結晶内部.

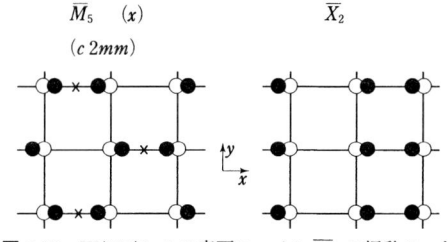

図 5.26 W(001)1×1 の表面フォノン $\overline{M}_5$ の振動モード

図 5.26 に示す. このモードは表面ブリュアン域の $\overline{M}$ 点での $\overline{M}_5$ の振動モードであり, 図 5.26 に示した x 方向の変位とそれを 90° 回転した y 方向の変位に縮重していて, その 1 次結合が $x\pm y$ 方向に, すなわち $[1\bar{1}0]$, $[\bar{1}10]$ 方向に変位して DK 模型のジグザグな表面構造になる. このことに関連して, ワン (Wang) とウィーバー (Weber) による強束縛近似を用いた W(001)1×1 の理想表面でのフォノンの分散関係の理論計算がある. 2 次摂動まで考慮し, 1 次と 2 次の摂動で電子と格子の相互作用, すなわち格子変位による d バンドのエネルギー補正を考えると, 0 次と 1 次からは短距離力を, 2 次の摂動項から長距離相互作用の力が生じる. 彼らの計算結果を図 5.27 に示すが, $\overline{X}$-$\overline{M}$-$\overline{\Gamma}$ の $\overline{Y}$ から $\overline{\Sigma}$ への軸に沿ってみると表面フォノンが存在し, $\overline{M}$ 点で $\overline{M}_5$ のモードの振動数が極小に

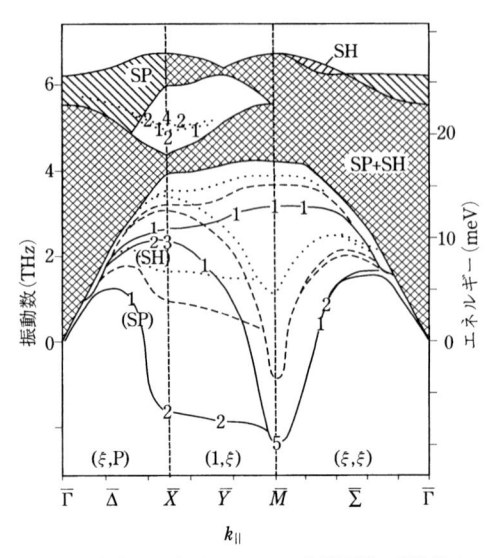

図 5.27 W(001)1×1 理想表面の表面フォノンの分散関係の計算値 (X. W. Wang and W. Weber: *Phys. Rev. Lett.*, **58**, 1452 (1987))
斜線を施した部分がバルクフォノンの投影.

なっている. しかしバルク結晶で得た力の定数を用いた結果を図では実線で示すが, $\overline{M}_5$ の振動数は負となり, 不安定な解になっている. それに対して2次の摂動を取り入れると第1, 第2層の原子間での最近接の力の定数が10%増加し, 破線で示すように不安定さは軽減される. しかしまだ負の振動数のために不安定な解であり, 図に点線で示すように力の定数をさらに20%まで増すと不安定さは解消される. このように $\overline{M}_5$ のモードで安定な解を得るにはバルク結晶と等しいとした力の定数では不足で, 2次摂動として電子と格子との相互作用を取り入れた長距離相互作用の力を考慮する必要がある. すなわちパイエルス不安定性のような電子が関与するフォノン異常による格子変位を生じうることになる.

この考えに基づく相転移の機構としては, 寺倉のモデルによる d 軌道のダングリングボンド的な規則配列が乱れる短距離相互作用による描像ではなく, 格子振動の計算で2次の摂動として取り入れた電子-格子相互作用の効果のことを考えると, 電荷密度波 (charge density wave, CDW) 的な長距離相互作用による機構が重要になる. これを支持する実験結果が角度分解光電子分光法 (ARUPS)

による電子構造やHe原子散乱(HAS)によるフォノンの構造で得られている．

トェニスらはHASの飛行時間法(TOF)により，W(001)からのフォノン励起によるHe原子線の非弾性散乱を200～1200Kの広い温度範囲で$\overline{\Gamma}$-$\overline{M}$のΣ軸に沿った測定をした．高温相のW(001)1×1では表面フォノンとして高い振動数のレイリー波(R)と低い振動数の表面に平行に振動する横波(shear-horizontal, SH)のモードが観測された．SHモードは図5.27で$\overline{M}_5$の不安定性を論じた実線，破線，点線で示した分枝(branch)で，図5.28にHASによる実測の表面フォノンの分散関係を示す．この曲線は図5.27の強結合近似で力の定数をバルクに比べて20%増したときの計算値とよく一致し，$\overline{M}$点での振動が図5.26に示す$\overline{M}_5$のモードである．$\overline{M}$点でのSH(=L，ラブ波)モードすなわち$\overline{M}_5$とRモードの振動数の温度依存性を図5.29に示す．Rモードのフォノンは温度にほとんど依存しないが，$\overline{M}_5$の振動数には強い温度依存性が現れている．しかも転移点近傍で顕著なソフト化が観測されている．ただし，低温相での振動数が0になっている振動は低温相のc(2×2)では$\overline{\Gamma}$-$\overline{M}$の中間点の$\overline{S}$点で折り返されて$\overline{M}$点は$\overline{\Gamma}$点に重なるので，$\overline{\Gamma}$点でのSHモードであって，$\overline{M}_5$ではない．$\overline{M}_5$のモードの励起は上述のようにDK模型に表面原子が変位することと密接に関係

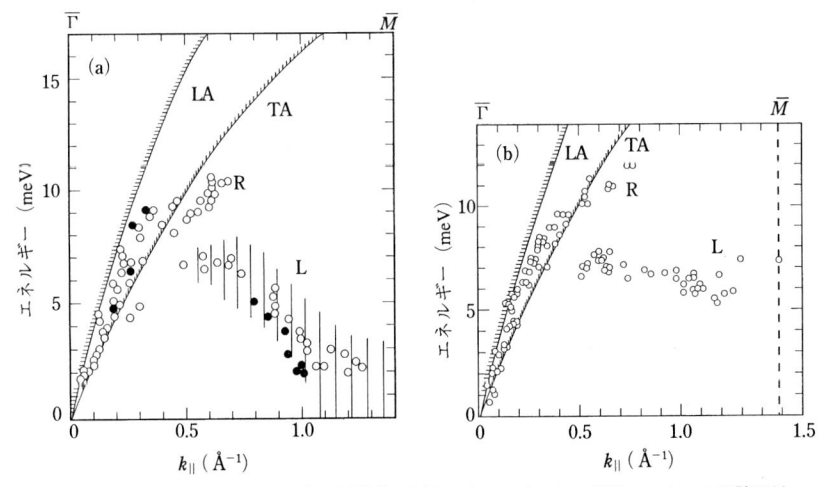

図 5.28 He原子散乱(HAS)の非弾性散乱の測定によるW(001)の表面フォノンの分散関係 (H.-J. Ernst *et al.*, *Phys. Rev.*, B **46**, 16081 (1992))
(a) T=300 K, (b) T=1200 K. 斜線をつけた線までが縦波の音響枝(LA)と横波の音響枝(TA)のバルクフォノンの投影．

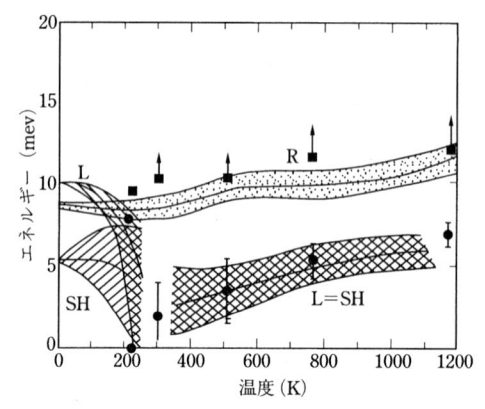

図 5.29 HAS の TOF 測定による W(001) の表面フォノンの $\overline{M}$ 点での値の温度依存性
(H.-J. Ernst *et al.*, *Phys. Rev.*, B **46**, 16081 (1992))
黒丸が SH モード,黒四角が R モード,またトサッティー (Tosatti) らの計算結果を実線で示す.

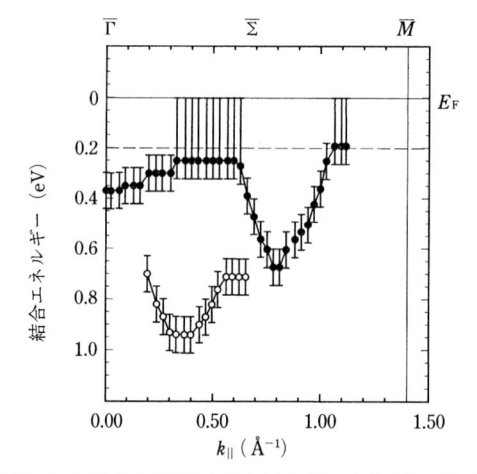

図 5.30 W(001) の ARUPS で測定した電子の占有準位の分散関係
(K. E. Smith *et al.*, *Phys. Rev. Lett.*, **42**, 5385 (1990))

するので,HAS による表面フォノンの測定結果からは,CDW 的な長距離相互作用が転移のきっかけになっているといえる.

一方ケヴァン (Kevan) らは ARUPS を用いて W(001) について表面準位と表面共鳴の 2 次元フェルミ面を測定した.図 5.30 に $\overline{\Gamma}$-$\overline{M}$ 方向で測定した表面準位の分散関係を示す.測定温度 T は記されていないが室温と思える.0.31 Å^{-1} < $k_\parallel$ < 0.64 Å^{-1} の広い範囲で,フェルミ準位に隣接した分散がない表面準

位が観測された．したがってこの範囲で表面準位がフェルミ準位を横切っている可能性があり，そこでネスティングが起き，パイエルス歪みによる相転移が起きていると考えることもできる．一方，$k_\parallel$ がさらに増すとフェルミ準位から離れるが，再びフェルミ準位に近づき $k_\parallel$ =1.19 Å^{-1} でフェルミ準位に接近する．ARUPS を用いた表面準位の測定からネスティングを起こす可能性があるフェルミ準位を横切る $k_\parallel$ の位置は，$k_\parallel$ =1.19 Å^{-1} にみられるような急な勾配の分散が現れる場合には比較的容易に外挿で決めることができる．しかし 0.31 Å^{-1} < $k_\parallel$ <0.64 Å^{-1} のようになだらかにフェルミ準位に近づく場合には，分光器の分解能や光源の単色性などの測定上の制約によりその位置を決めるのは不可能といっても過言ではない．一方，W(001) の低温相は c(2×2) であるから表面準位がフェルミ準位を横切りネスティングが起きる位置は $\overline{\Gamma}$ 点と $\overline{M}$ 点の中間である $k_\parallel$ ~0.7 Å^{-1} のはずである．実測の光電子スペクトルをみると，分散が平らな領域と急な勾配で変化する点の交点が $k_\parallel$ ~0.7 Å^{-1} であるようにみることもできるが，1×1→c(2×2) の相転移の原因がネスティングであるといい切るには無理がある．

この表面準位の分散関係から別の解釈ができる．フェルミ準位近傍に分散がない表面準位が $k_\parallel$ の広い範囲にわたって存在するのは，寺倉らの局所結合模型の出発点である図 5.24 にみられるフェルミ準位近傍で占有表面準位が高い状態密度になっていることの反映と考えることができる．また平らな分散のために価電子の速度は遅くなり，その結果電子と格子との相互作用による非断熱効果が高められ，フォノンのソフト化とヤーン-テラー歪みを引き起こす可能性が高くなる．それらの点から HAS の結果に対する長距離相互作用による説明とは異なり，フォノンのソフト化を局所的な現象として解釈することが可能になり，局所結合模型を矛盾なしに説明ができる．

このようにして W(001) の表面再構成の原因としては電子が非局在化した CDW 模型と局在した局所結合模型の 2 つを議論できるが，前者の場合はネスティングにより構造変化が起きるので整合構造である必要がない．それに対して後者の場合には局所構造と密接に関連し，隣接原子間でつくる結合に好都合な表面再構成になり，整合構造が期待される．その点からは，Mo(001) の低温相は c(2.2×2.2) の不整合構造をとることが報告されているので，相転移の原因

として CDW 模型による可能性が高いと思える．しかるにこの点については後に述べるように異論が生じる．

トェニスのグループのフルプケ (Hulpke) らは Mo(001) で W(001) と同様に，HAS の TOF 法を用いてフォノンの分散関係を $\overline{\Gamma}$-$\overline{M}$ 方向で測定し，SH モードの $k_\parallel$ =1.1 Å^{-1} での振動エネルギーが，T =1000 K では 8 meV であるのに対して 200 K では 2 meV という顕著にフォノンがソフト化している．またケヴァンらは Mo(001) について ARUPS を用いた 2 次元のフェルミ面の測定をし，$\overline{\Gamma}$-$\overline{M}$ 方向で図 5.30 に示した W(001) と類似な表面準位の分散関係を得ている．それは $k_\parallel$ = 0.54 ～0.61 Å^{-1} と W(001) に比べるとずっと狭い範囲であるが，フェルミ準位への接近と平らな分散，および $k_\parallel$ =0.93 Å^{-1} でのフェルミ準位の横断である．この平らな分散の領域が W(001) に比べてずっと狭いことを局所結合模型で説明すると，図 5.24 で W(001) はバルクのバンドギャップ的なところに現れる表面第 1 層の状態密度の頂上付近にフェルミ準位があるのに対して，Mo(001) ではそれより左寄りにフェルミ準位がくるためである．Mo(001)c(2.2×2.2) では，LEED による不整合構造として $\overline{\Sigma}$ 方向の $k_\parallel$ =1.29 Å^{-1} に変位の波数ベクトルが観測されているが，HAS による $k_\parallel$ =1.1 Å^{-1} はこれに近い値である．また ARUPS からも占有準位の平らな領域の $k_\parallel$ の最大値から $2k_F$ =1.22 Å^{-1} が得られ，1.29 Å^{-1} とほぼ一致する．これらの結果は CDW 模型を支持しているように思える．さらに韓国と日本の共同研究で，Mo(001) の低温相について，T =52 K で ARUPS を用いた 2 次元のフェルミ面を測定し，T =320 K の高温相とは明らかに異なるネスティングによる形状変化を $\overline{\Gamma}$ 点と $\overline{M}$ 点の中間で観測し，これを相転移が CDW 模型によることの確証であると主張している．

しかしロビンソン (Robinson) らの Mo(001) の T =100 K での表面 X 線回折による測定から，またエストラップ (Estrup) らの T =10 K までの広い温度範囲での Mo(001) の LEED の再測定から，低温相は不整合構造ではなく c($7\sqrt{2}\times\sqrt{2}$)R45° の整合構造であることが確かめられている．ただし，上述の韓国・日本の共同研究で用いた試料ではこの構造は観測されていない．この整合構造は W(001)($\sqrt{2}\times\sqrt{2}$)R45° と類似した構造で，W(001) の低温相にみられた [110] に沿って生じたジグザグ構造を A とすると，それと位相が π だけ異なるジグザグ構造 B がある．これは図 5.8(a) に示した A および B の配列と同じ関係にあ

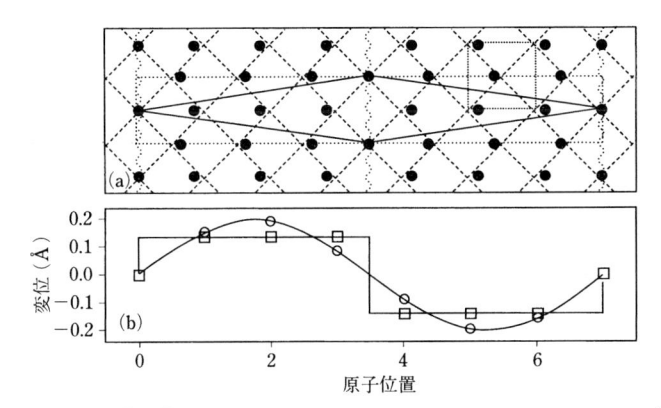

図 5.31 (a)Mo(001)c($7\sqrt{2}\times\sqrt{2}$)R45°の表面構造の反位相ドメイン(APD)モデル(点線でc($7\sqrt{2}\times\sqrt{2}$)R45°の単位胞を示す),(b) 周期的格子歪みモデル (○) と APD モデル (□) の変位と原子位置の関係 (R. S. Daley et al.: *Phys. Rev. Lett.*, **70**, 1295 (1993))

り,W(001) の ($\sqrt{2}\times\sqrt{2}$)R45° では AAAA の配列,Mo(001)c($7\sqrt{2}\times\sqrt{2}$)R45° では図 5.31 に示すように AAA○BBB○AAA○… の配列になっている.ここで,AとBの間の○は変位がない1原子列を表した.そしてジグザグ構造をとる原子の変位は W(001) の場合と同様に面内での [$1\bar{1}0$] と [$\bar{1}10$] 方向への変位であり,W(001)($\sqrt{2}\times\sqrt{2}$)R45° では変位の大きさは s =0.16 Å であったが,Mo(001) の表面 X 線回折の解析結果では AAA および BBB の3本のジグザグ列での3ヵ所の原子の変位量がほぼ一致した s =0.21〜0.23 Å である.これは W(001) と大差がない値である.

このように Mo(001)c($7\sqrt{2}\times\sqrt{2}$)R45° の構造が W(001)($\sqrt{2}\times\sqrt{2}$)R45° の構造と同じジグザグ構造で,ジグザグ原子列間の配列の仕方が異なるだけであるとすると,Mo(001) は低温相が不整合構造であり,長距離相互作用による CDW 模型での相転移の可能性が高いという論理は成立しなくなる.2.3節で述べたように金属表面で表面再構成をする例はたいへん少なく,さらに W(001),Mo(001) の bcc 金属の場合の表面再構成の成因は Au,Pt などの fcc(110),fcc(001) の場合とは大きく異なり,図 5.24 に示した寺倉のモデルが表面再構成の出発点になっている.長距離相互作用の観点からは,このダングリングボンド的な d 軌道が [110] 方向でジグザグ構造をつくった結果,それに直交する [$1\bar{1}0$] 方向の $\overline{\Gamma}$-$\overline{M}$ に沿って表面準位の2次元フェルミ面や表面フォノンのソフト化が観測されてい

ると思われる．そしてネスティングによるギャップの生成やコーン異常と結び付くパイエルス歪みに類似した原子変位がジグザグ原子列をつくり，その原子列の間に隙間が生じることになる．さらにW(001)に比べてMo(001)はフェルミ準位に接近している表面準位の分散がない領域が狭いために，少し急な勾配でフェルミ準位を横切り，ギャップの広がりが大きくなるためにA∘Bのような AとBの間に反位相境界(antiphase domain boundary)がある配置をとるといえよう．

したがって長距離相互作用による相転移の考え方とは別に，短距離相互作用による考え方が成立する．W(001)c(2×2)⇌1×1の秩序-無秩序転移で無秩序相でも局所結合をつくっていて，その方向と向きが乱れているというのがLEED，X線回折などの解析結果である．このことを踏まえると，エントロピーが寄与する無秩序相と，図5.25に示すように，ジグザグ構造をとることによってジグザグ鎖に沿った電子の非局在化による安定化が起こる秩序相とで，相転移が無理なく説明できる．そしてネスティングモデルと秩序-無秩序モデルとでは，秩序相のジグザグ鎖の役割が異なってくる．前者は鎖に直交する方向でのギャップの発生であり，後者は鎖に沿った電子の非局在化であるから，2次元格子での寄与の方向が90°異なっている．どちらが相転移に効果的であるかがCDWモデルか局所結合モデルかの議論の判定条件になるが，W(001)，Mo(001)の相転移は局所結合モデルの方が相転移への貢献度は大きく，その結果としてCDWモデルにみられる現象が副次的に現われて観測されたにすぎないとみるべきである．CDWモデルでのコーン異常は4.3節でも触れたが，図5.32に示すように，1次元性導体では顕著に現れるが，W(001)，Mo(001)の場合にはジグザグ鎖間でギャップが開くので，2次元導体のコーン異常であり，1次元に比べて相転移への効果ははるかに小さくなる．さらに表面再構成⇌理想表面の相転移でないことも顧慮すべきである．これらのことから結論としてCDWモデルと結び付く現象は局所結合モデルによる秩序-無秩序転移に付随して現れる現象とみるべきで，相転移に対する貢献度は副次的と考えるべきである．

さらにこの相転移を複雑にする現象が，上述のエストラップらによるMo(001)のLEEDの再測定で観測されている．以前に報告されている転移温度$T_c=150$ Kより少し高い$T_c \sim 165$ Kで相転移が起きるが，$c(7\sqrt{2}\times\sqrt{2})R45°$の7倍の超

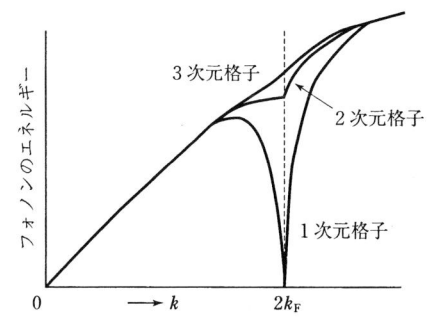

図 5.32 フォノンのコーン異常と導体の次元性の関係の模式図

構造に対応して 6 個ある $n/7$ の分数次反射のスポット強度が温度変化で異なるふるまいを示すことから，転移点近傍の 125 K $< T <$ 180 K では図 5.31(h) の ○ で示すように，変位の大きさ s は 7 倍の超格子構造の原子位置に対応した正弦波で表せる変化をし，$T <$ 125 K の低温相では □ で示すように $|s|$ が一定の変位をする反位相ドメインモデルで説明できる原子配列をしている．このことから $T_c \sim$ 165 K の相転移は秩序-無秩序転移であり，$\sim$ 125 K の低温では秩序-秩序転移をすると解釈できる．

5.2.2　Au(110)，Pt(110)

Au(110)，Pt(110) の低温相は 2×1 構造で，これは図 2.19 に示したように，理想表面に比べると，[1$\bar{1}$0] に並んだ表面の原子列が 1 行おきになくなった，欠損列 (missing row) と呼ばれる構造である．この欠損列構造の溝の側面は {111} 表面であり，2.4.2 項で述べたことだが，fcc 金属の表面ではスモルコフスキーの表面をなめらかにする効果で説明できるように，(111) 最密面の表面エネルギーが最小であり，この構造が安定相になる．そして 2×1 ⇌ 1×1 の可逆的な秩序-無秩序転移をする．

Au(110) の転移温度 T_c は 650 K である．LEED の垂直入射，$E_p =$ 20 eV で測定した，1×1 構造に特徴的な 1/2 次反射の回折強度を，デバイ-ワーラー因子を除いて規格化した長距離秩序部分の温度の関数として図 5.33 に示す．実測値 (○) に当てはめた実線は，

$$I/I_0 = (1-T/T_c)^\gamma \tag{5.3}$$

図 5.33 Au(110) の LEED による半整数次スポットの強度の温度依存性 (J. C. Campuzano et al.: Phys. Rev. Lett., **54**, 2684 (1985))
○は実測値，実線はオンサガーの理論曲線．

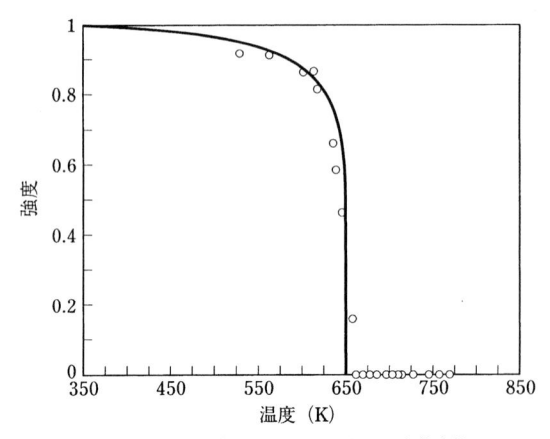

T_c =649.75±1.5 K, γ = 0.13±0.02 の曲線で，オンサガーの2次元のイジング模型の理論値 γ = 0.125 とよい一致を示している．したがってこの相転移の高温相は最表面の原子密度が欠損列構造と同じ理想表面の 1/2 のままに，第1層の原子は原子列をつくらないで無秩序に，しかし理想表面の場合と同じサイトに位置していると思える．すなわち 1×1 パターンは第2原子層の構造を反映している．

Pt(110)で反射高速電子回折(reflection high energy electron diffraction, RHEED)パターンを観測し，1/2 次の回折スポットの規格化した強度を温度の関数として表示した結果を図 5.34 に示す．この場合は表面が活性で転移温度が不純物に強く影響されるために，転移点近傍での測定値のばらつきが大きいが，式 (5.3) のオンサガーの理論式 γ = 0.125 を図中に実線で示すと，T_c = 960±30 K でやはり2次元のイジング模型で表せる秩序-無秩序転移をしているとみなせる．

このように可逆的な秩序-無秩序転移をするにもかかわらず，Pt(110) は 1×1 の清浄表面である準安定相をつくることができるというボンツェル(Bonzel)らの報告がある．Pt(110)2×1 の清浄表面に室温で CO を吸着させると 2×1→1×1 にすみやかに変化するが，T =430 K で CO を飽和吸着させ，CO の雰囲気中で 270～300 K にゆっくり冷却すると，LEED パターンは 1×1 を経て $p1g1$ の空間群の 1×2 構造になる．これは清浄表面の 2×1 とは超格子の方向が 90° 回転し

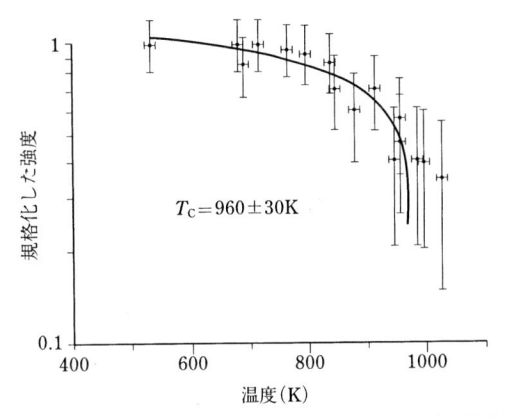

図 5.34 Pt(110) の RHEED による半整数次スポットの強度の温度依存性
(J. Kuntze et al.: Surf. Sci., 355, L300 (1996))
実線はオンサガーの理論曲線.

ている. これを $T \leq 170$ K に冷却して 600 eV の電子を照射すると, 吸着 CO は電子誘起脱離あるいは分解をする. 残った C, O 原子を除去するために 267 K で H_2 にさらすと明瞭な 1×1 の LEED パターンの清浄表面になる. この表面は準安定相で, 2×1 ⇌ 1×1 の秩序-無秩序転移の $T_c = 960$ K に比べてはるかに低い $T_c = 275 \sim 300$ K で安定相に非可逆転移をする.

一方, 上で述べたように Pt(110)2×1 は CO の吸着により 2×1→1×1 のリフティングをするが, その様子を STM で観察すると, 250 K 以下では Pt 原子の移動は観測されず, 300 K での CO 吸着では 2〜3 原子間の短距離だけ個々の Pt 原子が移動し, 局所的な 1×1 構造が現れる. さらに温度を上げて 350 K になると図 5.35(a) に STM の原子像, (b) にボール模型で示すように, やはり短距離の原子移動ではあるが Pt 原子列が同時に動いて 1×1 のパッチを形成する. したがって清浄表面でみられる相転移のうち 275〜300 K で起きる 1×1→2×1 の非可逆的な相転移は原子の短距離の移動が, $T_c = 960$ K の可逆的な秩序-無秩序転移は長距離の原子移動を伴って個々に原子が拡散する過程が起きている相転移であると考えられる. しかし秩序-無秩序の可逆的な転移よりずっと低い温度で, しかも高温相 (準安定相) は同じ 1×1 構造から非可逆転移が起きるのは理解しがたいが, これに関連した現象は次項の終りの方で詳しく論じる.

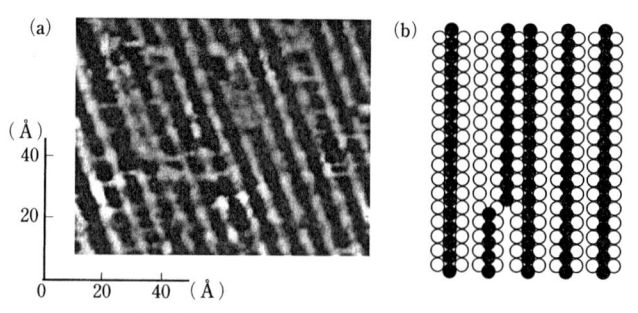

図 5.35 Pt(110)2×1 の CO 吸着誘起のリフティングを観察した (a)STM 像と (b) ボール模型 (T. Gritsch *et al.*: *Phys. Rev. Lett.*, **63**, 1086 (1989)) 測定温度は 350 K.

5.2.3 非可逆過程の相転移—— Pt(001), Au(001) ——

2.4 節の表 2.1 にあるように，Au, Pt, Ir の (001) 表面の安定相は第 1 原子層が第 2 層以下の基板の格子とは不整合な (111) で，大きな 2 次元単位胞の表面再構成をしている．Au(001), Pt(001) は 5×20 構造と呼ばれ，(111) である菱形格子 (hex) の主軸が基板結晶の主軸に対してわずかに回転している．Pt(001) の場合には室温での回転角は 0.7° である．そこでこれ以降 Pt(001), Au(001) の安定相を Pt(001)hex, Au(001)hex と略記する．Ir(001) は回転していない 5×1 構造である．また Au(001), Pt(001), Ir(001) は 1×1 構造の準安定相をつくることができ，準安定相は非可逆的に安定相に転移する．転移温度はそれぞれ 100, 125, ~900°C である．

これらの相転移を考察するためにポテンシャルエネルギー曲線を構築する．キング (King) らはマイクロカロリメーターを開発して単結晶表面への気体分子が吸着する際の吸着熱や表面上での反応の反応熱を直接測定することを可能にした．そして Pt(001)hex の安定相と Pt(001)1×1 の準安定相への CO 吸着の被覆率 Θ =0.5 までの吸着熱を測定して，清浄表面の 2 つの相のエネルギー差 ΔE を得ている．すなわち，

Pt(001)hex + $\frac{1}{2}$CO(g)
$\rightarrow$ Pt(001)1×1-CO(Θ_{CO} = 0.5) $-\Delta H_{in}^{hex}$ = 74.3 kJ/mol/(1×1)

Pt(001)1×1 + $\frac{1}{2}$CO(g)
$\rightarrow$ Pt(001)1×1-CO(Θ_{CO} = 0.5) $-\Delta H_{in}^{1\times 1}$ = 86.8 kJ/mol/(1×1)

ただし，$-\Delta H_{\text{in}}^{\text{hex}}$ は安定相での CO の被覆率 $\Theta_{\text{CO}} = 0.5$ までの積分吸着熱，$-\Delta H_{\text{in}}^{1\times 1}$ は準安定相での CO の $\Theta_{\text{CO}} = 0.5$ までの積分吸着熱である．この 2 つの測定の CO 吸着後の終状態は同一であるから，ΔE はこれらの測定値の差である 12.5 kJ/mol/(1×1) で与えられる．これは 1×1 単位胞当たりのエネルギー差で，表面 Pt の 1 原子当たりにすると $\Delta E = 0.13$ eV になる．

Pt(001)1×1→Pt(001)hex の相転移および CO 吸着に関するポテンシャルエネルギー曲面を図 5.36 に示す．ここにはマイクロカロリメーターによる測定で得た結果のほかに，従来の方法で得られていた他の測定値が記入してある．すなわち 1×1→hex の相転移の活性化エネルギー E_a と Pt(001)hex+CO(g)→Pt(001)hex-CO の吸着エネルギーである．前者は 1×1→hex の変化を反応とみてその活性化エネルギーを測定すればよいので，LEED の整数次のスポットの散乱強度 I_0 が非整数次反射へとられていく過程を追えばよい．すなわち等温での I_0 の時間変化から表面構造変化の時定数 $\tau \sim \exp(E_\text{a}/k_\text{B}T)$ を求め，その温度変化よ

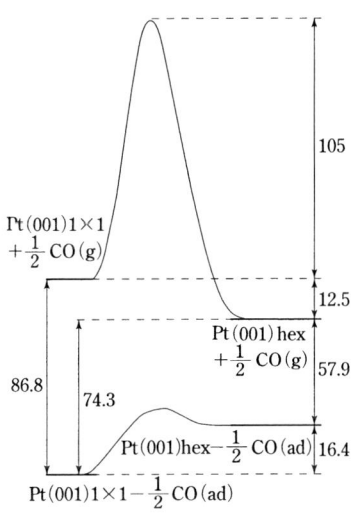

図 5.36 Pt(001) の hex と 1×1 の相転移に関連した模式的なポテンシャルエネルギー曲面 (W. A. Brown *et al.*: *Chem. Rev.*, **98**, 797 (1998)) 単位は kJ/mol/(1×1)．

り $\log \tau$ と $1/T$ をプロットすると，直線の勾配から E_a が求まる．そしてハインツ (Heinz) らは $E_\text{a} = 1.1 \pm 0.1$ eV の値を得ている．

一方，Pt(001)hex の表面は，$\Theta_{\text{CO}} \sim 0.05$ 以上に CO が吸着すると基板の Pt(001) が 1×1 に構造相転移をするので，この被覆率で Pt(001)hex への CO 吸着の吸着熱をマイクロカロリメーターで測定するのは，シグナル強度が弱く実際には不可能である．このような場合には従来から行われていた測定法に頼らざるをえない．1 つは吸着と脱離が可逆的に起きていて熱平衡状態が実現できる場合で，クラウジウス-クラペイロン (Clausius-Clapeyron) の式を用いて求める．もう 1 つは吸着過程に活性化エネルギーがない場合に適用でき，熱脱離スペクトルからアレニウスの式に従って，脱離する気体の圧力 p の時間変化 $\dot{p}$ を測定し，そ

の対数 $\ln \dot{p}$ と $1/T$ のプロットをして得る脱離エネルギー E_d が吸着エネルギーに一致する．しかしこの後者の方法も $\Theta = 0.05$ という低被覆率の表面から脱離する分子を検出することになるので困難である．

ここでは熱力学的な手法，すなわち熱平衡状態を利用した吸着エネルギーの測定から定積吸着熱 (isosteric heat of adsorption) q_{st} を得る方法の原理を簡単に述べる．気相と吸着状態で平衡が成り立つ場合には，両者のケミカルポテンシャルが等しくなるから，

$$\Delta V \left(\frac{\partial p}{\partial T}\right)_\Theta = \Delta S$$

が成立する．ただし，ΔV, ΔS は気体分子が吸着する際の体積とエントロピーの変化である．吸着する分子が理想気体で，吸着したときの気体の体積を無視すると，$\Delta V = RT/p$ であり，$T\Delta S$ は潜熱，すなわちこの場合は定積吸着熱 q_{st} になるので，クラウジウス-クラペイロンの式

$$q_{st}(\Theta) = -R \left(\frac{\partial \ln p}{\partial (1/T)}\right)_\Theta \tag{5.4}$$

が得られる．また定積比熱と定圧比熱の間の関係と同様に，$q_{st} = E_d + RT$ という関係が成り立つ．

Pt(001)hex での CO の吸着熱をこの方法で測定するには，Pt(001)hex を CO 雰囲気中に置き，hex 構造が保持されるように被覆率を $\Theta \leq 0.05$ とし，吸着と脱離が釣り合って一定の Θ になる温度 T を CO 雰囲気の圧力 p_{CO} の関数として測定すればよい．それにはたとえば LEED パターンで吸着に伴って変化する超格子反射のスポット強度を Θ と T の関数として p_{CO} を測定する．そして式 (5.4) の関係から，$\ln p_{CO}$ と $1/T$ のプロットをして q_{st} が求まる．アートル (Ertl) らはこのようにして $\Theta = 0.05$ のときの q_{st} を得ている．

準安定相の Pt(001)1×1 は，Pt(001)hex の安定相に CO, NO 分子が吸着すると基板表面が 1×1 構造にリフティングすることを利用してつくる．そして CO が吸着した表面を出発にする場合には，Pt(001)1×1-CO に室温で ~ 250 eV の O_2^+ を照射すると，吸着 CO と O_2^+ とで CO_2 を生成して脱離し，1×1 の清浄表面が得られる．NO 吸着の場合には 350 K で Pt(001)1×1-NO とし，その温度に保ったままに H_2 を導入すると NO は還元されて脱離し，H 原子が吸着した 1×1

表面になる．これを 420 K で熱処理すると H は脱離して Pt(001)1×1 の清浄表面が得られる．このように熱励起ではない別の経路を通って準安定相はつくられる．

　準安定相が取り出せるのは，一般には準安定相が安定相よりずっと高いエネルギーの状態にあり，準安定相から安定相に至るポテンシャル障壁も高いからである．しかし図 5.36 からわかるように，この場合の安定相と準安定相のエネルギー差は小さく，ポテンシャル障壁の高さに比べてもずっと小さい．したがって安定相から準安定相への遷移のポテンシャル障壁も同程度の高さであり，準安定相 → 安定相の転移が起きるのであるから，このポテンシャルスキームだけでは安定相 → 準安定相の転移も同程度に起きることになる．そして遂には熱平衡になり，非可逆過程の相転移はありえないことになる．しかるに Pt(001) は 1×1 →hex の非可逆過程の相転移をし，Pt(110) では 1×1 ⇌ 2×1 である可逆過程の秩序-無秩序転移のほかに，1×1 → 2×1 の非可逆過程の相転移も存在する．したがって上の議論はこれらの実験事実と矛盾した結論である．

　この矛盾を解消するために，相転移の一般論をみることにする．相転移は温度 T，圧力 p などの物理量を変化させたとき，状態の対称性 (相と呼ぶ) が変わることであり，変化をさせるパラメータが T のとき，転移は転移温度 T_c で起きる．そして高温相は対称性が低い相であり，そのため状態のエントロピー S が大きい．そこで高温相の自由エネルギーを $F_1 = E_1 - TS_1$，低温相を $F_2 = E_2 - TS_2$ とすると，上述のように $S_1 > S_2$ であるから，低温域では $F_1 > F_2$ で低温相が安定であったのが，$T > T_c$ で $F_1 < F_2$ となり T_c で高温相に相転移する．

　次にこの一般論を踏まえて非可逆過程の相転移をみることにする．高温相を準安定相，低温層を安定相として，上の一般論とは逆に $S_1 < S_2$ の関係が成立するならば，低温域で $F_1 > F_2$ であったのが温度が高くなっても $F_1 > F_2$ のままであり，自由エネルギーの差 $\Delta F = F_1 - F_2$ は温度が高くなるにつれてかえって大きくなる．したがって熱励起によって安定相から準安定相に相転移することはなく，熱力学第 2 法則に従ってエントロピーが増大する相へと変化するとして非可逆過程は説明できる．そしてみかけの T_c を決める要因はポテンシャル障壁の高さである．すなわちこの非可逆過程の相転移は化学反応であり，換言すると，自由エネルギーの大きい相から小さい相への変化 (遷移) であるから，

相転移とはいえない．しかし協同現象である場合には相転移の定義を広げて，非可逆過程の相転移ということにする．

このように非可逆過程の相転移が理解できたので，ここで扱っている系をエントロピーを用いて考えることにする．Pt(001) の 1×1 →hex の非可逆過程の場合，Pt(001)1×1 のエントロピーが Pt(001)hex のエントロピーに比べて小さくなければならない．ここで，1×1 表面を理想表面と考えると 1×1 表面の方が対称性が高く，そのエントロピーが hex 表面のエントロピーより小さくなる．しかし準安定相の 1×1 表面は hex 表面から化学的な手段でつくり，hex 表面に比べて表面原子密度が低いために，理想表面とは異なりステップも多いが，$S_1 < S_2$ の条件は満足していて，非可逆過程の相転移が起きることになる．

一方，Pt(110) の場合は，$T_c = 960$ K の熱励起，すなわち秩序-無秩序転移で生じた 1×1 表面のエントロピー S_t と，もっと低温の化学的処理でつくった 1×1 表面のエントロピー S_c とを比べると，高温相は無秩序相であるから化学的につくった 1×1 表面のエントロピーの方が小さく，$S_t > S_c$ と考えられる．また Pt(110) の低温相の 2×1 表面のエントロピー S_2 と比べると $S_t > S_2$ である．一方，化学的につくった 1×1 表面は理想表面に近く $S_2 > S_c$ である．したがって Pt(110) の秩序-無秩序転移は一般的な相転移であり，化学的につくった Pt(110)1×1 は準安定相で，非可逆過程の相転移をするという実験事実が矛盾なく説明できる．

非可逆過程の相転移で表面のエントロピーは重要な役割を果たすことがわかった．そこでこのエントロピーの違いを用いて，図 5.36 のポテンシャルエネルギー曲線に基づく非可逆過程の相転移を，反応速度論的な立場から眺めることにする．これまでと同様に準安定相を 1，安定相を 2 とし，それに反応の遷移状態である図 5.36 のポテンシャル障壁の頂上を 0 として加え，1→2, 2→1 の反応を扱う．これらの反応の反応速度定数をそれぞれ k_1, k_2 とすると，ポテンシャルの山を登る過程が反応律速であるから，$k_i = C \exp\{-(F_0 - F_i)/k_B T\}$ になる．ただし，$i = 1$ または 2 である．したがって反応速度定数の一般式 $k = \nu \exp(-E_a/k_B T)$ と比較して頻度因子 (frequency factor) ν を求めると，$\nu_i = C \exp\{(S_0 - S_i)/k_B\}$ になる．1→2 と 2→1 の反応を比べると，頻度因子の比は $\nu_1/\nu_2 = \exp\{(S_2 - S_1)/k_B\}$ となり，$S_1 < S_2$ で違いが大きくなくても，頻度因子の違いは $\nu_1 \gg \nu_2$ と大きく

異なってくる．そのためポテンシャル障壁の高さが1→2，2→1の過程でほとんど違いがない場合にも，頻度因子がずっと小さい2→1の過程がほとんど起きない，非可逆過程になると考えることができる．

5.3　吸　着　層

吸着層にはさまざまな相転移が観測されている．物理吸着系では2次元に特有な長距離秩序を伴わないコスタリッツ-サウレス転移がある．一方，グラファイト上での希ガス原子，N_2，CH_4 などの対称性がよい簡単な分子の物理吸着系では長距離秩序相が現れ，吸着量あるいは温度を変化させたときに気相 ⇌ 液相 ⇌ 固相の3相間の相転移，整合-不整合転移(commensurate-incommensurate transition)，配向秩序転移(orientational ordering transition)，1軸性不整合(uniaxial incommensuration)，回転エピタキシー(rotational epitaxy)などの興味ある現象が観測されている．しかし本書では物理吸着系には触れずに，基板との相互作用がもっと強く，表面現象として基板の効果が現れる化学吸着系でいくつかの典型例を取り上げる．

5.3.1　Cu(001)上のKの単原子層——回転エピタキシー——

有賀，村田らが観測した，上述の物理吸着系の長距離秩序をもつ相転移のうち，配向秩序転移を除いたすべてが現れる，化学吸着系であるCu(001)上のK単原子層の相転移を取り上げる．金属上にアルカリ金属が吸着したときの電子移動は吸着子のアルカリ金属原子から基板への一方向に起きるので，もっとも単純な化学吸着といえる．しかし単原子層を形成するまでの段階に，吸着量に応じて2次元格子の構造や電子構造が，基板との相互作用，吸着原子間の相互作用によりさまざまに変化する．図5.37に温度 $T=330$ K で測定した，Cu(001)にK原子を吸着させたときに観測されるLEEDパターンの被覆率 Θ 依存性とその構造モデルを示す．実際にはLEEDパターンはこれを90°回転した2つのドメインの重なりとして観測されるが，ここでは単純化して1つのドメインのみを示している．

3.8.2項で述べたように，吸着量が少ない初期吸着の段階ではK原子はK^+ に

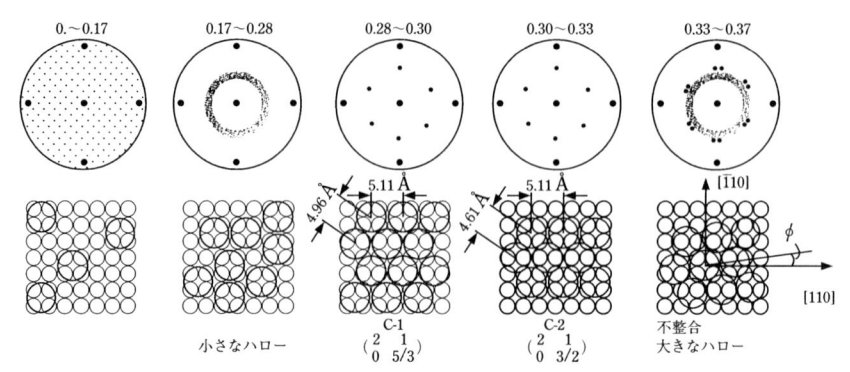

図 5.37 Cu(001)-K の LEED パターンの被覆率依存性とその構造モデル
(T. Aruga et al.: Surf. Sci., **158**, 490 (1985))
T =330 K. 上段の数字が被覆率.

イオン化していて，静電反発のために $\Theta = 0 \sim 0.17$ の範囲では 2 次元気体としてでたらめな分布をし，LEED パターンは Cu(001) の回折スポットに対して背景の散乱強度が一様に高くなってくる．そして $\Theta = 0.17 \sim 0.28$ になるとハローパターンが観測される．このハローは図 5.38 に示すようにピーク位置は変化せずに一定で，吸着量が増すにつれて強度が増している．これは凝集が起こり K-K の最近接原子間距離 $r_{\text{K-K}}$ が一定で配向が乱れた状態，すなわち液体あるいは非晶質の相が生じ，その領域が Θ の増加とともに増していることを示している．さらに吸着量が増すと $\Theta = 0.28$ で突然に長周期構造が出現して鋭い回折スポットのパターンに急変する．これは 1 次の相転移による結晶化が起きたのである．すなわち吸着量の増加とともに 1 原子層の K 吸着層が気相 → 液相 → 固相 (結晶) の 3 相の相転移を起こしていることになる．そして気相から液相に変わる段階では 3.8.2 項に示したように，反電場効果により K イオンに $4s$ 電子が戻ってきて K イオンは中性原子になり，価電子が非局在化してこれが凝縮相を生じる原因になっている．すなわち気相から液相になる段階で K 原子は中性化して吸着層は絶縁体-金属転移をしている．

$\Theta = 0.28$ で結晶化して長距離秩序相が生じた段階では，K 原子がつくる 2 次元格子は行列表示で $\begin{pmatrix} 2 & 1 \\ 0 & 5/3 \end{pmatrix}$ となっている．これが $\Theta = 0.33$ になると行列表示では $\begin{pmatrix} 2 & 1 \\ 0 & 3/2 \end{pmatrix}$ で，ウッドの表示では c(2×3) の格子になる．そしてその

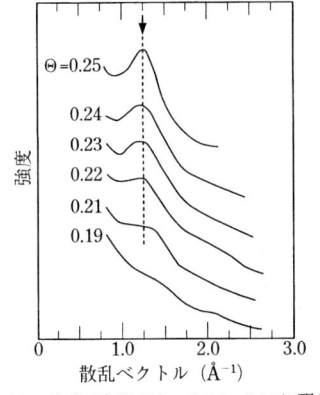

図 5.38 Cu(001)-K で $\Theta = 0.17 \sim 0.28$ に現れる LEED のハローパターンの強度曲線の Θ 依存性 (T. Aruga et al.: Surf. Sci., **175**, L725 (1986))

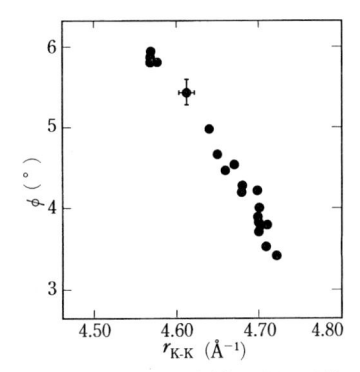

図 5.39 Cu(001)-K の不整合相に現れる回転エピタキシーを示す K-K 原子間距離 $r_{\text{K-K}}$ と回転角 ϕ の関係 (T. Aruga et al.: Phys. Rev. Lett., **52**, 1794 (1984))

中間領域では x 軸方向は $r_{\text{K-K}}$ が Cu-Cu 原子間隔の 2 倍である 5.11 Å と整合したままであるが,y 軸方向は格子間隔が Θ の増加とともに連続的に縮む 1 軸性不整合相の不整合転移をする.すなわち図 5.37 に示す斜め方向の $r_{\text{K-K}}$ は 4.96 Å から 4.61 Å に徐々に縮み,c(2×3) 格子の $r_{\text{K-K}}$ =4.61 Å は bcc 結晶である K 金属の最近接 $r_{\text{K-K}}$ =4.62 Å とほぼ一致する.このことをまとめると,吸着層が結晶化した直後の格子は基板金属の格子に整合した,bcc(110) を少し伸ばした長距離秩序構造で,次に $r_{\text{K-K}}$ が K 原子の固有の原子間距離になるように,すなわち K 原子の剛体球が接するまで 1 軸方向に徐々に縮む 1 軸性不整合が起きている.中性化した K 原子と Cu 基板の相互作用はあまり強くないが,K-K 原子間の相互作用が弱い低被覆率の段階では,吸着層は基板の格子に整合をするが,このときの $r_{\text{K-K}}$ が K 原子に固有な $r_{\text{K-K}}$ に比べて少し長いために,吸着量の増加に伴って縮むことが可能で,1 軸方向にのみ不整合転移したと解釈できる.

さらに吸着量が増すと,$\Theta = 0.33$ で K 原子に固有な原子間距離とほぼ一致する菱形格子になり,整合-不整合転移をする.ここでは基板と吸着層の格子間隔がわずかに異なるために,その不一致が原因で基板結晶の主軸と吸着層の 2 次元結晶の主軸が平行にはならずに回転する.この回転角は,原子間にファンデルワールス力が働くとして,ノヴァコ (Novaco) とマックタグ (McTague) が理論的に予測した値とほぼ一致する.そして吸着量の増加とともに吸着層は菱形

格子を保ったまま格子間隔がさらに短くなり，その結果，基板格子との格子間隔の不一致が増大して，吸着層は図5.39に示すように回転角が大きくなる方向に回転する．この現象を回転エピタキシーと呼んでいる．

Cu(001)-Kは化学吸着系で回転エピタキシーが観測された最初の例であるが，ほぼ同時にデリング(Doering)らがRu(0001)-Naで観測している．またグラファイト上の希ガス原子ではノヴァコとマックタグの予測に従ってこれ以前に観測されていたが，Ru(0001)-Naも含めてこれらの場合は基板と吸着層がともに菱形格子である．しかるにCu(001)-Kの場合は基板が正方格子で吸着層は菱形格子であり，基板と吸着層の対称性が異なる格子間でも格子間隔の不一致による回転が起きることを示している．同様に正方格子上に菱形格子があるAu(001)hex，Pt(001)hexでも第1原子層は第2原子層以下の基板に対して回転している．モクリー(Mochrie)らはこの回転角の温度依存性を微小角入射X線回折(GIXD)で観測して，Pt(001)では$T = 1820$–1685 Kでは回転せず，$T = 1685$–1580 Kでは$0°$から$0.75°$まで回転し，Au(001)はもっと複雑であるがやはり回転角の温度依存性が観測され，これらの回転現象が格子間隔の不一致で説明できると主張している．

図5.37に示した$\Theta = 0.33 \sim 0.37$のLEEDパターンには回転エピタキシーで左回りと右回りした回折スポットのほかにハローパターンが観測されている．このハローパターンの径は$\Theta = 0.17 \sim 0.28$の場合より大きく，すなわち短いr_{K-K}に相当し，しかもr_{K-K}は4.62 Åに近い値である．この吸着層には菱形格子が$90°$回転した2つのドメインと，左右に回転したドメインとで計4個のドメインが存在し，それらの2次元格子の間に生じた境界に短距離秩序のみがある乱れた相(非晶質相)が存在することをハローパターンは示している．これを不整合欠陥(discommensuration)と呼んでいる．

5.3.2 Ge(111)-PbにみられるCDW転移

先にW(001)，Mo(001)の相転移がフェルミ準位でのネスティングによるかどうかを論じた．層状構造の物質である低次元系では電荷密度波(charge density wave, CDW)がフェルミ面での不安定性をもたらし，金属-非金属転移を引き起こすことが知られている．これはCDWがフェルミ面でのネスティングを

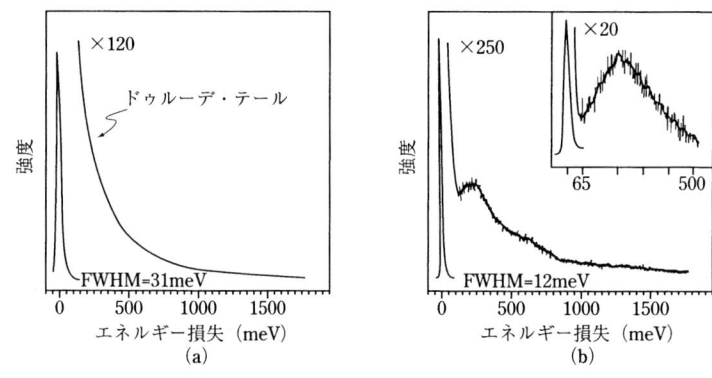

図 5.40 Ge(111)-Pb($\Theta = 1/3$) の EELS スペクトル (J. M. Carpinelli *et al.*: *Nature*, **381** 398 (1996)) (a) 室温, (b)$T \sim 100$ K.

もたらしている．その現象をプラマー (Plummer) らは Ge(111) 上の Pb 吸着層で見出した．Ge(111)c(2×8) に Pb を室温で 1/3 原子層 (ML) 蒸着し，～250°C に熱処理すると室温では ($\sqrt{3}\times\sqrt{3}$)R30° の α 相になる．この表面を冷却すると LEED パターンは -20°C で変化し始め，可逆的に 3×3 構造になる．電子エネルギー損失分光法 (EELS) によりこの表面のスペクトルを測定すると，室温では図 5.40(a) に示すように，ドゥルーデ則で説明される電子の状態密度に裾を引くのが観測され，金属の特徴を示している．一方，100 K で測定した 3×3 の低温相では図 5.40(b) にみられるように，損失ピークが観測される半導体的な表面になり，その立ち上がりの位置から $E_g \leq 0.065$ eV の小さなバンドギャップが現れていることがわかる．

この表面は図 5.41(a) に示すように Pb は T_4 サイトに吸着しているが，($\sqrt{3}\times\sqrt{3}$)R30° 表面の単位胞には Pb 原子は 1 個属していてこれは四価であり，Ge 原子は 3 個が表面最上層にあっておのおのが 1 個の不対電子をもっている．したがって単位胞には合計 7 個の価電子があることになり，これは奇数個の価電子が存在してパウリの原理から金属的になることと合致する．また STM 像を観測すると，図 5.42(a) に示す室温での測定では，占有状態，非占有状態ともにすべての Pb 原子の位置でトンネル電流が増大している金属的な様相を示している．それに対して，図 5.42(b) に示す半導体的になっている 3×3 表面では，非占有準位は図 5.41 の灰色で示す Pb 原子に局在し，占有準位は逆に黒色で示

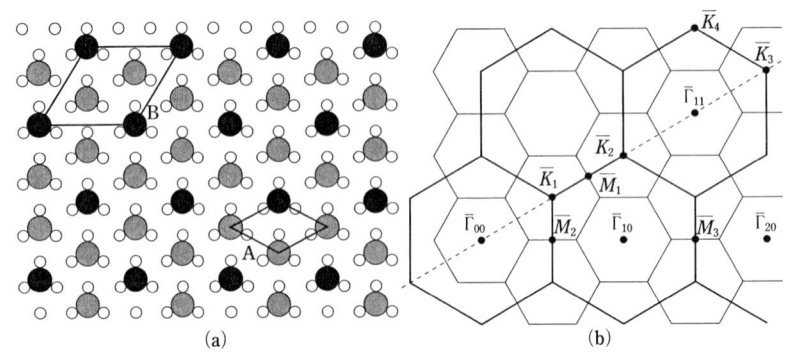

図 5.41 Ge(111)-Pb($\Theta = 1/3$) の (a) 原子配列 (小さい白丸が表面の Ge 原子，大きい丸が Pb 原子で，($\sqrt{3}\times\sqrt{3}$)R30° のときは A が単位胞で，黒色と灰色の Pb 原子は同等であり，3×3 のときは B が単位胞で，黒色と灰色の Pb 原子が同等ではない)，(b) 2 次元のブリュアン域 (太い線が ($\sqrt{3}\times\sqrt{3}$)R30°，細い線が 3×3)

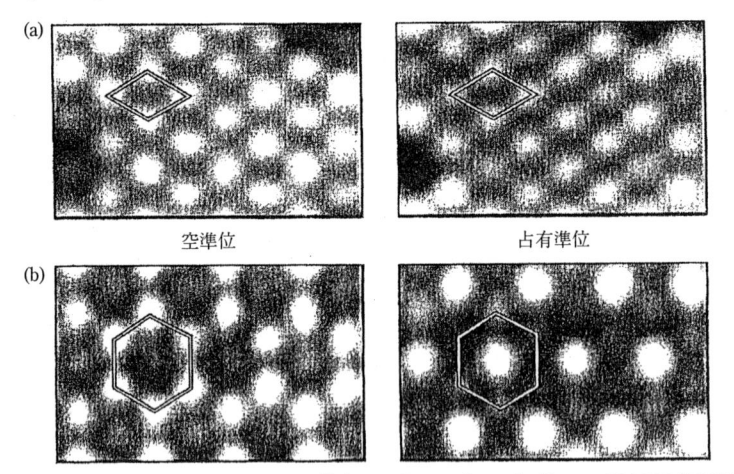

図 5.42 Ge(111)-Pb($\Theta = 1/3$) の STM 像 (J. M. Carpinelli *et al.*: *Nature*, **381** 398 (1996)) (a) 室温，(b) 低温 ($T \sim 60$ K)．左側が非占有準位で右側が占有準位である．

す Pb 原子に局在している．すなわち低温では Pb 原子の電子密度がゆらいだ表面電荷密度波 (surface CDW, SCDW) の存在を示唆する STM 像になっている．そして 3×3 構造が現れ始める温度 $T = -20°C$ を臨界温度 T_c として，平均場で得られる CDW の関係 $E_g = 3.53 k_B T_c$ から E_g を求めると，EELS による実測値 $E_g \sim 0.065$ eV とよく一致する．すなわち ($\sqrt{3}\times\sqrt{3}$)R30°⇌3×3 の相転移は SCDW によると考えられる．ただ 3×3 表面では上に述べた単純な価電子の数の勘定とは一致せず，この場合も奇数個の価電子となり，金属的になってしまう．

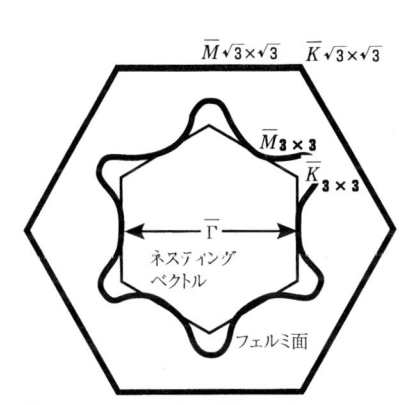

図 5.43 Ge(111)$\sqrt{3}\times\sqrt{3}$R30°-Pb のフェルミ面の計算結果 (波打った太い線) (J. M. Carpinelli et al.: Nature, **381** 398 (1996))
濃い線の六角形がそのときの第 1 ブリュアン域で，薄い線の六角形が 3×3 の第 1 ブリュアン域．

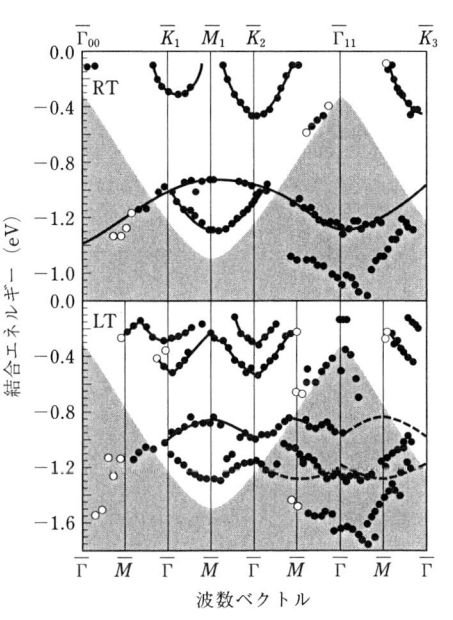

図 5.44 ARUPS で測定した $\overline{\Gamma}$-$\overline{K}$ 方向での Ge(111)-Pb($\Theta=1/3$) の表面準位の分散関係 (A. Mascaraque et al.: Phys. Rev., B **57**, 14758 (1998))
上段は室温相，下段は低温相．影をつけた部分がバルクバンドの投影．

　SCDW による安定化が転移のきっかけになっていることを確かめるために，第 1 原理密度汎関数法による計算をシュトゥンプ (Stumpf) とプラマーが行っている．($\sqrt{3}\times\sqrt{3}$)R30° 表面でのネスティングベクトルが $\overline{\Gamma}$-$\overline{K}$ 方向で，3×3 表面になったとき，$\overline{M}$ 点 ($\overline{M}_{3\times 3}$) でブリュアン域の境界と接する等方的ではない，波打った形をした 2 次元のフェルミ面が得られた (図 5.43)．したがってここでネスティングが起きてギャップ開き，半導体的になると同時に 3×3 構造になったと解釈でき，Ge(111)-Pb($\Theta=1/3$) の α 相で起きる ($\sqrt{3}\times\sqrt{3}$)R30°⇌3×3 の相転移は SCDW によるといえる．

　このことは放射光を用いた角度分解光電子分光法 (ARUPS) による測定で確かめられた．($\sqrt{3}\times\sqrt{3}$)R30° 表面での 2 次元のフェルミ面の測定値は図 5.43 の計算結果とよく一致した波打った形状である．そして $\overline{\Gamma}$-$\overline{K}$ 方向での表面準位の

室温相での分散関係を図5.44の上段に示すが,深い方の表面準位 S_1 は Pb の p_x と p_y のバックボンドと Ge のダングリングボンドによるもので,浅い方は Pb の p_z 軌道の寄与が大きい表面準位 S_2 である. S_2 は $\overline{\Gamma}\text{-}\overline{K}$ の中間点である $\frac{1}{2}\overline{\Gamma K}$ 付近でフェルミ準位と交差していて,金属相になっている.しかも詳しい解析から $k_F = 0.30\pm0.03$ Å^{-1} が得られ,これも理論予測と一致した $\overline{M}_{3\times3}$ でフェルミ準位を横切っている.すなわちここでネスティングが起きると3×3構造に転移する.

一方,図5.44の下段に示す低温相での表面準位の測定結果をみると,単位胞が3×3になったための折り返しが現れている.3.8.2項で述べたと同様な理由で,図5.40のEELSで観測された金属-非金属転移は ARUPS の測定結果には観測されにくく,ネスティングの様子は低温での表面準位の分散関係に明らかな形では現れていない.しかし $\overline{\Gamma}_{11}$ 点近傍での価電子バンドの UPS スペクトルを詳しくみると,図5.45に示すように,低温での放出角 $\theta_e = 42.5°$ ($\overline{\Gamma}_{11}$ 点に相当する) のスペクトルには,フェルミ準位に非常に近い $E_b = 0.1$ eV に比較的鋭いピークが観測される.これはここに局在した電子があることを示していてネスティングによる結果と考えられる.またブリュアン域の $\overline{M}_{3\times3}$ 点でのUPSスペクトルを低温と室温で測定してフェルミ準位近傍の立ち上がりの様子を比較すると,低温で測定したスペクトルが深い方に 20 meV シフトしている.それに対して Ge $3d$ の内殻準位スペクトルには低温と室温でピークのシフトは観測されない.したがってこのフェルミ準位近傍での価電子スペクトルのシフトは低温相で価電子バンドのギャップが開いたためであり,バンドの曲がりや表面での光起電効果によるものではないと判断できる.

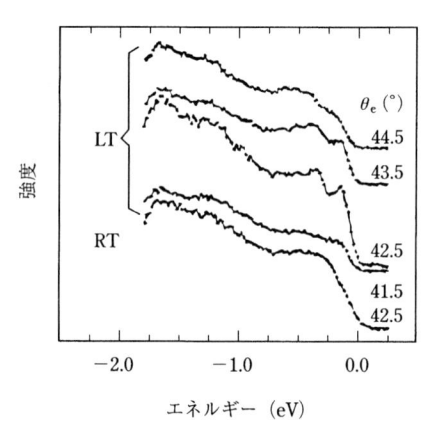

低温相の Ge(111)3×3-Pb になると同等でなくなる Pb 原子の位置を放射光を

図 5.45 Ge(111)-Pb($\Theta = 1/3$) の $\overline{\Gamma}_{11}$ 点近傍での室温(RT)と低温(LT)で測定したARUPS スペクトル (A. Mascaraque et al.: Phys. Rev., **B 57**, 14758 (1998))

用いた表面X線回折 (SXRD) で測定した結果によると，図5.41に示した黒丸のPb原子が表面に垂直方向に〜0.4 Åだけ突き出た構造をしている．そしてこのようにPb原子層が凹凸のある構造になったために，表面から第3層までのGe原子もPb-Ge, Ge-Geの原子間距離を一定に保つように垂直および水平方向に変位した構造になっている．これらのことから $(\sqrt{3}\times\sqrt{3})$R30°→3×3 の構造変化は電子とフォノンの相互作用によるヤーン-テラー効果によって引き起こされた構造相転移と考えることもできる．

Pbと同属の元素であるSnが$\Theta = 1/3$吸着したGe(111)も $(\sqrt{3}\times\sqrt{3})$R30°⇌3×3 の相転移が $T_c \sim -60°C$ で観測される．しかしこの場合はGe(111)-Pbにみられた SCDW 転移とは異なり，T_c の上下で内殻準位も含めて電子状態に変化はなく，SXRDによる測定結果などから2つの等価でないSn原子の吸着位置の秩序-無秩序転移であると結論できる．

5.4　吸着誘起の相転移

本節で述べることは5.2.3項で述べた相転移の一般論からははずれていて，相転移に入れるべきではないかもしれない．しかし表面に特有な現象として，わずかな吸着子により基板表面が協同現象として構造変化を起こすので，相転移として取り上げることにする．

これまでにH原子による吸着誘起の相転移として，W(001)-Hで$\Theta = 0.5$のときには基板のW(001)が1×1からc(2×2)に構造転移し，$\Theta = 1$で再び1×1に戻ること，そしてc(2×2)は図2.35(a)に示すように $c2mm$ の空間群に属する構造になっていること，W(110)-Hは図3.26に示した相図にあるようにW(110)の表面原子が面内で変位する可能性が高いことなどを述べた．H原子の吸着に伴って基板が表面再構成する相転移はそのほかにもMo(001)などでも観測されている．一方CO, NO吸着に伴う表面再構成が解消するリフティングがPt(110), Pt(001)で起きることも述べた．その他吸着誘起の相転移で多くの例が観測されていて，金属の初期酸化を考えたときのAl上のAl_2O_3, Ni上のNiOなどの不導体酸化膜の形成では，いったん酸化物の超薄膜が形成されると，これに続いてキャブレラ-モットの逆対数則によって酸化膜は急速に成長するが，この過

程の誘導期である酸化物の超薄膜形成はO吸着に続く吸着誘起相転移といってよいかもしれない．しかしこの酸化膜は一般には非晶質なのでここで述べる表面物理学の対象にはなりがたい．O原子の吸着に誘起された相転移としてはCu(110), Ag(110) で欠損列構造が関係する興味ある現象がSTMで観測されている．しかしこれは割愛し，ここでは物理現象として比較的よく捉えられていて，上述のCu(001)-K にも関連するAg(110), Ag(001) を中心にK原子吸着による吸着誘起の相転移を述べるのにとどめる．

5.4.1　Ag(110)-K

Ag, Cu, Pd, Ni の (110) 清浄表面は表面再構成しない1×1構造である．しかるにこれらの表面に $\Theta \sim 0.1$ のわずかなK原子が吸着すると2×1にLEEDパターンは変化する．これはAu, Pt, Ir の(110)清浄表面の2×1と同様に，$[1\bar{1}0]$ に沿った表面原子列が1列おきになくなった欠損列構造に基板表面が転移したのである．このことはAg(110)-K で中速イオン散乱により確かめられている．2×1構造として欠損列モデルのほかに，鋸歯状 (saw tooth) モデル，結合列 (paired row) モデルが提唱されていた．フレンケン (Frenken) らは結晶の $(1\bar{1}1)$

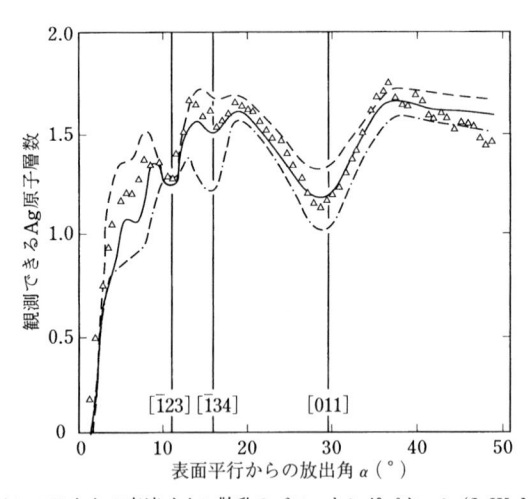

図 5.46　Ag(110)2×1-K からの高速イオン散乱のブロッキングパターン (J. W. M. Frenken et al.: Phys. Rev. Lett., **59**, 2307 (1987))
三角の点は実測値，実線は欠損列モデル，1点鎖線は鋸歯状モデル，破線は結合列モデルによるシミュレーション．

を散乱面として，50.6 keV の H$^+$ ビームを [$\bar{1}$01] に沿って入射させ，図 5.46 に示すように放出角の関数として散乱イオンを検出した．ただし，放出角は表面平行から測っている．曲線に 3 つのくぼみが観測されているが，これは図中に示すように [$\bar{1}$23]，[$\bar{1}$34]，[011] 方向のイオン散乱で，表面原子によるブロッキングによりこの方向へのイオンの散乱が阻害されたためである．表面格子緩和と表面で原子振動の振幅が増す効果を取り入れた 3 つの構造モデルを用いてシミュレーションした結果を図 5.46 に示す．欠損列構造が実験曲線とよい一致を示している．

K 原子の吸着による欠損列構造が生じた原因として 2 つの説が提唱されている．1 つはヤコブセン (Jacobsen) とノェルシコフ (Nørskov) による有効媒質理論 (effective-medium theory) を用いて求めた化学的な相互作用に基づく局所的な考えである．Cu(110)-K の系での計算であるが，低被覆率のときには K 原子の実効的な配位数 (coordination number) が安定化に大きく寄与し，1×1 構造では配位数が 4 であるのに対して，欠損列構造でこれは最大になり 7 である．そのため低被覆率では欠損列構造になり，吸着量が増すと K-K 相互作用のために K 原子の吸着エネルギーは逆符号になる．そして Au(110)-K で観測されているように，K 吸着誘起の表面再構成は解消されてリフティングすることも説明できると主張している．

他の 1 つは，フー (Fu) とホー (Ho) による局所密度関数法 (local-density-functional theory) を Ag(110)-K に適用した結果で，K 原子がイオン化したために余分の電子が表面に供給され，同時に表面に電場が働くことになる．図 5.47 に Ag(110)-K

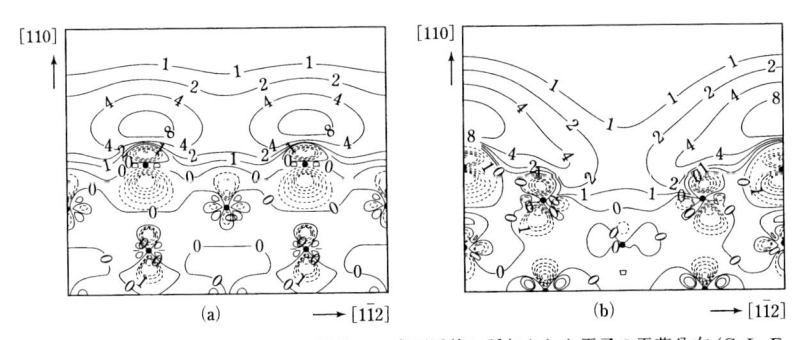

図 5.47　Ag(110)-K の (a)1×1，(b)2×1 構造での表面近傍に誘起された電子の電荷分布 (C. L. Fu and K. M. Ho: *Phys. Rev. Lett.*, **63**, 1617 (1989))

について，K 吸着により基板金属に移動した電子と電場で表面に引き寄せられた電子による変化分の電荷分布を，1×1 と 2×1 表面について示す．実線は電子分布が増加した部分で，破線は減少した部分を表している．誘起された電荷は主に s, p 電子的にふるまって表面で非局在化していて，なめらかさの点から 2×1 の欠損列構造がまさっている様子をみることができる．そのためわずかな吸着量の K 原子が Ag(110) を 2×1 の欠損列構造に誘起したと考える．

5.4.2　Ag(001)-K

fcc 結晶の低指数面の原子密度を比べると (110) がもっとも低い．そのために fcc(110)1×1 では表面原子が動きやすく，$5d$ 電子系の Au, Pt, Ir の清浄表面や Ag, Cu, Pd, Ni のアルカリ原子が吸着した表面で表面再構成して表面原子密度が高い欠損列構造になる．しかるに (110) より表面原子密度が高い fcc(001) の Ag(001)，Au(001) でも，K 原子による 2×1 への吸着誘起の相転移が起きることを村田らは見出した．これまで述べてきた吸着誘起の相転移は何が原因で起きるかを探るためにはこれは有用な知見になる．K 原子の被覆率 Θ による LEED パターンの変化を図 5.48 に示す．Ag(001) の場合は 315〜335 K で測定したが，これは Cu(001)-K の測定で用いた温度であり，Cu(001)-K で回転エピタキシーが生じる原因を探る目的でこの実験を始めたためである．LEED パターンの変化をみると，Ag(001) は $\Theta = 0.1$ 付近で 2×1 に，Au(001) は $\Theta \sim 0.1$ の狭い領域で hex→1×1 に，さらに少し Θ を増すと 1×1→2×1 の転移をする．

Ag(001)，Au(001) に共通にみられる 1×1→2×1 の相転移はその類似性から，ともに K 原子の吸着誘起による基板表面の欠損列構造への転移である．fcc(001) の [110] に沿った原子列が 1 行おきに欠損する欠損列構造はやはり (111) ファ

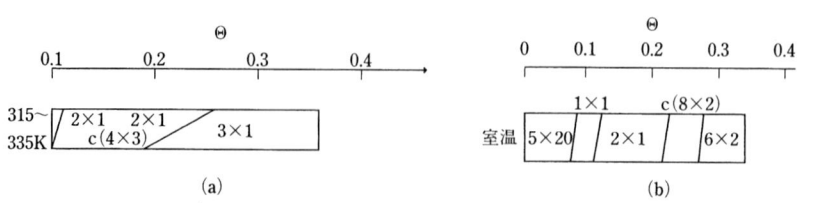

図 5.48　室温近傍での (a)Ag(001) と (b)Au(001) へ K 原子を吸着したときの Θ の増加に伴う LEED パターンの変化 (K. Oakada et al.: Phys. Rev., B **43**, 1411; J. Phys. Condens. Matter, **4**, L593 (1992))

セットが表面に現れるので，この場合も有効媒質理論による局所的な説明と電荷移動と表面電界による非局在化した s, p 電子による説明とが可能である．ヤコブセン (Jacobsen) らは有効媒質理論を用いて Al, Ni, Pd, Pt, Cu, Ag, Au の (001) 表面に K 原子が吸着して欠損列構造になるための必要なエネルギーを計算した．その結果 Ag が最小で双極子相互作用によって打ち消される程度のエネルギーであり，2×1 への転移が起こりうる．また Al, Ni, Pd, Pt, Cu はこのエネルギーが大きく，この転移が観測されないという実験結果と一致する．一方，この転移に必要なエネルギーの計算値はこれらの金属の体積弾性率が示す傾向と一致しているが，Au の体積弾性率は大きく，彼らが計算した転移に必要なエネルギーも大きくて転移は起きないことになる．Au(001) の測定結果が得られたのは彼らの計算結果が報告された後になることもあるが，1×1→2×1 の相転移は有効媒質理論では説明できず，電荷移動と表面電界による説明に軍配が上がることになる．

　Au(001) が $\Theta \sim 0.1$ で hex から 1×1 になる転移は，LEED のスポット強度の Θ 依存性の測定結果から，基板表面が 1×1 に秩序配列したリフティングであり，無秩序配列による 1×1 パターンではない．この相転移は Ag(110)-K で述べた吸着した K 原子がイオン化する電荷移動とイオンによる電場の効果の機構では説明できないが，もう1つの化学的な相互作用と配位数が増加する効果では説明が可能になる．K 原子の配位数は hex では 3，1×1 では 4 であり，$\Theta \sim 0.1$ のわずかな K 原子により局所的な相互作用が 1×1 の相転移を引き起こすのは，トサッティ (Tosatti) らによるソリトンの考えをもち込むと説明できる．2.4.2 項で述べたように，Au(001)hex では表面の応力が面内で強く働いているが，歪み応力は一様ではなくソリトン様の形で局在している．K 原子が吸着して局所的に hex→1×1 になると，それに伴う表面応力の変化はソリトン様の部分に伝わり，そこで歪み応力を解消して協同現象である 1×1 への転移が起きると考えることができる．この考えは Au(001)hex に Cl 原子を吸着させると $\Theta = 0.06$ で 1×1 への転移が起きることで支持される．Cl 原子の場合と K 原子の場合とでは電荷移動の向きが逆で，低被覆率の吸着では Cl 原子は Au から電子を受け取って Cl^- になる．したがって Au-K, Au-Cl で共有結合性の化学結合を考えねばならない．しかしこの化学結合は，次に述べるように Au(001)-K の系では有効

媒質理論で求めた結合エネルギーは有効に機能しないので，これとは異なる性質の化学的な相互作用を考える必要がある．

K原子の吸着による遷移金属表面の相転移の機構は，前項で述べたように，有効媒質理論による化学結合的な配位数と局所密度関数法による電子の非局在化の考え方があり，Au(001)hex→1×1では前者が，1×1→2×1では後者が妥当性が高い説明といえる．したがってこれらの2つの効果のどちらかが優先して起きていると考えてよいことになるが，このAg(001)とAu(001)へのK原子の吸着をみる限り，化学結合による説明が優先する現象はソリトンが関与したAu(001)hex→1×1の転移で，特殊な場合であるという感じがする．$\Theta \sim 0.1$のわずかなK原子の吸着量で欠損列構造に表面再構成する事実を説明するためには，電子の非局在化がはっきりと現れている後者の方が一般性のある解釈のように思える．

このようにCu, Ag, Auの(001)表面でのK原子の吸着に誘起された相転移や吸着層で起きる現象の原因を探った結果，化学的な常識とは逆にAuがK原子との相互作用が強く，共有結合的な結合をつくることになる．一方Cu-Kはファンデルワールス的な相互作用が支配する回転エピタキシーをするので，CuがいちばんK原子との結合性が弱いことになる．そしてAgはこの中間であり，化学的な活性度はAu>Ag>Cuの順になる．このようなことが表面現象として起きるのは3.11.2項でも述べたように，d軌道の広がりに1つの原因があるように思う．K原子の吸着のように穏やかに，しかし物理吸着とは異なるある程度の強さで相互作用する場合には，外から少し離れて表面を眺めることになるので，$5d > 4d > 3d$のd軌道の広がりが大きく効いてくるのであろう．

ここで，Ag(110)とAg(001)でのK原子による吸着誘起の相転移で扱った2つの解釈に基づいて，Pt(110)2×1とPt(001)hexに現れるCO, NO吸着によるリフティングの原因を考えてみる．CO(NO)がPt表面に化学吸着する際の化学結合は，CO(NO)の5σ準位にある電子がPtのdバンドの非占有準位へ配位することと，Ptのd電子がCO(NO)の$2\pi^*$準位へ逆配位することで説明できる．そして前者の過程が化学結合に大きく寄与するとされている．その観点からはCO(NO)吸着は電子がCO(NO)からPtに移行することになるので，電荷移動のモデルは面密度が高い表面をつくるので，リフティングはしない．一方

リフティングすると配位数は減るので，局所モデルからもリフティングが起きないことになる．ただこの場合は，CO(NO)は局所的な結合モデルのK原子より強く結合する．さらにK原子とは異なり，最大の結合数をもつ位置に吸着するのではないので，これまでの議論とは大きく異なることになる．

6

表面の動的現象

　表面における動的過程としては第5章で取り上げた相転移はその1つであるが，表面物理として重要な分野で，書くべきことも多々あるため独立の章として扱った．本章ではその他の動的過程をその背景にある物理を絵解きしながら網羅することは紙面の都合上，不可能といってもよいので，表面上で分子(原子)どうしが反応する化学反応と密接にかかわる動的過程のみを取り上げる．それは吸着，拡散，狭い意味の反応すなわち結合の組み替え，脱離の過程に分けることができるので，それぞれの過程に節を分けることにする．表面で起こる化学反応としては，表面自身が変化する金属や半導体の酸化，窒化，金属と半導体の化合物形成など応用上重要なものがあるが，これには立ち入らない．

6.1 吸着過程

　吸着には物理吸着と化学吸着があるが，本書では物理吸着は間接的にしか取り上げないことにする．化学吸着には，たとえばCOのような2原子分子が吸着するのに，COが分子状に吸着する非解離吸着(non-dissociative adsorption, molecular adsorption)と，CとOの原子状に吸着する解離吸着(dissociative adsorption)がある．

6.1.1 付着確率

　原子，分子が表面に衝突したときに表面に捉えられて化学吸着する確率を付着確率(sticking probability, sticking coefficient)という．非解離吸着の場合の付着確率はラングミュアー(Langmuir)による等温吸着式などの扱いでは，表面

の吸着位置が既に吸着子で占められている場合には吸着できないので，付着確率 s は簡単に $s = s_0(1-\Theta_r)$ で与えられるとしている．ただし，Θ_r はこれまでも Θ と区別して使ってきたように，飽和吸着に対する相対的な被覆率で，s_0 は清浄表面への付着確率，すなわち初期付着確率 (initial sticking probability) で，$0 \leq s_0 \leq 1$ である．解離吸着の場合には隣り合った吸着位置が吸着子で占められていない場合にのみ可能であるとして，やはり簡単に $s = s_0(1-\Theta_r)^2$ で扱っている．

しかし実測の付着確率は一般にはこのような簡単な関係にはない．図 6.1 に Pt(001)1×1 と Pt(001)hex へ CO が非解離吸着したときの付着確率の被覆率依存性 $s(\Theta)$ を示すが，$s(\Theta)$ は直線的に減少するのではなく，上に凸の曲線をしている．この曲線を示す関係式を古くにキスリューク (Kisliuk) が導いている (1958 年)．図 6.2 に非解離吸着のポテンシャルエネルギー曲面の模式図を示すが，化学吸着するのに物理吸着のような前駆状態 (precursor state) の存在を考える．そして表面に衝突した分子 (原子) が化学吸着するまでに，この前駆状態に一瞬トラップされながら表面上を動き回るとする．いま分子 (原子) が吸着で

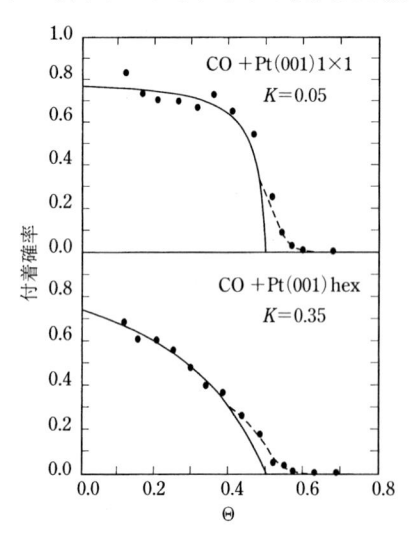

図 6.1 Pt(001)1×1 と Pt(001)hex への CO の $s(\Theta)$
(R. J. Behm *et al.*: *J. Chem. Phys.*, **78**, 7437 (1983))
$T = 340$ K．実線はキスリュークの前駆モデルによる計算曲線．

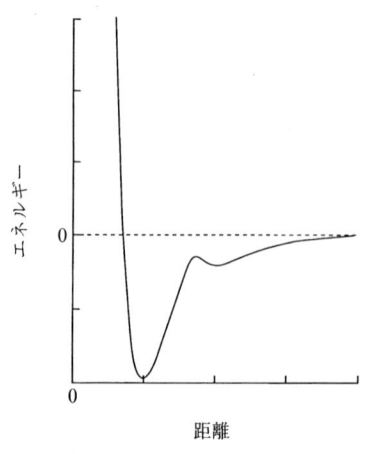

図 6.2 化学吸着のポテンシャルエネルギー曲面の模式図

きる空いたサイトに衝突したときには，(1) 表面に捉えられずに脱離する，(2) 隣の前駆状態に動く，(3) 化学吸着する，の3つの過程がある．それぞれの確率を p_d, p_m, p_a として，前駆状態にトラップされた分子(原子)は吸着状態とは異なりそこにとどまることはないとすると，$p_d + p_m + p_a = 1$ である．また衝突したとき，そこが既に化学吸着した吸着子により占有されている場合には，化学吸着する過程はなくなるので，確率は p'_d, p'_m で与えられて $p'_d + p'_m = 1$ である．

最初に空いたサイトに分子(原子)が衝突したときに，吸着する確率は $(1-\Theta_r)p_a$, 脱離する確率は $(1-\Theta_r)p_d + \Theta_r p'_d$, 隣のサイトに動く確率は $p_m + \Theta_r(1-p_m-p'_d)$ である．吸着子によって占められたサイトがでたらめに分布しているとして，これらの過程を無限回繰り返した確率を求めると，隣接した前駆状態がなくなるところで収束し，吸着確率が等比級数の和として求まる．これは衝突した分子(原子)が吸着するまでに前駆状態に捉えられながら表面上を動き回る描像の付着確率 s であり，

$$s = s_0 \left(1 + \frac{\Theta_r}{1-\Theta_r} K\right)^{-1} \tag{6.1}$$

で与えられる．ただし，$K = p'_d/(p_a+p_d)$ であり，$1/K$ は前駆状態の寿命に対応する．なぜならば，K が小さいときには脱離する確率 p'_d が小さいので，換言すると p'_m が大きいので，衝突した分子(原子)は吸着するまでに多くの衝突を繰り返して長い距離を動き回ることになる．また p_a が大きい場合にはあまり動き回らないことになるが，このときは K の分母が ≈ 1 すなわち $K \approx p'_d$ となり，K が前駆状態の寿命の逆数という考え方はやはり成立する．

式 (6.1) で $K = 1$ としたのがラングミュアーの吸着モデルである．そして実際に起きるのは $K < 1$ であり，その場合には上に凸の関数になっていて，多くの非解離吸着で上に凸の単調に変化する曲線が観測されている．室温での Pt(001) への CO の吸着も式 (6.1) で表され，図 6.1 に実線で示すように，K を 0.05, 0.35 とすると実測値がよく再現できる．したがって CO 分子は表面を動き回った後に吸着すると考えられるが，この場合には K の大小から前駆状態の寿命を論じることはできない．というのは，Pt(001)hex に CO が吸着するとそれに伴って基板表面はただちに hex→1×1 の相転移をして，1×1 のある広がりをもつ島をつくりながら CO 吸着は進行するという単純ではない吸着過程であ

るからである．さらに 1×1 の島の中では CO 分子は短距離の相互作用による秩序性も保ちながら島が成長し，被覆率が増している．

解離吸着する場合の式もキスリュークが引き続いて導いていて，上に述べた考えを少し変更すればよい．前駆状態は非解離で，化学吸着する段階で解離するとして，2 原子分子 AB が解離して A が吸着したとき，B が同時に吸着できる場所が隣接して n 個あり，それがすべて空いていると吸着できる確率は $(1-\Theta_r)^2$ となる．この場合も吸着サイト間に相関がないとして吸着，脱離，移動を無限回繰り返すと，

$$s/s_0 = \frac{(1-\Theta_r)^2}{1-\Theta_r(1-K)+\Theta_r^2 s_0} \tag{6.2}$$

の関係が得られる．ただし，$K = (p'_d - p_a)/(p_d + p_a)$ である．

W 表面に H_2 が解離吸着する場合の $s(\Theta)$ の実測値を図 6.3 に示す．吸着曲線が結晶面によって大きく異なり，W(110) の場合には $s = s_0(1-\Theta_r)$ のように直線的に減少し，あたかもラングミュアーのモデルでの非解離吸着の関係を満足している．非解離吸着の場合には通常 $1 > K > 0$ である K の値が，解離吸着では $K \leq 0$ にもなるため，式 (6.2) で $K = 0$ すなわち $p'_d = p_a$ で，分母の第 3 項が $\Theta_r^2 s_0 \ll 1$ のときには $s/s_0 \approx 1-\Theta_r$ になる．W(110)-H では図 6.3 からわかるように s_0 は小さな値であるから，やはり H_2 分子の場合も吸着するまでに表面上を動き回り，$p'_d \approx p_a$ のようになっているのであろう．

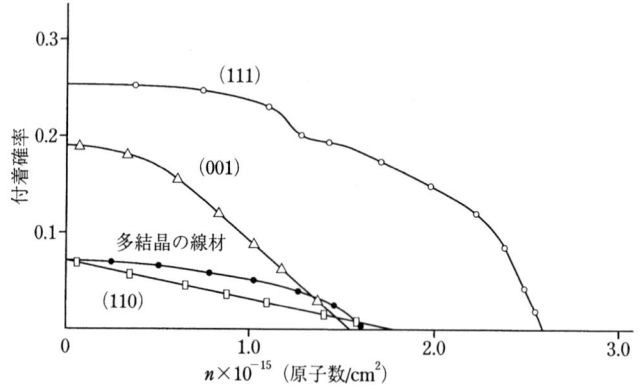

図 6.3 W のいろいろな表面への H_2 の解離吸着の $s(\Theta)$ (P. W. Tamm and L. D. Schmidt: **55**, 4253 (1971))
ただし，横軸は当時推定された吸着原子数 (現在の知見とは異なる)．

次に初期の付着確率 s_0 について考察する．s_0 は清浄表面への気体分子(原子)の付着確率であるから，清浄表面の反応性を示している．Pt(001) を取り上げると，Pt(001)hex が安定相であり，1×1 表面は準安定相である．一方準安定相の方が電子的に励起されているので，一般的には化学的に活性であるが，CO 分子の吸着では図 6.1 にみられるように両者で差がない．このことは図 5.36 にあるように，1×1 と hex 表面のエネルギー差が小さいことからうなずける．しかし H_2, O_2 はともに解離吸着して 1×1 と hex で s_0 の値に大きな差がある．室温で H_2 は，1×1 で s_0 は 1 に近い値であるのに対して hex にはほとんど吸着しない．また O_2 は $s_0(1×1) \approx 0.3$ に対して $s_0(\mathrm{hex}) \approx 10^{-4} \sim 10^{-3}$ である．したがって白金は H_2 と O_2 から H_2O をつくる触媒作用があり，吸着誘起による hex→1×1 の相転移で現れた準安定相が触媒活性したと推測できる．しかし触媒作用はそのような単純なものではない．

6.1.2 非解離吸着と解離吸着

不均一触媒反応である金属表面上での CO の酸化反応 $CO + \frac{1}{2}O_2 \rightarrow CO_2$ を取り上げると，非解離吸着した CO 分子と解離吸着した O 原子が表面で衝突して CO_2 を生成し，脱離すると考えるのが妥当である．それには CO 分子は非解離吸着しているとした方が好都合であるが，CO の酸化反応に対して顕著な触媒作用がある遷移金属の表面では，CO 分子は解離吸着する場合と非解離吸着する場合がある．このように吸着が解離か非解離かは触媒作用の原因を究明する第 1 段階である．

CO, N_2, NO の 2 原子分子が遷移金属表面に室温で吸着したとき，解離か非解離かの測定結果を周期律表に対応させて表 6.1 に示す．これは少し古いデータであるが，新しいデータを入れてもここでの議論の本質は変わらない．これを一見してわかることは周期律表の右側，すなわち d バンドの電子占有率が増すと吸着分子は分子のまま非解離吸着する傾向にある．このことを化学吸着の結合の性質から眺めることにする．図 2.30 に示した CO のエネルギーダイヤグラムおよび図 3.45 の分子軌道の形からわかるように，CO の分子軌道として C 原子に軌道が局在した 5σ 準位が最高の占有準位 (HOMO) であり，CO 分子全体に軌道が広がった $2\pi^*$ 準位が最低の非占有準位 (LUMO) である．CO の遷移

表 6.1 周期律表によって示した (a)CO, (b)N_2, (c)NO 分子が室温で吸着するときの解離, 非解離吸着 (G. Brodén et al.: Surf. Sci., **59**, 593 (1976))
D は解離, M は非解離吸着, (D) は解離するらしいで, まとめると太線が非解離と解離の境界である.

CO

Sc	Ti	V	Cr	Mn	Fe	Co	Ni	Cu
	D				D		M	
Y	Zr	Nb	Mo	Tc	Ru	Rh	Pd	Ag
			D		M		M	
La	Hf	Ta	W	Re	Os	Ir	Pt	Au
			D,M			M	M	

N_2

Sc	Ti	V	Cr	Mn	Fe	Co	Ni	Cu
	(D)		(D)		D			
Y	Zr	Nb	Mo	Tc	Ru	Rh	Pd	Ag
			(D)					
La	Hf	Ta	W	Re	Os	Ir	Pt	Au
		(D)						

NO

Sc	Ti	V	Cr	Mn	Fe	Co	Ni	Cu
							D+M	
Y	Zr	Nb	Mo	Tc	Ru	Rh	Pd	Ag
					D		M	
La	Hf	Ta	W	Re	Os	Ir	Pt	Au
						D+M	M	

金属への結合様式は 2.8 節で述べたが, これらの準位が金属 M の d バンドと相互作用をして化学吸着の結合 M-CO を形成する. この相互作用は CO の 5σ 電子が金属の d 空孔へ配位することと, 金属の d バンドから電子が反結合性軌道である CO の $2\pi^*$ 準位へ逆配位することで表すことができる. N_2 の分子軌道は CO と同様に, 5σ 軌道が HOMO で, $2\pi^*$ 軌道が LUMO であるから, CO と同様な結合様式になる. それに対して NO 分子は価電子の数が 1 個多いため, 分子の段階で既に $2\pi^*$ 軌道に電子が 1 個入っている.

このことを踏まえて分子が解離するか非解離であるかを考えると, 5σ 軌道は C あるいは N 原子に局在した非結合性軌道なので, この電子が d バンドの空孔に配位することは解離・非解離には直接関係しない. 一方 d 電子が $2\pi^*$ 軌道へ逆配位すると, 図 2.30 のエネルギーダイヤグラムからわかるように, 反結合性である $2\pi^*$ 軌道に電子が入るので分子内の結合が弱くなり, 解離する傾向を高める. このことを反映して $2\pi^*$ 軌道に電子が既に 1 個入った NO 分子は CO, N_2 より解離吸着しやすく, 表 6.1 にみられる NO 吸着は CO, N_2 の吸着に比べて太線が右に寄っていることが説明できる. また CO と N_2 は同様な分子軌道

のエネルギーダイヤグラムであるために太線の位置は同じである．

一方，表6.1は，基板金属のdバンドの空孔密度が減ると，すなわちd電子密度が増すとCO，N_2，NOのすべての分子が非解離吸着することを示している．ところが配位・逆配位の議論を用いてこの解離・非解離を単純に論じると，dバンドの電子占有率が高いほど$2\pi^*$軌道への逆配位が高まるので解離しやすくなり，表6.1の事実と矛盾してしまう．そこで別のことを考える必要がある．1つには非解離吸着した状態ABと解離した2原子がともに吸着した状態A+Bのどちらが安定かを検討することである．すなわちA+Bの状態であるC，N，O原子が遷移金属に吸着したときに，dバンドの電子密度とこれらの原子の吸着エネルギーの大小を論じることであるからそれほど単純ではない．

もう1つの考えとして，解離吸着をAB→A+Bの化学反応と考え，上述のような始状態ABと終状態A+Bのエネルギー差の議論ではなく，図6.4に示す反応のポテンシャルエネルギー曲面がもつポテンシャル障壁の高さを取り上げる．ポテンシャル障壁の高さは終状態A+Bへの移行のしやすさを示していて，ポテンシャル障壁が非常に高いと始状態のABがたとえA+Bより不安定であっても準安定相として始状態のままにとどまることになる．しかしこの観点から配位・逆配位をみると，始状態ABでdバンドの電子密度が増すと$2\pi^*$軌道への逆配位が高まり，解離反応のポテンシャル障壁を低くしてA+Bの解離状態へ反応が促進されて解離する．またd電子密度が低くて逆配位が起きにくいと，ポテンシャル障壁が高くなり，非解離状態ABにとどまることになり，これも実験事実と矛盾した結果である．このようにこれら2原子分子の解離，非解離のような一見簡単なことでも説明しようとすると簡単ではない．

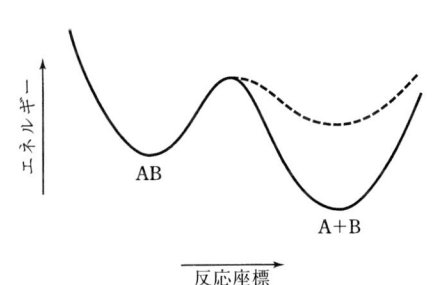

図6.4 2原子分子ABが解離吸着する過程のポテンシャルエネルギー曲面の模式図
実線は解離状態が非解離状態より安定，破線は解離状態が不安定．

これまで扱ってきた解離吸着は，キスリュークのモデルでの議論でもそうであったが，2原子分子ABが解離してA，Bとなり，これらがともにしかも同時に吸着する場合であった．そうではなく原子Aが吸着して原子Bが脱離する現

象がある．A, B がともに吸着するときには吸着エネルギーは基板に散逸するが，原子 B が脱離する場合には吸着の際に放出されるエネルギーを原子 B が運動エネルギーとして受け取り，B 原子は熱平衡状態よりずっと高い並進エネルギーをもつ場合がある．たとえば H_2 の吸着エネルギーは 2~3 eV あるので，これが運動エネルギーに転換されることになる．そのためこの原子 B を熱い原子 (hot atom) と呼んでいる．しかも H_2 が解離吸着するときの熱い H 原子は質量が軽いので大きな速度をもつことになる．エネルギーの授受という点ではオージェ電子放出過程と似たところがある．オージェ電子放出は内殻準位に生じた空孔に落ちる電子のエネルギーをクーロン相互作用で他の電子がもらい高い運動エネルギーで放出される現象である．しかし熱い原子が生じる過程は結合電子が関与するエネルギーの授受になるので，エネルギー授受の相互作用はオージェ電子放出とは異なっている．

このような熱い原子は真空中に放出されるのではなく，化学吸着を引き起こす引力ポテンシャルにより表面近傍に捉えられ，表面に平行な高い運動エネルギーで表面上を動き回る．そのため化学反応の促進，すなわち触媒作用の機能の向上に寄与する可能性がある．キスリュークの解離吸着のモデルで仮定したような吸着サイトが隣接して 2 個以上空いていて，2 原子が同時に吸着できる環境は超高真空下での清浄表面上での反応では実現するが，通常の触媒反応ではまれである．その点でも熱い原子の出現による化学反応への大きな寄与が期待できる．

熱い原子は表面上を動き回り，拡散距離が長くなることから，熱い原子の存在を，解離吸着した原子対の原子間距離を STM で測定して確かめることができる．$T=140$ K の Ag(111) には，O_2 は初期吸着では解離吸着する．モルゲンシュテルン (Morgenstern) らは，被覆率 $\Theta=0.001$~0.01 の Ag(111)-O について低温で STM 像を観測し，O 原子の吸着位置を特定した．最近接の原子対を取り上げて O-O 原子間距離の分布を測定したところ，図 6.5 にわかりやすくヒストグラムと破線で分布を分離して示したが，2 nm と 4 nm，すなわち表面格子定数の 7 倍および 14 倍にピークがある原子対分布をしている．これは解離吸着する際に放出されるエネルギーが 2 つの O 原子に等しく分配されると 2 nm に，片方の O 原子のみに渡されると 4 nm にピークをもつ分布になるためで，さら

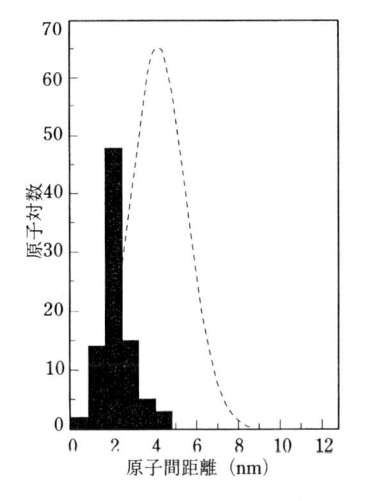

図 6.5 Ag(111) に 140 K で解離吸着した O 原子の STM 像から求めた最近接原子対の原子間距離分布 (S. Schinkte et al.: *J. Chem. Phys.*, **114**, 4206 (2001)) ヒストグラムと破線に分離して示した.

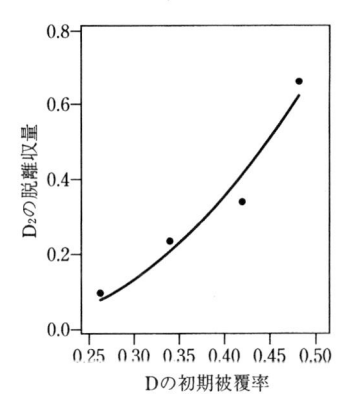

図 6.6 Ir(001)-D からの H_2 の導入による D_2 の生成速度の $\Theta_0(D)$ 依存性 M. Okada et al.: *Chem. Phys. Lett.*, **323**, 586 (2000))

にこの結果が Θ によらないことから,熱い O 原子ができているとみなせる.

熱い原子が表面での化学反応の促進に大きく寄与することは期待できるが,また加速した原子線 (hyperthermal atomic beam) を用いた熱い H 原子による化学反応の測定はあるが,解離吸着により生じた熱い原子が化学反応に寄与することを直接示す測定例はない.間接的にこれと判定できる測定例を挙げる.岡田らは D_2 を解離吸着させたいろいろな初期被覆率 Θ_0 の Ir(001) を ~160 K で H_2 の雰囲気にさらすと,交換反応が起きて HD のほかに D_2 が脱離することを見出した.この D_2 は,熱い H 原子ができたために H 原子より重い吸着 D 原子をはじき出すことが可能になり,その D 原子が吸着 D 原子と結合して会合脱離したと解釈できる.~160 K では吸着 D 原子は熱脱離しない.また H_2 の解離吸着が誘起する置換脱離が起きているおそれはあるが,気相の H_2 が通常の解離吸着をしてその吸着エネルギーをもらって D_2 が会合脱離するには,2 個の H 原子に解離吸着できる隣接した空きサイトと,さらに 2 個の吸着 D 原子がこれに隣接して存在する必要がある.このような 4 個のサイトが集中して存在する確率は D 原子の初期被覆率 $\Theta_0(D)$ を増すと急激に減少するので,$\Theta_0(D)$ が増すに

つれて D_2 の生成速度は減少するはずである．しかるに図 6.6 に示すように D_2 の生成収率は $\Theta_0(D) \sim 0.5$ まで直線的に増加している．

6.1.3　活性化吸着

解離吸着には活性化エネルギーを必要とする吸着 (activated adsorption) とそれがない吸着 (non-activated adsorption) がある．これまでしばしば取り上げてきた室温の W 表面で解離吸着する H_2 の吸着は活性化エネルギー E_a がない代表例である．ただし，5 K のような低温でどうなるかの測定例はないと思う．E_a の測定法として，熱力学的方法と超音速分子線やイオンビームを用いる方法がある．ソモジャイ (Somorjai) らは超高真空中に高温，高圧下で，よく制御された表面 (well-defined surface) 上での化学反応が調べられる試料セルを設置し，いろいろな系に対して吸着量の温度依存性を測定し，アレニウス (Arrhenius) の関係式に従って熱力学的に解離吸着の E_a を測定している．これらの熱力学的な方法で多くの有用な知見が得られているが，本書ではこれは割愛し，ここではビームを用いて測定した例を述べる．

活性化吸着として，まず E_a が小さい測定例を取り上げる．Cu 表面への H_2 の解離吸着は E_a の値が小さいため，古典的な解離吸着速度の温度依存性から多くの測定値が得られていて，それらは $E_a = 0.6 \pm 0.4$ eV の範囲内に収まっている．アウエルバック (Auerbach) とレットナー (Rettner) はノズル温度を変化させたシードした分子線 (seeded molecular beam) を用いて，Cu(111) に D_2 が解離吸着するときの初期付着確率 s_0 を測定し，これから E_a の振動の量子数 v 依存性を得ている．D 原子の吸着量は熱脱離する D_2 分子を検出して求めている．シードした D_2 の分子線とは，Ne，Ar，H_2 など，D_2 とは質量が異なり，D_2 にとって不活性な気体を混入して発生させた分子線で，質量が異なる気体原子 (分子) と衝突すると運動量の授受により D_2 は加速・減速され，並進エネルギーをノズル温度とは大きく変化させることができる．その他に気体分子がノズルから噴出すると断熱膨張のために並進運動だけではなく，回転・振動の内部自由度も緩和される．すなわちシードした分子線の気体分子は非平衡状態にある．1 気圧の D_2 をノズルから噴出させるとシードした効果が加わり，ノズルの温度を T_n とすると D_2 ビームの並進エネルギーは $E_t = (N/2)k_B T_n$ で与えられる．

ただし，N は D_2 に混入する気体の質量，混合比によって変化する量であり，混合気体がない D_2 のみのときには $N=5.3$ になる．

シードした分子線源から発生した D_2 分子は非平衡状態にあるので，振動，回転，並進の自由度の解離吸着での役割を調べることができる．振動と回転のエネルギー分布は，レーザー励起による共鳴多光子イオン化法 (resonance-enhanced multiphoton ionization, REMPI) を用いて状態弁別した検出をすることによって測定できる．並進エネルギー分布は飛行時間法 (time of flight, TOF) を用いて速度分布を測定するが，それにはチョッパーにより分子線をパルス化する．なお REMPI に関しては 6.2.2 項で詳しく述べる．このように測定した振動，回転エネルギー分布からは，振動緩和は無視でき，回転緩和も 1 気圧の気体の膨張ではわずかであることが判明した．したがってノズル温度 T_n を変えると振動，回転エネルギーは T_n と熱平衡を保ち，並進エネルギー E_t はシードした効果が加わって変化する．さらに分子線の入射角 θ_i を変えると，表面に垂直な入射分子の並進エネルギー $E_n = E_t \cos^2 \theta_i$ を変化させることができる．このようにして得た E_n を横軸とした s_0 の実測値を図 6.7 に示す．ただし，図中の数字はノズル温度 T_n で，Cu(111) の試料温度 T は 120 K である．また破線上の × 印はシードしていない D_2 ビームからの測定値で，$T_n = 875 \sim 2100$ K で測定した．

図 6.7 にプロットした s_0 は表面への衝突の実効エネルギー $E_e = E_t \cos^n \theta_i$，振動の量子数 v，T_n の関数になっていて，

$$s_0(v, E_e, T_n) = \sum_v F_B(v, T_n) s_0(v, E_e) \tag{6.3}$$

で表せる．ただし，$F_B(v, T_n)$ は振動状態に対するボルツマン因子で，上述したように気体の振動温度 $T_v = T_n$ である．また実測値を矛盾なく説明するには，E_e の式に現れる n の値は $n = 1.8$ となるが，理想的に平らな表面が標的である場合の値 $n = 2$ からは少しずれている．$s_0(v, E_e)$ としていくつかの関数形を用いて式 (6.3) に当てはめ，図 6.7 に示した実測の $s_0(v, E_e, T_n)$ を再現する $s_0(v, E_e)$ を求めると図 6.8 に示す結果になる．s_0 の急峻な立ち上がりがポテンシャル障壁に対応し，振動の量子数 v が増すにつれて D_2 の解離吸着の活性化エネルギー E_a が低下するという妥当な結果を得ている．

次に活性化エネルギーが高い測定例を挙げる．赤沢と村田は 1～20 eV に加速

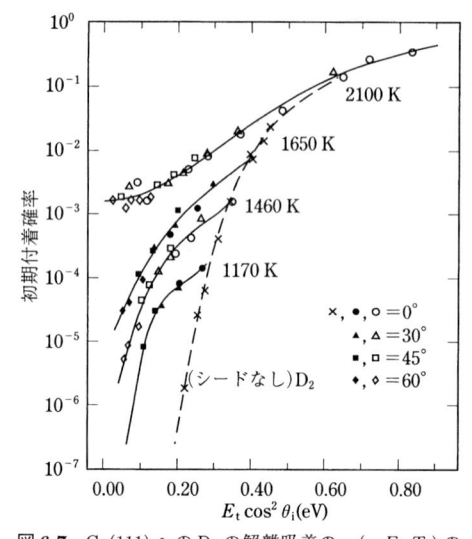

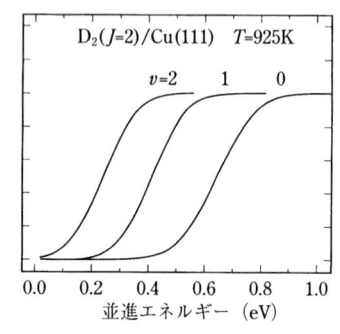

図 6.7 Cu(111) への D_2 の解離吸着の $s_0(v, E_e, T_n)$ の実測値横軸は D_2 の入射エネルギーの垂直成分．(C. T. Rettner et al.: *Phys. Rev.*, **68**, 1164 (1992))
表面垂直から測った入射角 θ_i は $0°$, $30°$, $45°$, $60°$ で測定している．

図 6.8 実測の $s_0(v, E_e, T_n)$ から得た付着確率の初期値 $s_0(v, E_e)$ の D_2 の振動状態依存性 (C. T. Rettner: *J. Electron Spectrosc. Relat. Phenom.*, **64/65** 543 (1993))

した超低エネルギー (hyperthermal energy) の N^+ と N_2^+ イオンビームを Ni(111)，Ni(001) に入射させて，N が原子状に吸着するときの初期付着確率 s_0 の入射エネルギー E_i 依存性を測定した．Ni(111)，Ni(001) に一定量のイオン (1×10^{15} イオン/cm^2) を照射した後に，オージェ電子分光法 (Auger electron spectroscopy, AES) により N 原子の吸着量を測定して $s_0(E_i)$ を求めた結果を図 6.9 に示す．室温での測定であるから基底状態の N_2 分子は表 6.1 にみられるように Ni 表面では解離吸着しないし，非解離吸着はもちろんしない．N^+ では入射エネルギー依存性は観測されなかったが，N_2^+ の場合にはあたかも共鳴現象が起きているかのような強いエネルギー依存性が観測された．

このような超低エネルギー領域では N^+, N_2^+ は金属表面に衝突する以前にすべて中性化するが，中性化には共鳴中性化 (resonance neutralization) とオージェ中性化 (Auger neutralization) がある．自由空間のイオンのエネルギー準位と金属表面の電子準位を接続する場合には，図 6.10 に示すようにイオンの基底準位と金属の真空準位 (vacuum level) を一致させる．N_2 のイオン化エネルギー

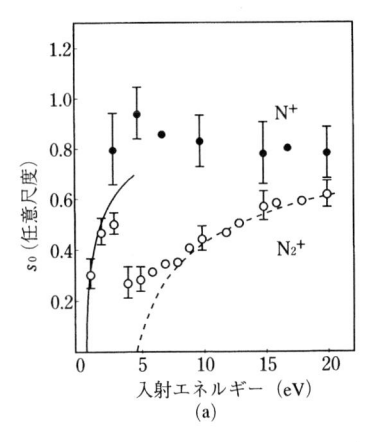

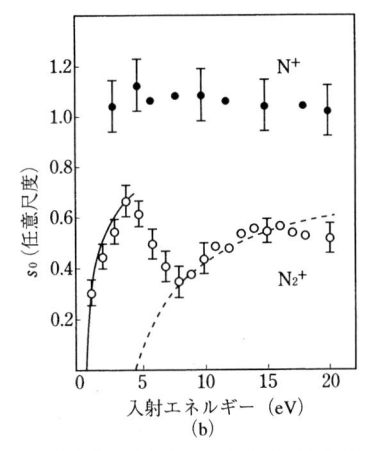

図 6.9 室温の (a) Ni(001), (b) Ni(111) に N_2^+, N^+ ビームが垂直入射したときの AES スペクトルの相対強度から測定した $s_0(E_i)$ (H. Akazawa and Y. Murata: *J. Chem. Phys.*, **88**, 3317 (1988))
白丸は N_2^+ 入射, 黒丸は N^+ 入射.

は金属の仕事関数より大きく, またイオン化状態より低い電子励起状態があるので, いくつかの電子励起準位が金属の価電子準位の幅の中に存在する. そのため金属の価電子がトンネル過程でイオンの空準位に遷移する共鳴中性化が比較的大きな遷移確率で起き, その結果励起状態の N_2^* 分子が生じる. 一方オージェ中性化の過程では, 入射イオンの内殻準位や深い結合準位に空孔があると, トンネル過程で金属から価電子がその空孔に無放射遷移をして基底状態の N_2 分子を生じ, エネルギー保存則を満足するように金属の価電子が放出される. すなわち原子間のオージェ遷移が起きる. その結果衝突直前に起きる中性化では共鳴中性化が励起状態の, オージェ中性化が基底状態の N_2 分子を生じる.

超低エネルギーのイオンビーム (hyperthermal ion beam) や加速した分子線 (hyperthermal molecular beam) が入射するときの s_0 は, 入射エネルギー E_i の関数として,

$$s_0(E_i) = \bar{s}_0(1-E_a/E_i) \cdots E_i > E_a \qquad (6.4)$$
$$s_0(E_i) = 0 \cdots E_i < E_a$$

で与えられることが経験的に知られている. ただし, E_a は吸着の活性化エネルギーである. 図 6.9 に式 (6.4) の $s_0(E_i)$ を実測値に当てはめて, $\bar{s}_0$ と E_a を定めたものを実線と破線で示した. 実測値はこの曲線によく乗っている. また (a)Ni(001) と (b)Ni(111) で E_a の値は一致していて, 実線は E_a=0.5 eV, 破線は

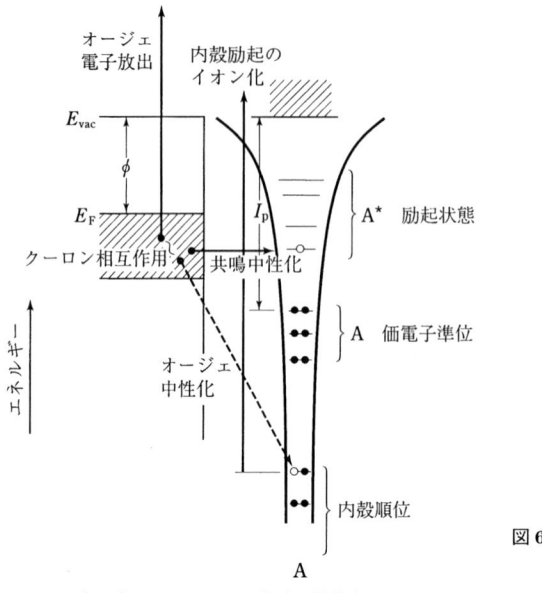

図 6.10 金属表面でのイオンの共鳴中性化とオージェ中性化を説明するためのエネルギーダイヤグラムの模式図

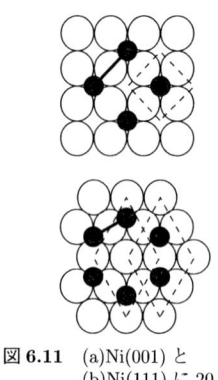

図 6.11 (a)Ni(001) と (b)Ni(111) に 20 eV の N_2^+ ビームを照射したときに期待できる吸着構造モデル
破線は単位胞.

E_a=4.5 eV である.しかも図 6.9(a)(b) の縦軸のスケールは同じなので,比例係数 $\bar{s}_0$ も一致している.低い E_a は共鳴中性化によって生じた励起状態の N_2^* の解離吸着であり,高い E_a は N_2^* のオージェ脱励起と N_2^+ のオージェ中性化により生じた基底状態の N_2 の解離吸着である.すなわち N_2^+ の解離吸着にみられる共鳴現象のようなエネルギー依存性は共鳴中性化とオージェ中性化の 2 つの過程により生じた N_2 分子が解離吸着したことに起因している.ただし,イオンは表面から ≥2 Å 離れたところで中性化されるが,それ以前にイオンであるときに鏡像ポテンシャル (image potential) によって加速されている.したがって,その効果としての ~0.5 eV を加えた値,すなわち ~5 eV が求めたい基底状態の N_2 の解離吸着の E_a であり,~1 eV が励起状態からの解離吸着の E_a になる.それに対して N^+ は活性化エネルギーのない吸着であるから,入射エネルギー依存性を示さない.

N_2, N_2^* が解離吸着するときの E_a が (111) 表面の最密面と面密度が低い (001) 表面とで違いがないのは,E_a が Ni の軌道エネルギーに固有なものであること

を示唆している．しかも断面積も一致している．一方入射エネルギーが増すと N_2^* の解離吸着から N_2 の解離吸着へと切り替わるが，図 6.9 にみられるように切り替わる入射エネルギー E_{ic} に面依存性が観測されている．Ni(001) では $E_{ic} \sim 3$ eV, Ni(111) では $E_{ic} \sim 5$ eV であり，面密度が高い (111) の方が E_{ic} は高い．イオンの共鳴中性化，オージェ中性化，励起分子のオージェ脱励起はすべてトンネル過程で起きるので，標的金属の表面から外に展伸した d 軌道と入射イオン (分子) の電子軌道の広がりがかかわってくる．また共鳴中性化での入射イオンの軌道は非占有準位であるから広がりが大きく，オージェ過程 (脱励起と中性化) では内殻準位や σ 結合の準位のため広がりが小さい．一方，3.11.1 項で述べたことにも現れているように，入射イオンは E_i が増すと表面にずっと近づく．したがってイオンが表面から比較的遠いところで共鳴中性化されて生じた N_2^* がさらに表面に近づくと，解離吸着する過程とオージェ脱励起する過程が競合することになる．この入射エネルギーが E_{ic} で，E_i がそれより小さいと解離吸着する過程がまさっていたのが，E_i が増すと N_2^* は金属にさらに接近して広がりが小さな軌道と金属の d 軌道が相互作用をするようになり，オージェ脱励起する過程がまさることになる．

この E_{ic} の面依存性は表面構造を反映している．図 6.9 に示した $s_0(E_i)$ の測定で用いた入射イオン量の約 6 倍で，20 eV の N_2^+ ビームを照射したところ，清浄表面よりスポットの幅は広いが明瞭な LEED パターンが観測できた．Ni(001) では c(2×2) が観測され，イオンの照射量を変えても p(2×2) に対応するスポットは観測されなかった．しかるにこの表面を 500 K に熱処理すると p(2×2) に変化するので，この Ni(001)c(2×2)-N は準安定相である．一方 Ni(111) では p(2×2) 様のパターンが観測され，このパターンは p(2×2) とは異なり $(\frac{1}{2}\, \frac{1}{2})$ スポットは現れるのに，$(0\, \frac{1}{2})$, $(\frac{1}{2}\, 0)$ で代表される奇の半整数次のスポットは観測できなかった．

N_2^+ ビームを照射した後の c(2×2) と p(2×2) 様の LEED パターンが説明できる吸着構造モデルを図 6.11 に示す．N 原子は配位数が最大になる位置に吸着させるのが妥当であろう．また 6.1.1 項などでも述べたように，N-N は解離吸着時に表面拡散することなく隣接した位置に吸着するとみなせる．1 つの N_2 分子に起因する N-N の原子対を図中に太い線で結んで示したが，この原子対がでたらめ

表6.2 2原子分子の解離エネルギー D(eV) と原子と金属の吸着エネルギー E_{ad}(eV)

分子	D	金属-原子	E_{ad}
N_2	9.9	Ni-N	0.4
		W-N	4.6
O_2	5.2	W-O	8.4
		Pt-O	3.0
H_2	4.5	W-H	2.0
		Cu-H	0.6
		Ni-H	1.3

に分布して Ni(001) で c(2×2) の表面構造をとるには図6.11(a) が唯一の解であり, Ni(111) の p(2×2) 様では図6.11(b) に破線で示す2種類の p(2×2)-2N の単位胞が存在することになる. この2種類の p(2×2)-2N の単位胞は N 原子の位置が異なるために位相が反転していて, これらが非干渉な状態にでたらめに分布していると, 奇の対称性である $(0\ \frac{1}{2})$, $(\frac{1}{2}\ 0)$ の反射の結晶構造因子は打ち消されてスポット強度が現れず, LEED の測定結果と一致する.

吸着 N 原子が図6.11 に示す配列をすると, 最近接原子間距離 r_{N-N} は Ni(001) では 3.5 Å, Ni(111) では 2.9 Å であり, $r_{N-N} = 1.1$ Å の N_2 分子が表面に平行に近づいて解離吸着するまでには N-N 原子間距離はかなり伸びる必要がある. そして伸びの量は Ni(111) の方が小さいために解離吸着の過程がまさる E_i の領域は広くなり, E_{ic} が高くなる. このように実験結果が矛盾なく説明できる.

解離吸着のポテンシャル障壁の高さ E_a は Cu-H では低く, Ni-N では高かった. このような違いの原因を, 等核2原子分子の解離吸着について, 簡単なモデルで探ってみる. 2原子分子の解離エネルギー D, それらの原子の金属への吸着エネルギー E_{ad} についていくつかを表6.2 に掲げる. 2原子分子の結合力を表すポテンシャル曲線の経験式としてよく知られているモース関数

$$V(r) = E_{ad}\{1-e^{-a_0(r-r_e)}\}^2$$

とこれらの値を用いて解離吸着のポテンシャルエネルギー曲面を描くと, 図6.12 に示すようになる. ただし, r_e は平衡原子間距離で, これは解離した化学吸着と分子状に吸着した物理吸着でそれぞれ別の一定の値を用いている. またパラメータ a_0 も一定の値 2.0 Å^{-1} を用いた.

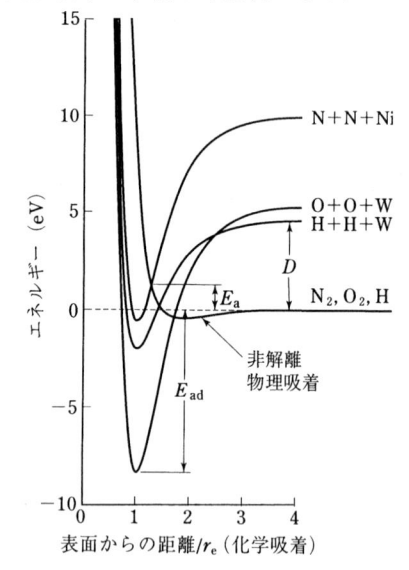

図6.12 解離吸着の E_a を説明するための模式的なポテンシャル曲線

D が大きく E_{ad} が小さいときには E_a は高くなり,逆に D が小さく E_{ad} が大きいとポテンシャル障壁がない解離吸着になっている. Cu-H と Ni-N を比べたときにはともに E_{ad} が小さいが, D の値が大きく異なり, Ni-N は D が大きいため高い E_a になり, Cu-H は D も小さいために低い E_a になったと考えてよいであろう.

6.2 脱 離 過 程

6.2.1 熱 脱 離

表面に吸着した原子・分子(吸着子, adsorbate)が脱離する現象は,化学吸着の過程とともに表面上で起きるもっとも単純な化学反応である.そして脱離過程の1つである熱脱離は,熱平衡が成立しながら反応が進行する表面と吸着子の解離反応と考えられ,古典的な反応速度論による取り扱いが可能になる.吸着子が基板原子との結合を切断して脱離する過程を考えると,熱脱離の脱離速度 r_d は,

$$r_d = -dn_a/dt = \nu_m n_a^m \exp(-E_d/k_B T) \tag{6.5}$$

で与えられる.ここで, n_a は吸着子の数密度, m は反応の次数, ν_m は頻度因子, E_d は脱離エネルギー,すなわち脱離の活性化エネルギー, T は基板の温度である.単純な反応速度論によると,反応の次数 m は,1粒子過程で吸着子が独立に脱離すると $m=1$ の1次反応になり,解離吸着している2個の原子が2体衝突で2原子分子をつくりながら脱離すると $m=2$ の2次反応になる. T を上げていったときに脱離する分子(原子)の脱離量の時間 t 変化あるいは T 変化を熱脱離スペクトル (thermal desorption spectrum, TDS) という.そしてこれから反応の次数 m,脱離エネルギー E_d などを求めることができる.また H 原子はオージェ電子分光法 (Auger electron spectroscopy, AES), X線光電子分光法 (X-ray photoemission spectroscopy, XPS) などの通常の表面分析法が適用できないので,この TDS の積分強度が H 原子の吸着量の定量分析に用いられている.

古くにレッドヘッド (1962年) が T を t に比例して上昇させた $T = T_0 + \beta t$ と, $1/T$ を t に比例して上昇させた $1/T = 1/T_0 + \alpha t$ の場合に, E_d が脱離を始める前

の初期吸着量 n_0 によらないと仮定して,スペクトルの頂点の温度 T_p から E_d を求める方法を導出している.$T = T_0 + \beta t$ のとき,式 (6.5) より反応の次数が 1 次,2 次の脱離では,

$$E_d/kT_p^2 = (\nu_1/\beta) \exp(-E_d/k_B T_p); \qquad (m=1) \qquad (6.6)$$
$$E_d/kT_p^2 = (n_0 \nu_2/\beta) \exp(-E_d/k_B T_p); \qquad (m=2) \qquad (6.7)$$

の関係が得られる.ただし,n_0 は被覆率で表すと Θ_0 である.$m=2$ の場合,式 (6.5) からは T_p のときの吸着量 n_p で表される関係が導かれるが,式 (6.7) では $n_p \approx n_0/2$ で近似している.式 (6.6) に示すように 1 次の脱離では,n_0 を変えた TDS の T_p は位置が一定であり,ν_1 の値を仮定すると T_p から E_d が直接求まる.それに対して 2 次の脱離では n_0 が増すにつれて T_p は低い方向にシフトする.そして式 (6.7) からわかるように,$\ln(n_0 T_p^2)$ を縦軸に,$1/T_p$ を横軸でプロットすると直線関係を満たし,その勾配から E_d が求まり,また ν_2 も求まる.

図 6.13 にタム (Tamm) とシュミット (Schmidt) が測定した W(001)-H からの H_2 の TDS の n_0,すなわち Θ_0 依存性を示す.小さい Θ_0 のときに β_2 のピークが現れ,Θ_0 が増すにつれて T_p は低い方向にシフトしている.したがって β_2 は 2 次の脱離の特徴を示しているが,$\ln(n_0 T_p^2)$ と $1/T_p$ の関係をプロットすると直線となり,2 次の脱離であることが確認できた.したがって β_2 のピークは解離吸着した H 原子が H_2 になって脱離する会合脱離 (associative desorption) に対応している.そして Θ_0 が増すと β_1 のピークが現れ,この T_p の位置は Θ_0 が増しても変化しない 1 次の脱離と推測できる.その結果,β_1 については T_p の値から,β_2 については $\ln(n_0 T_p^2)$ と $1/T_p$ のプロットの勾配から E_d が求まる.

図 6.14 に W(001),W(110),W(111) からの H_2 の TDS を示す.結晶面によって顕著に TDS が変化する様子をみることができる.これは金属の清浄表面で結晶面によって反応性が顕著に異なることを示した最初の実験であり,この実験結果が示されてから多結晶表面での研究の意義が薄れたといっても過言ではない.E_d が Θ_0 によらず一定と仮定して TDS から求めた反応のパラメータを表 6.3 に掲げる.このように熱脱離を反応速度論的に扱うと,脱離の活性化エネルギーを単結晶表面で容易に求めることができる.そして表面の結晶面依存性,吸着量依存性から,原子レベルでの吸着現象を論ずることができる.しかし熱脱離過程は単純な化学反応とは限らず,そのため誤った結論を導くことが

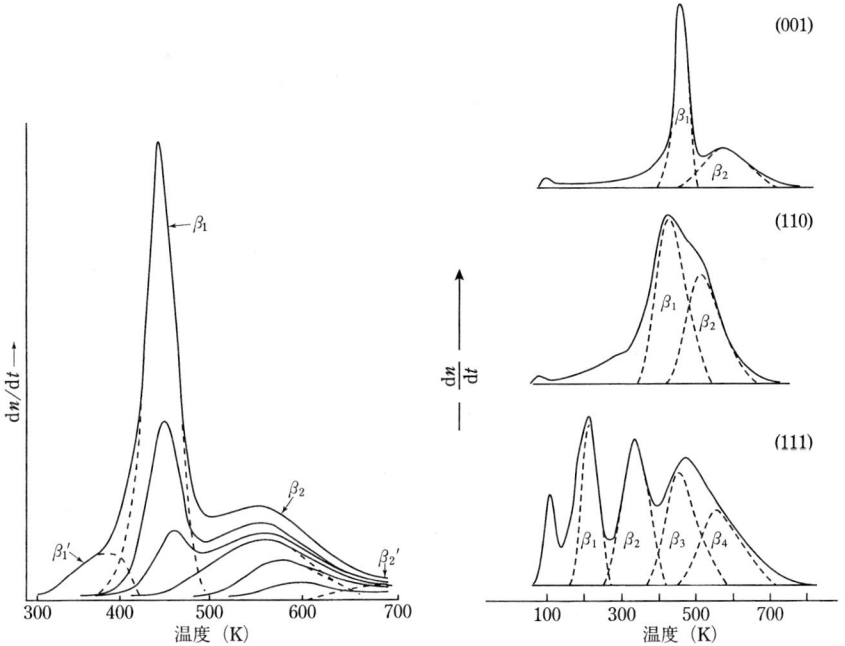

図 6.13 W(001)-HからのH$_2$のTDSのΘ$_0$依存性(P. W. Tamm and L. D. Schmidt: *J. Chem. Phys.*, **51**, 5352 (1969))
スペクトルの積分強度が増すにつれてΘ$_0$は増している.

図 6.14 W(001), W(110), W(111)からのH$_2$の熱脱離スペクトル (P. W. Tamm and L. D. Schmidt: *J. Chem. Phys.*, **54**, 4775 (1971))

表 6.3 W表面からのH$_2$の熱脱離スペクトルの解析結果

表面の指数	状態	反応次数 m	ν_m (s^{-1})	E_d (kJ/mol)	Θ$_0$の飽和量 (相対値)
(001)	β_1	1	$10^{13\pm1}$	100	2.0±0.2
	β_2	2	4×10^{-2}	134	1.0
(110)	β_1	2	10^{-2}	113	1.0±0.1
	β_2	2	1.4×10^{-2}	138	1.0
(111)	β_1	2		58	1.0±0.2
	β_2	2	~0.01	92	1.5±0.2
	β_3	2		126	1.5±0.2
	β_4	2		155	1.0

(P. W. Tamm and L. D. Schmidt: *J. Chem. Phys.*, **54**, 4775 (1971))

ある.そのよい例として,ここに挙げたW(001)からのH$_2$分子の熱脱離について次に述べる.

TDSの1つのピークに対するE_dが被覆率Θに依存しないとする単純な解析から得られた脱離のパラメータを表6.3に示したが,W(001)-Hのβ_1は1次,β_2

は 2 次反応である．したがって反応の次数から単純に考えると，β_1 は分子状に吸着している H_2 が脱離し，β_2 は解離吸着した H 原子が会合脱離したと考えられる．すなわち室温の W(001) への H_2 の吸着は，まず β_2 のピークが現れるので低い Θ では解離吸着していて，β_1 が現れる Θ が増した領域では非解離吸着を始め，飽和吸着では H 原子と H_2 分子が吸着していると考えられる．タムとシュミットは W(001)-H の吸着状態をこのように解釈したが，この考えによると非解離吸着である β_1 は物理吸着に近く，脱離の活性化エネルギー E_d =109 kJ/mol が β_2 の化学吸着の E_d =134 kJ/mol に比べて小さいことと符合するなど，TDS の結果をみる限りはこの解釈はどこにも矛盾がない．しかし W(001)-H はこのような吸着状態ではなく，このタムとシュミットの解釈は誤っている．当時は LEED パターンを運動学的に解釈すること以外に他の表面観測の手段がなかった時代であるから無理もないし，興味ある現象がそこに潜んでいたのである．

その後にわかったことであるが，そして 2.8 節でも述べたが，W(001) に H_2 分子が吸着したときにできる β_1，β_2 の状態はともに解離吸着であり，H 原子は常に最近接の W 原子間の橋かけ位置に吸着している．そして図 2.35 に示すように，β_2 の状態に対応する Θ=0.5 の c(2×2) では，H 原子に結合している W 原子は ⟨10⟩ 方向にたがいに近づくように引き寄せられた再構成をしている．一方飽和吸着時は Θ=2.0 の 1×1 構造であり，橋かけ位置に吸着した H 原子が表面の W 原子を四方から引き寄せようとして，Θ = 0.5 →2.0 では Θ が増すにつれて W(001) の表面原子の配列は順次理想表面にリフティングする．

このことを念頭において $\beta_1+\beta_2$ の状態である飽和吸着した W(001)1×1-H からの TDS を考察する．脱離は吸着の逆過程であり，まず現れる β_1 ピークの立ち上がり付近では，H 原子の脱離が始まると W 原子の変位を阻害していた力が解消して基板は c(2×2) の局所構造をとろうとし，周辺の W 原子を変位させて次々に H 原子の脱離を誘引する．すなわち β_1 ピークでは W 原子の変位が H 原子の脱離を促進をすることになる．このように周辺に援護されながら吸着子が脱離する現象を合奏脱離 (concerted desorption) と呼んでいる．そして β_1 のピークでは脱離を促進する効果が加わったために E_d が小さくなる．それに対して β_2 のピークは W 原子が既に変位したところからの脱離であり，通常の脱離と大差がない．そのため TDS には β_1 と β_2 の異なる E_d の吸着状態が現れた．

しかし仕事関数の変化 $\Delta\phi$ は図 3.32 にみられるように Θ の増加とともに一様に増加していて，その間に電子構造の変化は認められない．一方，稲岡と吉森はW原子の変位を伴うH原子が会合脱離するモデルを理論的に解析し，図 6.15 に示すように E_d が Θ_r に依存することを示し，このことを考慮すると 2 次の脱離になるはずの会合脱離であるにもかかわらず，T_p が Θ_r とともにシフトしないみかけの1次脱離になることを示している．このように W(001)1×1-H からの H_2 の TDS は，表 6.3

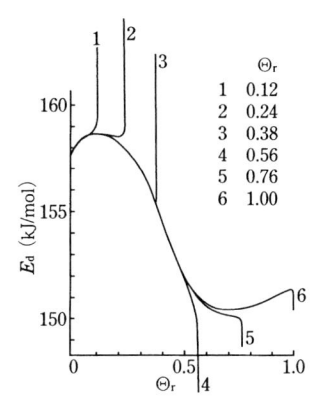

図 6.15 W(001)-H の E_d の Θ_r 依存性 (T. Inaoka and A. Yoshimori: *Surf. Sci.*, **149** 241 (1985))

にみられる β_1 と β_2 の吸着量の相対値を除いて，きれいに説明がつけられた．

図 6.14 に示した TDS の多くの脱離ピークを比較してみると，W(001) からの β_1 のピークが他に比べて鋭いことがわかる．これは合奏脱離の特徴で，同様のことが Si(001)2×1-H からの H_2 の脱離にも観測されている．Si(001)2×1-H は Si(001) が表面二量体の結合を保持したままに，2個のダングリングボンドのそれぞれに H 原子が結合しているので，基板の Si(001) は対称二量体になっている．それに対して 5.1.1 項で述べたように，Si(001) 清浄表面は第 2 層の Si 原子に変位がある非対称二量体である．したがって 1 個の二量体から 2 個の H 原子が H_2 として会合脱離をすると，その Si 表面は非対称二量体になろうとする．そのため W(001)1×1-H と同様に脱離が促進されることになり，合奏脱離をする．

合奏脱離では TDS のピークが鋭くなることを述べたが，ここで脱離ピークの形に着目する．レッドヘッドが T_p の値から E_d や反応の次数を求めた時代とは異なり，ディジタル計測をしてコンピュータによるデータ処理をする時代になっているので，脱離ピークの曲線を適当な関係式へ当てはめたり，シミュレーションによる解析が容易になっている．たとえば，まず気がつくのは脱離速度が式 (6.5) で与えられるのであるから，TDS の立ち上がりから E_d を求める方法がある．立ち上がり曲線をアレニウスの関係に従って $\ln r_d$ と $1/T$ でプロットをし，直線の勾配から E_d，$1/T \to 0$ に外挿した縦軸の値から $\nu_m n_a^m$ が求まる．これでは反応の次数は求まらないが，それを求めるには n_a を変化させ

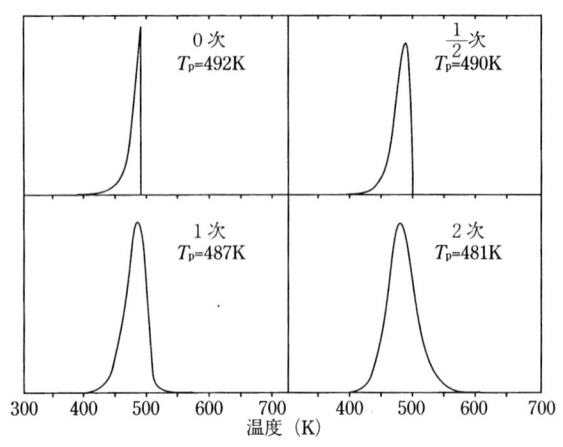

図 6.16 TDS のスペクトル形状のシミュレーション (D. H. Parker et al.: Surf. Sci., **233**, 65 (1990))

た測定値が必要であり，そのための多くの提案がされてきている．たとえば $E_d = 30$ kcal/mol，$\beta = 5$ K/s で 0 次，1/2 次，1 次，2 次の脱離のスペクトルの形をシミュレーションした結果を図 6.16 に示す．これには脱離に伴う基板の変化などは考慮されていないが，形状が反応の次数によって大きく変化する様子をみることができる．しかしこれ以上は立ち入らないことにしてこれに関連した物理として興味ある現象を述べる．

120 K で H_2 が Ni(110) に解離吸着すると，$\Theta = 1.5$ では基板は 1×2 構造になる．それに対して $\Theta = 1.0$ までは Ni(110) は再構成していない．この 1×2 表面から H_2 が脱離するときには，あたかも表面水素化物が分解したかのような爆発的 (explosive) ふるまいが起きることをアートルらが見出している．これは激しい合奏脱離である．図 6.17 に Ni(110)1×2-H からの TDS を示すが，α ピークがその爆発的脱離で，非常に鋭い形状を示していて，分数次の脱離であるといっている．また図 6.18(b) からわかるように，この脱離に伴って $\Delta\phi$ が大きく変化している．一方この α 相の脱離が終わったときが $\Theta = 1.0$ で，続いて起きる β_1 の脱離は通常の 2 次の脱離である．

同じ系を残留気体の影響がない D_2 の吸着でみる．170 K で D 原子を吸着した Ni(110)1×2-D を 210 K まで昇温し，その後，温度を一定に保ったときの D_2 の脱離量の経時変化，すなわち D_2 の等温脱離 (isothermal desorption) 曲線を図

6.18(a) に示す．ここで，起きている脱離は α 相からの D_2 であり，このように等温脱離曲線で一定の脱離量が持続する平らな領域が存在するが，これは 0 次脱離の特徴である．さらに図 6.16 にみられるように TDS の形状は最大値に達した直後に垂直に脱離量が減少するのも 0 次脱離の特徴で，図 6.17 の α ピークにはその特徴が現れている．このようにこの α ピークは 0 次の脱離と考えられる．

一方，0 次の脱離は永井により理論的に解析されていて，それによると 2 つ以上の相が平衡下で共存するときに起きる．この理論に従って Ni(110)1×2-H からの

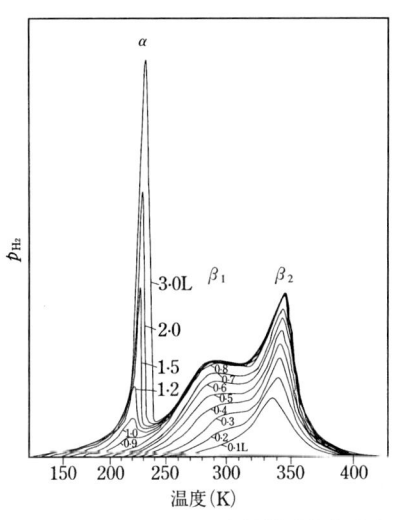

図 6.17　$T = 120$ K で H_2 を解離吸着させた Ni(110) からの TDS (K. Christmann et al.: Surf. Sci., **152/153**, 356 (1985)) 3.0 L が $\Theta = 1.5$．

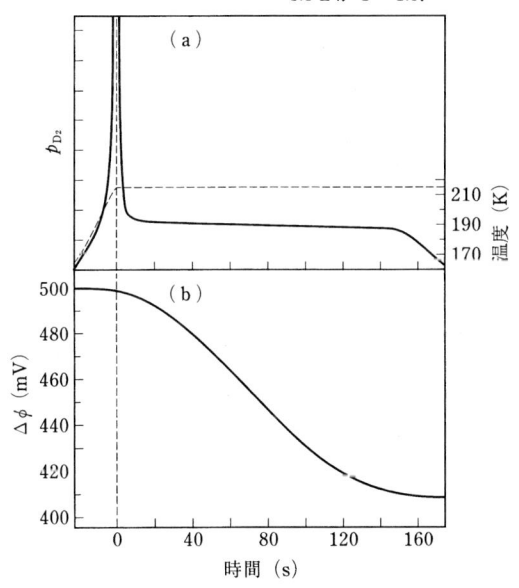

図 6.18　$T = 170$ K で $\Theta = 1.5$ の D_2 を解離吸着させた Ni(110) からの (a) 等温脱離曲線 (破線は基板の温度を示す)，(b)$\Delta\phi$(P. R. Norton and P. E. Bindner: Surf. Sci., **169**, L259 (1986))

H_2 の脱離が0次反応になる機構を推論してみる．$\Theta = 1.5$ で現れた相を H 原子密度が高いと考え，これと共存する $\Theta = 1$ までに存在した相から H_2 の脱離が起きるとする．そしてこの両相が平衡を保ちながら H_2 の脱離は進行し，H 原子が脱離するとそこへ H 原子密度が高い相から H 原子が拡散してきて供給され，脱離速度は n_a に依らない 0 次の脱離が継続すると考えればよい．これがよいかどうかは現状では判断できないが，この脱離の間に図 6.18(b) に示すように $\Delta\phi$ が急激に変化することなどを考えると，永井のモデルとは異なる 0 次の脱離機構があってもよいと思う．というより，この場合は基板表面のリフティングが誘起し，$\Theta = 1.5$ で現れた相から次々と脱離が連鎖的に起きる爆発的な 0 次脱離であってもよいのではないだろうか．

爆発的脱離が $Au(001)1\times1$-Cl からの Cl_2 の脱離でも岩井，村田により観測されている．この場合は式 (6.5) を用いて脱離エネルギーを求めると異常に大きな値が得られてしまう．Cl 原子が原子状に吸着すると基板の $Au(001)$ 表面は 1×1 構造になる．$Au(001)1\times1$-Cl から Cl_2 が脱離するのに伴って 1×1 の正方晶構造から安定相の六方晶構造へ Au の表面原子が大きく変位するので，この場合も穏やかな合奏脱離より激しく脱離が促進されることがあってもよいであろう．

6.2.2 電子励起に伴う脱離

電子励起 (electronic excitation) に誘起された脱離として光刺激脱離 (photostimulated desorption, PSD) と電子刺激脱離 (electron-stimulated desorption, ESD) がある．しかし光の強度が強いと光照射により試料が加熱されて熱脱離することがある．しかもレーザーを励起光にしたこれまでの多くの測定で観測された脱離が局所的な加熱による熱脱離であった．これとは別に赤外レーザーにより振動の特定のエネルギー準位を励起させた脱離の測定がチュアン (Chuang) らによって行われている．この場合には振動の量子数 v が 1 だけ変化する $\Delta v = 1$ の振動励起が次々と起きる多光子励起が脱離を引き起こしている．これは振動緩和が比較的遅いため，すなわち振動の励起状態の寿命が比較的長いため，緩和 (脱励起) する前に次の励起光が入射する多光子過程である．興味ある現象であるが，ここでは電子励起による脱離のみを取り上げる．

ESD と PSD は電子状態の励起が起きた以降の過程では相違がないが，励起の

過程には大きな違いがある．PSDは光励起であるから双極子遷移のみ許され，スピン量子数の変化は強い禁制になる．それに対してESDも双極子遷移の断面積は大きいが，この場合には禁制遷移による脱離が観測されることがある．とくにPSDとESDで異なる点として，エネルギーが電子励起が起きる閾値E_{th}を越すと，電子による励起(ESD)では断面積は連続に立ち上がり，入射エネルギーE_iの増加とともに1次関数として(E_i-E_{th})に比例した増加をする．したがってE_{th}近傍での脱離の断面積は小さい．それに対して光による励起(PSD)の場合にはE_{th}で階段的に断面積が増す不連続関数として立ち上がるのでE_{th}を決めやすく，E_{th}近傍での測定が容易である．しかしバンドの広がりがあるので，表面現象には効果的でないことが多い．また光による励起では偏光依存性の測定も可能になるなどの利点がある．一方，電子による励起では大きな脱離断面積の実験がはるかに簡便にできるという利点がある．

電子励起に伴う脱離には機構がまったく異なる内殻電子励起によるイオン脱離と価電子励起による基底状態の中性分子(原子)の脱離の2種類が観測されている．内殻励起はイオン脱離の断面積が大きく，しかもイオンは検出効率が高いためにもっぱらイオン脱離の実験が行われている．この脱離はノテーク-ファイベルマン(Knotek-Feibelman, KF)模型による多電子過程として説明できる．これは基板表面原子Bあるいは吸着分子のうちの脱離後に基板に残る原子Bの内殻電子が放出されて正孔が生じ，それと結合している原子Aとの結合電子がこの正孔にオージェ型の遷移をしてA$^+$-B$^+$になり，イオン間のクーロン反発でイオンA$^+$が脱離するという機構である．すなわちA-B結合に関与する2個の結合電子の1つが原子Bの正孔に無放射遷移をし，この遷移のエネルギーをもらった他の1つの結合電子が放出されてA$^+$とB$^+$のイオンを生成する．

またESDの内殻励起では脱離イオンの角度分布(electron-stimulated desorption ion angular distribution, ESDIAD)が観測されている．KF模型でイオン対が生じるのは原子間のオージェ型の遷移であるから，空孔に落ちる電子を1，そのエネルギーをもらって放出される電子を2とすると，オージェ遷移は電子間のクーロン相互作用が摂動になるので，遷移確率は$|\langle f|1/r_{12}|i\rangle|^2$に比例する．したがって電子1と電子2の距離$r_{12}$が小さいと遷移確率が大きくなる．そのため1つの$\sigma$結合をつくっている価電子間でのエネルギーの授受の確率は大きく

なり，角度分布が結合の方向を反映することになる．たとえば PF_3 が吸着した $Ni(111)$ からは F^+ が脱離するが，低被覆率の 85 K では PF_3 が Ni-P 軸のまわりで回転する運動は大きな振幅で揺動するためにぼやけた 6 回対称，室温近傍では自由回転になって等方的なハロー図形が観測される．それに対して高被覆率になると回転運動が阻害されて 85 K で 6 回対称のよく分離されたスポットの図形になる．なお PF_3 は C_{3v} の 3 回対称の分子であるが，表面には 2 つのドメインが共存するために 6 回対称のパターンが観測される．

この内殻励起に伴う脱離の場合にも PSD と ESD とは多くの共通点があり，上述してきたことはどちらにも通用する．しかし光による励起の断面積が E_{th} で階段関数的に増加することは，放射光を用いた波長可変の励起光での測定をすることにより，吸着状態の選択的な脱離を可能にする．その際に間瀬によって開発された脱離イオンと光電子のコインシデンスを測定することで，高い結合選択性の測定が可能になる．すなわち内殻電子励起によって生じた光電子と正孔に起因する KF 模型での脱離イオンの同時測定をするので，光電子放出の化学シフトを利用した脱離イオンの特定が可能になる．このコインシデンス測定は放射光の高輝度化によって今後大きく発展することが期待できる．

次に価電子励起に伴う脱離に移る．まず直感的な理解を助けるために，ESD のイオン脱離の機構として古くに提唱されたメンツェル-ゴーマー-レッドヘッド (Menzel-Gomer-Redhead, MGR) 模型を用いて価電子励起による脱離の機構を論じる．上述のようにイオン脱離は KF 模型で起きることがはっきりしたが，MGR 模型は形を変えて有用な考えを提供している．MGR 模型は気相の 2 原子分子の電子励起に伴う解離の考えに基づいている．図 6.19 に MGR 模型による脱離機構の模式図を示すが，骨子は基板と吸着子がつくる軌道が反発性ポテンシャルの励起状態またはイオン化状態に励起されることである．気相分子の場合には反発性ポテンシャルであり，気相であるから励起状態の寿命が長く，そのまま解離に至るが，表面では，とくに金属表面では，このように単純に脱離に至るのではなく，基板という大きな熱浴があるために脱励起や中性化が迅速に起きる．そのために基底状態に落ちる脱励起の過程 (緩和過程) を加える必要がある．図 6.19 のポテンシャル曲面は横軸が基板と吸着子との距離であるが，反発性ポテンシャルの準位に励起されるために，励起後はポテンシャルエネ

6.2 脱離過程

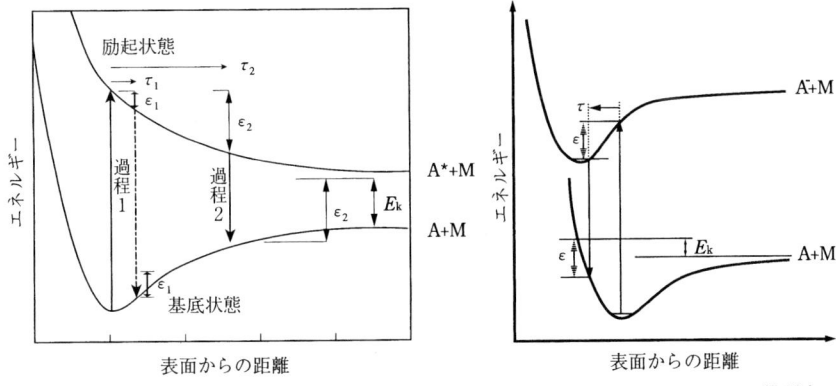

図 6.19 MGR モデルを用いた価電子の励起に誘起された脱離機構の模式図

図 6.20 アントニーヴィッツ模型を用いた価電子の励起に誘起された脱離機構の模式図

ギーが低い方向，すなわち基板から吸着子が離れる方向に時間は進行する．したがって横軸は解離（脱離）反応の進行方向を示す反応座標と考えることができるし，時間軸にとることもできる．ここで，基板との相互作用が強いときには脱励起が迅速に起き，励起状態での滞在時間 τ は短くなる．図中の過程 1 は滞在時間 τ_1 が短い場合で，脱励起するまでに蓄えた脱離に使うことができるエネルギー ε_1 は，吸着子を束縛しているポテンシャルの井戸を乗り越えるのに必要なエネルギーには達しないので再吸着してしまう．それに対して過程 2 は励起状態での滞在時間 τ_2 が長い場合であり，蓄えのエネルギー ε_2 が大きくなることと，ポテンシャル井戸が浅いところに脱励起するために脱離が可能になり，内部エネルギー E_k をもって基底状態の中性分子が脱離する．ただし，この議論での ε_1, E_k などは最大の値をとっていて，基板などへ散逸するエネルギーがあって，E_k はこれより小さくなる．

MGR 模型のほかに，しばしば用いられる価電子励起の脱離機構としてアントニーヴィッツ (Antoniewicz) 模型がある．その模式図を図 6.20 に示す．基板で価電子励起が起き，励起された電子が共鳴トンネルで吸着子 A の非占有準位に移行する．そのために励起状態として A^{-*} が生じるが，A^{-*} の負電荷と基板に生じる鏡像電荷との間でクーロン引力が働くために，この励起状態のポテンシャルエネルギーが最低になる原子間距離，すなわち平衡原子間距離 r_e^* は基底

状態の平衡原子間距離 r_e より短くなる．A^{-*} に励起された吸着子は基底状態に脱励起するが，その際，励起状態 A^{-*} からフランク-コンドン原理に従って原子間距離を一定に保ったまま脱励起する．そして $r_e^* < r_e$ のため基底状態の反発項が強く働くポテンシャルエネルギー曲面上に脱励起する．その結果基底状態に落ちた分子がこの反発ポテンシャルによって脱離する．金属表面ではこの機構による脱離は考えにくいが，NiO(001) などの酸化物表面からの NO 分子の脱離はこの模型で説明できる．

価電子励起に誘起された脱離では励起状態から基底状態に脱励起して中性分子が脱離する．また電子励起による脱離の断面積 (脱離速度) は熱脱離に比べて数桁小さいので，熱脱離の測定で通常行っている 4 重極質量分析計による脱離分子の検出は困難で，高い検出効率の検出法が必要である．1 つには光励起の前後で吸着分子の吸着量の変化を高感度で測定することである．しかしもっと効果的な測定法として，波長可変のレーザーを用いた共鳴多光子イオン化 (resonance-enhanced multiphoton ionization, REMPI) 法による脱離分子のイオン化を利用した検出，レーザー誘起蛍光 (laser-induced fluorescence, LIF) 法による脱離する中性分子からの蛍光を検出する方法が用いられている．しかもこの場合には内部自由度の振動状態，回転状態を弁別した検出が可能になるので，脱離機構を考えるための豊富な知見が得られる．しかし通常の表面分析の本には書かれていないので，ここで REMPI による検出法を含めてレーザー誘起脱離 (laser-induced desorption, LID) の測定法を述べる．

図 6.21 に Pt(111)-NO を例にした LID の測定システムのブロック図を示す．パルス幅が ~10 ns の紫外，可視レーザーを励起源 (ポンプレーザー) として吸着した NO 分子を脱離させる．それに時間 Δt の遅れでパルス幅がやはり ~10 ns，$\lambda = 223 \sim 230$ nm の範囲で波長を掃引させながらレーザー (プローブレーザー) を $L \sim$ 数 mm 離して試料表面に平行に照射する．NO 分子の気相におけるポテンシャルダイヤグラムを左図に示すが，脱離した気相の NO 分子はプローブレーザーの照射により 1 光子を吸収して $A^2\Sigma^+$ の準位に励起され，さらに 1 光子を吸収して NO^+ イオンの基底状態 $X^1\Sigma^+$ に励起される．これら $A^2\Sigma^+$ と $X^1\Sigma^+$ の平衡原子間距離は基底状態 $X^2\Pi$ の平衡原子間距離とほぼ一致しているために，$\Delta v = 0$ のときのフランク-コンドン因子が大きく，$A^2\Sigma^+ \leftarrow X^2\Pi$,

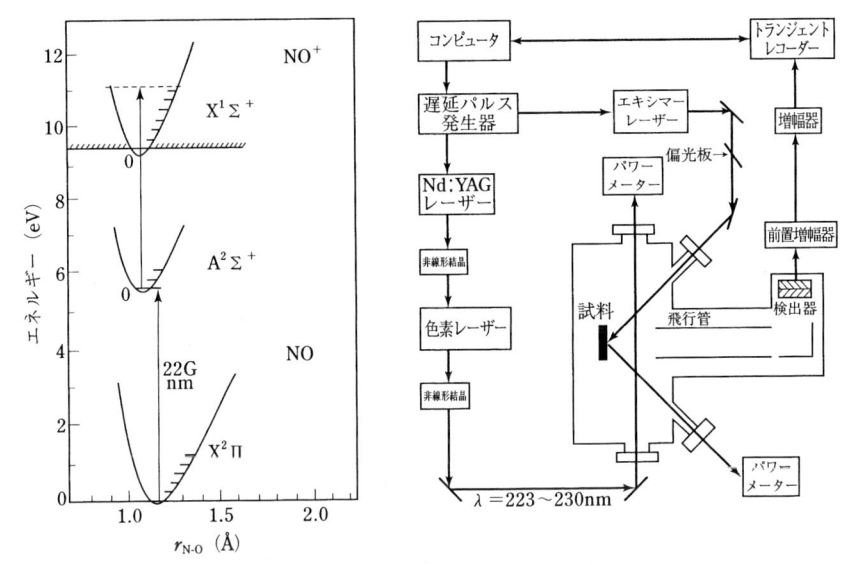

図 6.21 LID の測定システムのブロック図
左図は，REMPI を説明する NO 分子のポテンシャルダイヤグラム．

$X^1\Sigma^+ \leftarrow A^2\Sigma^+$ の遷移の遷移確率は大きい．すなわち効率よくイオン化される．最初の 1 光子の波長が $X^2\Pi$ と $A^2\Sigma^+$ の回転準位間で，選択則 $\Delta J = 0, \pm 1$ を満足するエネルギー差と一致するときに $A^2\Sigma^+$ 準位への遷移が起き，次の 1 光子でイオン化されてイオンとして検出される．ただし，J は回転の量子数である．このイオン化の過程は許容遷移による励起 (共鳴励起) を利用して，2 光子以上の吸収でイオン化しているので，共鳴多光子イオン化法 (REMPI) と呼び，この場合は 1 光子励起，1 光子イオン化であるから (1+1)-REMPI という．そしてブロック図に示すように，通常は表面に垂直な方向に脱離する分子を検出する．

80 K で飽和吸着した NO が Pt(111) から脱離したとき，脱離 NO 分子が $A^2\Sigma^+(v'=0) \leftarrow X^2\Pi_{1/2,3/2}(v''=0)$ の遷移によりイオン化した (1+1)-REMPI スペクトルを図 6.22 に示す．ポンプレーザーは ArF エキシマーレーザー ($\lambda = 193$ nm, $\hbar\omega = 6.4$ eV) である．このスペクトルの帰属は確立していて，(1+1)-REMPI スペクトルから相対強度を測定して脱離分子の回転エネルギー分布 $N(J)$ を得る．この回転エネルギー分布がボルツマン分布

$$N(J) = N_0(2J+1)\exp\left(-\frac{\hbar BJ(J+1)}{k_B T_r}\right)$$

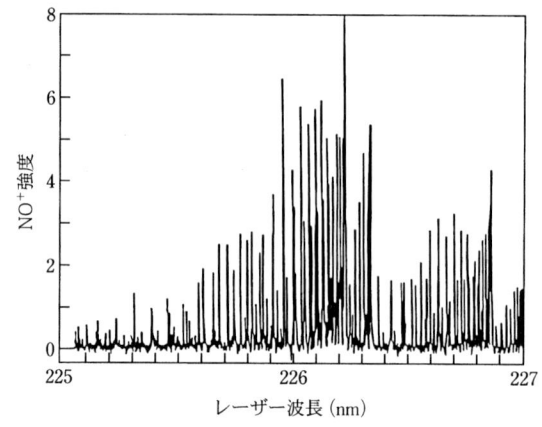

図 6.22 80 K で飽和吸着した Pt(111)-NO からの REMPI スペクトル (Y. Murata and K. Fukutani: *J. Electron Spectrosc. Relat. Phenom.*, **64/65**, 533 (1993)) $\hbar\omega = 6.4$ eV.

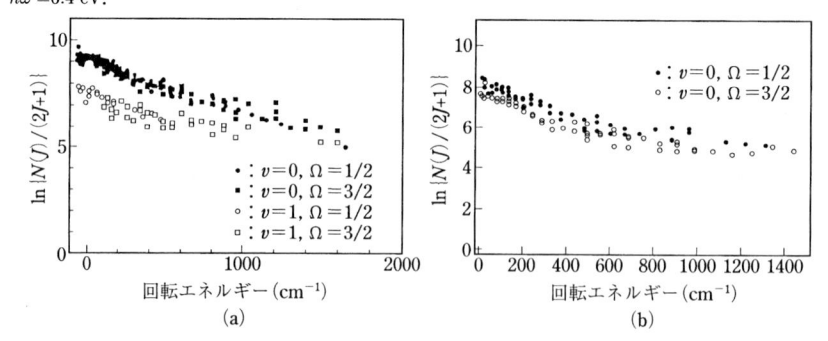

図 6.23 80 K で飽和吸着した Pt(111) から脱離した NO の回転エネルギー分布 (K. Fukutani *et al.*: *Surf. Sci.*, **311**, 247 (1994)) (a)$\hbar\omega = 6.4$ eV, (b)$\hbar\omega = 3.5$ eV.

をしているときには，$\ln\{N(J)/(2J+1)\}$ を回転エネルギー $E_\mathrm{r} = \hbar BJ(J+1)$ (B は分子の回転定数) でプロット（ボルツマン・プロット）すると測定点は直線に乗り，勾配から回転温度 T_r が求まる．80 K で飽和吸着した Pt(111)-NO から ArF エキシマーレーザー励起により $v=0, v=1$ で脱離した NO についてのボルツマン・プロットを図 6.23 (a) に示す．$v=1$ の振動状態で脱離する NO 分子の REMPI スペクトルは，プローブレーザーの波長を $\mathrm{A}^2\Sigma^+(v'=1) \leftarrow \mathrm{X}^2\Pi_{1/2,3/2}(v''=1)$ の遷移が起きる領域に変えると測定できる．そして図 6.23 (a) から得られる $v=0$ と $v=1$ の強度比にボルツマン分布を仮定して，フランク-コンドン因子を考慮

すると振動温度 T_v が求まる.

一方,ポンプレーザーとプローブレーザーに ~10 ns のパルスレーザーを用いているので,ポンプレーザー照射からプローブレーザー照射までの遅延時間 Δt を μs オーダーで変化させた測定をすると,図6.24に示す飛行時間(time-of-flight, TOF)スペクトルが得られ,飛行距離 L を一定にしているので $L/\Delta t$ から脱離分子の速度分布が求まる.TOFスペクトルは図6.24に実線で示すように修飾したマックスウエル-ボルツマンの速度分布に当てはめることができて,平均の運動エネルギー $\langle E_t \rangle$ が求まり,並進温度 $T_t = \langle E_t \rangle / 2k_B$ が求まる.Pt(111) に 80 K

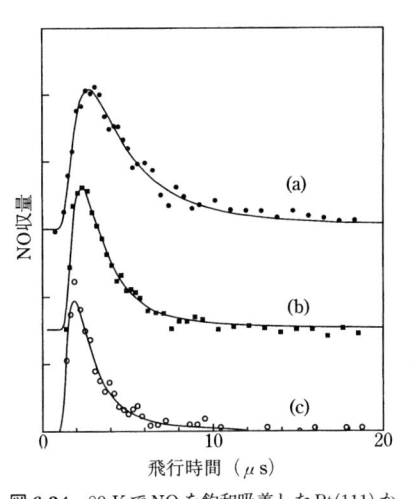

図 6.24 80 K で NO を飽和吸着した Pt(111) から脱離した NO の TOF スペクトルの J 依存性 (K. Fukutani et al.: Surf. Sci., **311**, 247 (1994))
(a) $J=15.5$, (b) $J=22.5$, (c) $J=30.5$, $\hbar\omega=6.4$ eV.

で飽和吸着した NO,CO の LID から得た T_t, T_r, T_v と脱離の断面積 σ を表6.4に示す.なお脱離の断面積はレーザー照射による脱離分子強度の減衰曲線から求まる.

表6.4 からわかるように,Pt(111) 表面から脱離する NO,CO 分子の T_t, T_r, T_v は試料温度 80 K よりはるかに高く,しかも励起波長に依存している.この測定で用いたポンプレーザーは ~1 mJ/cm^2 と弱い強度なので,レーザー照射による試料の温度上昇はたかだか 5 K である.したがって,この脱離は熱脱離

表 6.4 エネルギー $\hbar\omega$(eV) のレーザー励起による,Pt(111) 表面から脱離した NO,CO の並進 (T_t)・回転 (T_r)・振動 (T_v) 温度 (K) および脱離の断面積 σ(cm^2),
T_t, T_r は $v=0$ の値を示す

	$\hbar\omega$	T_t	T_r	T_v	σ
NO/Pt(111)	6.4	1020	490	2900	~10^{-18}
	3.5	760	290	1000	
CO/Pt(111)	6.4	2060	130	3400	3×10^{-19}
	5.0	1980	160	4000	

(K. Fukutani et al.: Surf. Sci., **311**, 247 (1994); K. Fukutani et al.: J. Chem. Phys., **103** 2221 (1995))

ではなく明らかに電子励起に伴う脱離である．しかるに脱離する NO 分子の回転エネルギー分布は，図 6.23 に示した場合には，熱平衡のときに成立するボルツマン分布をしている．表面に吸着した 2 原子分子は回転の自由度がなく，しかも瞬間的に脱離するにもかかわらず，回転運動が試料温度よりはるかに高い温度で熱平衡状態に達するということは納得できない．実はこれはあくまでみかけ上のことである．実際に起こっていることは後に述べるが，このボルツマン・プロットが直線になっていることから励起状態の寿命，直線にのらない場合には脱離する分子の吸着構造に関する知見が得られる．

LID がどこの励起で起きているかを調べるために，表 6.5 に脱離の励起エネルギー依存性の測定結果を掲げる．ここで，n は 1 個の分子を脱離させるのに要するフォトン数で，レーザー強度 F の関数として脱離分子の強度 I_d を測定すると，$I_d \propto F^n$ の関係にある．$n=1$ のときには 1 光子過程であるから，そのフォトンのエネルギー $\hbar\omega$ で脱離することになる．ここで，Pt(001) からの CO の脱離は $n=3$ であるが，このことは 5.2.3 項で述べた Pt(001) の吸着誘起の相転移と関係した複雑な現象が起きているので，後に触れることにする．ここではそのような複雑なことがない．Pt(111) からの脱離のみを議論の対象にする．また Pt 表面に吸着した NO，CO の光電子分光法と逆光電子分光法によって得た実測の電子構造を図 6.25 に示す．Pt(111) に吸着した CO は $\hbar\omega$ =2.3 eV の光励起で脱離しないが，NO は脱離する．このことと図 6.25 を考慮すると，光吸

表 6.5 Pt からの NO，CO の LID の励起エネルギー依存性
〇 は脱離する，× は脱離しない，− は未測定．n は脱離に要するフォトン数．

$\hbar\omega$ (eV)	NO Pt(001)	NO Pt(111)	CO Pt(001)	CO Pt(111)
6.4	〇	〇	〇	〇
5.0	〇	〇	×	〇
3.5	〇	〇	×	〇
2.3	−	〇	−	×
n	1	1	3	1

(Y. Murata and K. Fukutani: *Z. Phys. Chem.*, **198**, S. 149 (1997))

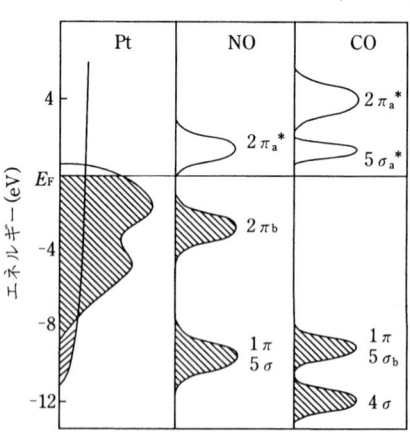

図 6.25 Pt 表面に吸着した NO，CO の電子構造
斜線を施した部分は電子が占有している．

収はPtの5d電子が励起されて吸着NO, COの2π*準位が終状態と思える. しかし, ここへの直接遷移かPt中に励起された電子がここへトンネルする間接遷移かはわからない. 後者ではアントニーヴィッツ模型によるとも思えるが, そのような単純なものではない.

次にPt, Pd, Ni表面に吸着したNO, COの電子励起に伴うLIDの結果を表6.6に示す. NO, COの脱離がPt表面からのみ観測されている. またNOの分解がPt, Niで観測されているが, Ptの場合には3.10.1項で述べたように, 三配位のhcpサイトと直上位置に吸着したNOは脱離するが, 三配位のfccサイトに吸着したNOは分解してOが脱離する. Niに吸着したNOは分解するが脱離はしない. この脱離で観測された高い反応選択性の原因を探ってみる.

表6.6 Pt, Pd, Ni表面に吸着したNO, COの電子励起に伴うレーザー誘起脱離と分解の測定結果
○印が脱離, 分解が起きている.

表面	吸着分子	脱離	分解
Pt(111)	NO	○	○
	CO	○	×
Pt(001)	NO	○	×
	CO	○	×
Ni(111)	NO	×	○
	CO	×	×
Ni(001)	NO	×	○
Pd(111)	NO	×	×

(Y. Murata and K. Fukutani: *Z. Phys. Chem.*, **198**, S. 149 (1997))

Pt, Pd, Niは周期律表で同じ族に属す等しい電子配置の元素であるが, PtからはNO, COが脱離して, Pd, NiからはNO, COともに脱離しないという反応選択性の原因として, dバンドの幅が1つの候補である. Ni, Pdはバンド幅が~5 eVと狭く, Ptは~8 eVである. そのため図6.25にあるように, Ptの場合にはNO, COの5σ準位とdバンドは共鳴し, 強く相互作用をする. 一方Ni, Pdはこれらの5σ準位がdバンドよりはるかに下にあるので5σ-dの相互作用は弱くなる. そしてPtでは5σ-dの強い相互作用がd-d相互作用を通して$2\pi^*$-dの相互作用を弱め, 電子励起された$2\pi^*$状態の寿命が長くなることが期待できる. 図6.19の脱離モデルでは中間の励起状態の滞在時間τが短いと再吸着して脱離はせず, 滞在時間がある臨界値τ_cを越すと脱離する. このことからdバンドの幅が脱離の選択則の原因になっている可能性があるといえるが, この問題はまだ解決していない.

この$2\pi^*$準位に励起される過程が脱離に至るとしても, それだけでは脱離は起きない. 脱離が起きるためには電子系から格子系へのエネルギー転換が欠かせない. すなわち1つには図6.19のMGR模型のようなPt NO(CO)に反発ポテンシャルが必要である. 中辻らはジェリウムの中にPt_2-COのクラス

ターを置いた理論計算により，基底状態の CO と Pt の反結合性軌道が反発ポテンシャルであって，その励起エネルギーは $E_e = 1.6 \sim 2.6$ eV であること，また $E_e = 11.3$ eV に CO^+ と Pt の反発ポテンシャルがあることを示している．前者は Pt(111) からの CO 脱離が 3.5 eV $> E_{th} > 2.3$ eV であることと対応し，後者は表 6.5 の Pt(001) からの CO 脱離が 6.4 eV $> E_{th} > 5.0$ eV の 3 光子過程であることと符合している．というのは Pt(001) からは $n = 3$ で中性 CO 分子が脱離するが，Pt(111) からは 6.4 eV $> E_{th} > 5.0$ eV, $n = 2.7 \pm 0.1 \sim 3$ で CO^+ の脱離が観測されている．一方，Pt(001) からの CO 脱離については，CO 吸着により誘起される Pt(001) の相転移 hex→1×1 に伴って表面原子密度が減少するために多くのステップが現れ，そこに吸着した CO が選択的に脱離していることが UPS などの測定から推測されている．すなわちステップでは脱離した CO^+ が中性化されやすく，CO として観測されるのであろう．

ここで，脱離分子がもつ並進，回転，振動の内部自由度が測定できたので，この知見を生かして脱離機構を考察する．このうち並進と回転は吸着時にはなかった自由度であり，脱離後は衝突することもなく，脱離した瞬間に分配された内部状態は緩和しないで脱離時の情報を保持したままである．さらに前にも述べたように，回転温度 T_r が基板温度の 80 K よりはるかに高く，脱離への中間状態である励起状態の寿命が後に述べるように $\tau_0 \approx 20$ fs であるにもかかわらず，回転分布が熱平衡を意味するボルツマン分布をしているのは奇妙な結果である．これらのことを含めて実験結果を矛盾なく説明できる脱離機構を考える必要がある．Pt(111)-NO の場合，直上や三配位の 3 回対称軸をもつ位置に吸着している NO が脱離することを考え，N 原子が Pt 原子から運動量を受け取る衝撃モデル (impulse model) を NO 分子の脱離に適用する．すなわち脱離時に N 原子が並進エネルギーに対応する運動量を受け取る．この並進エネルギーは，脱離した後は，NO 分子の重心の並進と，重心のまわりの回転，振動の自由度に振り分けられる．

脱離現象には 4.2.4 項などで取り上げた吸着分子の低波数の変角振動の 2 つのモード，FR モードと FT モード (図 4.6) が深くかかわる．対称性が高い三回対称や直上位置に吸着した NO の場合，FR モードは N 原子を支点に NO 分子が変角振動 (振り子運動) をしていて，Pt-N の実効的な結合の方向は常に表面に

垂直である．そのため図6.23, 6.24のように表面に垂直な方向に脱離する分子を検出した測定結果を衝撃モデルで解析する場合には，FRモードがかかわってくる．電子が励起されてから脱離するまでの時間 τ の間にNO分子が傾き，その傾きが大きくなると3自由度に振り分けられるときに回転運動に転換される割合が増す．そのため回転エネルギー分布から中間の励起状態の滞在時間，すなわち寿命が推定できることになる．一方，FTモードは表面のPt原子を支点にNO分子が直立したまま表面に平行に振動するので，Pt-Nの結合の方向が振動していて，脱離の角度分布の測定結果の解析に関係する．

ここでは，衝撃モデルでの解析の要点と，その結果を用いた励起状態の寿命の推定に限ることにする．衝撃モデルでは脱離の瞬間に運動量 p_0 がPt-Nの実効的な結合に沿ってN原子に渡される．そして図6.19に示すMGR模型による脱離に対応させると $E_k = p_0^2/2m_1$ になり，脱離後は重心の運動に対する運動量 P と内部座標に対応する運動量 $p = p_r + p_a$ に変換される．ここで，m_1 は原子Nの質量，p_a, p_r はそれぞれ回転と振動に対応する運動量の成分，また p_a は角運動量 L に転換される．その結果，

$$E_k = \frac{p_0^2}{2m_1} = E_t + E_r + E_v = \frac{P^2}{2M} + \frac{L^2}{2I} + \frac{p_r^2}{2\mu} \tag{6.8}$$

となる．ただし，I は分子NOの慣性能率，μ は分子NOの換算質量である．

結局，$E_t = p_0^2/2M$, $E_r = (m_2/M)^2 p_0^2 \sin^2\varphi / 2\mu$ の関係が得られるが，m_2 は原子Oの質量，$M = m_1 + m_2$, φ は脱離するときのNO分子の表面垂直からの傾き角である．図6.19のモデルからわかるように E_k すなわち p_0 は一定ではなく τ とともに変化するので，E_t, E_r から p_0^2 を消去すると，

$$E_r = (m_2/m_1) E_t \sin^2\varphi \tag{6.9}$$

の関係が得られる．ここで，E_r は図6.22のREMPIスペクトル，E_t は図6.24のTOFスペクトルで実測される．脱離するNO分子の平衡吸着構造の分子軸が表面に垂直であるとすると，励起状態での滞在時間 τ の間に分子は $\varphi = \omega_e \tau$ だけ傾くことになる．ただし，ω_e は励起状態でのFRモードの振動数で，これを式(6.9)に代入すると，

$$E_r(\tau) \simeq (m_2/m_1) E_t \omega_e^2 \tau^2 \tag{6.10}$$

と近似できる．一方，励起状態の寿命を τ_0 とすると $N = N_0 e^{-\tau/\tau_0}$ であるから，

これに式 (6.10) を代入して τ を消去すると，回転エネルギー分布 $N(J)$ は，

$$\ln N(J) = -\frac{1}{\tau_0}\frac{\sqrt{m_1}}{\sqrt{m_2}\omega_e\sqrt{E_t}}\sqrt{E_r}+\ln N_0 = A\sqrt{E_r}+C \tag{6.11}$$

で与えられる．したがって，$\ln\{N(J)/(2J+1)\}$ と E_r のボルツマン・プロットの代わりに，図 6.26 にみられるように式 (6.11) により $\ln N(J)$ と $\sqrt{E_r}$ のプロットをするのが，瞬間に脱離する現象の物理を捉えた表示になる．その結果，図 6.23(b) にみられるように，ボルツマン・プロットの E_r が大きい領域で弓なりになっていた分布が図 6.26 ではきれいな直線になり，衝撃モデルによる考えの妥当性を示している．なお図 6.23 (b) のような弓なりの形をしたボルツマン・プロットでの回転エネルギー分布は他の系でも多く観測されている．

そして上のプロットの勾配 A から寿命 τ_0 が

$$\tau_0 = \frac{\sqrt{m_1}}{\sqrt{m_2}A\omega_e\sqrt{E_t}} \tag{6.12}$$

の関係で求まる．ここで，E_t は回転エネルギー分布の測定に用いる分子の速度から得た運動エネルギー E_t° の測定値を用いるが，ω_e を決めなければならない．ω_e は励起状態での FR モードの振動数である．図 6.24 の TOF スペクトルの J 依存性より $E_r = \hbar BJ(J+1)$ と $\langle E_t\rangle$ の関係を求め，式 (6.9) に代入すると φ の時間発展が得られ，これから励起状態の FR モードの振動の平均振幅 $\sim 55°$ が求まる．一方，基底状態での平均振幅は $3.7°$ であり，これに比べると $55°$ は，はるかに大きな振幅で，励起状態での FR モードの振動のポテンシャルがほとんど平らであると思われる．その結果，基底状態のゼロ点振動でもっていた運動量は電子励起に際して保存され，運動量は調和振動の運動エネルギー部分で決まる．ヴィリアル定理を用いるとそれはゼロ点エネルギーの $1/2$ になるので，$\hbar\omega_e = \hbar\omega_R/4$ の関係が得られる．ただし，ω_R は基底状態の FR モードの振動数で，波数 $\tilde{\nu}_R = 380$ cm^{-1} より $\tilde{\nu}_e \sim 95$ cm^{-1} になる．この値を式 (6.12) に代入し，図 6.26 より勾配 A を求めると，$\tau_0 \sim 20$ fs が得られる．

$\ln N(J)$ と $\sqrt{E_r}$ のプロットをした図 6.26 では，横軸の小さい領域にボルツマン・プロットではみられなかったピークが現れている．このピークの位置は図 6.19 に示す脱離を MGR 模型で考えたときの再吸着から脱離に変わる臨界滞在時間 τ_c に対応している．式 (6.10) から図 6.26 の横軸の $\sqrt{E_r}$ は励起状態での滞

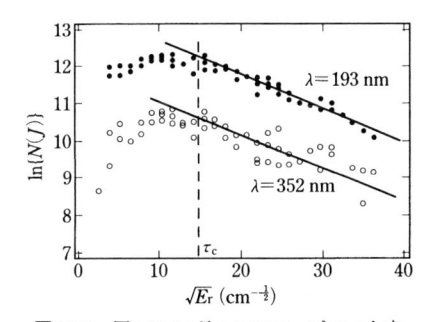

図 6.26 図 6.23 のボルツマン・プロットを $\ln N(J) - \sqrt{E_r}$ でプロットし直した回転エネルギー分布 (Y. Murata and K. Fukutani: in *Elementary Processes in Excitations and Reactions on Solid Surfaces*, ed. by A. Okiji *et al.* (Springer, 1996), pp. 56-64) $v = 0$, $\Omega = 1/2$ のみで, 黒丸は $\hbar\omega = 6.4$ eV, 白丸は $\hbar\omega = 3.5$ eV.

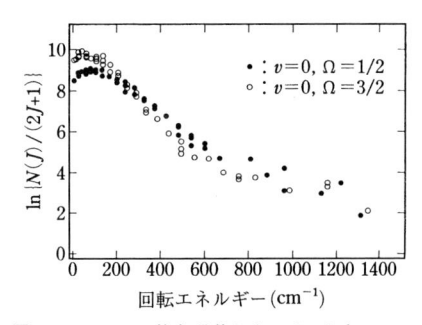

図 6.27 80 K で飽和吸着した Pt(111) を 220 K で熱処理した表面から脱離した NO の回転エネルギー分布 (K. Fukutani *et al.*: *Surf. Sci.*, **311**, 247 (1994)) $\hbar\omega = 6.4$ eV.

在時間 τ に比例する. そして τ が τ_c より小さい領域では再吸着して脱離する分子数 $N(J)$ が減少し, 大きい領域では $N(J) \propto \exp(-\tau/\tau_0)$ で減少するためにピークが現れた.

衝撃モデルを用いた並進・回転エネルギー分布の解析から脱離する分子の平衡吸着構造も推定できる. 分子軸が傾いている分子が脱離すると, これまでの考察では $\varphi = \omega_e \tau$ としていた関係が $\varphi = \varphi_0 \pm \omega_e \tau$ になり, 滞在時間 τ の経過とともに $|\varphi|$ は増すだけではなく減少もする. それは傾いていた分子が立ってきて, 滞在時間が長くなるにつれて角運動量, すなわち E_r は小さくなって脱離することもあるからである. しかも $N(J) \propto \exp(-\tau/\tau_0)$ の関係にあるので τ_c の効果より E_r の小さい領域での減少量は大きく, 縦軸が $\ln\{N(J)/(2J+1)\}$ のボルツマン・プロットにも極大が現れた. 図 6.27 は Pt(111) に NO を 80 K で飽和吸着した後に 220 K で熱処理した表面から, $\hbar\omega = 6.4$ eV のレーザーで脱離した NO のボルツマン・プロットである. 一見すると熱平衡状態にないが, これは平衡吸着構造で分子軸が傾いている分子が脱離したためと推論できる. その後, 松本らが LEED による構造解析, 相澤らが第 1 原理計算を行った結果では, 直上位置に吸着した NO 分子は傾いていて, $\varphi_0 \sim 50°$ であり, この推論の正しいことが実証された.

パルス幅が〜200 fsの超短パルスレーザーを用いた電子励起による脱離が, ハインツ (Heinz) らによって Pd(111)-NO などで観測されている. これは多光子過程での脱離である. $\hbar\omega = 2.0$ eV レーザーによる Pd(111) からの NO 脱離では, 図 6.28 に示すように $I_d \propto F^{3.3}$ の〜3光子過程の脱離である. この多光子過程は 1 光子で励起された電子が緩和した後にその電子が再び次の 1 光子

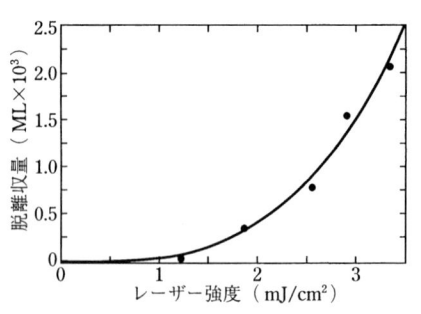

図 6.28　Pd(111)-NO からのフェムト秒レーザーによる NO 脱離の収量のレーザー強度依存性 (J. A. Prybyla et al.: Phys. Rev. Lett., **64**, 1537 (1990))

で励起され, 励起と緩和を繰り返して振動準位を徐々に上げて脱離に至る多重電子遷移に誘起された脱離 (desorption induced by multiple electronic transitions, DIMET) である. この場合は振動エネルギー分布がナノ秒レーザーによる 1 光子過程での脱離とは異なり, Pd(111)-NO では振動状態は $v=0$, 1 はもちろん $v=2$ までも観測され, しかもボルツマン分布に当てはめたとき, $v=1$ は低く, $v=2$ は高い非ボルツマン分布になっている. 一方, $T_v=2900$ K であり, 脱離の断面積は〜10^{-18} cm^2 で, これらはナノ秒レーザーと同程度である. この DIMET の多光子過程は電子励起の緩和が早い現象であるが, 振動緩和が遅いので, 本項の初めに述べた赤外レーザーによる多光子過程での梯子を登るように, 振動緩和なしに 1 光子ごとの励起が起きる脱離と似た点がある. 一方, Pt(111) からの CO$^+$ の脱離は 3 光子による $\leq 3\hbar\omega$ にある準位への励起であるから, これとは異なる.

6.3　拡　　散

表面現象に関連した拡散には表面上での拡散とバルクが関与する拡散がある. また, 表面拡散 (surface diffusion, surface migration) には個々の原子の運動である拡散と原子の集団運動としての拡散がある. 脱離, 吸着, 相転移, 表面反応などの本書で扱っている表面現象にとって重要なのは単独の原子の動きとしての表面拡散である. 原子集団の表面拡散はマクロな拡散係数 (diffusion coefficient)

として多くの測定があるが，個々の吸着子の表面拡散の測定例は少ない．個々の原子の動きを観察する手段として電界イオン顕微鏡 (field ion microspe, FIM) と STM があるが，STM で個々の吸着子を観測しようとすると，5 K のような低温で吸着分子の動きを止めないと吸着子が動いてしまって観測できない．また，これはスナップショットで観測することになる．したがって個々の原子の拡散については計算物理に負うところが大きくなるであろう．一方，表面現象にとってバルクが関与する拡散である表面第1，第2原子層間，すなわち表面直下 (subsurface) に存在する吸蔵原子の表面への拡散または表面から表面直下への潜り込みが重要である．たとえば H 吸蔵や燃料電池，半導体デバイスの劣化などの実用上の問題として，H のバルク中への拡散はますます重要になるが，これは表面直下への潜り込みが格子間隔を広げて次の潜り込みのきっかけをつくることになる．バルク中から表面への拡散を調べる手段として，不安定な H 原子の同位体ともいえる質量が非常に軽いミュオニウム ($\mu^+ + e^-$) の役割は大きいが，これは割愛する．

6.3.1 表 面 拡 散

表面拡散の先駆的研究に電界放射顕微鏡 (field emission microscope, FEM) を利用したゴーマー (Gomer) が開発した放射電流のノイズ解析による H 原子の表面拡散の測定がある．金属尖針の先端に強い電場が働いたときの放出電子の電流密度 j_e はファウラー-ノルドハイムの式

$$\ln(j_e/F^2) = \ln A - 6.83 \times 10^7 \phi^{3/2} s/F \tag{6.13}$$

に従うので，放出電流は仕事関数 ϕ(eV) に強く依存する．ただし，$A = 6.2 \times 10^6 \sqrt{\varepsilon_F/\phi}(\varepsilon_F + \phi)^{-1}$，$\varepsilon_F$ は伝導帯の底から測ったフェルミ・エネルギー，F(V/cm) は印加した電場，電子放出の際に鏡像ポテンシャルを考慮すると，電場が印加されたときのポテンシャルの頂上が三角から丸みを帯びた形になるが，s はそのことを考慮した1に近い値の鏡像補正である．そこで吸着子が動くと局所的に ϕ が変化して電界放出電流がゆらぐことになり，それを利用して拡散定数 D が測定できる．すなわち，ゆらぎの緩和時間 τ_0 と D の関係 $\tau_0 = r_0^2/4D$ から D が求まる．ただし，r_0 は FEM の試料からのゆらぎの電流を観測している領域の大きさで，FEM の観測に用いる尖針先端の直径 ~1000 Å より小さい $r_0 = 50 \sim 100$

Åである.

ゴーマーらはHまたはD原子が吸着したW(110)で,さまざまに被覆率Θを変化させて,HおよびD原子の拡散定数Dの温度T依存性を測定した.$\log D$と$1/T$の関係を図6.29に示す.この図からわかることとして,H原子の場合は,低温域でDがTに依存しない量子的なトンネル拡散をし,$T > 130\text{--}160$ Kでは活性化エネルギーE_aがある$D = D_0 \exp(-E_a/k_B T)$の熱拡散をする.熱拡散からトンネル拡散に温度T_cで急に変わり,T_cやトンネル拡散のDの値にΘ_r依存性がある.一方D原子の拡散では,T_cがはっきりしない.

HとD原子の熱拡散についてDのアレニウス・プロットからE_aとD_0を求めた結果を表6.7に示す.E_aはH原子に比べてD原子の拡散の方がすべてのΘ_rで大きくなっている.違いはたいへん小さいが,違いはゼロ点振動のためである.またΘ_rが増すにつれてE_aはわずかに増しているが,これは原子間の相互作用で説明ができる.それに対してD_0のΘ_r依存性はD原子の場合はとくに顕著で数桁変わり,H原子では$\Theta_r = 0.1$を除いてあまり違いがない.トンネル拡散のDの値は図6.29からわかるように,H原子は$4 \times 10^{-13} \sim 10^{-12}$ cm^2/sと変化するが,D原子は$1.2 \times 10^{-13} \sim 3.6 \times 10^{-13}$ cm^2/sとΘ_r依存性はあるといっ

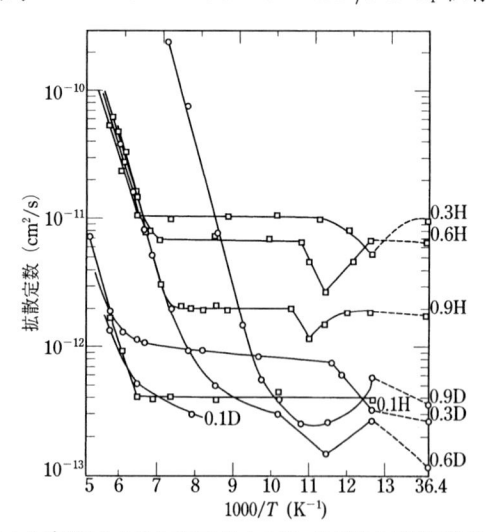

図 **6.29** FEMのノイズ解析から得たW(110)上のH, D原子の拡散定数Dの温度依存曲線
(R. DiFoggio and R. Gomer: *Phys. Rev.*, B **25**, 3490 (1982))
Θ_rおよびH, D原子の区別は図の右側に記す.

表 6.7 W(110)-H, D の熱拡散領域での E_a と D_0
( ) は推定値.

Θ_r	H		D	
	E_a (eV)	D_0 (cm²/s)	E_a (eV)	D_0 (cm²/s)
0.1	0.176±0.006	1.55×10^{-7}	(180)	(10^{-7})
0.3	0.203±0.007	2.50×10^{-5}	0.206±0.013	1.16×10^{-6}
0.6	0.208±0.013	5.0×10^{-5}	0.210±0.007	5.8×10^{-5}
0.9	0.221±0.004	1.48×10^{-4}	0.232±0.005	5.8×10^{-2}

(R. DiFoggio and R. Gomer: *Phys. Rev.*, B **25**, 3490 (1982))

ても小さい.

これらから次のことが推論できる.トンネル拡散の確率 P は WKB 近似で,

$$P \propto \exp\left\{-2(2m/\hbar^2)^{1/2}\int_{x_1}^{x_2}(V-E)^{1/2}dx\right\}$$

で与えられ,これより,高さ V,幅 l_0 の矩形の障壁によるトンネル拡散の拡散係数は,

$$D \propto \exp\{-2(2m/\hbar^2)^{1/2}V^{1/2}l_0\}$$

となる.そしてトンネル障壁の高さ V に熱拡散で得られた $E_a \sim 0.21$ eV を用いると,$l_0 \sim 0.47$ Å となり,トンネル障壁の幅はたいへん狭い.したがって H(D) 原子の安定な吸着位置は W(110)-H の構造を示した図 3.27(b) の三配位の位置であるが,熱拡散とトンネル拡散の障壁は W 原子を剛体球模型で描いた表面原子配列で球が接するところにある.そして E_a の同位体効果が非常に小さいのでゼロ点振動のエネルギーが小さい.このことから三配位のもう 1 つの安定な吸着位置と結ぶあたかも砂時計のくびれになったところ,すなわち図 3.27(a) で H 原子が位置しているところにはポテンシャル障壁はなく,このくびれを通して H(D) 原子は非局在化していて,H(D) 原子の面内での振動は非常に低い波数になっている.さらに熱拡散からトンネル拡散に T_c ではっきりと切り替わる H 原子の場合はフェルミ粒子的な,すなわち量子効果があるふるまいをし,D 原子は D_0 の大きな Θ_r 依存性が D-D 原子間の散乱によっているなど,古典粒子的なふるまいをしていると考えられる.すなわち H 原子は質量が軽いために量子効果が現れたと考えられる.

この量子効果がもっと顕著になって吸着 H 原子が非局在化して,プロトニック

バンド (protonic band) を形成することが期待できる．アートルらは Ni(111)-H の LEED で秩序-無秩序転移を観測し，高温相である無秩序相を H 原子が非局在化しているモデルで説明することを試みている．すなわち熱的に励起されてプロトニックバンドになったと考えた．その後プスカ (Puska) らが Ni(001)-H の振動励起状態で H 原子の非局在化することを理論的に考察している．そしてこれまでに理論，実験の両面から多くの研究がなされてきたが，まだ決め手となる実験はないといえよう．またこれらの実験の中には再現性の点で疑問がもたれているものもある．しかし今後の発展が楽しみな研究分野であるから，2, 3 の実験結果を取り上げる．

まずこれまでしばしば話題にし，FEM でのノイズ解析でも試料とした W(110)-H を取り上げる．W(110)-H は $\Theta = 0.5$ で 2×1，さらに Θ を増すと 2×2 を経て $\Theta \geq 0.75$ では 1×1 になり，フォノン異常が観測される．振動励起の電子エネルギー損失分光法 (EELS) によるイバックらの測定結果を図 6.30 に示す．測定温度は 110 K であり，[001] と表面に垂直な [110] を含む面を散乱面にしている．2×2 表面が 1×1 表面になるとスペクトルは単純になり，鏡面反射で観測される表面に垂直に振動するモードとして 1306 cm^{-1} に 1 つのエネルギー損失ピークと，低波数域には 850 cm^{-1} 以下に連続スペクトルが現れている．一方，1×1 の LEED パターンは鋭い回折スポットのままであるから W 原子が無秩序に配列したのではない．これらのことから H 原子は上述の砂時計のくびれ部だけではなく，トンネル障壁がある剛体球が接するところにあるポテンシャル障壁も乗り越えて，⟨110⟩ に沿ったジグザグの経路で非局在化した液体状態のバンドになっていると考えている．FEM で観測した H 原子は振動の基底状態にあったが，EELS の測定では振動励起を伴っているので，振動の励起状態ではポテンシャル障壁を越えて非局在化したことになる．しかしポテン

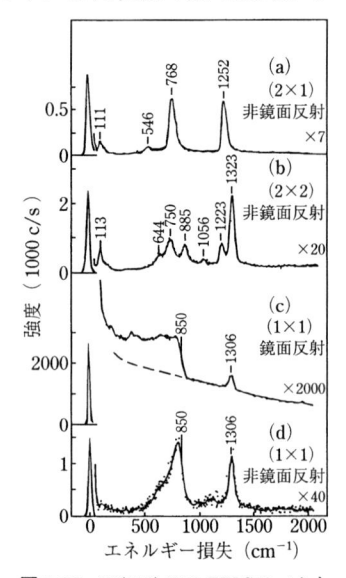

図 6.30　W(110)-H の EELS スペクトル (M. Balden et al.: Phys. Rev. Lett., **73**, 854 (1994))
(a) 2×1, (b) 2×2, (c) 1×1, (d)1×1.
(c)は鏡面反射であり，他は非鏡面反射．

シャル障壁の高さに表 6.7 の値を用いると $\Theta = 0.75$ では $E_a \sim 0.22$ eV になり，これは ~ 1800 cm^{-1} であるから 850 cm^{-1} の励起では古典的な描像では非局在化しない．また 850 cm^{-1} 以下が連続スペクトルになることとも矛盾する．

上述の W(110)-H では bcc 金属の最密面が表面で，被覆率が高い $\Theta \geq 0.75$ であったが，西嶋のグループはこの逆の表面原子密度が低い fcc(110) である Pd(110)-H で，低被覆率まで EELS を用いて振動スペクトルを 80 K で測定した．そして $\Theta = 0.04$ で 87 と 100 meV に幅広いエネルギー損失ピークを観測し，1 次元のハバード・モデル的なハミルトニアンを用いた理論計算との一致から，H 原子は振動励起によって非局在化していると結論した．

FEM を用いた電界放出電流のノイズ解析から得た，熱拡散からトンネル拡散に切り替わる現象と同様な結果を，ズー (Zhu) らはレーザーを用いて作製した光学格子を利用する方法を開発して得ている．Ni(001)-H($\Theta = 0.9$) の表面に，Nd:YAG の $\lambda = 1.064$ μm のレーザーを 2 つに分けて入射角 $\theta_i = \pm 1.827°$ で入射させ，レーザー誘起の熱脱離で $\Delta\Theta \sim 0.1$ だけ被覆率を変化させ，$2a = \lambda / 2 \sin\theta_i = 16.6$ μm の間隔をもった単原子層の格子を作製した．この励起レーザーを照射した後，ただちに弱い強度の He-Ne レーザーをプローブレーザーとして照射し，1 次の回折シグナル $S_1(t)$ が時間とともに減衰する様子をいろいろな温度で測定した．結果を図 6.31 に示す．

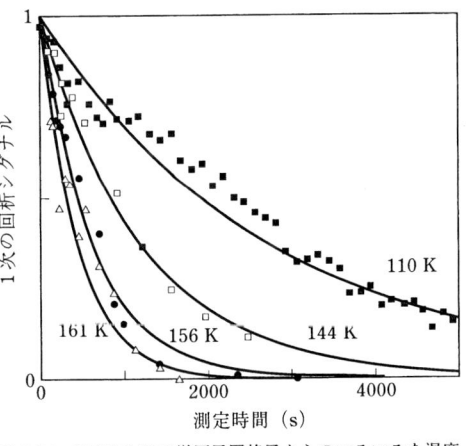

図 6.31 Ni(001)-H の単原子層格子からのいろいろな温度で測定した $S_1(t)$ (X. D. Zhu et al.: Phys. Rev. Lett., **68**, 1862 (1992))

$S_1(t)$ は単一の指数関数 $\exp\{-\alpha(T)t\}$ で表され，$\alpha(T)$ は拡散係数 $D(T)$ に関係する．光学的感受率 $\chi^{(1)}$ が Θ の 1 次の関数で，$D(T)$ が Θ に依らないとすると，
$$S_1(t) = S_1(0) \exp\{-2\pi^2 D(T) t / a^2\}$$
となる．このようにして $\alpha(T)$ から求めた $D(T)$ をアレニウス・プロットすると直線にはならない．そこで高温の $T = 161$ と 156 K の 2 点を結んだ直線から E_a

と D_0 を求めると，ゴーマーらによる FEM のノイズ解析の結果と一致した．また直線からのはずれから 140 K 以下ではトンネル拡散になると考えられる．ただ FEM の結果と比べると T_c の値が少し高いことと (後に 110 K と一致した)，W(110)-D と同様で T_c で鋭く変化するのではない点が異なるが，トンネル拡散の領域での $D \sim 1 \times 10^{-11}$ cm^2/s もよく一致している．このように FEM のノイズ解析で得た結果は他の方法でも確かめられたが，この光学格子を作製する方法は結晶の方位を変えた測定が容易であり，FEM では得られない知見も得られる．

fcc(111)，hcp(0001) の最密面を少し傾けて切断した微斜面を清浄化すると，最密面がテラスで 1 原子層ステップで区切られたテラス長が一定のステップ表面 (stepped surface) ができる．これを Pt(111)$_s$ のように記すことにする．CO は Pt(111)$_s$ のステップとテラスに吸着するが，ステップに吸着した CO の方が基板と強く結合するので，テラスに吸着した CO は拡散してステップに捉えられる．また C-O 伸縮振動はステップに吸着した CO の方が低波数になる．このことを利用して，シャバール (Chabal) らは Pt(111) 上での CO の拡散を，パルス化した CO 分子線と時間分解の反射吸収赤外分光法 (reflection absorption infrared spectroscopy, RAIRS) を組み合わせて測定している．そしてフーリエ変換型赤外 (Fourier transform infrared, FTIR) 分光計を用いて，エネルギー分解能を犠牲にして 5 ms の時間分解能で迅速測定を行っているが，ステップとテラスに吸着した C-O 伸縮振動の波数には分離して測定できるだけの差がある．

Pt(111) を [11$\bar{2}$] から 1.7° 傾けて切断すると，[1$\bar{1}$0] の単原子層ステップで区切られた 29 原子 (80.5 Å) のテラス長をもつステップ表面 Pt(111)$_s$ ができる．いろいろな温度で測定した時間分解の FTIR スペクトルを図 6.32 に示す．吸着後の時間を右端に記した

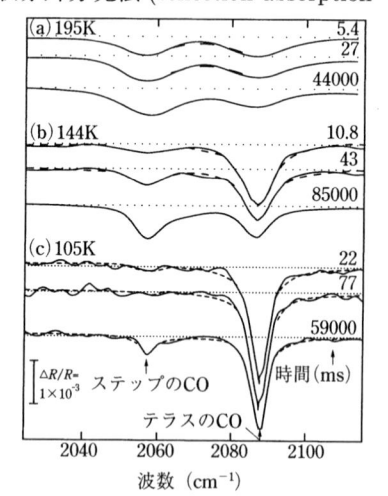

図 6.32 Pt(111)$_s$-CO からの時間分解 RAIRS スペクトル (J. E. Reutt-Robey et al.: Phys. Rev. Lett., **61**, 2778 (1988))
試料温度 T を左上に示す．

が，時間の経過とともに～2090 cm^{-1} に現れるテラスにいる CO の分子数は減り，～2060 cm^{-1} のステップに吸着した CO の分子数が増している様子がみえる．これはテラスの分子が拡散してステップに捉えられたためで，28 原子のテラスと 1 原子のステップでできた 1 次元格子上での CO の拡散である．したがって C-O 伸縮振動のスペクトル強度の時間変化から減衰曲線と増大曲線を得て，これから CO 分子がテラス上で拡散する速度定数 k_t が求まる．$\Theta = 0.006$ の低被覆率，$T = 95 \sim 195$ K の温度範囲で k_t を測定し，それをアレニウス・プロットしたところ直線に乗り，拡散に伴う障壁の高さ $E_a = 18$ kJ/mol(0.19 eV) が求まった．この値はレーザー誘起脱離などを用いて測定した巨視的な拡散定数 D から得た値に比べると，1/2 から数分の 1 の小さな値になっている．この違いは巨視的な測定では表面欠陥に捉えられて動きにくくなった分子の表面拡散が含まれているからであろう．

　その他に He 原子線散乱，STM などによっても測定されているがそれらは省略して，最後にケログ-ファイベルマン (Kellog-Feibelman) およびツォン (Tsong) らの 2 つのグループが FIM で測定した興味ある表面拡散現象について述べる．金属表面の原子が自己拡散するとき，直感的に，また剛体球模型で考えると凹凸がもっとも小さい経路を通りそうであり，ほとんどの観測結果がそれを支持している．しかしファイベルマンは Al(001) での Al 原子は凹凸がもっとも小さい $\langle 110 \rangle$ ではなく，$\langle 100 \rangle$ に沿って基板原子と置き換わりながらこの方向に拡散する過程が起きることを理論的に予測した．すなわち Al 原子は三価であるから，拡散する原子は遷移状態では基板の 2 原子および基板から上方に大きく変位した 1 原子と結合し，次に交替することで E_a を小さくしている．すなわち合奏拡散 (concerted diffusion) をしている．そしてケログらは Pt(001) で，ツォンらは Ir(001) で実験により確かめた．さらに酔歩運動をしている原子が単位時間当たりに変位する 2 乗平均 $\langle r^2 \rangle / \Delta t$ の温度依存性をアレニウス・プロットして，Ir(001) で $E_a = 0.84 \pm 0.05$ eV の値を得ている．また Pt(011), (113), (133) では 0.69～0.83 eV であるのに対して，Pt(001) では図 6.33 に示すように，また Al(001) で理論的に予測したような基板原子の変位を伴う交換拡散 (exchange diffusion) をしているために，$E_a = 0.47$ eV と小さな値が得られている．なお，この現象はステップを乗り越えて拡散するときに重要になる．

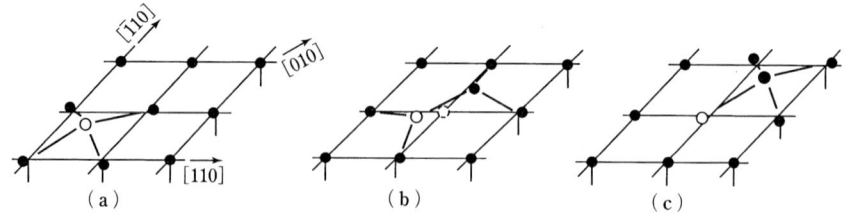

図 6.33 Pt(001) での Pt 原子が交換拡散をする模型 (G. L. Kellogg and P. J. Feibelman: *Phys. Rev. Lett.*, **64**, 3143 (1990))
白丸の原子が黒丸の原子と置き換わって [010] に沿って拡散をする．(a) 出発，(b) 遷移状態，(c) 終点．

6.3.2 バルクからの拡散と界面の水素原子

Si のような隙間のある結晶ではなく，金属結晶，ことに fcc や hcp 金属の場合，異種原子が結晶内部から表面へ拡散するとき，H 原子のように原子半径が小さい原子であっても，バルク中は周囲の格子を変位させながら格子の隙間を通って表面に抜け出る．したがってバルク中を拡散して真空中に脱離する原子は結晶の温度 T よりずっと高い，熱い原子 (hot atom) になる可能性が高い．そのことを示すコムサ (Comsa) らによる実験結果を図 6.34 に示す．表面に S 原子が $\Theta = 0.5$ で吸着した Pd(001)-S (結晶の厚さは ~1 mm，試料温度は 360 K) の背面から 400 Torr の D_2 を供給すると，$10^{15} \sim 10^{17}$ 分子/s·cm² の速度で超高真空容器中に透過して D_2 が脱離する．

図 6.34 はこの脱離した D_2 分子をランダムチョッパーでパルス化して，表面垂直から測った放出角 θ_e の関数として測定した TOF スペクトルである．$\theta_e = 0°, 20°$ の場合には速い速度成分と遅い速度成分がある．速い速度成分の TOF スペクトルをマッ

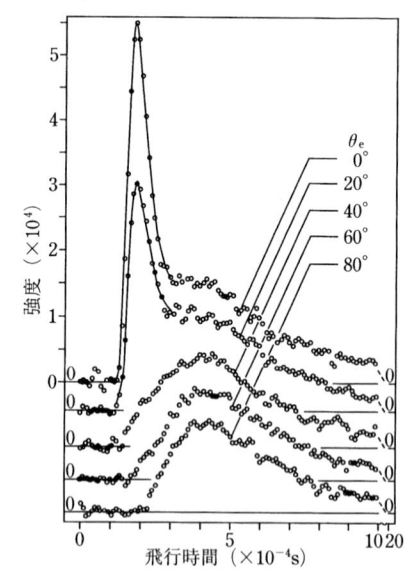

図 6.34 結晶を透過して Pd(001)-S($\Theta=0.5$) から脱離する D_2 の TOF スペクトルの θ_e 依存性 (G. Comsa *et al.*: *Surf. Sci.*, **95**, L210 (1980))

クスウエル-ボルツマンの速度分布則に当てはめて，平均の並進エネルギー $\langle E_t \rangle$ から並進温度を求めると，$T_t = \langle E_t \rangle / 2k_B = 1030$ K が得られる．また θ_e が小さい範囲にのみ速い速度成分があることからわかるように，角度分布を測定すると $\cos^{10} \theta_e$ と表面に垂直な方向に鋭い分布をしている．すなわち格子歪みからもらった運動量の x, y 成分は打ち消され，表面に垂直な z 成分のみが格子歪みにより加速されて，このような分布になったと考えられる．一方，遅い成分は $T_t = 360$ K と試料温度と同じでボルツマン分布をし，$\cos \theta_e$ の余弦則に従った角度分布をしている．したがってバルク中を拡散してきた D 原子が表面にいったん吸着され，結晶と熱平衡になって会合脱離したのが遅い速度成分である．

ここで，Pd(001) の $\Theta = 0$ の清浄表面では速い速度成分は得られず，また S 原子の被覆率 Θ が増すと速い速度成分の割合が増すことから，脱離する熱い分子を得るには S 原子の吸着が必要であることがわかった．これは Pd(001) の清浄表面が結晶内部から拡散してくる D 原子に非常に活性で，D 原子は表面に必ずいったん捉えられて熱平衡になってしまうが，S 原子が吸着すると表面が不活性になり，D 原子は捉えられることなくすり抜けて会合脱離する割合が増すのであろう．それに対して多結晶の Ni，Cu は速い成分を得るのに S の吸着を必要としなかった．Cu は D 原子の吸着に活性でないから妥当な結果であるが，一般には H 原子の吸着に活性な Ni が結晶内部を拡散してきた D 原子に対して不活性と考えなければならず，これは水素の吸蔵と関連づけられるバルク中を拡散してきた D 原子の付着確率 (あるいは表面捕獲) という興味ある問題を提起しているように思える．

結晶内部から拡散して脱離する原子が熱い分子になったり，また結晶の外から吸着する原子と結晶内部から拡散してくる原子とで，付着確率に違いがあるのではない

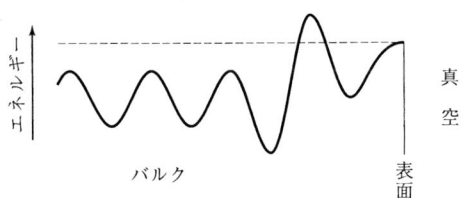

図 6.35 結晶中から表面への原子の拡散のポテンシャルエネルギー曲面の模式図

かと思いたくなる実験結果を述べた．これらに類似した現象が界面に偏在した H 原子が表面に拡散してきたときにもみられる．これらの現象は図 6.35 に模式図を示すような表面にポテンシャル障壁があると起きる現象である．4.4.2 項で少し触れたが，福谷，村田らは $^1\mathrm{H}(^{15}\mathrm{N}, \alpha\gamma)^{12}\mathrm{C}$ の共鳴核反応 (resonance nuclear reaction) を用いて H の深さ分布を測定する方法を開発した．ただし，$^1\text{H}(^{15}\text{N}, \alpha\gamma)^{12}\text{C}$ の表記は ^1H を標的にして ^{15}N が衝突すると α 線と γ 線を放出して ^{12}C になることを意味している．この核反応は入射エネルギーが 6.385 MeV の ^{15}N が静止している ^1H に衝突すると，中間状態に安定核種である ^{16}O の長寿命な励起状態が生じて，α 線と 4.43 MeV の γ 線を放出して壊変する．そのために ^1H が静止している実験室系での共鳴幅が $\Delta E_\text{R}=1.8$ keV と非常に狭く，共鳴エネルギーが $E_\text{R}=6.385$ MeV の共鳴核反応である．また反応断面積は 1650 mb と非常に大きい．そのためにこの核反応を利用して通常の非破壊の表面分析法では検出しがたい H 原子を検出し，深さ分布を測定することが可能になる．

6.385 MeV の ^{15}N ビームに対する Ag 金属の阻止能 (stopping power) は 3.35 keV/nm である．したがって Ag 膜中に 5.4 Å 浸入すると 1.8 keV のエネルギー損失を受けることになり，6.385 MeV の単色ビームが入射して表面から 2～3 原子層下に達すると，核反応は起きない．また 10 Å の Ag 膜の下にある界面に偏在している H 原子を検出するには，E_R より 3.35 keV 高い入射エネルギーの ^{15}N ビームを用いればよい．このように $\Delta E_\text{R}=1.8$ keV の共鳴核反応を用いると，2～3 原子層の分解能で深さ分布が測定できるはずである．そのためには入射ビームのエネルギー広がり ΔE を ΔE_R と同程度の 2 keV 以下に単色化して，エネルギー変動を 1 keV 以下にし，しかも入射エネルギー E_i を ΔE_R 近傍で安定に掃引する必要がある．そして超高真空槽外に設置した検出器 ($\text{Bi}_4\text{Ge}_3\text{O}_{12}$(BGO) シンチレーター) を用いて，核反応で放出される 4.4 MeV の γ 線を検出すると，H 原子の深さ分布が測定できる．

しかるに $E_\text{i}=6.385$ MeV，$\Delta E<2$ keV で，ある強度以上の ^{15}N ビームをつくるにはいろいろな課題を解決しなければならない．このことは省略するが，それができたとしても H 原子のゼロ点振動の効果が重大になる．すなわち，入射ビームに平行な方向の振動がドップラー効果によりエネルギー広がり δE_D を生じる．H 原子のゼロ点振動による変位はガウス分布をしているので，

$$\delta E_\text{D} = \sqrt{\frac{2M_\text{N} E_\text{R} E_\text{vH}^0}{M_\text{H}}}$$

で表される．ただし，M_N, M_H は N, H 原子の質量，E_vH^0 は H 原子のゼロ点振

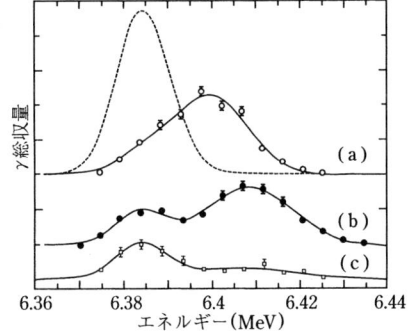

6.3 拡　散

図 6.36　Si(111)1×1-H に 110 K で Ag 膜をつけた試料の共鳴核反応による γ 線の収量 (K. Fukutani et al.: Phys. Rev., B **59**, 13020 (1999))
Ag の膜厚が (a)33 Å, (b)67 Å, (c)(b) を 300 K に熱処理した.

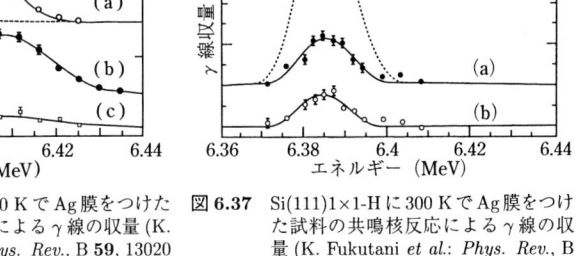

図 6.37　Si(111)1×1-H に 300 K で Ag 膜をつけた試料の共鳴核反応による γ 線の収量 (K. Fukutani et al.: Phys. Rev., B **59**, 13020 (1999))
Ag の膜厚が (a)39 Å, (b)70 Å.

動エネルギーである. $E_{vH}^0 \sim 0.2$ eV より 5～8 keV のドップラー広がりとなり, このために深さ分解能は低下する. しかしこの値は推定できるので補正が可能であり, ピーク位置は ±0.5 keV の精度で決めることができるので, 深さ分解能はそれほどには低下しない.

　Si(111)7×7 を 400°C に保持して原子状 H を飽和吸着させると, Si(111) の理想表面のすべてのダングリングボンドが H 原子で終端された Si(111)1×1-H ができる. この表面に $T=110$ K で Ag を蒸着した試料を用いて ^{1}H$(^{15}$N$,\alpha\gamma)^{12}$C の共鳴核反応により H 原子の深さ分布を測定した結果を図 6.36 に示す. Ag の膜厚が (a) は 33 Å, (b) は 67 Å である. また比較のために室温で Si(111)1×1-H に Ag を蒸着した試料での測定結果を図 6.37 に示す. 両図 (a) の点線で示した曲線は Si(111)1×1-H の表面 H 原子からの γ 線収量のエネルギー分布で, 幅は入射ビームの幅 ΔE のほかに自然幅 ΔE_R, δE_D が含まれている. また積分強度は H 原子の絶対量を知るための標準になり, Si(111)1×1-H での $\Theta=1$ に対応する.

　図 6.36 と図 6.37 とで分布に大きな違いがある. これは室温で作製した Ag 膜は島状になっていて, Ag が蒸着されたときには Si 表面の H 原子は脱離して Ag と Si の界面に H 原子は残存しない. そして検出された H 原子は島状の Ag 蒸着膜がない, Si が露出した場所に吸着した H 原子である. それに対して 110 K で作製した Ag 膜は均一な厚さをしていて, 図 6.36(b) の高エネルギー側に現れた

ピークの位置は $E_R+(23.7\pm0.38)$ keV で，阻止能から求めた Ag 膜厚は 70.7 Å となり，膜厚計で測定した値 67 Å と一致する．図 6.36(c) は (b) の試料を 300 K に熱処理した後に測定した結果である．

図 6.36(b) では Ag を蒸着した後に 2 つのピークが観測され，H 原子が Ag 表面と Ag-Si 界面に存在することを示していて，それぞれの H 原子の量は $\Theta=0.28\pm0.03$，0.58 ± 0.05 であり，合計は $\Theta=1$ とみなせる．すなわち $T=110$ K で Ag を蒸着したとき H 原子は脱離しないですべて表面に残り，そのうち約 2/3 が Ag-Si 界面に残存し，残りの約 1/3 が Ag 表面に拡散している．(a) も同様であるが，分解能の点からその両者が分離されていない．それに対して (b) の試料を 300 K で熱処理した (c) は Ag-Si 界面の H 原子はほとんど消失し，熱処理前とほぼ同量の H 原子が表面に残っている．しかるに Ag(111)-H の H 原子は 210 K で熱脱離が完了するので，300 K の熱処理後は Ag 表面に吸着した H 原子はすべて脱離する．したがってこの表面の H 原子は表面直下に捉えられた H 原子である．この測定法では表面の H 原子と表面直下の H 原子を区別するだけの分解能がないので，熱処理後に表面直下に H 原子が残ることから，図 6.36(b) の 110 K での Ag 蒸着後に表面に残った H 原子も表面直下に捉えられていると考えるのが妥当である．しかも熱処理後もこの H 原子は同量あることから，300 K に熱処理すると Ag-Si 界面にあった H 原子は表面に向かって拡散し，それらは Pd(001)-S の透過 D 原子と同様に熱い原子であるから，図 6.35 にある表面の高いポテンシャル障壁を越えて脱離し，初めに表面直下に存在していた H 原子は熱処理後もそのまま残存していると考えた方がよさそうである．

6.4 吸着分子の反応

表面の化学反応として Si(001)，Si(111) 上に SiO_2 膜を形成する反応，すなわち Si の酸化反応や，Si 上の SiO_2 膜の分解反応については膨大な数の研究がある．これらは Si のデバイステクノロジー，とくに Si 超大規模集積回路 (ultra-large-scale integrated circuit, ULSI) の基本素子である金属-酸化物-半導体 (metal-oxide-semiconductor, MOS) 電界効果トランジスタ (field-effect transistor, FET) の良質なゲート酸化膜を得るために，実用面からの要求によっている．し

かし残念ながら表面物理学として興味ある現象は現段階では意外と少なく，まとめるには時期尚早のように思える．それは3.9.1項で触れた酸化膜上での金属Alの酸化反応とは異なり，Siの酸化はSi基板とSiO_2膜の界面で酸化が進行するために測定が困難であり，現段階では隔靴掻痒の感があることにもよっている．また表面での化学反応を個々に取り上げたのではこれまた膨大になるので，さらに本書で扱う主題からはずれる．そこで表面上での吸着分子の化学反応として物理的に興味ある現象，たとえばPt, Pd, Rhの単結晶や多結晶上で表面温度と反応気体の分圧を制御すると，$CO+O_2$, $NO+CO$, $NO+H_2$, H_2+O_2などの反応生成物の生成速度に振動現象が観測されるという現象，さらにこれに起因して自己組織化とも関連するさまざまな2次元パターンの形成と発展を，とくにPt(110), Pt(001)を触媒とする$CO+\frac{1}{2}O_2 \rightarrow CO_2$の酸化反応に的を絞って話を進めることにする．

6.4.1 Pt表面上でのCOの酸化と振動現象

白金線を触媒とした$CO+\frac{1}{2}O_2 \rightarrow CO_2$の反応では，反応時の表面温度$T$である白金線の温度，反応物であるCO, O_2の分圧p_{CO}, p_{O_2}を適当に選ぶと反応生成物であるCO_2の分圧が図6.38に示すように1~2分の周期で振動する現象が観測される．すなわちCO_2の生成速度に観測される振動現象である．この反応は白金表面上で次の段階を経てCO_2を生成している．

$$CO(g) + \otimes \rightleftarrows CO(ad)$$
$$O_2(g) + \otimes \rightarrow 2O(ad)$$
$$O(ad) + CO(ad) \rightarrow CO_2(g)$$

ただし，CO(ad)は吸着したCO分子，CO(g)は気相のCO分子，$\otimes$はPt表面上でCO, Oが吸着できる空いた位置を意味する．このようなO(ad), CO(ad)の2つの吸着子が表面上で衝突して反応が進行する場合をラングミュアー-ヒンシェルウッド (Langmuir-Hinshelwood, LH) 型の反応と呼んでいる．このLH型での両方の反応物は原則として表面温度に等しい熱平衡にある[*1)]．

[*1)] それに対して吸着子と熱平衡にない気相からの分子 (原子) が直接衝突して反応する場合をイーレー-リディール (Eley-Rideal, ER) 型の反応と呼ぶ．6.1.2項で述べた熱い原子が反応物になる反応もER型に属す．

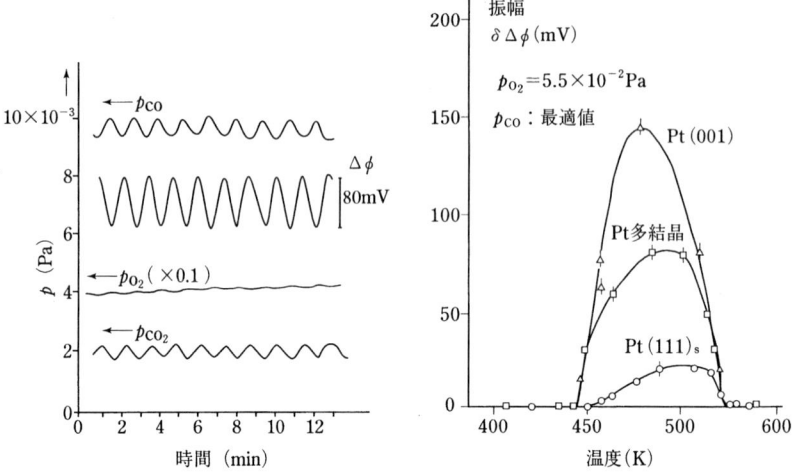

図 6.38 白金線での CO の酸化反応にみられる振動現象 (G. Ertl et al.: Phys. Rev. Lett., **49**, 177 (1982)). $T=502$ K, $p_{O_2} = 1\times 10^{-2}$ Pa, $p_{CO} \sim 1\times 10^{-2}$ Pa.

図 6.39 3種の Pt 表面を用いた $\Delta\phi$ に現れる振動の振幅でみた温度依存性 (G. Ertl et al.: Phys. Rev. Lett., **49**, 177 (1982)).

図 6.38 で注目してほしいこととして仕事関数の変化 $\Delta\phi$ にも CO_2 の生成量 p_{CO_2} と同期し,位相も同じ振動現象が観測されることである.これは O 原子が吸着すると仕事関数 ϕ が増加し,また $O(ad)+CO(ad) \to CO_2(g)$ より $O(ad)$ が消費されて ϕ が減少するためである.さらにこの反応式より CO_2 の生成速度は,

$$r_{CO_2} = k\Theta_{CO}\Theta_O \tag{6.14}$$

で与えられる.ただし,k は反応速度定数と呼ばれ,$k = \nu_0 \exp(-E_a/k_B T)$ の関係にある.したがって Θ_O が増すと r_{CO_2} が増し,また $\Delta\phi$ も増すので,$\Delta\phi$ と p_{CO_2} が同位相で振動することになる.単結晶表面からの反応生成物を検出して振動を観測するのは困難であるが,$\Delta\phi$ の時間変動を測定することは容易であるから,このことは単結晶表面での化学反応に現れる振動現象の観測を容易にする.

Pt 多結晶,Pt(001),Pt(111)$_s$ の 3 種の表面について $\Delta\phi$ の振動振幅 $\delta\Delta\phi$ を温度の関数として図 6.39 に示す.$p_{O_2} = 5.5\times 10^{-2}$ Pa で p_{CO} はそれぞれ測定に最適な分圧を選んでいる.ここで,Pt(111)$_s$ は 3.6 節,6.3.1 項で触れたステップ表面であるが,ステップなどの表面欠陥が表面反応に大きく寄与すると思われていた.このことを示した実験として,ソモジャイ (Somorjai) らの H_2 と D_2 を混合した分

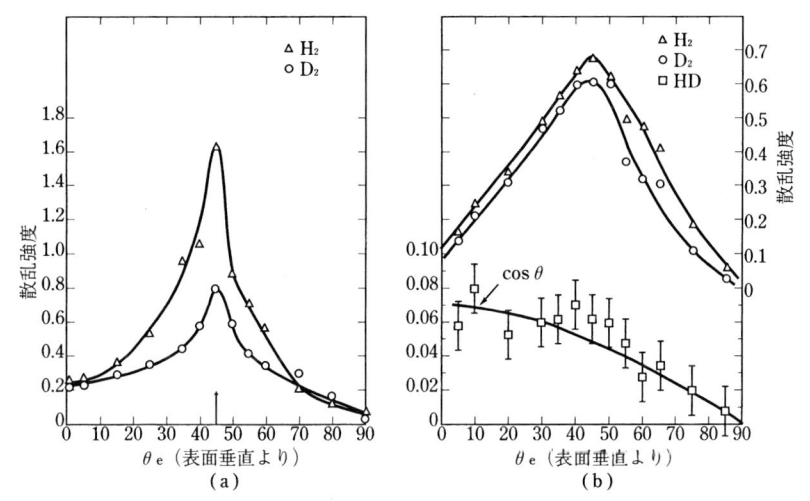

図 6.40　H_2+D_2 分子線が (a)Pt(111), (b)Pt(7 9 9) で散乱したときの散乱分子の角度分布
(S. L. Bernasek et al.: Phys. Rev. Lett., **30**, 1202 (1973))

子線が Pt(111)$_s$ である Pt(7 9 9) で散乱した測定結果を図 6.40 に示す. 入射角 $\theta_i = 45°$, 分子線の温度 $T_b =300$ K, 表面温度 $T =1000$ K で, (a) はステップがない平らな Pt(111) からの散乱で, (b) が Pt(111)$_s$ からの散乱でステップの原子列に分子線が垂直に入射する散乱面内で測定している. H_2, D_2 のままで散乱してくる分子は Pt(111)$_s$ からの散乱角分布の幅は大きく広がっているが, ピークの位置は Pt(111), Pt(111)$_s$ の両者ともに鏡面反射方向に現れている. 一方 (b) のみに $H_2+D_2 \to 2HD$ の H と D の交換反応の反応生成物である HD が観測されている. これは $T = 300 \sim 1000$ K の広い温度範囲で観測されていて, 角度分布は表面に垂直な方向にピークがある余弦則を満足している. したがって HD は表面に短時間解離吸着した H と D が熱平衡に達してから会合脱離したと判断できる.

このように Pt(111)$_s$ が交換反応の触媒として重要であることが示されたが, 図 6.39 からこの振動現象には Pt(111)$_s$ は不活性であることがわかる. ここで, Pt(111)$_s$ にわずかに観測される $\Delta\phi$ の振動振幅はステップ面の影響であろう. 図 6.39 からわかるように, CO の酸化反応で振動現象を引き起こしている触媒活性がある表面は Pt(001) のテラスである. また $440 \sim 520$ K の範囲で振動現象が現れていて, 1×1→hex の非可逆な相転移をする温度は 5.2.3 項で述べたよう

に 400 K であり，これは 440 K とほぼ一致しているから，振動現象は Pt(001) の相転移と関連することが推測できる．一方，520 K は吸着 CO が脱離してしまう温度である．相転移と振動現象の関係を明瞭に示す LEED の測定結果を図 6.41 に示す．また 6.1.1 項で述べたように，CO の s_0 は hex 表面と 1×1 表面とで違いがなく $s_0(CO)\approx 0.8$ であり，O_2 が解離吸着する $s_0(O_2)$ は準安定相の 1×1 表面では $s_0(1\times 1)\approx 0.3$ であるのに対して，安定相の hex 表面では $s_0(hex)\approx 10^{-4}\sim 10^{-3}$ と s_0 が非常に小さくなる．さらに 5.2.3 項で述べ，図 5.36 にあるように，CO の吸着エネルギー E_{ad} は 1×1 の準安定相の方が hex の安定相より大きい．これらのことを考慮すると，次のような過程で振動現象が説明できる．

Pt(001)hex に CO が吸着して Θ_{CO} が臨界値 Θ_c を越すと Pt(001)1×1 にリフ

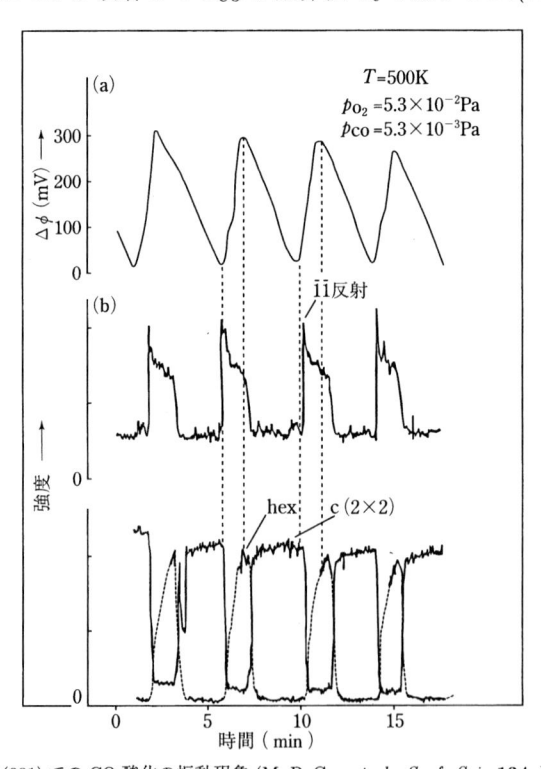

図 6.41 Pt(001) での CO 酸化の振動現象 (M. P. Cox et al.: Surf. Sci., **134**, L517 (1983))
(a)$\Delta\phi$, (b) これと同時に測定した LEED スポットの強度．
1×1 構造にリフティングすると $\overline{11}$ 反射の強度は増し，hex や c(2×2) 構造になるとこれらの表面からの超格子反射が現れて，それに回折強度がとられて $\overline{11}$ 反射の強度は減少する．

ティングして $s(O_2)$ が大きくなり，そのため Θ_O が増して式 (6.14) により r_{CO_2} が増加し，CO_2 が脱離・生成する．そのため Θ_{CO} が減少して $\Theta_{CO} < \Theta_c$ となり，$T > 400$ K なので 1×1→hex の相転移をして $s(O_2)$, Θ_O が小さくなり r_{CO_2} が減少する．これを繰り返して CO_2 の生成速度に振動現象が現れる．したがって安定相と準安定相への分岐現象が振動現象を引き起こしていることになる．ここで，1×1 表面の方が CO の E_{ad} が大きいのでこの領域に CO(ad) が集まり，Pt(001)1×1 基板の CO 吸着層の構造である c(2×2) のスポットが図 6.41 に示すように現れる．

Pt(110) では CO 吸着により 2×1→1×1 のリフティングが起きるので，準安定相の 1×1 と安定相の 2×1 での分岐現象 (bifurcation phenomenon) により，同様の振動現象が Pt(110) でも起きると想定できる．しかし安定相の 2×1 構造と準安定相の 1×1 構造との間の $s_0(O_2)$ の違いが $s_0(2\times1) \approx 0.3 \sim 0.4$, $s_0(1\times1) \approx 0.6$ と Pt(001) に比べてずっと小さいため，図 6.42 に示すように振動現象が観測される

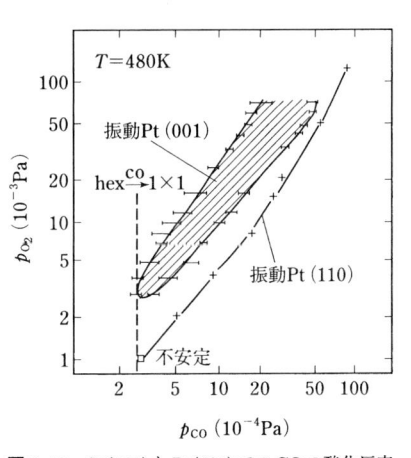

図 6.42　Pt(110) と Pt(001) での CO の酸化反応での振動現象が観測される条件を p_{CO} と p_{O_2} で表した図表 (M. Eiswirth et al.: J. Chem. Phys., **90**, 510 (1989))．Pt(001) は斜線を施した領域，Pt(110) は実線上で振動現象が現れる．$T = 480$ K.

領域が Pt(001) より狭くなる．さらに図 6.43 に示すように，振動の有様は複雑に変化する．$p_{O_2} = 1.0\times10^{-2}$ Pa, $T = 530$ K で p_{CO} を 5.6×10^{-3} Pa から 5.2×10^{-3} Pa まで少しずつ変化させると，図 6.43(a) で規則的な振動が現れ，(b) で振幅が増し，(c) で周期が 2 倍になり，(d) で乱れたカオスになっている．

6.4.2　時間的に変動する 2 次元パターンと自己組織化

Pt(001), Pt(110) での CO の酸化反応に振動現象が現れたが，これは基板の準安定相と安定相の分岐現象に原因がある．振動現象が現れる化学反応としては，ベルーゾフ-ザボチンスキー (Belousov-Zhabotinskii, BZ) 反応がよく知られている．これは硫酸酸性，Cc 塩の存在下での臭素酸カリウム $(KBrO_3)$ によるマロン酸 $(CH_2(COOH)_2)$ の臭素化反応であるが，振動現象が観測されるだけで

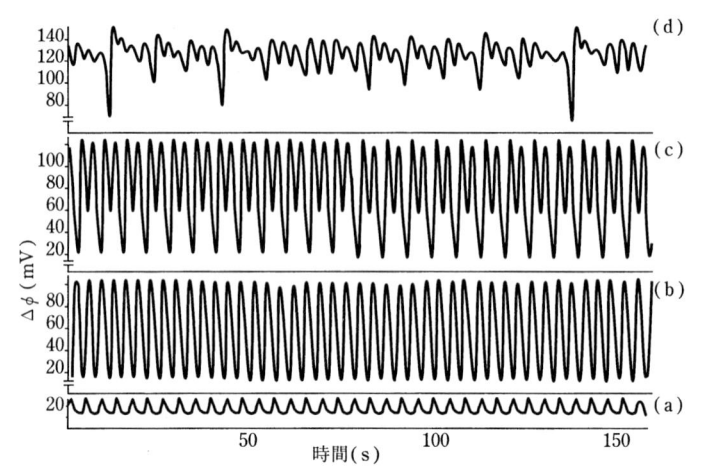

図 6.43 Pt(110) での CO の酸化反応に現れる振動現象の p_{CO} による変化 (M. Eiswirth and G. Ertl: *Surf. Sci.*, **177**, 90 (1986)) $p_{O_2} = 1.0 \times 10^{-2}$ Pa, $T = 530$ K. (a) から (d) で p_{CO} を 5.6×10^{-3} Pa から 5.2×10^{-3} Pa に変化させている.

はなく,時間とともに発展する同心円や渦巻の模様が生じる.後に述べるように,この場合は平衡状態から大きく離れた非平衡開放系としての分枝過程が振動を引き起こし,反応拡散系が時間発展する規則的なパターンを生み出している.Pt 表面上での CO_2 の生成反応で観測された振動現象も同様と考えられるので,時間的な振動現象だけではなく,BZ 反応で観測される空間的に規則的なパターンが Pt を触媒とする CO_2 の生成反応でも現れることが期待できる.

ロータームント (Rotermund) とアートル (Ertl) らはこれをみる目的で光電子顕微鏡 (photomission electron microscope, PEEM) を開発し,光源に重水素ランプを用いると Pt(110) 上での CO の酸化反応に図 6.44 に示すようなさまざまに時間とともに変動,発展する 2 次元パターンの PEEM 像が観測できることを見出した.しかし Pt(001) ではこのような複雑な 2 次元パターンは現れなかった.図 6.44(a) は定在波,(b) は渦巻き状,(c) は的模様であり,(a) の定在波は図 6.43 の規則的な振動に対応する.O 原子が吸着すると ϕ が増加し,光電子放出の効率が減少して暗くなり,ϕ があまり変化しない CO が吸着した領域は相対的に明るくみえる.これが PEEM 像のコントラストを与えている.Pt(110) でも図 6.41 に示した Pt(001) の場合と類似したことが起きているので,図 6.44(a)

の PEEM 像の変化を対応させてみることができる．一方，(b) (c) の渦巻き状，的模様は BZ 反応で現れる空間パターンと類似していて，渦巻き模様が発展する様子をみることができるし，的模様では振動している様子がみえる．これらのさまざまな空間パターンが発生する条件を，$p_{O_2} = 4\times10^{-2}$ Pa で観測したときの T と p_{CO} の分岐図として図 6.45 に示す．

(a)

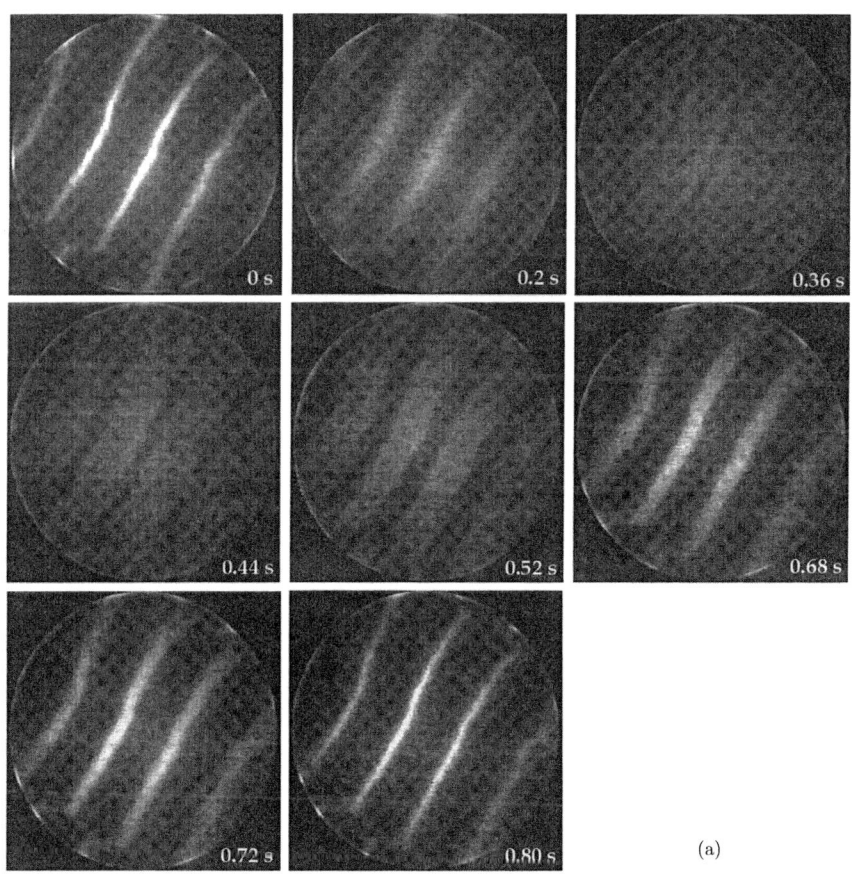

図 6.44 Pt(110) での CO の酸化反応で観測された PEEM 像 (アートル教授とローターモント博士のご好意による)
(a) 定在波．1 画像は直径 500 μm，T =550 K，$p_{O_2} = 4\times10^{-2}$ Pa，$p_{CO} = 1.7\times10^{-3}$ Pa．
(b) 渦巻きパターン (次ページ上)．左上から右下に 30 s 間隔．1 画像は 440×410 μm^2，T =448 K，$p_{O_2} = 4\times10^{-2}$ Pa，$p_{CO} = 4.3\times10^{-3}$ Pa．
(c) 的模様 (次ページ下)．左上から右下へ最初の 5 画像は 4.1 s 間隔，最後はさらに 30 s 後．1 画像は 200×300 μm^2，T =427 K，$p_{O_2} = 3.2\times10^{-2}$ Pa，$p_{CO} = 3\times10^{-3}$ Pa．

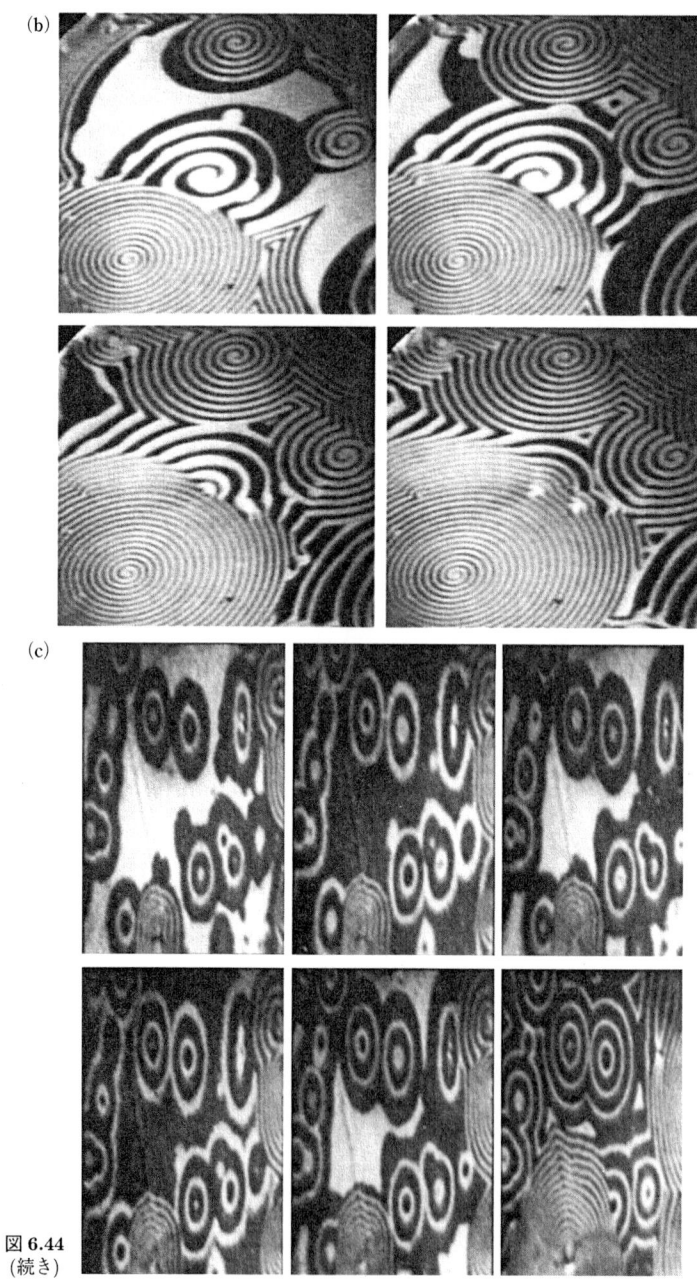

(b)

(c)

図 6.44
(続き)

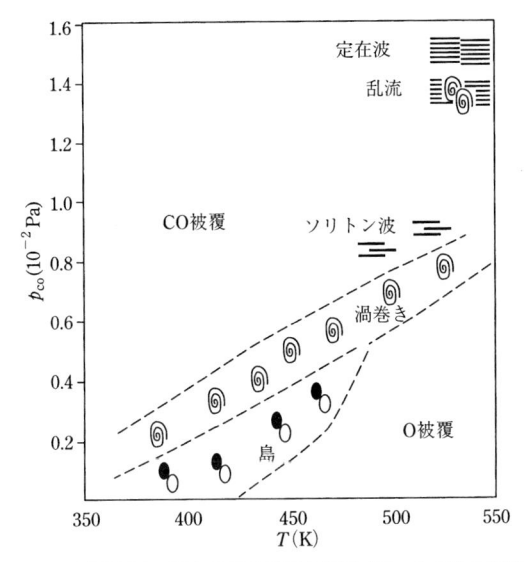

図 6.45 Pt(110) での CO の酸化反応に現れるさまざまな空間パターンの発生状況を示す T–p_{CO} の分岐図 (H. H. Rotermund: *Surf. Sci. Rept.*, **29**, 265 (1997))
$p_{O_2} = 4 \times 10^{-2}$ Pa.

　CO の吸着エネルギー E_{ad} は Pt(001) と同様に準安定相である 1×1 領域での値が 2×1 領域に比べて大きいので，CO(ad) は 1×1 領域に集まり，CO_2 の生成反応は O(ad) の領域と CO(ad) の領域が接した境界で起きる．その結果 CO が Pt 表面で酸化反応する様子を反映して，光電子放出で空間パターンの変化が観測できたと考えられる．しかし渦巻き模様のような規則的に時間発展するパターンの形成はそのような単純な考え方では説明できない．これはベナール (Bénard) 対流や BZ 反応のパターン形成と同様な機構で，平衡条件から大きく離れた非平衡開放系にみられるパターン形成である．このことはベナール対流にはっきりとみることができる．2 枚の熱伝導性が高い平板に上下から挟まれた空間に入れられた流体が，上の板を加熱して上下の温度差 ΔT を徐々に増したとき，対流を起こし，臨界値 ΔT_c を越すとロールパターンが出現する．この ΔT_c が平衡系から大きく離れて非平衡条件のもとで分岐現象が出現したときである．これは最近のナノ構造ブームと密接に関連する自己組織化 (self-organization) と結び付く現象であるので，パターン形成の一般論を述べることにする．

　自己組織化によりナノスケールの微細な 3 次元の構造物を自発的にかつ規則

的に配列させることが，応用上の1つの大きな開発目標になっている．一方，たとえば遷移金属を酸化物表面上に蒸着すると，微細な結晶が島状に成長することが知られている．しかしこれは自己組織化ではなく自己集合 (self-assembly) である[*2]．結晶成長の3次元核成長である島状成長と2次元核成長である層状成長を議論するときに，バウアー (Bauer) が提唱した毛細管模型がしばしば用いられる．この模型ではパラメータに過飽和度を用いるので，平衡条件から大きくずれた議論のように思えるが，この模型は平衡条件からわずかにずれた状態での議論である．一方，規則的なパターンを形成する自己組織化はエントロピーが減少するので，熱力学第2法則のエントロピー増大則に反するように思える．しかしエントロピー増大則は孤立系で成立する考えであり，それに対して自己組織化にみられるエントロピーの減少は非平衡開放系に現れる現象であるから，熱力学第2法則に反してはいない．

次に自己組織化の特徴をわかりやすく記述する．非平衡状態から平衡状態に緩和する過程は，平衡状態からの状態量の変化分を u とし，外部から加わる条件を F とすると，u の時間変化を決める方程式の単純化した一般的な表現は，

$$\frac{du}{dt} = F - \gamma u + u^n; \quad (n \geq 2) \tag{6.15}$$

で与えられる．平衡状態に近い準平衡系での緩和過程では u が小さいために右辺の第3項が無視できて，定常状態 $du/dt = 0$ での解は $u = F/\gamma$ となって外的条件 F に対して1つの状態が対応する．それに対して平衡状態から大きくずれた非平衡状態からの緩和過程は右辺の第3項が無視できない非線形になり，$n = 2$ とすると定常解として1つの F に2つの解が存在する．これは定常状態に分岐現象が現れ，別の相への飛び移りが起きうることを示している．これが分枝過程 (bifurcation process) による時間的に異なる構造への転移である．Pt 表面での CO の酸化反応では基板の準安定相と安定相の分岐現象があり，状態の時間変動 du/dt を表す式 (6.15) から振動現象が表現できる．しかし自己組織化である規則性がある構造はこれでは表せない．

式 (6.15) の左辺は状態量の時間変化であるから，BZ 反応や Pt 上での CO

[*2] 自己組織化が流行語であるために世の中にこの混同がずいぶんと行われているので注意した方がよい．

の酸化反応では反応速度に相当する．BZ 反応ではフィールド-ケレス-ノイス (Field-Körös-Noyes) による FKN 機構と呼ばれている機構で説明できるが，そこでは u_i として $X = [HBrO_3]$，$Y = [Br^-]$，$Z = [Ce^{4+}]$ のそれぞれの化学種の濃度を 3 変数として，式 (6.15) と同様な表示の 3 つの連立微分方程式で反応系が表される．したがって，$dX/dt = \cdots$ の式の右辺には X^2，XY の非線形項が含まれるなどにより，実験で観測される時間的な振動現象を再現できる．そして同心円や渦巻きの時間とともに発展する規則的なパターンは拡散項を加えた

$$\frac{\partial u_i}{\partial t} = F_i(\boldsymbol{u};\xi) + D_i \frac{\partial^2 u_i}{\partial x^2} \qquad (6.16)$$

の反応拡散方程式で示すことができる．ただし，D_i は拡散定数，ξ は温度，圧力などのパラメータ，u_1, $u_2 \cdots$ を $\boldsymbol{u}$ で表した．

Pt(110) で CO が酸化反応する場合は FKN 機構と同様に，CO(ad)，O(ad) の被覆率 Θ_{CO}，Θ_O および 1×1 構造が占める割合 $\Theta_{1\times 1}$ の 3 変数の連立微分方程式で表すと，$d\Theta_{CO}/dt = \cdots$ の式の右辺には CO(g) が吸着するための分圧 p_{CO} がパラメータとして入り，式 (6.1) のキスリュークの関係式で近似できる CO(g) の付着確率 $s(\Theta_{CO})$ を，Θ_{CO} の多項式で表した実験式を用いると，Θ_{CO} の非線形項が，また Θ_{CO} が CO_2 の生成によって式 (6.14) に従って消費されることからくる $-k_i\Theta_{CO}\Theta_O$ の形の非線形項が含まれることになって，FKN 機構と同じ形の連立微分方程式が得られて，振動現象が表現できる．そして拡散項を加えた反応拡散方程式で自己組織化による定在波，渦巻き模様，的模様や，カオス的乱流，ソリトンの生成・消滅などのパターンが表現できる．

一方，このような自己組織化による規則的な空間パターンは Pt(001) では観測されずに Pt(110) のみで観測できた．こらは振動現象が現れる条件を p_{O_2} と p_{CO} で表示した関係が図 6.42 にあるように，Pt(110) での発生条件は Pt(001) に比べてはるかに厳しく，線上に限られていることに原因がある．規則的に振動するさまざまな空間パターン形成の出現条件が厳しいときには，逆にこれからはずれると平衡状態から大きく離れた非平衡状態が実現しやすいことになる．さらに 5.2.2 項で述べたように Pt(110) では吸着誘起の相転移 2×1 $\rightleftharpoons$ 1×1 に際して Pt 原子が移動する距離が短いので，そのことも規則的な 2 次元パターンの発生を可能にしている．

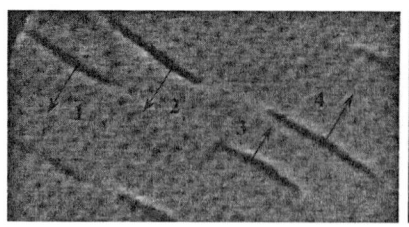

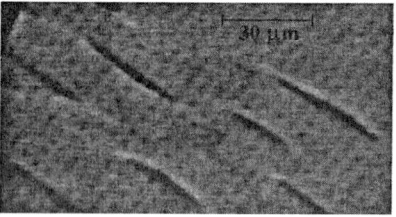

図 6.46 Pt(110) での CO 酸化反応にみられるソリトン波の PEEM 像 (H. H. Rotermund et al.: Phys. Rev. Lett., **66**, 3083 (1991))

最後に興味ある物理現象としてソリトンの発生・消滅に触れておく．図 6.46 に示すように Pt(110) で $p_{O_2} = 3.5 \times 10^{-2}$ Pa, $p_{CO} = 1.0 \times 10^{-2}$ Pa, $T = 485$ K のときソリトンが発生している．パルスの幅は $\sim 2.5 \mu$m, 長さは $\sim 30 \mu$m である．ソリトンの PEEM 像は暗いので O(ad) の領域であり，図 6.46 の左図に矢印で波の進行方向を示したが，ソリトンの前面に CO(ad) の明るい部分が付随している．左の図から右の図へは 3 s の時間差があるが，図からわかるように波の速さはすべて同じ $v = 3.2 \pm 0.2 \mu$m/s で，$\langle 001 \rangle$ 方向に進行している．形状はベル形でほぼ不変であり，生成，消滅にソリトン波の特徴をもっている．たがいに反対向きに進行するソリトンが衝突すると，一方が消滅し，他方は同じ速度を保って進むが，あるものは2つとも消滅したり，乗り越えてそのままの速度で分かれていくものもある．このソリトン波はやはり非線形の反応拡散方程式で記述できる．

参 考 文 献

● **6.2 節**

Y. Murata and K. Fukutani: in *Laser Spectroscopy and Photochemistry on Metal Surfaces*, ed. by H.-L. Dai and W. Ho (World Scientific, Shingapore, 1995), Part II, pp. 729-763.

F. M. Zimmermann and W. Ho: *Surf. Sci. Rept.*, **22**, 128 (1995).

● **6.4 節**

R. Imbihl and G. Ertl: *Chem. Rev.*, **95**, 697 (1995).

H. H. Rotermund: *Surf. Sci. Rept.*, **29**, 265 (1997).

村田好正：in 自己組織化プロセス技術，村田好正ら編 (培風館, 1999), pp. 3-20.

7
おわりに

　最初の構想にはあったが書かずに終わったいくつかの項目がある．たとえば「ラフニング転移と表面融解」「原子レベルでみた摩擦」「表面磁性」「原子レベルでみた界面現象」である．また物質系として，Si(001)-H，Si(001)-SiO$_2$，Si(111)-SiO$_2$ からの熱脱離はシリコンデバイステクノロジーとの関係に着目しながら取り上げる予定であった．しかしこれらを書いていたのでは原稿の完成がますます遅れるのでやめてしまった．また表面上につくる3次元クラスターについて，表面との関係から論じることは大いに意義があるが，本書は原子レベルで平坦な表面を扱うことをねらいとした．というのは平坦な表面ですら物理的背景がわからないことが多いのに，ステップ，キンクなどの集合体であるクラスターはあまりにも複雑で何をみているかわからなくなり，本書のねらいからは明らかにはずれてしまう．これに関連してステップも興味ある現象が多く観測されているが，いくつかを例外的に取り上げただけである．また同様な理由から，吸着分子も6.2.2項で触れたPF$_3$を除いて，2原子分子に限った．

　その他に合金表面は重要な研究テーマの1つであり，今後の発展も期待できる．しかし本書ではW(110)1×1-H，Mo(110)1×1-Hで観測されるコーン異常がネスティングによることを示すために，4.3節でMoRe(110)合金を取り上げたにすぎない．合金の表面物性を扱うのに，局所的な描像(local picture)と包括的な描像(global picture)の2つの見方がある．従来の合金上での表面反応の研究はもっぱら前者の立場からの研究であり，これはとかく各論に陥りがちであった．MoRe(110)合金は後者の立場から眺めた数少ない例である．その他に6.2.2項で詳しく述べた，Pt(111)からNO，COが電子励起に伴って脱離する選択性に関連して，Pt(111)基板との比較から，表面原子の4%をGe原子と規則的に

置換した Pt(111)-Ge 表面合金を福谷らが詳しく調べている．そして NO, CO の吸着位置に Pt(111) との明らかな違いがあり，その違いの原因は包括的な描像で説明できる．合金表面上での反応性について表面物理として汎用性の高い概念を確立するには，合金の性質を包括的な立場から解釈できる研究を展開することが肝要である．

一方これまで述べてきたことを振り返ると，W(110)1×1-H をしばしば取り上げてきたが，これは不思議な表面である．これまで取り上げてきたことを列挙して要約する．3.7 節では $0.5 \leq \Theta \leq 0.75$ で吸着誘起の相転移が LEED で観測され，表面第 1 層の W 原子が面内で一様に変位するモデルが提案されている．そしてこのモデルにより内殻準位シフトの結果が矛盾なく説明できた．3.8.3 項では，図 3.32 に示すように W 表面のいろいろな結晶面で H 原子が吸着するのに伴う仕事関数の変化 $\Delta\phi$ を測定すると，W(110) は例外で，H 原子の吸着に伴い $\Delta\phi < 0$ となり，Θ_r の増加とともに単調に減少している．H 原子の吸着に伴う $\Delta\phi$ の変化はアルカリ金属原子や O 原子の吸着に伴うような単純なものではないが，$\Delta\phi > 0$ になるのは，表面 W 原子の d 電子の軌道が吸着 H 原子 H(ad) と結合をつくり，真空側に大きく伸びるためと考えてよいであろう．したがって単純には H(ad) が基板の表面原子層より下に潜り込むならば $\Delta\phi < 0$ になることが説明できる．しかし W(110) は bcc 金属の (110) 表面であるから，表 2.2 に示すように剛体球の最密面の fcc(111), hcp(0001) に次いで面密度が高く，この表面で H(ad) が潜り込みやすいということは考えがたい．

$\Theta = 1$ である W(110)1×1-H の LEED による構造解析の結果では，H(ad) の吸着位置は図 3.27(b) に示す三配位の位置で，H(ad) は W 原子層より外に出ていて潜り込んでいない．さらに表面 W 原子は面内で変位することがなく，LEED パターンの観察から提案された $0.5 \leq \Theta \leq 0.75$ での W 原子が一様に変位するモデルは兆候も残っていないようである．また 6.2.1 項の熱脱離スペクトルの結果をみると，表 6.3 にあるように何の変哲もなく，表面 W 原子の変位を解消するような合奏脱離のふるまいはみられず，最近の LEED による構造解析の結果とよく対応している．しかし LEED パターンの対称性から推定した表面 W 原子が面内で変位するモデルとの違いの原因を明らかにすることは，W(110)-H の未解決の問題を解くうえでの鍵となるであろう．

6.3.1 項の HREELS の振動スペクトルから $\Theta \geq 0.75$ では H(ad) は振動の励起状態で非局在化して，液体状態のようなプロトニックバンドを形成しているようにみえる．これを FEM のノイズ解析で得たトンネル拡散のポテンシャル障壁の高さと関連づけて考えると，古典的な描像では $v = 1$ の振動の励起状態でも H 原子は狭い領域に局在しているが，量子論的にはトンネル確率が大きくなるので非局在化すると考えられる．一方 4.3 節で述べたように，$\Theta \geq 0.75$ では表面フォノンのソフト化によるコーン異常が He 原子線の非弾性散乱で観測される．そして電子のエネルギー損失にはフォノンのソフト化は観測されてもコーン異常は現れない．それはコーン異常が主に電子雲によるためで，異常が発生する表面に平行な波数ベクトルは角度分解光電子分光法によるフェルミ面の測定から得られたネスティングベクトルと一致し，コーン異常はネスティングによると説明できる．しかしながらこの現象とプロトニックバンドとの結び付きがはっきりしない．

このように W(110)-H の実測される表面現象は多岐にわたり，それぞれの現象が表面物理にとって興味ある内容を含んでいるが，今のところこれらの結果を統一的に説明するモデルはない．そこで謎として提出した W(110) に H 原子が吸着すると $\Delta\phi < 0$ になる現象を別の観点から考察する．W と同じ bcc 金属の Fe(110) でも W(110) と同様に他の結晶面とは逆の $\Delta\phi < 0$ が観測されている．$T \sim 140$ K で測定すると，Fe(111) は H 原子の初期吸着の段階で $\Delta\phi = +200$ meV まで急激に上昇し，あとゆっくりと +230 meV まで単調に増加する．また Fe(001) はほぼ直線的に $\Delta\phi \sim +60$ meV まで上昇する．それに対して Fe(110) では初期吸着の段階で $\Delta\phi \sim -50$ meV まで急に減少し，その後わずかに上昇した後に単調にゆっくりと減少して $\Delta\phi = -85$ meV に達する．

Fe(110) に $T = 85$ K で H_2 が解離吸着すると，$\Theta = 0.5$ のとき Fe(110)2×2-2H の表面になる．この表面の構造は図 2.29 に示した Ni(111)2×2-2H の構造と類似している．しかしこの表面の $\Delta\phi$ の実測値は Fe(110) とは逆に，というよりは他の H 原子の吸着と同様に +165 meV と大きく増加している．また Ni(111) は fcc(111) の最密面であるにもかかわらず，図 2.29 にみられるように H 原子による吸着誘起の再構成が表面に垂直な方向での変位として起きている．一方 Fe(110)2×2-2H の LEED による構造解析の結果では，H(ad) は三配位の位置に

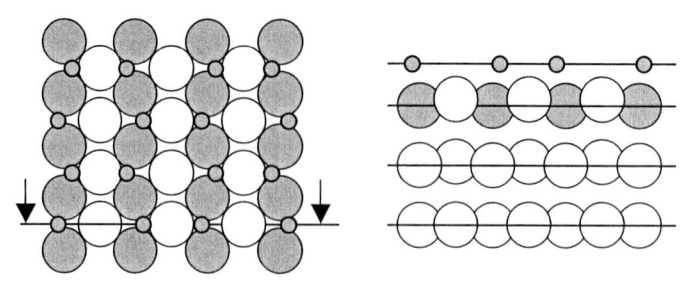

図 7.1 Fe(110)2×2-2H の原子配列の平面図と断面図 (K. Heinz and L. Hammer: *Z. Phys. Chem.*, **197**, S. 173 (1996))

吸着し，図 2.29 と同様に蜂の巣状に配列している．そして図 7.1 に示すように，H 原子が 1:1 に吸着した Fe の原子列が [001] に沿って 1 列おきにでき，これが 0.04 Å だけ沈む表面に垂直な変位をしている．図 2.29 に示した Ni(111)2×2-2H と図 7.1 に示した Fe(110)2×2-2H の断面図を比較すると，どちらの表面も垂直方向に表面再構成をしているが，図中に影をつけた H 原子に結合した基板金属原子の変位の方向は逆向きで，Ni(111)2×2-2H では飛び出し，Fe(110)2×2-2H では沈み込んでいる．このことが $\Delta\phi$ で前者が増加，後者は減少している原因と考えられる．このように H 原子が潜り込まなくても $\Delta\phi < 0$ にすることはできそうである．しかし W(110)1×1-H では表面に垂直な方向での変位が観測されていないので，Fe(110) と同様には考えられない．

ここで起きている事柄を 5.2 節の図 5.23 を利用して説明してみる．それにはまず $T < T_c$ を $v = 0$，$T > T_c$ を $v = 1$ に置き換える．この場合，障壁の高さと $v = 1$ への励起エネルギーからは (a) に示されたポテンシャルに対応するが，$v = 1$ になると H 原子が軽いためにトンネル確率が非常に大きくなり，実効的には (b) の変位型になる．その結果 $v = 1$ でプロトニックバンドが形成される．さらに $\Theta \sim 1$ で同等であった 2 つの極小が，$\Theta < 0.75$ では空いたサイトがあるために同等ではなくなり，それが原因で基板表面の W 原子を x, y 面内で変位させる．そして $\Theta \sim 1$ でのプロトニックバンドとコーン異常とのかかわりは，前者は $v = 1$ で観測されるのに対して，後者は $v = 0$ での現象である．さらにコーン異常と $\Theta < 0.75$ での W 原子の変位との不一致は前者が d 軌道の z 成分，後者が x, y 成分に基づく現象で，不一致があってもさしつかえないことになる．というよりむしろ $\Theta < 0.75$ では d 軌道の x, y 成分が大きく変化したため，z 成

分もその影響を受けてコーン異常の発現が阻害されたと考えることができる.

この考えを発展させて，W(110)-H の仕事関数の変化にみられる他の面とは逆の傾向になる原因を推測してみる．図3.32に示す W(110) の $\Delta\phi$ の変化は Θ に対してほぼ直線状に減少していて，W 原子が変位する $\Theta = 0.5 \sim 0.75$ には異常は認められない．また表3.3の仕事関数の面依存性をみると，W(110) の値は W(001)，W(111) より 0.6〜0.8 eV も大きく，Mo の場合の 0.4 eV や他の金属よりこの差は大きい．したがって W(110) の場合，スモルコフスキーの表面の電子分布をなめらかにする効果とは異なる別の因子が加わっていると考えるのが妥当である．この考えは $\Theta = 1$ での $\Delta\phi$ の減少が 0.5 eV であり，その状態でも (001)，(111) の清浄表面の仕事関数より大きな値であることからも支持される．

さらに3.11.2項で述べた Pt(111) の N^+ イオンの散乱角分布で観測された散乱イオンの共鳴的なトラッピング，5.4.2項で述べた K 原子と Cu, Ag, Au(001) にみられる相互作用の大きさが Au>Ag>Cu の順で，化学的な常識とは逆転している．この2つの現象は $5d$ 軌道が $3d$, $4d$ 軌道に比べて表面に垂直な z 方向に大きく突き出ている効果として説明できる．同様なことが $5d$ 電子系である W(110) でもあってよいであろう．さらに，最密の (110) 表面であるために2.4.2項で述べた相対論の効果による x, y 面内での圧縮効果が強く作用し，z 方向に突き出る効果を顕著にすると考えてもよさそうである．そのことが (110) 表面の仕事関数の値が他の表面に比べてずっと大きい原因と考える．そこに H 原子が吸着すると，z 方向に突き出た占有 d 軌道は結合にとられて突き出た効果が減衰し，仕事関数が減少すると考えてよいのではないだろうか．この効果は z 方向の d 軌道に現れ，面内での変位に関与する x, y 方向での d 軌道には無関係であるから，$\Theta = 0.5 \sim 0.75$ で仕事関数の変化に異常が現れないことも説明できる．しかし3.7節の表面内殻準位シフトの結果は $\Theta > 0.75$ でも W 原子が変位していることを支持しているので，それは説明できない．

ここで横道にそれるが，上に述べた Fe(110)2×2-2H では表面に垂直方向でのわずかな変位に基づく表面再構成を問題にしている．通常の LEED 測定で用いる条件，すなわち垂直入射，後方散乱で測定をすると，このような表面再構成による超格子反射のスポット強度はたいへん弱く，測定が困難である．またこのような表面の構造解析を進めるには回折スポット間の相対強度が重要にな

る．しかるに 2.3 節で述べた LEED の構造解析は表面 2 次元格子に対応する逆格子ロッドに沿った I-V 曲線を観測し，多重散乱を取り入れた動力学的回折理論と構造モデルに基づいて I-V 曲線を計算し，実測とモデルの I-V 曲線を比較して R 因子でモデルの妥当性を検討している．この I-V 曲線すなわちロッド内の強度分布は表面に垂直方向での原子配列に関する情報を含んでいるが，ロッド間の強度分布の比較から得られる情報は欠落している．しかもこの場合は 0.04 Å の振幅でランプリングしている表面の原子配列を問題にしているが，0.04 Å は原子間距離を決定している分解能より小さいため，ロッド内の強度分布からは表面に垂直な原子振動の表面振幅が ±0.02 Å だけ大きくなることと区別できず，ランプリングしているかどうかを決めることはできない．一方，通常の X 線回折の結晶構造解析は各逆格子点の強度 $I(hkl)$ から求めた結晶構造因子 $F(hkl)$ をフーリエ変換するので，ロッド間の相対強度に相当することは考慮している．ここではこれ以上踏み込まないが，現在行われている LEED による構造解析はこのような欠点をもつ可能性があることを注意しておく．

　話は変わるが，6.2.2 項で述べた Pt(111)-NO から NO(ad) がレーザー誘起により脱離する現象は衝撃モデルを用いると実験結果のかなりのことが説明できた．また表 6.5 と図 6.25 から推定できるように，光励起は基板の Pt で起きているので，その励起されたエネルギーが運動量として NO 分子に受け渡されることになる．しかしこれだけでは励起エネルギーが基板金属内に散逸しないで，NO と結合している Pt 原子にどのようにして集まるかの議論が欠けている．このことはまだ解決していない問題で今後の実験による研究の発展を待つが，電子系のソリトンのようなものが発生して，NO に結合した Pt 原子近傍にエネルギーが集まる電子相関が効く現象と考えることができる．そしてこれを実証するにはそれに適した表面新物質を作製することが肝要である．

　このことに触れる前にもう少し風呂敷の大きさを広げる．表面物理学は比較的新しい研究分野であるが，表面に特徴的な原子配列，1 電子系の電子構造，表面に局在した振動エネルギーなど静的な事象の解明はかなりの程度進み，知識も豊富になった．科学全般に共通していえることであるが，20 世紀の科学は構造，電子構造の解明が行われ，ほぼ完遂された．しかし生体機能を含めて触媒作用，高温超伝導の発現など「機能の解明」はこれからで，21 世紀の科学は

7 おわりに

20世紀に蓄積された構造，電子構造に立脚した「機能の解明」にある．上述のレーザー誘起脱離 (LID) での脱離機構は機能の解明に結び付く現象であると思っている．したがってここで大切であった電子相関を取り入れることと脱離機構の解明に適した「ものづくり」が出発点である．

3.9.2項で述べた Si(001)2×1-K の1次元性金属は表面という場を利用したものづくりの1例である．この例でもわかるように，ものづくりとしてはこれまでの表面科学で蓄積された知識を有効に利用することが必須である．そして上述の機能の解明と関連したものづくりとしては，絶縁体結晶の上に成長したPt, Pd, Ni などの遷移金属の1, 2, 3原子層からなる単結晶薄膜をつくること

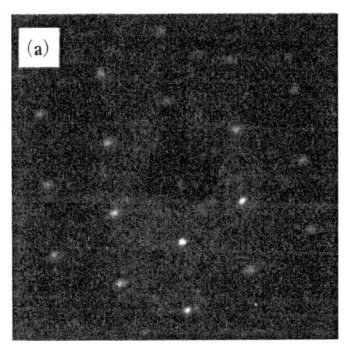

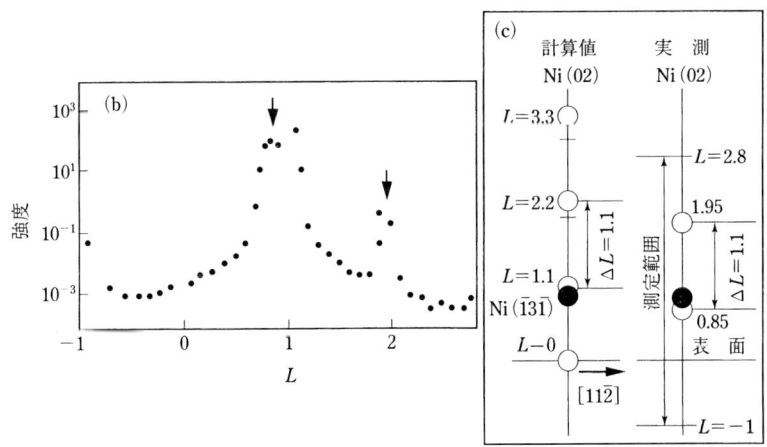

図 7.2 Ni(111) 基板上に作製した SiO_2 単結晶薄膜の (02) ロッドの強度分布 (M. Kundu and Y. Murata: *Appl. Phys. Lett.*, **80**, 1921 (2002))
(a) LEED パターン，(b)X線回折の (02) ロッドの強度分布曲線，(c) ロッド上のピークの帰属．

が望まれる.この場合,伝導電子はバルク金属中よりはるかに局在していて,Pt-NO 近傍に励起エネルギーが局在する機構を調べるのに効果的である.絶縁体結晶上の遷移金属は通常の結晶成長では島状成長した3次元クラスターしかできない.しかし Ru(0001) 上に作製した膜厚 6.5 Å の α-Al_2O_3 単結晶薄膜上には Pt が層状成長して単原子層薄膜ができることを確認した.これは電子相関により α-Al_2O_3 単結晶膜のバンドギャップがバルク結晶に比べて狭くなり,それを受けて基板 Ru 金属の伝導電子と Pt 金属膜の伝導電子との電子相関により単原子膜内の電子系が安定化して金属単原子膜になったと考えられる.同様に,図 7.2 に LEED パターンと X 線回折のロッドの強度分布を示すように,Ni(111) 上に β 石英の単結晶薄膜ができている.

1.3節で述べた表面エネルギーが非常に高く,不安定と思われる AgX(111) の単結晶微粒子がゼラチン溶液中で,また Pt(001)1×1 などの準安定相が表面でできるが,これと同様に絶縁体基板上に遷移金属単結晶薄膜など通常では得られない表面系を作製することが表面物理学を狭い領域に閉じ込めることなく大きく発展させる土壌をつくることになると思っている.

索　引

A
Ag(001)　226
Ag(110)　224
Ag(111)　238
Au(001)　37, 210, 226, 254
Au(110)　207
Au(111)　91, 95

C
CDW 転移　218
CO 分子のエネルギーダイヤグラム　53
Cu(001)　104
Cu(111)　91, 240

D
DAS 模型　30, 86

F
Fe(110)　295
FKN 機構　291
FR モード　148, 264, 266
FT モード　148, 264

G
Ge(001)　188
Ge(111)　218
GF 行列法　59

H
He 原子散乱　157

I
Ir(001)　37, 239

L
LEED　18

M
MgO(001)　88
MGR 模型　256, 265
Mo(001)　192
Mo(110)　159

N
NaCl 型イオン結晶　9
NaCl 型結晶　44
Ni(001)　61, 147, 242
Ni(110)　252
Ni(111)　7, 153, 242

P
Pd(001)　277
Pd(110)　273
Pt(001)　35, 37, 134, 210, 233, 283
Pt(110)　207
Pt(111)　119, 129, 135, 150, 153, 166, 260

R
R 因子　26, 110

S
Si(001)　47, 114, 173, 251
Si(111)　72, 85, 166, 279
STM　7
STS　84, 187

T
TOF スペクトル　88, 158, 261, 276

302 索引

U
UPS　61

W
W(001)　35, 56, 109, 192, 248
W(110)　98, 110, 159, 272, 295

X
X 線光電子分光法　95

ア 行
熱い原子　238, 276

イオン結晶の表面準位　86
イオン散乱分光法　135
イオン脱離　255
イオン中性化　132
イオン中性化分光法　131
イジング模型　174, 208
位相緩和　153
1 光子過程　262
1 軸性不整合　217
1 次元鎖模型　69, 139
1 次元性金属　114
1 次の脱離　248

運動学的回折理論　18

エワルト作図　22
エントロピー　148, 213, 214

オージェ過程　103
オージェ脱励起　245
オージェ中性化　134, 242
オージェ電子分光法　242
オーバーレーヤープラズモン　116
遅いイオン　131

カ 行
カー-パリネロ法　65, 179
会合脱離　248
回折現象　167
回転エネルギー分布　259
回転エピタキシー　215
回転温度　260
回転振動　148
解離吸着　231, 234, 235

カオス　285
化学吸着　231
拡散係数　268, 273
拡散定数　269
角度分解光電子分光法　74, 80
角度分解のエネルギー損失分光法　113
角度分布　277
カソードルミネッセンス　90
加速した原子線　239
活性化エネルギー　243, 270
活性化吸着　240
合奏拡散　275
合奏脱離　250
過飽和度　290
緩和時間　269

規格化されたコンダクタンス　84
菊池パターン　27, 168
機能の解明　298
逆格子ロッド　22
逆光電子分光法　74, 82
逆配位　236
キャブレラとモットの逆対数則　113
吸着位置　50, 118, 121, 147
吸着過程　231
吸着構造　50
吸着熱　210
吸着分子の振動　146
吸着分子の反応　280
鏡像電荷　104
鏡像ポテンシャル　108, 244
強度移行　122, 124, 126, 150
共鳴核反応　169, 277
共鳴多光子イオン化　258
共鳴多光子イオン化法　241
共鳴中性化　134, 242
行列表示　15
局所結合模型　203, 206
局所密度関数法　225
キンク　13
金属の清浄表面　192
金属の表面準位　91
金属-非金属転移　218

空間群　193, 208
空孔　13
屈折率　24
くりこみ前方散乱摂動法　24

結合性軌道　53
欠損　13
欠損列構造　36, 207, 224

高エネルギーイオン散乱　197
交換拡散　275
合金表面　293
光電子顕微鏡　286
高分解能電子エネルギー損失分光法　56, 139
コーン異常　160
固有でない表面準位　88, 93
固有の表面準位　87

サ　行

シードした分子線　240
ジェリウム端　68, 106
紫外光電子分光法　61, 144
自己集合　290
自己組織化　285, 289
仕事関数　68, 101
　──の変化　104, 125, 282
準安定相　208, 212, 245, 284
衝撃モデル　264
衝突散乱　58, 139
初期付着確率　232
触媒　281
ショックレー準位　72, 93
真空準位　118
真空劈開　29
振動温度　261
振動現象　281
振動の波数シフト　150, 153
振動の平均振幅　266
信頼度因子　26

ステップ　13
ステップ表面　274, 282

制御された表面　240
清浄表面　1, 11
切断された表面　12
0次の脱離　253
遷移確率　106, 121
遷移双極子　146
前駆状態　232

双極子散乱　58
走査トンネル顕微鏡　7

走査トンネル分光法　84
相転移　77, 107
速度分布　261
阻止能　278
ソリトンの発生・消滅　292

タ　行

第1原理密度汎関数法　221
第1原理分子動力学法　179
滞在時間　257, 263, 267
ダイヤモンド　3
多光子過程　268
多重電子遷移に誘起された脱離　268
脱離イオンの角度分布　255
脱離エネルギー　247
脱励起　256
タム準位　71
単位網　13
ダングリングボンド　4, 12, 28
単結晶薄膜　299
単原子層グラファイト　143

秩序-無秩序転移　175, 188, 197, 206, 207, 213
超高真空　1
超低エネルギーのイオンビーム　243

定積吸着熱　212
低速電子回折　18
デバイ-ワーラー因子　167, 168, 174
電界イオン顕微鏡　269
電界放射顕微鏡　269
電荷密度波　200, 218
点群　193
電子エネルギー損失分光法　105, 219
電子・格子相互作用　154
電子刺激脱離　45, 254
電子の非弾性散乱　57
電子密度　67
テンソルLEED法　25

等温脱離　252
透過電子回折　30
動的双極子　123, 126, 146
動力学的回折理論　22
ドップラー広がり　169, 279
トラッピング　134
トンネル拡散　271

ナ 行

なめらかにする効果　36, 102

2次元格子　13
2次元パターン　285
2次電子放出　103
2次の脱離　248
二量体欠損　48, 183

ネスティング　162, 164, 203, 222
熱脱離スペクトル　247

ノイズ解析　269, 274
ノテーク-ファイベルマン模型　255

ハ 行

配位　236
配位数　51, 96, 225
パイ結合鎖モデル　73
ハグストラムの関係式　132
爆発的脱離　252
波数シフト　150
パターン形成　289
バックボンド　71
バックリング　44
反結合性軌道　53
反射吸収赤外分光法　119, 139, 374
反射高速電子回折　208
反電場効果　105, 109, 117, 123, 130, 216
半導体の清浄表面　173
バンド幅　96
反応拡散方程式　291
反応選択性　263
反応の次数　247

非解離吸着　231, 232, 235
非可逆過程の相転移　210, 213
光刺激脱離　254
非結合性軌道　53, 236
飛行時間スペクトル　88, 261
飛行時間法　157, 241
微小角入射X線回折　197
非対称二量体　173
被覆率　56
非平衡開放系　289
表面エネルギー　6, 29
表面拡散　268

表面共鳴　162
表面空隙率　38, 102
表面欠陥　46
表面欠損　191
表面原子密度　5, 36
表面格子緩和　12, 38, 41, 69
表面再構成　12
表面準位　69, 74, 85, 162
　──の測定法　80
表面単原子層　142
表面直下　269, 280
表面電荷密度波　220
表面内殻準位シフト　76, 95, 178
表面の相転移　173
表面のデバイ温度　45, 167, 195
表面の動的現象　231
表面波共鳴　27, 168
表面フォノン　139, 143
　──のソフト化　162
表面ブリュアン域　17, 142
頻度因子　214

ファウラー-ノルドハイムの式　269
フェルミ面　95, 162, 221
付加原子　13, 31
深さ分布　278
不整合欠陥　218
不整合構造　204
付着確率　2, 231
負の電子親和力　90, 103, 115
プラズモン　107, 112, 116
ブラベ格子　13
フリーデル振動　67, 93
フリップフロップ運動　182, 187
プロトニックバンド　272
分岐現象　285, 290
分枝過程　290
分子間相互作用　130

平均自由行程　19, 142
平均内部電位　24, 68, 81
並進温度　261, 277
並進振動　148
劈開面　3, 72
ベナール対流　289
ベルーゾフ-ザボチンスキー反応　285
変位型転移　197

索　引

ポテンシャルエネルギー曲面　211
ポテンシャル障壁　241, 246, 272
ボルツマン因子　149, 241
ポンププローブ法　166

マ　行

マイクロカロリメーター　210
摩擦係数　154

毛細管模型　290
モース関数　246
ものづくり　299

ヤ　行

ヤーン-テラー効果　198, 223

有効媒質理論　225

よく制御 (規定) された表面　1, 11, 240

ラ　行

ラウエの回折条件　22
ラングミュアー-ヒンシェルウッド型の反応　281
ランプリング　13, 44, 298

理想表面　4
リチャードソン-ダッシュマンの式　102
リフティング　43, 209
臨界滞在時間　266

励起状態の寿命　166, 256, 264, 265
レーザー誘起蛍光　258
レーザー誘起脱離　258

露出量　56

ワ　行

和周波発生　166

著者略歴

村田 好正 (むらた よしただ)

1935年　東京都に生まれる
1964年　東京大学大学院化学系研究科
　　　　博士課程終了
1984年　東京大学教授
現　在　東京大学名誉教授
　　　　理学博士

朝倉物理学大系 17
表面物理学　　　　　　　　　　　定価はカバーに表示

2003年 3 月 25 日　　初版第 1 刷
2013年 9 月 25 日　　　　第 4 刷

　　　　　　　　　　　　　著　者　村　田　好　正
　　　　　　　　　　　　　発行者　朝　倉　邦　造
　　　　　　　　　　　　　発行所　株式会社 朝　倉　書　店
　　　　　　　　　　　　　　　　　東京都新宿区新小川町 6-29
　　　　　　　　　　　　　　　　　郵便番号 １６２-８７０７
　　　　　　　　　　　　　　　　　電　話 03(3260)0141
〈検印省略〉　　　　　　　　　　　　Ｆ Ａ Ｘ 03(3260)0180
　　　　　　　　　　　　　　　　　http://www.asakura.co.jp

　　　ⓒ2003〈無断複写・転載を禁ず〉　　　　東京書籍印刷・渡辺製本

　　　ISBN 978-4-254-13687-6　C3342　　　Printed in Japan

　　　JCOPY 〈(社)出版者著作権管理機構 委託出版物〉

　　　本書の無断複写は著作権法上での例外を除き禁じられています。複写される場合は，
　　　そのつど事前に，(社)出版者著作権管理機構(電話 03-3513-6969，FAX 03-3513-
　　　6979，e-mail: info@jcopy.or.jp)の許諾を得てください。

朝倉物理学大系

荒船次郎・江沢　洋・中村孔一・米沢富美子編集

1	解析力学 I	山本義隆・中村孔一
2	解析力学 II	山本義隆・中村孔一
3	素粒子物理学の基礎 I	長島順清
4	素粒子物理学の基礎 II	長島順清
5	素粒子標準理論と実験的基礎	長島順清
6	高エネルギー物理学の発展	長島順清
7	量子力学の数学的構造 I	新井朝雄・江沢　洋
8	量子力学の数学的構造 II	新井朝雄・江沢　洋
9	多体問題	高田康民
10	統計物理学	西川恭治・森　弘之
11	原子分子物理学	高柳和夫
12	量子現象の数理	新井朝雄
13	量子力学特論	亀淵　迪・表　實
14	原子衝突	高柳和夫
15	多体問題特論	高田康民
16	高分子物理学	伊勢典夫・曽我見郁夫
17	表面物理学	村田好正
18	原子核構造論	高田健次郎・池田清美
19	原子核反応論	河合光路・吉田思郎
20	現代物理学の歴史 I	大系編集委員会編
21	現代物理学の歴史 II	大系編集委員会編
22	超伝導	高田康民